高职高专"十四五"热能动力工程技术专业系列教材

U0218373

锅炉设备及运行

主　编：赵锐芳　郭瑞娟　穆会群
副主编：张金果　贾　琨
　　　　冯新龙　张　唯

天津大学出版社
TIANJIN UNIVERSITY PRESS

图书在版编目(CIP)数据

锅炉设备及运行 / 赵锐芳, 郭瑞娟, 穆会群主编；
张金果等副主编. -- 天津 : 天津大学出版社, 2022.5
高职高专"十四五"热能动力工程技术专业系列教材
ISBN 978-7-5618-7164-5

Ⅰ.①锅… Ⅱ.①赵… ②郭… ③穆… ④张… Ⅲ.
①火电厂－锅炉运行－高等职业教育－教材 Ⅳ.
①TM621.2

中国版本图书馆CIP数据核字(2022)第073340号

出版发行	天津大学出版社
地　　址	天津市卫津路92号天津大学内(邮编:300072)
电　　话	发行部:022-27403647
网　　址	www.tjupress.com.cn
印　　刷	北京盛通商印快线网络科技有限公司
经　　销	全国各地新华书店
开　　本	185mm×260mm
印　　张	20.75
字　　数	518千
版　　次	2022年5月第1版
印　　次	2022年5月第1次
定　　价	59.00元

编 委 会

前　言

本教材依托新疆石河子职业技术学院国家首批"现代学徒制"热能动力设备与应用专业的建设与教学改革的需要编写而成。

在广泛认真地学习、总结和借鉴热电、供热方面的理论与实践知识的基础上,结合"现代学徒制"的特点,编写本教材。力图通过学校、企业深度合作和教师、师傅联合传授,促进行业、企业参与职业教育人才培养全过程,实现教学过程与生产过程对接,并依据国家相关职业标准,以项目教学为载体,紧紧围绕"现代学徒制"专业建设工作内涵,以面向企业、面向社会、校企联合培养为目标,满足区域行业、企业对人才的需要。本教材具有以下特色。

1. 以锅炉岗位的能力要求为核心,确定本教材知识和能力的培养目标,注重实用性、实践性,通过本教材的学习为学生顺利进入本行业奠定良好的基础。

2. 在内容方面,增加了新知识、新技术、新方法等,突出了时效性、先进性。

3. 从热电、供热行业管理方面的实际出发,以锅炉操作为线索,按照教学规律和学生认知规律,设置了十五个项目,每个项目下分设若干个任务,通过学生自主学习、教师引导、师傅传授等方式,充分调动了学生的学习兴趣,充分体现了"教学过程与生产过程对接""课程设置与工作岗位对接"的教学指导思想。

本教材项目一、二、三由穆会群编写,项目四、十三、十四由贾琨编写;项目五、六、九由郭瑞娟编写;项目七、八、十、十五由赵锐芳编写;项目十一、十二由冯新龙、赵锐芳编写。全书由赵锐芳统稿,顾建疆审稿。

本教材在编写过程中得到了新疆广汇热力有限公司技术专工周

常新,乌鲁木齐市友好热力有限公司总经理段丽、副总经理肖高平的帮助和指导,在此致以诚挚的谢意。

由于编者水平、能力有限,教材中错误、疏漏之处在所难免,敬请读者批评指正。

目　　录

项目一　锅炉基础知识

【项目目标】

1. 熟悉锅炉的作用、结构及工作过程。
2. 掌握锅炉的规范、型号及安全技术指标。
3. 熟知锅炉的分类方法。
4. 了解国内外锅炉的发展概况。

【技能目标】

能正确识读锅炉的型号。

【项目描述】

本项目要求学生熟悉锅炉的作用、结构及工作过程；掌握锅炉的规范、型号及安全技术指标；能正确识读锅炉型号。

【项目分解】

项目一 锅炉基础知识	任务一　锅炉的作用、结构及工作过程	1.1.1　锅炉的作用
		1.1.2　锅炉的结构
		1.1.3　锅炉的工作过程
	任务二　锅炉的规范、型号及安全技术指标	1.2.1　锅炉的规范
		1.2.2　国产锅炉型号
		1.2.3　锅炉的安全技术指标
	任务三　锅炉的分类	1.3.1　按锅炉容量分
		1.3.2　按蒸汽压力分
		1.3.3　按燃用燃料分
		1.3.4　按燃烧方式分
		1.3.5　按工质在蒸发受热面中的流动特性即水循环特性分
		1.3.6　按煤粉炉的排渣方式分
		1.3.7　按烟气在锅炉中的流动方式分
		1.3.8　按锅筒的放置方式分
		1.3.9　按运输安装方式分
		1.3.10　按能源分
		1.3.11　按锅炉生产的热媒分

续表

项目一 锅炉基础知识	任务三　锅炉的分类	1.3.12　按锅筒材料分
		1.3.13　按烟气的流程分
	任务四　国内外电厂锅炉发展概况	

任务一　锅炉的作用、结构及工作过程

【任务目标】

1. 熟悉锅炉的作用及能量转换过程。

2. 掌握锅炉本体及辅机的结构。

3. 了解电站锅炉的工作过程及原理。

【导师导学】

1.1.1　锅炉的作用

锅炉是一种使燃料的化学能转化为热能、生产热水或蒸汽的设备。在锅炉的燃烧室中，燃料释放出来的热量通过热辐射和烟气对流与水产生了热交换，在辅助受热面中进一步将烟气冷却到可以排放的温度，水则被加热成具有一定温度和压力的热水或蒸汽，供民用（例如采暖、食堂和浴室的供热等）和工业用（例如驱动机械、发电、造纸等）。

世界上主要有三类发电厂，即火力发电厂、水力发电厂和核能发电厂，而火力发电厂是目前世界和我国电能生产的主力。

火力发电厂的生产过程是将一次能源——燃料转换为二次能源——电能的过程。锅炉是火力发电厂中的重要设备之一。在火力发电厂中，燃料在锅炉内燃烧放热并将水加热成为具有一定压力和温度的过热蒸汽，蒸汽沿主蒸汽管道进入汽轮机膨胀做功并带动发电机一起高速旋转，从而发出电来，在汽轮机中做完功的蒸汽进入凝汽器凝结成水，后被凝结水泵泵入除氧器，在除氧器中水被来自抽汽管的蒸汽加热除氧后，又通过给水泵加压泵回锅炉。火力发电厂的生产过程就是不断重复上述循环过程。

显然，在火力发电厂的生产过程中存在着三种形式的能量转换过程：在锅炉中燃料的化学能转化为热能；在汽轮机中热能转化为机械能；在发电机中机械能转化为电能。进行能量转换的主要设备——锅炉、汽轮机和发电机，被称为火力发电厂的三大主机，而锅炉是火力发电厂中实现最基本的能量转换的设备，其作用是使燃料在锅炉内燃烧放热，并将锅炉内的工质——水加热成具有足够数量和一定质量（汽压、汽温）的过热蒸汽，供汽轮机使用。因此锅炉的工作好坏与整个火力发电厂能否安全和经济运行关系极大。

1.1.2　锅炉的结构

锅炉是一个庞大而又复杂的设备,它由锅炉本体及辅助设备(辅机)构成。

1. 锅炉本体

(1)锅(汽水系统):吸收燃料燃烧放出的热量,使水被加热成为具有一定压力和温度的热水或蒸汽的受压部件。它主要由锅筒、集箱、水冷壁、对流管束等组成。电站锅炉的任务是吸收燃料燃烧放出的热量,使水蒸发并最后变成具有一定压力、温度的过热蒸汽,供汽轮机使用。它由省煤器、汽包、下降管、联箱、水冷壁、过热器、再热器等组成。

(2)炉(燃烧系统):组织燃料燃烧和放热的设备,燃料在其中将化学能转化成烟气的热能,它的任务是使燃料在炉内良好燃烧,并放出热量。它由炉膛、燃烧器、烟道、空气预热器等组成。不同燃料、不同炉型、不同容量的锅炉,燃烧设备的形式和组成不同。

(3)辅助受热面:辅助的加热设备,过热器(加热蒸汽)、省煤器(预热锅炉给水)及空气预热器(预热空气)不是在所有锅炉中都设置,需根据锅炉容量、工质参数、分流回程及燃烧稳定性等因素综合考虑,因而将这三个受热器统称为辅助受热面,又由于省煤器和空气预热器都布置在锅炉尾部烟道,故这两种辅助受热面又常称为尾部受热面。

2. 锅炉的辅助设备

为了保证锅炉正常工作、安全和经济地运行,还需要一些配套设备和控制系统。锅炉的主要辅助设备如下。

(1)燃料供给系统:连续、稳定、充足地供应燃料,使锅炉能够连续、稳定地燃烧,不同燃料的供给设备不同。

(2)排渣系统:在燃煤锅炉中保证灰渣能够及时、顺利地排出,它主要由排渣机组成。

(3)送、引风系统:送入适量的空气,保证燃料在燃烧室中能够完全燃烧,并将烟气顺利排出,它主要由送风机、引风机、风管和烟管等组成。

(4)给水系统:处理和供给锅炉用水,它由水处理设备、水箱、给水泵和管路等组成。

(5)蒸汽、热水供应系统:锅炉产生的蒸汽通过分汽缸和管网分送到各用户,再通过凝结水管道和凝结水水箱回到锅炉;锅炉产生的热水通过分水器、热水泵和管网分送到各用户,再通过回水管、集水器回到锅炉。

(6)调节控制系统:保证锅炉安全、节能地工作,并随时进行调节,它主要由安全仪表(安全阀、水位计、压力表、温度计等)、调节装置(调节风量、燃料等)、阀门与控制装置等组成。

1.1.3　锅炉的工作过程

燃煤粉的电站锅炉的工作过程可用图 1-1 简要地说明。其中,由输煤皮带运来的煤落到原煤斗中,经给煤机送入磨煤机磨制成粉后,被来自热风管的热风送入粗分离器,在粗粉分离器中不合格的粗粉被分离出来并沿回粉管回到磨煤机重新磨制,合格的煤粉则沿着管道被送到细粉分离器进行气粉分离,分离出的煤粉被送入煤粉仓并通过给粉机按锅炉燃烧的需要送入一次风管中,分离出的乏气被排粉机抽走并通过一次风管携带煤粉经由燃烧器进入炉膛燃烧,来自二次风管的二次风经燃烧器同时进入炉膛助燃。燃烧后的烟气经水平烟道、垂直烟道、除尘器、引风机后通过烟囱排入大气。风经抽风管、送风机、空气预热器、热风管送入炉膛及制粉系统。以上所述煤、风、烟系统称为锅炉的燃烧系统,即一般所说的"炉"。给水经给水泵送入省煤器和汽包,然后进入下降管、水冷壁加热后又回到汽包并经汽水分离,分离出的水继续进入下降管循环,分离出的汽经屏式过热器和对流过热器升温后,通过主蒸汽管道进入汽轮机做功。以上所述为汽水系统,即一般所说的"锅"。炉的任务是尽可能有效地放热,锅的任务是尽量把炉放出的热量有效地吸收。锅和炉组成了一个完整的能量转换系统。

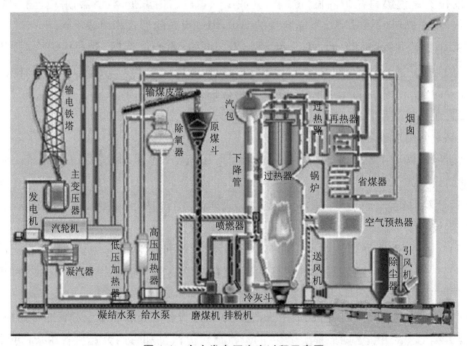

图 1-1　火力发电厂生产过程示意图

任务二　锅炉的规范、型号及安全技术指标

【任务目标】

1. 熟知锅炉的规范及用语。
2. 掌握锅炉的安全技术指标。
3. 了解国产锅炉型号。

【导师导学】

1.2.1　锅炉的规范

锅炉的主要技术规范是指锅炉容量、蒸汽参数、给水温度、热效率和热功率等,用来说明锅炉的基本工作特性。

1. 锅炉容量

锅炉容量一般指锅炉每小时的最大连续蒸发量 Maximum Continuous Rating(MCR),又称为锅炉的额定容量或额定蒸发量,常用符号 D_e 表示,单位为 t/h。例如 100 MW 汽轮发电机组配用的锅炉容量为 410 t/h。

锅炉容量是表征锅炉产汽能力大小的特性数据。

2. 锅炉蒸汽参数

锅炉蒸汽参数一般是指锅炉过热器出口处的过热蒸汽的压力和温度。蒸汽压力用符号 p 表示,单位为 MPa;蒸汽温度用符号 t 表示,单位为℃。例如 100 MW 汽轮发电机组配用的高压锅炉,其蒸汽压力为 9.8 MPa(表压力),蒸汽温度为 540 ℃。

对于具有中间再热的锅炉,其蒸汽参数中还应包括再热蒸汽的压力和温度。

锅炉蒸汽参数是表征锅炉蒸汽规范的特性数据。

3. 锅炉给水温度

锅炉给水温度是指给水在省煤器入口处的温度。不同蒸汽参数的锅炉,其给水温度不同。

锅炉给水温度是表征锅炉给水规范的特性数据。

4. 锅炉热效率

锅炉热效率是指锅炉输出热量(即有效利用的热量)占输入锅炉热量的百分数。

5. 锅炉热功率(供热量)

锅炉热功率是指在额定参数下,热水锅炉连续产生的额定供热量,用符号 Q 表示,单位为 kW 或 MW。

热功率与蒸发量之间的关系为

$$Q=0.000\,278D(h_q-h_{js})\ (\text{MW}) \tag{1-1}$$

式中　D——锅炉的蒸发量,t/h;

　　　h_q、h_{js}——蒸汽和给水的焓,kJ/kg。

热水锅炉的热功率可由式(1-2)计算:

$$Q=0.000\,278G(h_{cs}-h_{js})\ (\text{MW}) \tag{1-2}$$

式中　G——热水锅炉每小时送出的水量,t/h;

　　　h_{cs}、h_{js}——锅炉出水和进水的焓,kJ/kg。

1.2.2 国产锅炉型号

国产锅炉型号由三部分组成,各部分之间用短横线隔开,表示形式如图1-2所示。

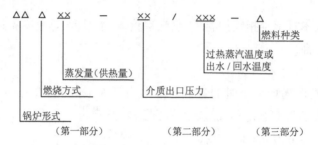

图 1-2 国产锅炉型号表示形式

第一部分共分三段:第一段用两个汉语拼音首字母代表锅炉本体形式(表1-1);第二段用一个汉语拼音首字母代表锅炉燃烧方式(表1-2);第三段用阿拉伯数字表示锅炉生产能力参数(如蒸发量)。

第二部分共分两段,中间以斜线分开:第一段用阿拉伯数字表示蒸汽出口压力;第二段用阿拉伯数字表示过热蒸汽(或热水)的温度。对于生产饱和蒸汽的锅炉,则没有斜线和第二段。

第三部分用一个汉语拼音首字母代表燃料种类(表1-3),同时以罗马数字与其并列代表燃料分类。

表 1-1 锅炉本体形式的代号

锅炉本体形式	代号	锅炉本体形式	代号	锅炉本体形式	代号
立式水管	LS	单锅筒纵置式	DZ	卧式内燃	WN
立式火管	LH	双锅筒纵置式	SZ	卧式外燃	WW
卧式快装	KZ	热水锅炉	RS	纵横锅筒式	ZH
双锅筒横置式	SH	废热锅炉	FR	强制循环式	QX

表 1-2 锅炉燃烧方式的代号

燃烧方式	代号	燃烧方式	代号	燃烧方式	代号	燃烧方式	代号
固定炉排	G	燃气炉	Q	振动炉排	Z	沸腾炉	F
链条炉排	L	燃油炉	Y	抛煤机	P	室燃炉	S

表 1-3 燃料种类的代号

燃料种类	代号	燃料种类	代号	燃料种类	代号
I 类无烟煤	W I	I 类烟煤	A I	柴油	Y_c
II 类无烟煤	W II	II 类烟煤	A II	重油	Y_z

燃料种类	代号	燃料种类	代号	燃料种类	代号
Ⅲ类无烟煤	WⅢ	Ⅲ类烟煤	AⅢ	天然气	Q_r
型煤	X	木柴	M	焦炉煤气	Q_J
褐煤	H	稻糠	D	液化石油气	Q_Y

例如，KZL4-1.3-WⅡ表示卧式快装锅炉,采用链条炉排,蒸发量为 4 t/h,蒸汽压力为 1.3 MPa,温度为饱和蒸汽温度,燃用Ⅱ类无烟煤；SHL20-2.5/350-AⅡ表示双锅筒横置式锅炉,采用链条炉排,蒸发量为 20 t/h,蒸汽压力为 2.5 MPa,过热蒸汽温度为 350 ℃,燃用Ⅱ类烟煤。

锅炉房的大小主要取决于锅炉容量的大小,一般按单台锅炉容量和锅炉房总容量进行分类。

（1）小型锅炉房:单台锅炉容量≤ 4 t/h,总容量 <20 t/h。

（2）中型锅炉房:单台锅炉容量为 6 t/h、10 t/h 或 20 t/h,总容量为 20~60 t/h。

（3）大型锅炉房:单台锅炉容量 >20 t/h,总容量 >60 t/h。

1.2.3　锅炉的安全技术指标

1. 连续运行小时数

连续运行小时数是指两次检修中间的运行小时数。

2. 事故率

事故率是指总事故停用小时数占总运行小时数和总事故停用小时数之和的百分数。

3. 可用率

可用率是指总运行小时数和总备用小时数之和占统计期间总时数的百分数。

4. 锅炉的热效率

锅炉的热效率是指锅炉有效利用的热量与单位时间内送进锅炉的燃料完全燃烧时发出的热量之比。燃煤锅炉的热效率为 60%~80%,国外生产的一些燃气或燃油锅炉的热效率可高达 90%~95%。

5. 受热面蒸发率和发热率

锅炉受热面是指汽锅和附加受热面等与烟气接触的金属表面积,一般以烟气放热的一侧来计算,用符号 H 表示,单位为 m²。受热面蒸发率为蒸汽锅炉每平方米受热面每小时所产生的蒸汽量,用符号 D/H 表示,单位为 kg/(m²·h)；受热面发热率为热水锅炉每平方米受热面每小时所产生的热量,用符号 Q/H 表示,单位为 kJ/(m²·h)。

同一台锅炉各受热面所处的烟气温度不同,其受热面蒸发率或发热率有很大的差异。例如,炉内辐射受热面的蒸发率可达 80 kg/(m²·h)左右,而对流受热面的蒸发率就只有 20~30 kg/(m²·h)。因此,对整台锅炉的总受热面来说,受热面蒸发率只是反映蒸发率的一个平均值。鉴于各种型号的锅炉参数不尽相同,为了便于比较,就引入了"标准蒸汽"（在 1

个标准大气压下的干饱和蒸汽)的概念,其焓值为 2 676 kJ/kg,将锅炉的实际蒸发量 D 换算为标准蒸汽蒸发量 D_{bz},则受热面蒸发率用 D_{bz}/H 表示,有

$$\frac{D_{bz}}{H} = \frac{D(h_q - h_{qs})}{7.676H} \times 10^3[kg/(m^2 \cdot h)] \tag{1-3}$$

一般蒸汽锅炉的 D/H<30~40 kg/(m^2·h),热水锅炉的 Q/H<83 700 kJ/(m^2·h)或 0.023 25 MW/m^2。

受热面蒸发率和发热率是表征锅炉工作强度的指标。若其数值较高,则表示传热好,锅炉所耗金属量较少;若 D/H 值较大,锅炉排出的烟气温度也较高,未必经济。所以,这一指标不能真实反映锅炉运行的经济性。

6. 锅炉的金属耗率

锅炉的金属耗率是指制造一台锅炉每小时所用的金属材料质量与额定蒸发量之比。目前生产的供热锅炉的金属耗率为 2~6,即制造一台蒸发量为 1 t/h 的锅炉,需用 2~6 t 钢材。

7. 锅炉的耗电率

锅炉的耗电率是指锅炉生产 1 t 蒸汽所耗用电的度数,单位为 kW·h/t。

8. 燃料水比

燃料水比是指锅炉单位时间内的燃料消耗量和该段时间内产生的蒸汽量之比。当燃料是煤时,则称为煤水比,煤水比一般为 1∶6~1∶7.5。

任务三　锅炉的分类

【任务目标】

了解锅炉的分类。

【导师导学】

根据锅炉工作条件、工作方式和结构形式的不同,其有多种分类方法,现简要介绍如下。

1.3.1　按锅炉容量分

考虑现阶段我国锅炉工业发展情况,锅炉可按容量划分:D_e<220 t/h 为小型锅炉;220 t/h ≤ D_e<670 t/h 为中型锅炉;D_e ≥ 670 t/h 为大型锅炉。但上述分类是相对的,随着锅炉容量日益增大,目前的大型锅炉若干年后只能算中型锅炉。

1.3.2　按蒸汽压力分

锅炉按蒸汽压力划分:$p \leqslant 1.27$ MPa(13 kgf/cm^2)为低压锅炉;$p = 2.45~3.8$ MPa(25~39 kgf/cm^2)为中压锅炉;$p = 9.8$ MPa(100 kgf/cm^2)为高压锅炉;$p = 13.7$ MPa(140 kgf/cm^2)为超高压锅炉;$p = 16.7$ MPa(170 kgf/cm^2)为亚临界压力锅炉;$p \geqslant 22.1$ MPa(225.56 kgf/cm^2)

为超亚临界压力锅炉。

1.3.3 按燃用燃料分

锅炉按燃用燃料分,有燃煤炉、燃油炉、燃气炉。

1.3.4 按燃烧方式分

锅炉按燃烧方式分,有层燃炉、室燃炉(煤粉炉、燃油炉等)、旋风炉、沸腾炉等。

层燃炉是指由煤块或其他固体燃料在炉箅上形成一定厚度的燃料层进行燃烧,通常把这种燃烧称为平面燃烧。室燃炉是指燃料在炉膛(燃烧室)空间呈悬浮状进行燃烧,通常把这种燃烧称为空间燃烧,它是目前电厂锅炉的主要燃烧方式。旋风炉是一种以旋风筒作为主要燃烧室的炉子,粗煤粉(或煤屑)和空气在旋风筒内强烈旋转并进行燃烧。它基本上也属于空间燃烧,但其燃烧速度要比煤粉炉高得多。沸腾炉是指煤粒在炉箅(布风板)上上下翻腾,呈沸腾状态进行燃烧,它是一种平面燃烧与空间燃烧相结合的燃烧方式,特别适宜于烧劣质煤。

1.3.5 按工质在蒸发受热面中的流动特性即水循环特性分

锅炉按工质在蒸发受热面中的流动特性分,有自然循环锅炉、强制流动锅炉。强制流动锅炉又分为控制循环锅炉、直流锅炉、复合循环锅炉等。

1.3.6 按煤粉炉的排渣方式分

锅炉按排渣方式分,有固态排渣炉和液态排渣炉。

1.3.7 按烟气在锅炉中的流动方式分

锅炉按烟气在锅炉中的流动方式分,有火管锅炉(烟气在管内流动,水在管外流动)、水管锅炉(烟气在管外流动,水在管内流动)和水火管锅炉(前两者的结合)。

1.3.8 按锅筒的放置方式分

锅炉按锅筒放置方式分,有立式锅炉和卧式锅炉。

1.3.9 按运输安装方式分

锅炉按运输安装方式分,有快装锅炉、组装锅炉和散装锅炉。

1.3.10　按能源分

锅炉按能源分,有燃煤锅炉、燃油锅炉、燃气锅炉、垃圾锅炉、余热锅炉、电锅炉和可以使用不同能源的锅炉(如燃气、燃油锅炉,太阳能、燃气锅炉)等。

1.3.11　按锅炉生产的热媒分

锅炉按生产的热媒分,有热水锅炉(高温水锅炉——供水温度在100 ℃以上、中温水锅炉——供水温度在90 ℃以上、低温水锅炉——供水温度在70 ℃以下)、蒸汽锅炉(饱和蒸汽与过热蒸汽锅炉)和汽水两用锅炉。

1.3.12　按锅筒材料分

燃油或燃气锅炉按锅筒材料分,有铸铁锅炉、钢制锅炉和硅铝合金锅炉。

1.3.13　按烟气的流程分

燃油或燃气锅炉按烟气的流程分,有三回程、分流回程、逆火焰回程、翻转式回程、坠落式回程等。

上述每一种分类仅反映某一方面的特征。为了全面说明某台锅炉的特征,常同时指明其容量、蒸汽压力、工质在蒸发受热面中的流动特性以及燃料特性等,例如某台锅炉为410 t/h高压自然循环固态排渣煤粉炉。

任务四　国内外电厂锅炉发展概况

【任务目标】

1. 了解国内外电厂锅炉发展概况。
2. 了解锅炉在国民生产中的地位。

【导师导学】

我国于20世纪50年代初自行设计了40 t/h配6 MW汽轮发电机组的中压锅炉,50年代后期又设计制造了230 t/h配50 MW汽轮发电机组的高压锅炉,1969年以后又相继设计制造了410 t/h、400 t/h、670 t/h、1 000 t/h等高压、超高压、亚临界压力锅炉,分别配100 MW、125 MW、200 MW、300 MW汽轮发电机组。最近又制造了2 008 t/h配6 000 MW汽轮发电机组的亚临界压力锅炉,逐渐形成了我国自己的电厂锅炉系列。

近几十年来,世界各国包括我国在内,为了加快火力发电厂建设速度,降低火力发电厂每千瓦设备费用、基建投资、金属耗量、运行管理费用,提高机组经济性,节约燃料,电厂锅炉总的趋势是向大容量、高参数的方向发展。与此同时,尽量采用先进技术,以提高其运行的安全经济性。在工业发达国家中,2 000 t/h 左右的电厂锅炉已相当普遍,4 000 t/h 左右的特大型电厂锅炉也早已有多台投入运行。例如,美国自 1972 年以来,已有 4 400 t/h 配 1 300 MW 汽轮发电机组的超临界压力锅炉投入运行,日本 1974 年就已有 3 180 t/h 配 1 000 MW 汽轮发电机组的超临界压力锅炉投入运行,苏联 1978 年就已有 3 950 t/h 配 1 200 MW 汽轮发电机组的超临界压力锅炉投入运行。考虑到过大、过高参数机组的安全经济性尚存在一些问题,目前应用较多的仍是 300~800 MW 的发电机组。锅炉的蒸汽参数以亚临界居多,蒸汽温度从金属的耐温条件考虑,多限制在 540 ℃ 以内。锅炉使用的燃料以煤和油为主,近年来因世界油价猛涨,燃煤锅炉的比例有所增加。

此外,随着电厂锅炉参数的提高和容量的增大,在水循环方式上,除自然循环汽包锅炉外,又发展了控制循环汽包锅炉和直流锅炉,并进一步发展了复合循环锅炉;在燃烧方式上,除广泛采用煤粉燃烧锅炉外,为了适应劣质煤的燃烧并降低氧化氮、二氧化硫等有害气体对大气环境的污染,又出现了沸腾燃烧锅炉。为了进一步改善沸腾燃烧锅炉的热经济性和保护环境,又出现了循环流化床锅炉。至于目前采用较多的煤粉炉,为了适应劣质煤的燃烧、调整节油的需要以及减轻其对大气环境的污染,在燃烧技术上又研制出了钝体燃烧器、旋流燃烧器、预燃室、多功能稳燃器(即船体燃烧器)和低氧化氮燃烧器等。

【项目小结】

1. 了解工业锅炉与电站锅炉的分类方式。
2. 熟悉锅炉本体及辅机的结构。
3. 掌握电站锅炉的工作原理及过程。

【课后练习】

一、名词解释

1. 锅。
2. 炉。
3. 锅炉本体。
4. 锅炉辅机。

二、填空题

1. 锅炉本体有_____、_____和_____。
2. 锅炉辅机包括_____、_____、_____、_____、_____和_____。

三、简答题

1. 简述锅炉的作用及能量转换过程。

2. 简述电站锅炉的工作原理及过程。

【总结评价】

1. 谈一谈你对锅炉的作用及能量转换过程有哪些了解。

2. 简述锅炉本体及辅机的结构。

3. 结合学习的实际情况,掌握电站锅炉的工作原理及过程。

4. 简述锅炉房设备的组成与分类。

5. 什么是蒸发量? 什么是热功率? 它们之间如何换算?

6. 什么是锅炉的热效率?

7. 简述锅炉型号 DZL4-1.25-A II 和 SZS10-1.27-Y 各部分的含义。

8. 试在三号图纸上画出某锅炉房设备示意图。

项目二　锅炉燃料

【项目目标】

1. 熟悉锅炉燃料的种类。
2. 掌握锅炉燃料中煤的成分及性质。
3. 熟知煤的特性与分类。

【技能目标】

能正确进行锅炉燃料用量计算。

【项目描述】

本项目要求学生熟悉锅炉的作用、结构及工作过程;掌握煤的成分及性质;熟知煤的分类;掌握锅炉热平衡相关热量的计算。

【项目分解】

项目二 锅炉燃料	任务一　锅炉燃料概述	2.1.1	燃料介绍
		2.1.2	固体燃料
		2.1.3	液体燃料
		2.1.4	气体燃料
	任务二　煤质分析	2.2.1	煤的元素分析
		2.2.2	煤的工业分析
		2.2.3	煤成分的计算基准
	任务三　煤的主要特性	2.3.1	煤的发热量
		2.3.2	高温下煤灰的熔融特性(灰熔点)
		2.3.3	煤的可磨性
		2.3.4	煤的磨损性
	任务四　发电用煤的分类	2.4.1	无烟煤
		2.4.2	贫煤
		2.4.3	烟煤
		2.4.4	褐煤
		2.4.5	低质煤

13

项目二 锅炉燃料	任务五　锅炉热平衡	2.5.1　热平衡基本概念
		2.5.2　锅炉输入热量
		2.5.3　锅炉有效利用热量
		2.5.4　锅炉各项热损失
		2.5.5　锅炉热效率

任务一　锅炉燃料概述

【任务目标】

熟悉锅炉燃料的种类。

【导师导学】

冬季采暖、中央空调、生活和生产所需要的热能主要是通过锅炉中燃料的燃烧来获得的。到目前为止,世界各国所用的燃料绝大部分都是化石燃料,即石油、天然气和煤。化石燃料在几百万年前由植物和微生物形成,储藏在地壳里。

燃料的种类和特性与燃烧设备的选用、锅炉的安全经济运行有着密切的关系。因此,了解燃料的分类、组成、特性和燃烧的过程十分重要。

燃料的燃烧计算是锅炉热力计算的一部分,计算燃烧所需的空气量和产生的烟气量,可为锅炉的热平衡计算和送、引风机的选择提供可靠的依据。

就我国目前的情况来看,燃油锅炉和燃气锅炉为数不多,燃煤锅炉占比最大,而且其仍是电厂锅炉今后发展的方向,故本项目介绍的燃料将以煤为主,对锅炉运行和计算中有关煤的成分与性质、各种成分的表示方法及它们之间的换算、煤的发热量、煤灰的熔融性、煤的分类等做详细论述。

2.1.1　燃料介绍

通过燃烧可以产生大量热能的物质称为燃料。目前所用的燃料可分为两大类:一是核燃料,二是有机燃料。电站锅炉大都燃用有机燃料。所谓有机燃料,就是能与氧发生强烈化学反应并放出大量热能的物质。

有机燃料按其物态可分为固体、液体、气体三大类;按其获得的方法不同可分为天然燃料和人工燃料两大类;按其用途可分为动力燃料和工艺燃料两大类。几种燃料的比较如图2-1所示。

210 L 燃油

425 kg 木颗粒

450 kg
风干的落叶树木材

450 kg 热值为 2 100 kW·h 的
落叶树木材相当于 385 kg 褐煤饼、
425 kg 木颗粒或 210 L 燃油

385 kg 褐煤饼

图 2-1　几种燃料的比较

电站锅炉是耗用大量燃料的动力设备,只有不断地向炉内供给燃料,才能保证生产连续不断地进行;锅炉工作的安全性和经济性,与燃料性质密切相关,燃料种类不同,锅炉燃烧方式、炉膛结构和布置以及运行方式也不同。燃料成分及性质是锅炉设计和运行的重要依据。锅炉设计及运行人员必须了解锅炉燃料的成分、性质及其对锅炉工作的影响,这样才能保证锅炉运行的安全性和经济性。

我国是燃料资源比较丰富的国家,煤炭、石油资源都很丰富。我国的煤不仅蕴藏丰富,而且质量优良。新中国成立以来,能源工业有很大的发展。但是,由于我国人口众多,人均拥有的能源水平还是很低的。因此,为了合理地充分利用燃料资源,必须物尽其用,一物多用,节约燃料。电力部门在选用燃料时应遵循以下原则:火力发电厂一般应燃用其他部门不便利用的劣质燃料,尽可能不占用其他工业部门所需的优质燃料;尽可能采用当地燃料,建设坑口电站,就地利用资源,向外输送电力,既可以减轻运输负担,也可以促进各地区天然资源的开发利用;提高燃料使用的经济效果,节约能源;尽量减少燃料燃烧生成物对环境的污染。

2.1.2　固体燃料

在我国,锅炉使用的固体燃料有煤、油页岩、木柴、垃圾、煤矸石等。常使用的煤有无烟煤(又称白煤,挥发分含量很低,含碳量很高,着火困难,不易燃尽烧透,燃烧无烟)、烟煤(含碳量高,挥发分含量也高,易于着火和燃烧,燃烧时多烟)、褐煤(挥发分含量很高,容易着火,含水量高,燃烧时多烟)等。各地的固体燃料的成分差异很大,由于其运输困难、运行所需劳动量大,特别是燃烧产生的烟尘和二氧化硫气体对环境污染严重,在许多大、中城市已经被限制使用。

国外有将碎木屑制成直径为 3~8 mm、适宜长度的燃料颗粒,供锅炉燃烧。

2.1.3　液体燃料

我国电站锅炉的主要燃料是煤,但在点火或低负荷运行时,需要燃烧液体燃料。当然,我国也有燃油锅炉,电站锅炉用的液体燃料主要是重油。重油又分为燃料重油和油渣两种,它们都是石油炼制后的残余物,由于密度较大,所以称为重油。

重油是由不同成分的碳氢化合物组成的混合物。它与煤一样由碳、氢、氧、氮、硫、水分、灰分组成。其成分稳定,一般含碳量为84%~87%,含氢量高达11%~14%,氧、氮含量为1%~2%,水分和灰分都较少,一般水分低于4%,灰分不超过1%,发热量 $Q_{net,\ ar}$ = 37 700~44 000 kJ/kg。重油碳、氢含量较高,杂质含量较少,因此发热量较高,很容易着火与燃烧;灰分含量极少,因此不需要出渣、除尘设备,也不需要考虑受热面结渣、磨损问题。重油加热至一定温度就能流动,因此运输、调节都很方便,且不需要复杂的制粉系统。由于重油含氢量高,燃烧后生成的水蒸气多,因此其硫分和灰分对受热面的腐蚀和积灰比较严重。此外,对燃油的管理必须注意防火。燃油的物理特性如下。

1. 黏度

黏度反映燃油流动性的高低,影响燃油的运输和雾化质量。我国采用恩氏黏度(一种条件黏度)衡量油的黏度,即在一定温度下(对馏分型燃油为40 ℃,对残渣型燃油为100 ℃)200 mL 油从恩氏黏度计中流出的时间与20 ℃时同体积蒸馏水从恩氏黏度计中流出的时间的比值,用符号 E 表示。油的恩氏黏度在30~80 时,才能保证油在管中顺利输送。燃油按其黏度分为20、60、100、200 号四种牌号。小型锅炉一般使用20 号燃油,其在20 ℃时的运动黏度最大,恩氏黏度 E 与运动黏度 v 可以按 v=(7.31E-6.31E)×10^{-6} m²/s 进行换算。燃油的黏度与其成分、温度、压力有关。燃油的平均分子量越大,其黏度越高;燃油的平均分子量越小,其黏度越低。燃油的黏度随着温度的升高而降低,随着温度的降低而升高。所以,燃油在燃烧前需要预热。

黏度对油的输送和燃烧有很大的影响。油的黏度越小,流动性能越好,雾化的质量也越好,越便于输送;黏度大,则输送、装载都较困难,而且不易雾化。黏度还可用动力黏度 μ 和运动黏度 v 表示。在110 ℃以下,重油的黏度随油温的升高而降低,因此常用加热的办法降低油的黏度。

2. 凝固点

凝固点是指燃油丧失流动性开始凝固时的温度,它与石蜡的含量有关。取油试样放在一定的试管中冷却,并将试管倾斜45°,若试管中的油面经过1 min 保持不变,这时的油温即为其凝固点。燃油根据易熔性可分成不同的等级。易熔的燃油(在国外,为了不用错,将这种燃油染成红色,与柴油类似)在常温下黏度低,民用和商用锅炉都能采用;在燃烧前难熔的燃油要加热到100~150 ℃才能有足够的流动性,只用于工业。0 号轻柴油、100 号重油、200 号重油的凝固点分别为0 ℃、25 ℃和36 ℃。

油中石蜡含量越多,凝固点越高。凝固点高的油,低温时流动性差,将增加运输和管理的难度。我国重油的凝固点一般在15 ℃以上。

3. 闪点和燃点

将燃油加热,随着油温的升高,油蒸发为油气的数量增多,当油面上的油气与空气的混合物达到某一浓度,与明火接触时发生短暂的闪光,一闪即灭,这时燃油的温度称为闪点。

当油面上的油气与空气的混合物遇明火能着火,并能连续燃烧时的最低温度称为燃点。一般油的燃点比其闪点高 20~30 ℃,燃油的预热温度必须低于其闪点。

闪点是燃油安全防火的指标,无压容器的油温应比闪点低 20~30 ℃,在无空气的压力容器和管道内油温可不受限制。重油因不含易挥发的轻质油成分,所以闪点较高,一般为 80~130 ℃。

闪点和燃点是鉴别重油着火燃烧危险性的重要指标,燃油的闪点和燃点越高,储存和运输时着火的危险性越小。燃油的闪点和燃点间距过大,燃烧过程易出现火炬跳跃波动,甚至火炬暂时中断。

4. 密度

燃油的密度能在一定程度上反映其物理特性和化学成分。密度大的燃油,其碳及杂质的含量较高,而氢的含量相对较小,以致黏度较大、闪点较高、发热量较低。因此,密度是检验和评价油的指标。由于燃油密度与温度有关,因而在石油工业中,规定以油温为 20 ℃ 时的密度作为油产品的标准密度。我国燃油密度一般在 0.88~0.99 t/m³。

5. 含硫量

对于燃油的含硫量(质量分数)各个国家有不同的要求,其中德国最严,限制在 0.2% 以内,我国的燃油含硫量规定在 0.5% 左右。

6. 浑浊点

浑浊点是燃油刚开始产生浑浊时的温度,它是由于燃油析出能堵塞油管的固体状的成分引起的。轻柴油的浑浊点一般在 3 ℃ 左右,在 -9 ℃ 时油泵就不能泵吸了,在 -12 ℃ 时就达到不可过滤的界限。

2.1.4 气体燃料

气体燃料一般有天然气(来自地壳中的石油,主要成分是甲烷)、液化气(由丙烷和丁烷组成,来自石油的冶炼)、人工煤气(对煤进行焦化时产生)、水煤气(由水蒸气和炽热的焦炭发生反应产生)、城市煤气(由约 70% 的人工煤气和 30% 的水煤气等混合而成)。民用锅炉一般使用天然气和城市煤气,家用锅炉也有使用液化气的。由于城市煤气在生产中污染大、耗能高,在经济发达的国家已经很少使用,在我国也不再发展。

一定量的燃气的体积与当时的气体状态(气体压力和气体温度)有关。所以,要得到燃气的准确数据,必须知道燃气的压力和温度,考虑标准状态和运行状态。标准状态是指燃气温度为 0 ℃、绝对压力为 101.3 kPa 时的状态。运行状态是指燃气在使用点的状态,运行状态的温度通常在 0~20 ℃,绝对压力由当地的大气压和燃气的计示压力得出。

相对密度是指在标准状态下,燃气密度与空气密度之比。燃气相对密度 >1 时,燃气在空气中下沉;燃气相对密度 <1 时,燃气在空气中上浮。

气体燃料有天然气体燃料和人工气体燃料两种。气体燃料同样由碳、氢、氧、氮、硫、水分、灰分组成,但它通常用各组成气体的容积百分数来表示。气体燃料具有与液体燃料相同的优点,但是它易爆炸,某些成分(如 CO)有毒,在使用时应采取相应的安全措施。电站锅炉使用的气体燃料主要有天然气、高炉煤气和焦炉煤气等。

1. 天然气

天然气有气田煤气和油田煤气两种。气田煤气是由地下气层引出的可燃气体,其甲烷含量高达 94%~98%,其他成分含量较低,其标准密度为 0.5~0.7 kg/Nm³。油田煤气是开采石油时带出的可燃气体,其甲烷含量一般为 75%~87%,乙烷、丙烷等重碳氢化合物占 10% 以上,二氧化碳等不可燃气体含量很低,占 5%~10%,其标准密度为 0.6~0.8 kg/Nm³。天然气的发热量很高,可达 33 500~37 700 kJ/Nm³。天然气是优质的动力燃料,同时又是宝贵的化工原料,一般不应作为锅炉燃料使用。

2. 高炉煤气

高炉煤气是炼铁高炉的副产品,其主要可燃成分是一氧化碳(CO)和氢气(H_2),CO 含量为 20%~30%,H_2 含量为 5%~15%,还含有大量不可燃气体(CO_2、N_2),并含有大量的灰粒,所以高炉煤气的标准发热量较低,为 3 800~4 200 kJ/Nm³,在冶金联合企业的发电厂中,常与重油、煤粉混合燃烧。

3. 焦炉煤气

焦炉煤气是炼焦炉的副产品,其主要可燃成分是氢气(H_2)和甲烷(CH_4),H_2 含量为 50%~60%,CH_4 含量为 20%~30%,还含有少量 CO 和其他杂质,所以焦炉煤气的标准发热量较高,约为 17 000 kJ/Nm³。焦炉煤气属于优质动力燃料,可以从焦炉煤气中提炼氨、苯和焦油等多种化工原料,一般应提炼后再燃用。

任务二　煤质分析

【任务目标】

熟悉煤的成分和计算基准。

【导师导学】

煤是一种植物化石,其化学组成成分十分复杂,但作为能源使用,只要了解煤与燃烧有关的组成,例如元素分析成分和工业分析成分,就能满足电厂锅炉燃烧技术和有关热力计算等方面的要求。

2.2.1　煤的元素分析

煤的元素分析成分也称为化学组成成分,它是锅炉燃烧计算和研究煤的基本特性的主要依据。在锅炉设计、热工试验和燃烧控制等方面都需要掌握煤的元素分析成分,元素分析结果对煤质研究、工业利用和环境评价等都极为有用。煤的元素分析结果用各种元素的质量百分数表示。

煤的元素分析成分包括碳(C)、氢(H)、氧(O)、氮(N)、硫(S)五种元素以及水分(M)

和灰分(A)两种杂质。其中,碳、氢、硫是可燃成分,水分和灰分是煤的外部杂质,氧、氮是煤的内部杂质,这些杂质均是不可燃成分。

上述各种成分并不是机械的混合,而是以复杂的化合物的形态存在于煤中。下面分别介绍煤中各元素分析成分的基本性质。

1. 碳(C)

碳是煤中最主要的可燃元素,也是煤中含量最多的元素,含量为50%~90%。碳本身在比较高的温度下才能燃烧,所以碳的燃烧特点是不易着火、燃烧缓慢。煤的碳化程度越深,即含碳量越多,着火燃烧越困难。

2. 氢(H)

氢是煤中发热量最高的元素,但其含量不多,且随着碳化程度的加深,其含量逐渐减少,一般只有1%~6%。它极易着火,燃烧迅速,故燃料含氢越多,越易着火燃烧。但是氢燃烧后要生成水蒸气,使炉内温度下降,给尾部受热面发生低温腐蚀提供了条件;另外还增加了烟气量,使排烟损失增大,尾部受热面磨损加剧,如果烟气中水蒸气过多还有可能造成堵灰。

3. 硫(S)

煤中的硫以有机硫(SO)、黄铁矿硫(SP)和硫酸盐硫(SS)三种状态存在。前两种硫可以燃烧,称为可燃烧硫(S_t);后一种硫不能燃烧,是灰分的一部分。

硫是煤中的有害成分。硫虽然能燃烧放热,但发热量比较低,仅为9 040 kJ/kg。煤中硫含量极少,一般只有0.5%~3%,但是其燃烧产物SO_2和SO_3与烟气中的水蒸气结合时生成的硫酸蒸气,会对锅炉尾部受热面造成酸性腐蚀,并造成环境污染,因此现代大型锅炉通常装有烟气脱硫装置。

4. 氧(O)和氮(N)

氧和氮都是煤的内部杂质,它们都不是可燃元素,不能燃烧放热。氧虽能助燃,但它在煤中的含量与大气中氧的含量相比是微不足道的。氮不但不能燃烧放热,还要吸热。另外,氮在燃烧反应中会生成有害气体NO_x,造成大气污染。所以,氧和氮合称为煤的内部杂质。

5. 水分(M)

水分是煤的主要外部杂质。煤中的水分(全水分M_t)由表面水分(也称外在水分M_f)和固有水分(也称内在水分M_{ad})组成。表面水分主要是由于雨露冰雪和在开采、运输、储存过程中进入煤中的水分,依靠自然干燥的方法可以除去。而固有水分是煤形成过程中存在其中的,不能依靠自然干燥的方法除去,必须把煤加热到102~105 ℃,保持1~3 h才能除掉。

由于水分的存在,不仅使煤中的可燃元素相对减少,而且煤燃烧时水分蒸发还会吸收热量,使煤的发热量降低;同时,它还会生成大量水蒸气,使排烟量加大,排烟损失增加,给尾部受热面发生低温腐蚀提供条件。

水分多的煤引燃困难,燃烧时间延长,降低炉膛温度,使锅炉效率降低。

6. 灰分(A)

灰分也是煤的主要外部杂质。灰分含量越多,煤中的可燃成分相对越少,则煤的发热量越低。在燃烧过程中,灰分容易隔绝可燃物质与氧气的接触,使煤粉着火困难,可燃质不易完全燃尽。灰粒随烟气流动时,会造成锅炉受热面磨损和积灰。灰分还可能引起受热面结焦,影响受热面的安全与传热,并因排渣增多而引起炉渣热损失增加。

2.2.2 煤的工业分析

在煤的燃烧过程中,各种元素大多不是单质燃烧,而是可燃质与其他元素组成复杂的高分子化合物参与燃烧。在煤的着火和燃烧过程中,煤中各种物质的变化如下:首先水分被蒸发出来;然后煤中的氢、氧、氮、硫及部分碳组成的有机化合物便进行热分解,变成气体挥发出来,这些气体称为挥发分;挥发分析出后,剩下的是焦炭,焦炭就是固定碳和灰分的组成物。

因此,煤的着火和燃烧过程中生成四种成分,即水分、挥发分、固定碳和灰分。按规定的条件将煤样进行干燥、加热和燃烧,测定出煤中的水分(M)、挥发分(V)、固定碳(FC)和灰分(A)这四种成分的质量百分数,这种方法称为煤的工业分析。

1. 水分(M)

把煤样放在温度为 105~110 ℃的干燥箱内进行恒温干燥(2~3 h),所失去的质量占原试样质量的百分数,称为该煤的水分值(全水分)。

2. 挥发分(V)

煤样失去水分后,将其放入带盖的坩埚中,并置于 900 ℃高温电炉内隔绝空气继续加热,有机物发生分解不断析出挥发分气体,保持约 7 min 后,煤样因气体挥发而失去的质量占原煤样质量的百分数,称为该煤的挥发分值。

挥发分中主要是可燃性气体,如 CO、H_2、H_2S、C_nH_m 等,还有少量的不可燃气体,如 O_2、CO_2、N_2 等,因此挥发分是煤在加热过程中所分解出的可燃性气体,它不是煤中固有的。挥发分含量高的煤很容易着火,燃烧速度快,并有利于燃尽,这是因为:

(1)挥发分是可燃性气体,燃点低,很容易着火;

(2)挥发分着火后对煤粒进行加热,促使其尽快着火;

(3)挥发分析出后,煤变得疏松,孔隙增多,增大煤的燃烧面积,加速煤的燃烧过程。

因此,挥发分是表征煤的燃烧特性的一个主要特性数据,也是电厂锅炉用煤进行分类的主要依据。

3. 固定碳(FC)和灰分(A)

煤样除去水分和挥发分后,剩余的煤的固体部分称为焦炭,焦炭是由固定碳和灰分组成的。将焦炭在空气中加热至 815±10 ℃灼烧(不出现火焰)到质量不再改变后取出冷却,这时焦炭失去的质量就是固定碳的质量,剩余部分的质量则是灰分的质量。这两个质量分别占原煤样的质量百分数就是固定碳和灰分的含量。

2.2.3 煤成分的计算基准

由前述可知,煤由碳、氢、氧、氮、硫五种元素及水分、灰分等组成,这些成分都以质量百分数含量计算,其总和为 100%。

因为煤中灰分和水分的含量容易受外界条件的影响而发生变化,所以单位质量的煤中其他可燃物质的质量百分数也会随之发生变化。即使是同一种煤,也会出现上述情况。因此,需要将根据煤存在的条件或根据需要而规定的成分组合作为基准,这样才能正确地反映煤的性质。煤成分的计算基准有下列四种。

1. 收到基

以收到状态的煤为基准计算煤中全部成分的组成称为收到基。对进厂原煤或炉前煤都应当按收到基计算各项成分。收到基以下角标"ar"表示。

元素分析:$C_{ar} + H_{ar} + O_{ar} + N_{ar} + S_{ar} + A_{ar} + M_{ar} = 100\%$

工业分析:$FC_{ar} + V_{ar} + A_{ar} + M_{ar} = 100\%$

收到基是锅炉燃料实际应用煤的成分,故在锅炉设计、试验和进行燃烧计算时必须使用。

2. 空气干燥基

空气干燥基是以与空气温度达到平衡状态的煤为基准,即供分析化验的煤样在实验室一定温度条件下,自然干燥失去外在水分,其余的成分组合便是空气干燥基,也就是用除去煤的表面水分的煤样进行分析而得的成分。空气干燥基以下角标"ad"表示。

元素分析:$C_{ad} + H_{ad} + O_{ad} + N_{ad} + S_{ad} + A_{ad} + M_{ad} = 100\%$

工业分析:$FC_{ad} + V_{ad} + A_{ad} + M_{ad} = 100\%$

3. 干燥基

干燥基是以假想无水状态的煤为基准,以下角标"d"表示。干燥基中因无水分,故灰分不受水分变动的影响,常用于比较两种煤的灰分含量。

元素分析:$C_d + H_d + O_d + N_d + S_d + A_d = 100\%$

工业分析:$FC_d + V_d + A_d = 100\%$

4. 干燥无灰基

干燥无灰基是以假想的无水无灰状态的煤为基准,以下角标"daf"表示。

元素分析:$C_{daf} + H_{daf} + O_{daf} + N_{daf} + S_{daf} = 100\%$

工业分析:$FC_{daf} + V_{daf} = 100\%$

干燥无灰基因无水、无灰,故其他成分便不受水分、灰分变动的影响,它是表示煤中碳、氢、氧、氮、硫成分百分数最稳定的基准,煤中的挥发分用干燥无灰基的 V_{daf} 表示,以表明煤的燃烧特性和煤分类的依据。

煤的基准划分如图 2-2 所示。

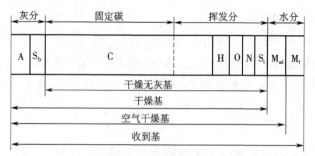

图 2-2　煤的基准划分

M_f—外在水分；M_{ad}—内在水分；S_t—可燃烧硫或称全硫；S_{ly}—硫酸盐硫（已归入灰分）

任务三　煤的主要特性

【任务目标】

1. 掌握煤的发热量的常用表示方法及换算关系。

2. 了解煤灰的熔融特性。

3. 会计算煤的消耗量。

【导师导学】

煤的主要特性包括煤的发热量、煤灰的性质、煤的可磨性和磨损性。

2.3.1　煤的发热量

1. 煤的发热量概述

单位质量的煤完全燃烧时所放出的热量称为煤的发热量，用 Q 表示，单位为 kJ/kg。煤的基准不同，其发热量也不同，一般采用收到基的发热量 Q_{ar}。

煤的发热量有高位发热量和低位发热量之分。当 1 kg 煤完全燃烧生成的水蒸气全部凝结成水时，煤所放出的热量称为高位发热量，用 $Q_{ar,gr}$ 表示。当发热量中不包括水蒸气凝结放出的汽化潜热时，称为低位发热量，用 $Q_{ar,net}$ 表示。可见，高、低位发热量之间差 1 kg 煤燃烧生成的水蒸气所包含的那部分汽化潜热。现代大容量锅炉为防止低温受热面腐蚀，排烟温度一般在 110~160 ℃，在这个温度范围内，烟气中的水蒸气在常压下不会凝结，汽化潜热未被利用，因此实际能被锅炉利用的只是煤的低位发热量。

高位发热量经式（2-1）可换算得到低位发热量：

$$Q_{ar,net}=Q_{ar,gr}-r\left(\frac{9H_{ar}}{100}+\frac{M_{ar}}{100}\right)\qquad(2\text{-}1)$$

式中　r——水蒸气的汽化潜热，$r=2\,500$ kJ/kg。

由式（2-1）可见，低位发热量等于高位发热量减去煤中水分及煤中氢燃烧后生成的水分所带走的热量。

2. 标准煤与折算成分

1）标准煤

在工业上，为核算企业对能源的消耗量，统一计算标准，便于比较和管理，引入标准煤的概念。规定收到基的低位发热量 $Q_{ar, net}$=29 310 kJ/kg（7 000 kcal/kg）的煤称为标准煤。标准煤是假想的煤，引入标准煤概念的主要目的是便于对各个电厂进行统一的经济核算。火力发电厂的煤耗量就是按每发 1 kW·h 的电，所消耗标准煤的千克（或克）数来计算的。

实际煤耗量和标准煤耗量之间的换算关系为

$$B_b=BQ_{ar, net}/29\ 310 \qquad\qquad (2-2)$$

式中　B_b——标准煤耗量，kg/h；

　　　B——实际煤耗量，kg/h；

　　　$Q_{ar,net}$——实际用煤的低位发热量，kJ/kg。

在比较两台锅炉或两个电厂的煤耗量时，可用式（2-2）先折算为标准煤耗量后再比较。

2）折算成分

为了比较煤中各种有害成分（水分、灰分及硫分）对锅炉工作的影响程度，更好地鉴别煤质，引入折算成分的概念。规定收到基的低位发热量为 4 182 kJ/kg（1 000 kcal/kg）的煤所含的收到基水分、灰分和硫分，分别称为折算水分、折算灰分和折算硫分。把 $M_{ar,zs}$>8%、$A_{ar,zs}$>4%、$S_{ar,zs}$>0.2% 的煤分别称为高水分、高灰分、高硫分的煤。

2.3.2　高温下煤灰的熔融特性（灰熔点）

煤灰的熔融特性是指煤中灰分熔点的高低，它对锅炉运行工况影响很大。

灰熔点目前都采用试验方法来测定，我国采用的是国际上广泛采用的角锥法，即先把煤灰制成高 20 mm、底边长 7 mm 的等边三角形锥体，然后把该灰锥放在可以调节温度的、充满弱还原性气体的高温电炉中，并以规定的速度升温，当加热到一定程度后，灰锥在自重的作用下开始发生变形，随后软化和熔化。角锥法就是根据目测灰锥在受热过程中形态的变化，用图 2-3 所示的三种形态对应的特征温度来表示煤灰的熔融特性。

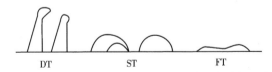

图 2-3　灰锥的变形和表示熔融特性的三个特征温度

DT—变形温度；ST—软化温度；FT—流动温度

（1）变形温度（DT）：灰锥尖端变圆或开始弯曲时的温度。

（2）软化温度（ST）：灰锥尖端弯曲而触及锥底平面或整个锥体变成球体时的温度。

（3）流动温度（FT）：灰锥完全熔融成液态并能流动时的温度。

通常用软化温度代表灰熔点。各种煤的灰熔点一般为 1 100~1 600 ℃。锅炉运行经验表明，灰熔点小于 1 350 ℃就有可能造成锅炉结渣。对固态排渣煤粉炉，为了避免高温对流受热面结渣,要求炉膛出口烟温比灰的软化温度低 50~100 ℃。

实际上,现代大型锅炉由于容量大、炉温高,再加上煤质普遍不够好,为了增强运行的安全可靠性,锅炉设计时就规定炉膛出口烟温比灰的变形温度低 100 ℃ 以上。

因为煤灰中含有多种成分,故没有固定熔点,其形态变化是逐步过渡的。DT、ST、FT 是液相和固相共存的三个温度,不是固相向液相转化的界限温度,仅表示煤灰形态变化过程中的温度间隔。DT、ST、FT 的温度间隔对锅炉工作有较大影响,如果温度间隔很大,那就意味着固相和液相共存的温度区域很宽,煤灰的黏度随温度变化很慢,这样的灰渣称为长渣,长渣在冷却时可长时间保持一定的黏度,故在炉膛中易于结渣;反之,如果温度间隔很小,那么灰渣的黏度就随温度急剧变化,这样的灰渣称为短渣,短渣在冷却时的黏度增加得很快,只会在很短时间内造成结渣。一般认为 DT、ST 的差值在 200~400 ℃ 时为长渣,在 100~200 ℃ 时为短渣。

影响灰熔点的因素主要有以下方面。

(1)灰的成分对灰熔点的影响很大,一般情况下,灰中酸性成分增加,会使灰熔点升高。

(2)灰中碱性金属氧化物,特别是碱土金属氧化物含量增加,会使灰熔点降低;灰中含铁量增加,会使灰熔点降低。

(3)灰周围烟气的气氛也对灰熔点有影响。还原性气氛使灰熔点降低,所以当锅炉燃烧不好时,锅炉容易结渣。氧化性气氛使灰熔点提高,所以现代采用前后墙对冲燃烧方式的锅炉一般在后墙水冷壁处通以少量的空气(贴壁风),使其呈现氧化性气氛,从而提高灰熔点,防止后墙水冷壁结渣。

2.3.3 煤的可磨性

煤的可磨性是指煤被磨制成一定细度的煤粉的难易程度,煤被磨成煤粉的难易程度取决于煤本身的结构。由于煤本身的结构特性不同,各种煤的机械强度、脆性有很大的区别,因此其可磨性就不同。一般用可磨性系数来表示煤被磨成煤粉的难易程度。

煤的可磨性系数是指在风干状态下,将相同质量的标准煤样和试验煤样由相同的初始粒度磨碎到相同的煤粉细度时所消耗的电能之比。可磨性系数可用式(2-3)表示:

$$K_{km}=E_b/E_s \qquad\qquad (2-3)$$

式中 E_b——磨制标准煤样所消耗的能量;

E_s——磨制试验煤样所消耗的能量;

E_{km}——可磨性系数。

可磨性系数是无量纲量,其数值大,表示该煤容易被磨制,磨制单位质量煤粉的能耗少;反之,则表示该煤难以磨制,磨制单位质量煤粉的能耗多。

上述可磨性系数的测试方法,即 BTN 法在苏联和东欧一些国家及我国早期应用较多。世界上普遍用 Hardgrove 法(简称哈氏法)来确定煤的可磨性,称为哈氏可磨性系数,用 HGI 表示。我国国家标准规定:煤的可磨性试验采用 Hardgrove 法测定哈氏可磨性系数。

哈氏可磨性系数的测定方法是:将经过空气干燥、粒度为 0.63~1.25 的 50 g 煤样放入哈氏可磨性试验仪(特制的小型中速钢球磨煤机)中,施加在研磨件(钢球)上的总作用力为284 N,驱动电动机进行碾磨,旋转60转,将磨制好的煤粉用孔径为0.71 mm的筛子在筛振机上筛分,并称量筛上与筛下的煤粉量。哈氏可磨性系数可利用式(2-4)计算:

$$HGI=13+6.93G_{71} \tag{2-4}$$

式中　G_{71}——通过孔径为0.71 mm筛的试样质量,由所用总煤样质量减去筛上筛余量求得,g。

锅炉制粉系统运行时,利用可磨性系数能预计磨煤机的磨煤出力和电能消耗。在设计锅炉制粉系统时,根据可磨性系数选择磨煤机的形式,并计算磨煤机磨煤出力和电能消耗。

我国动力用煤的可磨性系数一般为25~129。通常认为$HGI>86$的煤为易磨煤,$HGI<62$的煤为难磨煤。HGI值越小,表明该煤越难磨。

2.3.4　煤的磨损性

煤的磨损性是指煤对磨煤机的研磨部件磨损的程度,在我国用冲刷磨损指数K_{ms}表示。试验表明,煤在破碎时对金属的磨损是由煤中所含硬质颗粒对金属表面形成显微切削造成的。$K_{ms}<2$为磨损性不强,$K_{ms}=2$~3.5为磨损性较强,$K_{ms}=3.5$~5为磨损性很强,$K_{ms}>5$为磨损性极强。

煤的磨损性与可磨性是两个不同的特性,两者之间无直接的因果关系。试验表明,容易磨碎的煤,其HGI值大,而磨损性不一定弱;反之亦然。

任务四　发电用煤的分类

【导师导学】

不同品种的煤性质差别很大。为了合理利用煤炭资源,需要对煤进行分类。我国动力用煤是在炼焦用煤的基础上,根据煤的干燥无灰基挥发分的不同、燃烧性质的不同,而将煤分为无烟煤($V_{daf}<10\%$)、贫煤($V_{daf}=10\%$~20%)、烟煤($V_{daf}=20\%$~40%)、褐煤($V_{daf}>40\%$)四类。

这种分类方法,作为电站锅炉及其辅助系统的通用设计、运行和技术管理的依据是不够全面的。长期运行实践表明,对锅炉热力工作影响较大的指标,除煤的干燥无灰基挥发分外,还有收到基低位发热量$Q_{ar,net}$、收到基折算水分$M_{ar,zs}$、干燥基灰分A_d、干燥基硫分S_d及灰的软化温度。根据我国煤炭资源和电站调查资料,并结合科研单位的试验结果,按挥发分、灰分、水分、硫分和灰熔点这五个指标将电站煤粉锅炉用煤分为五大类。

2.4.1　无烟煤

根据电站实践,$V_{daf}<6.5\%$的煤着火困难、燃烧经济性差,这种煤在我国藏量很少。作为电站煤粉锅炉用煤的无烟煤,$V_{daf}=6.5\%$~10%,$Q_{ar,net}>21$ MJ/kg。

无烟煤俗称白煤,表面具有明亮的黑色光泽,质地坚硬,不易碎裂,密度也较大。其碳化程度最深,固定碳含量多,水分、灰分含量较少,所以发热量高。由于无烟煤挥发分含量较少,因而不易着火,燃烧缓慢,焦炭无黏结性。无烟煤储存时不易风化和自燃。

2.4.2　贫煤

贫煤是介于无烟煤与烟煤之间的一种煤。贫煤 V_{daf}=10%~19%,$Q_{ar,\,net}$>18.5 MJ/kg,不结焦。挥发分较低的贫煤,其燃烧性能接近于无烟煤。

2.4.3　烟煤

V_{daf}=19%~40% 的煤均属烟煤。由于烟煤的范围较广,按煤的燃烧特性不同,又可分为两小类。一类为中挥发分煤,其 V_{daf}=19%~27%,$Q_{ar,\,net}$>16.5 MJ/kg;另一类为高挥发分煤,其 V_{daf}=27%~40%,$Q_{ar,net}$>15.5 MJ/kg。

烟煤表面具有黑色光泽,质地松软。其一般含碳量多,含氧量少,水分、灰分含量不多,因而发热量较高。由于烟煤挥发分较多,一般易着火,易燃尽,燃烧时火焰长。

2.4.4　褐煤

褐煤的 V_{daf}>40%,$Q_{ar,\,net}$>11.5 MJ/kg。其碳化程度较低,表面光泽暗淡,呈棕黑色,含有较高的内在水分及腐殖酸。褐煤易着火,燃烧时火焰长。因为褐煤含碳量不多,而水分、灰分含量较多,所以发热量较低。褐煤质脆易风化,也很容易自燃。

2.4.5　低质煤

在目前技术条件下,凡单独燃烧有困难、燃烧不稳、燃烧不经济,或煤中有害杂质较多,对环境污染严重的煤,均属低质煤。按照其对锅炉工作影响的不同又可分为低发热量煤、超高灰分煤、超高水分煤、高硫煤、易结渣煤五小类。这些煤都不能单独燃用,但可以通过掺烧使混合煤的特性达到所需燃料的要求。

任务五　锅炉热平衡

【导师导学】

2.5.1　热平衡基本概念

锅炉热平衡是指在稳定运行工况下,锅炉的输入热量与锅炉的输出热量之间的平衡,这种平衡关系用公式的形式表现出来,就是锅炉的热平衡方程。锅炉的输入热量一般包括燃料的低位发热量和随燃料进入炉膛的其他热量。锅炉的输出热量包括蒸汽带走的热量、烟气带走的热量、炉墙散失的热量、灰渣带走的热量，以及燃烧不完全而未能放出的热量等。

在锅炉的稳定运行工况下，以 1 kg 燃料为基础的热平衡方程如下：

$$Q_r = Q_1 + Q_2 + Q_3 + Q_4 + Q_5 + Q_6 \tag{2-5}$$

式中　Q_r——随 1 kg 燃料输入锅炉的总热量，kJ/kg；

Q_1——对应于 1 kg 燃料的有效利用热量，kJ/kg；

Q_2——对应于 1 kg 燃料的排烟损失热量，kJ/kg；

Q_3——对应于 1 kg 燃料的化学不完全燃烧损失热量，kJ/kg；

Q_4——对应于 1 kg 燃料的机械不完全燃烧损失热量，kJ/kg；

Q_5——对应于 1 kg 燃料的锅炉散热损失热量，kJ/kg；

Q_6——对应于 1 kg 燃料的灰渣物理损失热量，kJ/kg。

将式（2-5）中的各项都除以 Q_r，然后乘以 100%，则可得到用锅炉输入热量百分数表示的热平衡方程如下：

$$q_1 + q_2 + q_3 + q_4 + q_5 + q_6 = 100\% \tag{2-6}$$

式中　q_1——锅炉热效率 η。

2.5.2　锅炉输入热量

锅炉输入热量 Q_r 是由锅炉范围以外输入的热量，不包括锅炉范围内循环的热量，即

$$Q_r = Q_{ar,net} + i_r + Q_{wr} + Q_{zq} \tag{2-7}$$

式中　$Q_{ar,net}$——燃料的收到基低位发热量，kJ/kg；

i_r——燃料的物理显热，kJ/kg；

Q_{wr}——外来热源加热空气时带入的热量，kJ/kg；

Q_{zq}——雾化燃油所用蒸汽带入的热量，kJ/kg。

对于现代大型锅炉而言，因为燃油采用的是机械雾化方式，不用蒸汽雾化，而热空气带入炉内的热量绝大部分来自锅炉本身，所以对应于 1 kg 燃料输入锅炉的热量，通常包括燃料的收到基低位发热量、燃料的物理显热，即

$$Q_r = Q_{ar,net} + i_r \tag{2-8}$$

$$i_r = c_{p,ar} t_r$$

式中　$c_{p,ar}$——燃料的收到基比定压热容，kJ/（kg·℃）；

t_r——燃料的温度，℃。

2.5.3　锅炉有效利用热量

锅炉有效利用热量是指水和蒸汽流经各受热面时吸收的热量。而空气在空气预热器吸热后又回到炉膛，这部分热量属于锅炉内部循环热量，不应计入。锅炉有效利用热量 Q_1 为

$$Q_1 = [D_{gr}(i''_{gr} - i_{gs}) + \sum D_{zr}(i''_{zr} - i'_{zr}) + D_{zy}(i_{zy} - i_{gs}) + D_{pw}(i' - i_{gs})]/B \tag{2-9}$$

式中　B——燃料消耗量，kg/h；

　　　D_{gr}、D_{zy}、D_{pw}、D_{zr}——过热蒸汽量、自用蒸汽量、排污量和再热蒸汽量，kg/h；

　　　i''_{gr}、i_{zy}、i'、i_{gs}——过热蒸汽焓、自用蒸汽焓、饱和水焓和给水焓，kJ/kg；

　　　i'_{zr}、i''_{zr}——再热器进出口蒸汽焓，kJ/kg；

　　　$\sum$——具有一次以上再热时，应将各次再热器的吸热量叠加。

对于具有分离器的直流锅炉，锅炉排污量为分离器的排污量。当排污量小于蒸发量的 2% 时，排污水的热耗可以忽略不计。

2.5.4　锅炉各项热损失

1. 机械不完全燃烧热损失 q_4

机械不完全燃烧热损失是燃料中未燃尽碳造成的损失，这些碳残留在灰渣（飞灰和炉渣）中，也称为固体不完全燃烧热损失或未燃碳损失。在煤粉炉的各项热损失中，q_4 的大小仅次于排烟热损失。

影响 q_4 大小的因素主要有炉灰量和灰渣中的可燃物含量。其中，灰渣量主要与燃料中灰分含量有关；而灰渣中的残碳含量则与燃料性质、炉膛结构、燃烧器结构和布置、燃烧方式、配风方式、锅炉负荷、运行水平等有关。

显然，煤中灰分和水分越多，挥发分含量越少，煤粉越粗，q_4 越大。在燃料性质相同的情况下，炉膛结构合理（有适当的高度和空间），q_4 较小；燃烧器结构性能好，布置合理，配风合适，使气粉有较好的混合条件和较长的炉内停留时间，q_4 较小；炉内过量空气系数适当，炉温较高，q_4 较小；锅炉负荷过高使煤粉来不及在炉内烧透，负荷过低则炉温降低，都将使 q_4 增大。

2. 化学不完全燃烧热损失 q_3

化学不完全燃烧热损失是由于 CO、H_2、CH_4 等可燃气体未燃烧放热就随烟气离开锅炉而造成的热损失。

很明显，烟气中可燃气体含量越多，q_3 越大。而影响烟气中可燃气体含量的主要因素包括炉内过量空气系数、燃料挥发分含量、炉膛温度以及炉内空气动力工况等。一般来说，炉内过量空气系数过小，氧气供应不足，会造成 q_3 的增大；燃料挥发分含量较高而炉内空气动力工况不好，会使 q_3 增大。CO 在低于 800 ℃的温度下很难燃烧，所以炉膛温度过低时，即使其他条件均好，q_3 也会增大。此外，炉膛结构及燃烧器布置不合理，配风方式不合理，燃料在炉内停留时间过短，都会促使 q_3 增大。

3. 排烟热损失 q_2

排烟热损失是锅炉排烟物理显热造成的热损失。在煤粉炉的各项热损失中，排烟热损失是最大的一项，占 4%~8%。

影响排烟热损失的主要因素是排烟温度和排烟容积。排烟温度越高，排烟容积越大，则 q_2 就越大。

降低锅炉排烟温度，可以降低排烟热损失，但排烟温度过低会造成锅炉尾部受热面的酸性腐蚀,因而不允许把排烟温度降得过低。特别是在燃用硫分较高的燃料时,排烟温度还应适当保持相对高一些。现代大型锅炉排烟温度为 110~160 ℃。

减小排烟容积,可适当减小过量空气系数。但过量空气系数的减小,常会引起 q_3 和 q_4 的增大。所以,最合理的过量空气系数(称为最佳过量空气系数)应使 q_2、q_3、q_4 之和为最小。

锅炉在运行中,受热面积灰、结渣等会使传热减弱,促使排烟温度升高。因此,锅炉运行中应注意及时吹灰、打渣,经常保持受热面的清洁。

炉膛及烟道漏风,会增大排烟容积;炉膛下部漏风,还有可能使排烟温度升高。因此,尽量减少炉膛及烟道漏风,也是降低 q_2 的重要措施之一。

4. 散热损失 q_5

散热损失是由于锅炉本体及其范围内各种管道、附件的温度高于环境温度而造成的热损失。

影响散热损失的主要因素有锅炉外表面面积、外表面温度、炉墙结构、保温隔热性能及环境温度等。

显然,锅炉结构紧凑,外表面面积小,保温完善,q_5 较小;锅炉周围空气温度低,q_5 较大。因为锅炉容量的增加速度大于其外表面面积的增加速度,所以大容量锅炉的 q_5 比小容量锅炉小。对同一台锅炉来说,负荷高时 q_5 较小,负荷低时 q_5 较大,这是因为炉壁面积并不随负荷的降低而减小,炉壁温度降低的幅度也赶不上负荷降低的幅度。

5. 灰渣物理热损失 q_6

锅炉炉渣排出炉外时带出的热量,形成灰渣物理热损失。q_6 的大小主要与燃料中灰含量、炉渣中纯灰量占燃料总灰量的比例以及炉渣温度有关。

对固态排渣煤粉炉,只有当燃料中灰分满足 $A_{ar} \geqslant \dfrac{Q_{ar,net}}{418}$ 时才需计算 q_6。

2.5.5 锅炉热效率

锅炉热效率 η 即有效利用热量占输入热量的百分数,即

$$\eta = \frac{Q_1}{Q_r} \times 100\% \tag{2-10}$$

利用式(2-10)计算出的热效率称为正平衡效率。在锅炉设计或热效率试验时常用反平衡法,即求出各项热损失后,用式(2-11)求得 η:

$$\eta = 1 - (q_2 + q_3 + q_4 + q_5 + q_6) \tag{2-11}$$

$$Q_1 = \frac{Q}{B} \tag{2-12}$$

式中　Q——工质(水、蒸汽)的总有效利用热量,kJ/s。

可求出燃料消耗量 B 为

$$B = \frac{Q}{\eta Q_r} \tag{2-13}$$

B 一般称为锅炉的实际燃料消耗量,在进行燃料运输系统和制粉系统计算时,要用 B 来

计算。但在锅炉热力计算中,由于 q_4 的存在,实际在炉内参加燃烧反应的燃料量为

$$B_j = B(1 - q_4) \qquad (2\text{-}14)$$

式中 B_j——计算燃料消耗量。

在不同的热力计算中,对热损失的界定是不同的。前面介绍的是苏联 1973 年锅炉热力计算标准方法和 GB 10184—1988《电站锅炉性能试验规程》采用的方法。

我国现代大型锅炉都是在引进技术的基础上发展起来的。20 世纪 80 年代,我国三大锅炉厂从美国燃烧工程公司(CE)引进锅炉设计制造技术后,所生产的引进型亚临界及以上参数大型锅炉都采用 CE 公司的计算方法,该方法是由美国机械工程师学会动力试验规程(ASME PTC4.1)规定的。

根据美国《锅炉性能试验规程》ASME PTC4—1998,锅炉热效率为

$$E_b = 100 - \frac{各项热损失}{燃料的低位发热量} \times 100\% \qquad (2\text{-}15)$$

式中 E_b——锅炉热效率。

热损失包括以下 7 项:

(1)L_G——干烟气热损失,%;

(2)L_{mf}——燃料中水分热损失,%;

(3)L_H——燃料中氢燃烧生成水分热损失,%;

(4)L_{uC}——未燃碳热损失,%;

(5)L_{MA}——空气中水分热损失,%;

(6)L_R——辐射及对流热损失,%;

(7)L_{UA}——未测量热损失,%。

【项目小结】

1. 了解锅炉燃料的种类、使用原则及特性。

2. 熟悉锅炉用煤的元素分析、工业分析及成分分析基准。

3. 掌握锅炉用煤的各种热量及计算锅炉煤耗量。

4. 掌握锅炉有效热量与损失热量的计算。

【课后练习】

一、名词解释

1. 黏度。

2. 凝固点。

3. 闪点。

4. 燃点。

5. 密度。

6. 浑浊点。

7. 弹筒发热量。

8. 高位发热量。

9. 低位发热量。

10. 标准煤。

11. 原煤煤耗率。

12. 标准煤耗率。

13. 热平衡。

14. 输入热量。

15. 有效利用热量。

16. 锅炉热效率。

二、填空题

1. 锅炉用煤的成分包括_____、_____、_____、_____和_____。

2. 煤的发热量常用以下三种规定值表示：_____、_____和_____。

3. 气体燃料可分为_____、_____和_____。

4. 煤的成分分析基准有以下四种：_____、_____、_____和_____。

5. 煤的分类有_____、_____、_____和_____。

三、简答题

1. 锅炉的燃料有哪些种类？各由哪些元素组成？

2. 燃料燃烧时需要供给什么？什么是完全燃烧和不完全燃烧？

3. 碳、氢、硫完全燃烧时的产物是什么？不完全燃烧时有什么产物产生？

4. 空气过量多少为宜？

5. 燃油锅炉的烟气含有哪些成分？锅炉的哪些烟气成分会加重地球环境的负担？

6. 测量排烟热损失需要测量哪些值？锅炉排烟热损失的最大允许值是多少？

7. 烟气测量孔的位置应该在什么地方？

8. 燃油有哪些特性？燃油是如何分类的？

9. 煤的元素分析和工业分析有什么联系和区别？

10. 什么是燃料的发热量？为什么在锅炉计算中一般都使用低位发热量？使用高位发热量的锅炉有何优点和缺点？

11. 单位质量燃料完全燃烧时所需理论空气量和生成的理论烟气量，二者哪个数值大？为什么？

12. 测量烟气成分的仪器有哪些？各有什么特点？

13. 什么是煤灰的熔融性？煤灰的熔融性有何实用意义？

14. 什么是锅炉的热平衡？写出其表达式。

四、计算题

1. 一台燃油热水锅炉，使用的燃油 Q=11.1 kW·h/kg，试计算该锅炉所需理论空气量、理论排烟量和实际排烟量。

2. 已知某煤成分 C=86.65%，H=4.5%，O=1.82%，N=0.53%，S=6.5%，A=17.6%，M=0.82%，求收到基各成分的含量。

3. 某锅炉燃煤元素分析结果为 C=56.22%，H=3.15%，O=2.75%，N=0.88%，S=4%，A=26%，M=7%，Q=2 264.33 J/kg，锅炉燃煤消耗量为 58 t/h，试计算：①标准煤耗量；②折算水分、折算硫分和折算灰分，并判断是否为高硫分、高水分、高灰分煤。

4. 用两台奥氏烟气分析仪对某锅炉省煤器进出口的烟气进行测定，结果如下：进口处 RO_2=15.27%，O_2=4.2%；出口处 RO_2=14.91%，O_2=4.6%，试确定省煤器的漏风系数、三原子气体 RO_x 及燃料特性系数的值。

5. 某厂购煤 500 t，煤质 M=15%，Q_m=20 322 J/kg，该煤运到后，水分增至 30%，如该厂仍按购煤数收煤，那么由于水分增加，该厂少收多少煤？相当于损失了多少标准煤？

【总结评价】

1. 谈一谈你对锅炉燃料的种类、使用原则及特性有哪些了解。

2. 简述煤的元素分析、工业分析及成分分析基准。

3. 谈一谈你对锅炉用煤量计算是如何理解的，其有何实际意义。

项目三　煤粉的制备

【项目目标】

1. 了解煤粉的一般特性,掌握煤粉的自燃性、爆炸性、水分、细度、可磨性。
2. 掌握各种不同类型的磨煤机的工作原理及结构特点。
3. 掌握直吹式制粉系统、中间仓储式制粉系统的具体工作流程,并对其工作进行比较。
4. 了解制粉系统的各个设备的工作原理。

【技能目标】

能够正确认识制粉系统,分析制粉系统的工作过程,分析各个设备的工作原理。

【项目描述】

本项目要求学生能正确认识锅炉中的两种制粉系统,并能对不同制粉系统进行工作分析,能认识系统中的各个设备。

【项目分解】

	任务一　煤粉的性质及品质	3.1.1　煤粉的物理性质
		3.1.2　煤粉的自燃性与爆炸性
		3.1.3　煤粉的细度与均匀性
项目三 煤粉的制备	任务二　磨煤机	3.2.1　单进单出筒式钢球磨煤机
		3.2.2　双进双出钢球磨煤机
		3.2.3　中速磨煤机
		3.2.4　高速磨煤机
		3.2.5　磨煤机类型的选择
	任务三　制粉系统	3.3.1　直吹式制粉系统
		3.3.2　中间储仓式制粉系统
		3.3.3　直吹式与中间储仓式制粉系统的比较

		3.4.1 粗粉分离器
		3.4.2 给煤机
项目三 煤粉的制备	任务四 制粉系统的部件	3.4.3 细粉分离器
		3.4.4 给粉机
		3.4.5 螺旋输粉机
		3.4.6 锁气器

任务一 煤粉的性质及品质

【任务目标】

1. 了解煤粉的一般特性,熟悉煤粉的自燃性和爆炸性。

2. 掌握煤粉细度的基本概念,理解煤粉细度对煤粉燃烧经济性的影响。

3. 了解煤粉颗粒的均匀性。

【导师导学】

3.1.1 煤粉的物理性质

煤粉是经磨制得到的粉状煤炭,由各种尺寸和形状不规则的颗粒所组成。通常所说的煤粉尺寸用其直径来表示,以 20~60 μm 的颗粒居多。

煤粉是在干燥过程中磨制而成的,新磨制出的煤粉是疏松的,堆积密度为 0.45~0.5 t/m³,随着存放时间的延长,易压紧成块,堆积密度可增加到 0.7~0.9 t/m³。干煤粉能吸附空气,煤粉颗粒之间被空气隔开,使其具有良好的流动性,易于同气体混合成气粉混合物并用管道输送,但也容易引起制粉系统漏粉和煤粉自流,影响锅炉的安全运行及环境卫生,因此要求制粉系统具有足够的严密性。

3.1.2 煤粉的自燃性与爆炸性

气粉混合物在制粉管道中流动时,煤粉可能因某些原因从气流中分离出来,并沉积在死角处,由于缓慢氧化产生热量,煤粉温度逐渐升高,而温度升高又会进一步加剧煤粉的氧化,最后达到煤的燃点,则会引起煤粉的自燃。另外,当煤粉和空气混合物在一定条件下与明火接触时,还会发生爆炸。制粉系统内煤粉起火爆炸多数是由系统内沉积煤粉自燃所引起的。

影响煤粉自燃与爆炸的主要因素有煤粉的挥发分、水分和灰分含量,煤粉细度,气粉混合物温度,含粉浓度以及输送煤粉气流中的含氧量等。

挥发分含量越高,产生爆炸的可能性越大。在一般磨煤条件下,$V_{daf}<10\%$ 的煤粉无爆炸

危险。在其他条件相同时,灰分越多或提高煤粉的水分,可降低爆炸性。煤的干燥无灰基挥发分与煤的爆炸等级的关系见表3-1。

煤粉越细,自燃爆炸的可能性越大,因此挥发分含量高的煤种不宜磨得过细。粗粉则不易爆炸,如粒度大于 0.1 mm 的烟煤煤粉几乎不会爆炸。所以,在制粉系统运行中,应根据不同煤种及时调节细度。

表 3-1　煤的干燥无灰基挥发分与煤的爆炸等级的关系

干燥无灰基挥发分 V_{daf}/%	爆炸等级
<6.5	极难爆炸
6.5~10	难爆炸
10~25	中等爆炸
25~30	易爆炸
>35	极易爆炸

气粉混合物为 1.2~2.0 kg(煤粉)/m³(空气)时,爆炸的可能性最大;大于或小于该浓度时,爆炸的可能性减小。但在制粉系统中很难避免出现危险浓度,所以制粉系统必须加装防爆装置。

输送煤粉气中氧的含量越大,越容易发生爆炸。所以,对于挥发分含量高的煤粉,可以采用在输送介质中掺入惰性气体(一般是烟气)的方法来降低含氧量,以防止爆炸的发生。

气粉混合物温度越高,挥发分越易析出,气粉混合物越易发生爆炸。因此,防爆的首要措施是限制磨煤机的出口气粉混合物的温度,具体见表3-2。

表 3-2　磨煤机出口气粉混合物温度限值

测点位置	用空气干燥		用空气和烟气混合干燥	
球磨机中间储仓式制粉系统:磨煤机后	贫煤	130 ℃	烟煤	120 ℃
	烟煤和褐煤	70 ℃	褐煤	90 ℃
直吹式制粉系统:分离器后	贫煤	150 ℃	烟煤	170 ℃
	烟煤	130 ℃	褐煤	140 ℃
	褐煤和页岩	100 ℃		

为防止制粉系统发生爆炸,应设法避免或消除煤粉的沉积,限定或控制煤粉气流的温度和含氧浓度;加强原煤管理,防止易燃易爆物混入煤中;制粉系统在运行时,严禁在煤粉管道上进行焊接等。

3.1.3　煤粉的细度与均匀性

1.煤粉细度

煤粉细度是指煤粉颗粒的粗细程度,它是衡量煤粉品质的主要指标。煤粉细度一般用具有标准筛孔尺寸的筛子来测定。煤粉经过筛分后,剩余在筛子上的煤粉质量占筛分前煤粉总质量的百分数,称为煤粉细度,用 R_x 表示:

$$R_x = \frac{a}{a+b} \times 100\% \qquad (3-1)$$

式中　a——筛子上剩余的煤粉质量,kg;

　　　b——通过筛子的煤粉质量,kg;

　　　x——筛子的编号或筛孔尺寸,μm。

筛子上剩余的煤粉越多,其 R_x 值越大,则煤粉就越粗。煤粉的全面筛分要用 4~5 种规格的筛子。常用筛子规格和煤粉细度见表 3-3。在电厂的实际应用中,对烟煤和无烟煤,煤粉细度只用 R_{90} 和 R_{200} 表示。如果只用一个数值来表示煤粉的细度,则常用 R_{90} 表示。

表 3-3　常用筛子规格和煤粉细度

筛号（每 cm 长的孔数）	6	8	12	30	40	60	70	80
孔径（筛孔的内边长）/μm	1 000	750	500	200	150	100	90	75
煤粉细度	$R_{1\,000}$	R_{750}	R_{500}	R_{200}	R_{150}	R_{100}	R_{90}	R_{75}

2. 煤粉的均匀性

煤粉的均匀性是衡量煤粉品质的另一个重要指标,煤粉的颗粒性质只用煤粉细度表示是不完整的,还要看煤粉的均匀性。例如,有甲、乙两种煤粉,它们的细度都为 R_{90},但是甲种煤粉留在筛子上的煤粉中较粗的颗粒比乙种煤粉多,而通过筛子的煤粉中较细的颗粒也比乙种煤粉多,则乙种煤粉较甲种煤粉均匀。粗颗粒多,不完全燃烧损失大;细颗粒多,制粉系统的磨煤电耗和金属消耗量就大,因此燃用甲种煤粉的经济性较差。

煤粉的均匀性可用煤粉颗粒的均匀性指数 n 来表示,n 值主要与磨煤机及配用的煤粉分离器的形式有关。当 $n>1$ 时,则过粗和过细的煤粉颗粒都比较少,中间尺寸的颗粒较多,煤粉的颗粒分布就比较均匀;反之,当 $n<1$ 时,则过粗和过细的煤粉颗粒都比较多,中间尺寸的颗粒较少,煤粉的均匀性就差,所以一般要求 $n\approx1$。不同制煤粉设备所磨制煤粉的均匀性指数见表 3-4。

表 3-4　各种制煤粉设备所磨制煤粉的均匀性指数 n 值

磨煤机形式	粗细分离器形式	n 值
钢球磨煤机	离心式	0.80~1.20
	回转式	0.95~1.10
中速磨煤机	离心式	0.86
	回转式	1.20~1.40
风扇磨煤机	惯性式	0.7~0.8
	离心式	0.80~1.30
	回转式	0.80~1.0

3.煤粉的经济细度

煤粉细度关系到锅炉机组运行的经济性。煤粉越细,越容易着火并达到完全燃烧,即固体可燃物不完全燃烧热损失(q_4)就越小,但这将导致制粉设备的电耗(q_p)和金属磨损消耗(q_m)增加。显然,比较合理的煤粉细度应根据锅炉燃烧技术对煤粉细度的要求与制粉设备的电耗和金属磨损消耗等进行技术经济比较来确定。通常把q_4、q_p、q_m之和为最小值时所对应的煤粉细度称为煤粉经济细度,如图3-1所示。

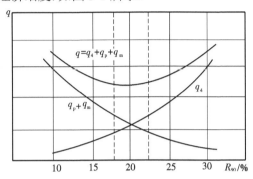

图3-1　煤粉经济细度的确定

煤粉的经济细度主要与燃煤的干燥无灰基挥发分V_{daf}、磨煤机和粗粉分离器形式等因素有关。V_{daf}较高的燃煤,易于着火和燃烧,允许煤粉磨得粗一些,即R_{90}可大一些,否则R_{90}应小一些。n值较大时,煤粉粗细比较均匀,即使煤粉粗一些,也能燃烧得比较完全,因而R_{90}可大一些;反之,R_{90}应小一些。综合考虑V_{daf}和n值的影响,煤粉的经济细度可按下面的经验公式计算:

$$R_{90}=4+0.8nV_{daf} \qquad (3-2)$$

另外,燃烧设备的形式及锅炉运行工况对煤粉的经济细度也有较大的影响,因此在锅炉实际运行中,应通过燃烧调整试验来确定煤粉的经济细度。

任务二　磨煤机

【任务目标】

1. 了解磨煤机的分类。

2. 掌握各类典型磨煤机的工作原理,理解其工作参数的意义。

3. 掌握中速磨煤机、高速磨煤机的工作原理及其结构,理解影响磨煤机工作的主要因素,能够在实践中正确选用磨煤机。

【导师导学】

磨煤机是制粉系统中的主要设备,其作用是将原煤磨成煤粉并干燥到一定程度。磨煤机磨煤的原理主要有撞击、挤压、研磨三种。撞击原理是利用燃料与磨煤部件相对运动产生的冲力作用;挤压原理是利用煤在受力的两个碾磨部件表面间的压力作用;研磨原理是利用煤与运动的碾磨部件间的摩擦力作用。实际上,任何一种磨煤机的工作原理并不是单独一种力的作用,而是几种力的综合作用。

根据磨煤部件的工作转速,电站用的磨煤机大致分为以下三类。

(1)低速磨煤机:转速为 16~25 r/min,如筒式钢球磨煤机。

(2)中速磨煤机:转速为 50~300 r/min,如中速平盘式磨煤机、中速钢球式磨煤机(中速球式磨或 E 型磨)、中速碗式磨煤机及 MPS 磨煤机等。

(3)高速磨煤机:转速为 500~1 500 r/min,如风扇磨煤机、锤击磨煤机等。

我国燃煤电厂目前广泛应用的是筒式钢球磨煤机和中速磨煤机。

3.2.1　单进单出筒式钢球磨煤机

1.单进单出筒式钢球磨煤机的结构及工作原理

单进单出筒式钢球磨煤机的结构如图 3-2(a)所示。其磨煤部件是一个直径为 2~4 m、长度为 3~10 m 的圆筒,筒内装有许多直径为 30~60 mm 的钢球。圆筒自内到外共有五层:第一层是由用锰钢制成的波浪形钢瓦组成的护甲,其作用是增强抗磨性和把钢球带到一定高度;第二层是绝热石棉层,起绝热作用;第三层是筒体本身,由厚度为 18~25 mm 的钢板制成;第四层是隔音毛毡,其作用是隔离和吸收钢球撞击钢瓦产生的声音;第五层是薄钢板制成的外壳,其作用是保护和固定毛毡。圆筒两端各有一个端盖,其内面衬有扇形锰钢钢瓦。端盖中部有空心轴颈,整个球磨机通过空心轴颈支承在大轴承上。空心轴颈的两个端部各接一个倾斜 45°的短管,其中一个是原煤与干燥剂的进口,另一个是气粉混合物的出口。

球磨机的工作原理:筒身经电动机、减速装置传动以低速旋转,在离心力与摩擦力作用下,护甲将钢球与煤提升至一定高度,然后钢球与煤借助重力自由下落,煤主要被下落的钢球撞击破碎,同时还受到钢球之间、钢球与护甲之间的挤压和研磨作用,如图 3-2(b)所示。原煤与热空气从一端进入磨煤机,磨好的煤粉被气流从另一端输送出去。热空气不仅是输送煤粉的介质,同时还起到干燥原煤的作用。因此,进入磨煤机的热空气被称作干燥剂。

2.球磨机的临界转速和工作转速

球磨机圆筒的转速对磨制煤粉的工作有很大影响,如图 3-3 所示。如果转速太低,钢球不能提到应有的高度,磨煤作用很小,而且磨制好的煤粉也不能从钢球层中吹走;如果转速太高,钢球的离心力过大,以致钢球紧贴圆筒内壁而和圆筒一起做圆周转动,起不到磨煤的作用。适当的转速应是能把钢球带到一定高度,然后落下,从而达到最佳的磨煤效果。

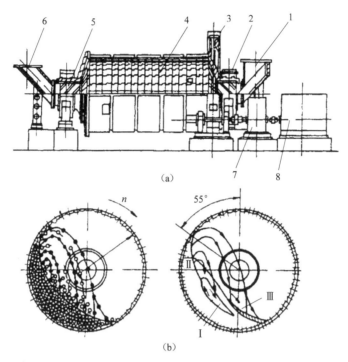

图 3-2 单进单出筒式钢球磨煤机结构简图和工作原理示意图

（a）结构简图 （b）工作原理示意图

1—进料装置；2—主轴承；3—传动齿轮；4—转动筒体；5—螺旋管；6—出料装置；7—减速器；
8—电动机；Ⅰ—挤压研磨；Ⅱ—摩擦研磨；Ⅲ—撞击粉碎

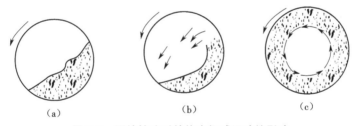

图 3-3 圆筒转速对筒体内钢球运动的影响

（a）转速太低 （b）转速适当 （c）转速太高

1）临界转速 n_{lj}

筒体的转速达到使钢球的离心力等于其重力，筒内钢球不再脱离筒壁的最小转速称为临界转速 n_{lj}，单位为 r/min。这一转速可通过圆筒内壁最高点处钢球受到的离心力恰好与其重力相等求得，即

$$G_p = \frac{G_p}{g} \frac{w_{lj}^2}{R} \tag{3-3}$$

式中 G_p——球的重力，N；

R——圆筒的内壁半径，m；

w_{lj}——球的临界圆周速度，m/s；

g——重力加速度,其值为 9.81 m/s²。

不考虑钢球与筒壁间的相对运动,则钢球的临界圆周速度与圆筒内壁的临界圆周速度相等,即

$$w_{lj} = \frac{2\pi R n_{lj}}{60} \quad (\text{m/s}) \tag{3-4}$$

式中　n_{lj}——圆筒的临界转速,r/min。

将式(3-4)代入式(3-3),整理化简得

$$n_{lj} = \frac{42.3}{\sqrt{D}} \quad (\text{r/min}) \tag{3-5}$$

式中　D——圆筒的内壁直径,m。

这一公式说明,圆筒直径越大,则临界转速越小。显然,球磨机达到临界转速时是不能磨制煤粉的,因此圆筒转速应小于临界转速。

2)最佳转速 n_{zj}

最佳转速是指能把钢球带到适当高度,然后落下,使磨煤效果最好的转速,用 n_{zj} 表示,单位为 r/min。有

$$n_{zj} = \frac{32}{\sqrt{D}} \quad (\text{r/min}) \tag{3-6}$$

最佳转速只是单个球在筒体内运动时的理论值。实际上,磨煤机内有许多钢球,并且有煤;同时,它们对筒壁还可能有滑动,因而在工业上磨煤机的最佳转速尚须借助试验得出。但试验所得最佳转速与理论最佳转速很接近。

3. 球磨机的磨煤出力及影响因素

1)球磨机的磨煤出力

球磨机的磨煤出力是指单位时间内,在保证一定煤粉细度的条件下,球磨机所能磨制的原煤量,用 B_m 表示,单位为 t/h。对于筒体直径小于 4 m 的球磨机,磨煤出力 B_m 可按下列经验公式计算:

$$B_m = \frac{0.11 D^{2.4} L n^{0.8} K_{hj} K_{ms} \psi^{0.6} K_{km}^{g} K_{tf} S_2}{\sqrt{\ln \frac{100}{R_{90}}}} \tag{3-7}$$

式中　D——球磨机的筒体直径,m;

L——球磨机的筒体长度,m;

n——筒体的工作转速,r/min;

K_{hj}——护甲的形状修正系数,对未磨损波浪形护甲 $K_{hj}=1.0$,对未磨损阶梯形护甲 $K_{hj}=0.9$;

K_{ms}——运行中考虑护甲与钢球磨损对磨煤出力影响的修正系数,通常取 $K_{ms}=0.9$;

ψ——钢球充满系数,表示钢球容积占筒体容积的比例;

K_{km}^{g}——工作煤的可磨性系数;

K_{tf}——考虑筒体通风量偏离最佳磨煤通风量时,对磨煤出力影响的修正系数,根据球磨机筒体通风量与最佳磨煤通风量的比值,可按表3-5选取;

S_2——原煤质量换算系数。

表 3-5 磨煤通风量修正系数 K_{tf}

V_{tf}/V	0.4	0.5	0.6	0.7	0.8	0.9	1.0	1.1	1.2	1.3	1.4
K_{tf}	0.66	0.76	0.83	0.89	0.95	0.975	1.0	1.025	1.03	1.04	1.07

钢球充满系数按下式计算：

$$\psi = \frac{G}{\rho_{gq} V} \tag{3-8}$$

式中　G——钢球装载量，t；

　　　V——球磨机筒体容积，m^3；

　　　ρ_{gq}——钢球堆积密度，取 ρ_{gq}=4.9 t/m^3。

　　球磨机的磨煤出力与可磨性系数 K_{km} 成正比。但是可磨性系数 K_{km} 是以一定粒度风干状态的煤在实验室条件下测定的，进入球磨机的工作煤的水分和粒度都不同于实验室条件，因此工作煤的可磨性系数 K_{km}^{g} 应按下式进行修正：

$$K_{km}^{g} = K_{km} \frac{S_1}{S_{ps}} \tag{3-9}$$

式中　S_{ps}——原煤粒度对煤可磨性系数 K_{km} 的修正系数，根据原煤破碎程度按图 3-4 确定；

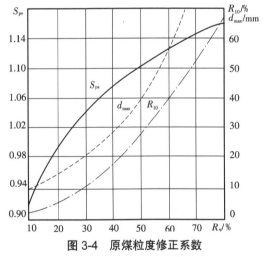

图 3-4 原煤粒度修正系数

R_5—原煤在筛孔尺寸为 5 mm×5 mm 筛上的剩余量，%；

R_{10}—原煤在筛孔尺寸为 10 mm×10 mm 筛上的剩余量，%；

d_{max}—原煤中最大煤块尺寸，mm

　　　S_1——水分对煤可磨性系数 K_{km} 的修正系数。

S_1 可按用下式计算：

$$S_1 = \sqrt{\frac{(M_{ar}^{max})^2 - (M_{pj})^2}{(M_{ar}^{max})^2 - (M_{ad})^2}} \tag{3-10}$$

式中　M_{ar}^{max}——煤的收到基最大水分，无资料可按 M_{ar}^{max} =4%+1.06M_{ar} 计算；

M_{ad}——煤的空气干燥基水分,%;

M_{pj}——磨煤机内煤的平均水分,%。

M_{pj} 可按下式计算:

对烟煤

$$M_{pj} = \frac{M'_m + 6M_{mf}}{7} \tag{3-11}$$

对褐煤

$$M_{pj} = \frac{M'_m + 3M_{mf}}{4} \tag{3-12}$$

式中　　M_{mf}——煤粉水分,%;

M'_m——磨煤机前煤的水分,%。

1 kg 原煤在干燥过程中,从原煤水分 M_{ar} 干燥到煤粉水分 M_{mf},所失去的水分 ΔM 为

$$\Delta M = \frac{M_{ar} - M_{mf}}{100 - M_{mf}} \tag{3-13}$$

我国电站的球磨机出口,装置有一定长度的下降干燥管,在该干燥管中的水分一般按 $0.4\Delta M$ 计算,经推导磨煤机前煤的水分为

$$M'_m = \frac{M_{ar}(100 - M_{mf}) - 0.4(M_{ar} - M_{mf})}{(100 - M_{mf}) - 0.4(M_{ar} - M_{mf})} \tag{3-14}$$

S_2 可按下式计算:

$$S_2 = \frac{1 - M_{pj}}{1 - M_{ar}} \tag{3-15}$$

2)影响球磨机磨煤出力的因素

球磨机是锅炉耗能较大的设备,制粉系统运行的经济性主要取决于球磨机的工作。因此,下面对影响球磨机工作的主要因素进行分析。

(1)球磨机的转速。

球磨机的转速对煤粉磨制过程影响很大。转速不同,筒内钢球和煤的运动状况不同。若筒体转速太低,煤粉随筒体转动而上升形成一个斜面,当斜面的倾角大于或等于钢球的自然倾角时,钢球就沿斜面滑下,撞击作用很小。同时,煤粉被压在钢球下面,很难被气流带出,以致磨得很细,降低了磨煤出力。若筒体转速过高,在离心力作用下,钢球贴在筒壁随圆筒一起旋转而不再脱离,则钢球的撞击作用完全丧失。显然,筒体的转速应小于临界转速。国产球磨机的工作转速 n 接近最佳转速 n_{zj},工作转速 n 与临界转速 n_{lj} 的关系为 $n/n_{lj} = 0.74 \sim 0.8$。

(2)钢球充满系数 ψ 与钢球直径。

钢球充满系数 ψ 简称充球系数。钢球装载量将直接影响磨煤出力及电能消耗。当筒体通风量与煤粉细度不变时,随着钢球装载量的增加,单位时间内钢球的撞击次数增加,磨煤出力 B_m 及磨煤机功率 P_m 相应增加,磨煤单位电耗 E_m 也增大。

由于通风量不变,排粉风机功率 P_{tf} 不变,随着磨煤出力的增加,通风单位电耗减小,制

粉单位电耗也减小。但是,当钢球装载量增加到一定程度后,由于钢球充满系数过大而使钢球下落的有效高度减小,撞击作用减弱,磨煤出力增加的程度减缓,而磨煤机功率却仍然按原变化速度增加,磨煤单位电耗显著增大,这时制粉单位电耗也将增大。磨煤出力和单位电耗随钢球充满系数 ψ 变化的关系如图 3-5 所示,制粉单位电耗最小值所对应的充球系数称为最佳充球系数,它可通过试验确定。

钢球直径应按磨煤电耗与磨煤金属损耗总费用最小的原则选用。当充球系数一定时,钢球直径越小,撞击次数及作用面积越大,磨煤出力提高,但钢球的磨损加剧。随着钢球直径减小,钢球的撞击力减弱,不宜磨制硬煤及大块煤。因此,一般采用的钢球直径为 30~40 mm,当磨制硬煤或大块煤时,则选用直径为 50~60 mm 的钢球。球磨机运行中,由于钢球不断磨损,为维持一定的充球系数及球径,应定期向球磨机内添加钢球。

(3)护甲形状完善程度。

形状完善的护甲,可增大钢球与护甲的摩擦系数,有助于提升钢球和燃料,使磨煤出力得以提高。磨损严重的护甲,钢球与护甲间有较大的相对滑动,会有较多能量消耗在钢球与护甲的摩擦上,而不能用来提升钢球,磨煤出力明显下降。

(4)通风量。

球磨机内磨好的煤粉,需一定的通风量将煤粉带出。由于燃料沿筒体长度分布不均,当通风量太小时,筒体通风速度较低,仅能带出少量细粉,部分合格煤粉仍留在筒内被反复碾磨,使磨煤出力降低。适当增大通风量可改善燃料沿筒体长度的分布情况,提高磨煤出力,降低磨煤单位电耗。但是,当通风量过大时,部分不合格的粗粉也被带出,经粗粉分离器分离后,又返回球磨机再磨,造成无益的循环。这时,不仅通风单位电耗增大,制粉单位电耗也增大。当钢球装载量不变时,制粉单位电耗最大值所对应的磨煤通风量,称为最佳磨煤通风量 V_{tf}^{zj},如图 3-6 所示。最佳磨煤通风量可通过试验确定。

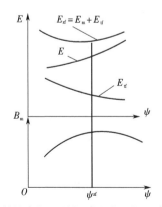

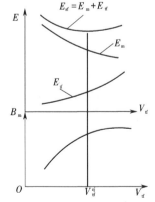

图 3-5 单位电耗 E 随钢球充满系数 ψ 变化的关系
(通风量不变,煤粉细度不变)

图 3-6 单位电耗 E 与磨煤通风量 V_{tf} 的关系
(钢球装载量不变)

(5)载煤量。

球磨机筒内载煤量较少时,钢球下落的动能只有一部分用于磨煤,另一部分白白消耗于钢球的空撞磨损。随着载煤量的增加,磨煤出力相应增大。但当载煤量过大时,由于钢球下落高度减小,钢球间煤层加厚,部分能量消耗于煤层变形,磨煤出力反而降低,严重时将造成筒体入口堵塞。因此,每台球磨机在钢球装载量一定时都有一个最佳载煤量,按最佳载煤量运行磨煤出力最大。在运行中,载煤量可通过球磨机电流和球磨机进出口压差来反映。

(6)燃料性质。

燃料性质对磨煤出力影响较大。煤的挥发分不同,对煤粉细度的要求就不同。低挥发分煤要求煤粉磨得较细,则消耗的能量较多,因此磨煤出力降低。

煤的可磨性系数值越大,破碎到相同细度煤粉所消耗的能量越小,磨煤出力就越高。

原煤水分越大,磨粉过程由脆性变形过渡到塑性变形,改变了煤的可磨性,额外增加了磨粉的能量消耗,因而磨煤出力降低。

进入球磨机的原煤粒度越大,磨制成相同细度的煤粉所消耗的能量也越大,磨煤出力则越低。

筒式钢球磨煤机的主要特点是适应煤种广,能磨任何煤。特别是硬度大、磨损性强的煤及无烟煤、高灰分劣质煤等,其他形式的磨煤机都不宜磨制,只有采用球磨机。球磨机对煤中混入的铁件、木屑不敏感,能在运行中补充钢球,从而延长检修周期。因此,球磨机能长期维持一定磨煤出力和煤粉细度可靠地工作,且单机容量大,磨制的煤粉较细。其主要缺点是设备庞大笨重、金属消耗多、占地面积大,初投资及运行电耗、金属磨损都较高,特别是它不宜调节,低负荷运行不经济;而且运行噪声大,磨制的煤粉不够均匀。这些使球磨机的应用受到一定限制。

3.2.2　双进双出钢球磨煤机

双进双出钢球磨煤机是传统钢球磨煤机的改进形式,但也是钢球磨煤机的一种。其本体结构与传统钢球磨煤机差异不大,只是通风口和进煤口有所改进,将原来的单面进单面出的方式演变成了两面进两面出的方式,即从磨煤机的两侧同时进煤和热风,又同时送出煤粉,"双进双出"即由此而来。

双进双出钢球磨煤机相对于传统钢球磨煤机而言,系统相对简单且维修方便,而与中速磨煤机相比,运行可靠性好。特别是在磨制高灰分、高腐蚀性煤,以及要求煤粉细度较小的情况下,有其独特的优势。

双进双出钢球磨煤机的工作原理与一般钢球磨煤机基本相同,所不同的是对于一般钢球磨煤机来讲,颗粒粗大的原煤和热风从钢球磨煤机的一端进入,细煤粉又被热风从钢球磨煤机另一端带出;对于双进双出钢球磨煤机来讲,颗粒粗大的原煤和热风从钢球磨煤机的两端进入,同时细煤粉又被热风从钢球磨煤机两端带出,就像在钢球磨煤机的中间有一个隔板一样,热风在钢球磨煤机内循环,而不像一般钢球磨煤机热风直接通过钢球磨煤机。

目前,双进双出钢球磨煤机大致可分为两大类型,一类在钢球磨煤机轴颈内带有热风空心管;另一类在钢球磨煤机轴颈内不带热风空心管。现分别简述如下。

1. 轴颈内带有热风空心管的双进双出球磨机

双进双出球磨机两端进口都有一个空心圆管,圆管外围有弹性固定的螺旋输煤器,螺旋输煤器和空心圆管可随磨煤机筒体一起转动,螺旋输煤器像连续旋转的铰刀,使从给煤机落下的煤由端头下部不断地被刮向筒内。

螺旋铰刀与空心圆管的径向外侧有一个固定的圆筒外壳体,圆筒外壳体与带螺旋的空心圆管之间有一定间隙,这个间隙的作用是下部可通过煤块,上部可通过磨制后的风粉混合物。对于硬件杂物可能使螺旋铰刀卡涩时,由于螺旋铰刀是弹性固定在空心圆管上的,允许有一定位移变形,因而不易卡坏。

磨煤机端部出口一般有两种方式与粗粉分离器连接。一种布置是粗粉分离器与磨煤机是一个整体,落煤管从粗粉分离器中间下来,煤块直接落到端部螺旋铰刀的下部。其磨制后的风粉混合物从端部的上半部间隙直接进入粗粉分离器入口,从外表看磨煤机端部只有与粗粉分离器的接口和进入空心管的热风接口。该种布置比较紧凑,但煤粉分离性能稍差些。整体式双进双出钢球磨煤机系统如图3-7所示,称为BBD1型。另一种布置是粗粉分离器与磨煤机分开布置,进入分离器风粉管有一定的垂直高度,粗粉分离器即为高位布置,一般在煤仓运行层,其落煤管单独连接,粗粉分离器有回粉管,管路布置比"整体式"复杂,但因粗粉分离器进口管有一定高度,其本身预先就起到一定的重力分离作用,其煤粉细度控制比"整体式"可能好些,且其落煤比较有利。分体式双进双出钢球磨煤机系统如图3-8所示,称为BBD2型。

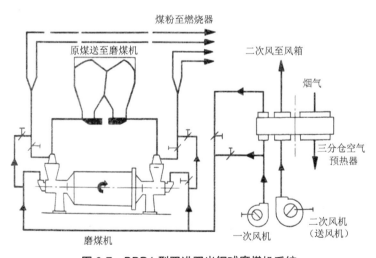

图 3-7 BBD1 型双进双出钢球磨煤机系统

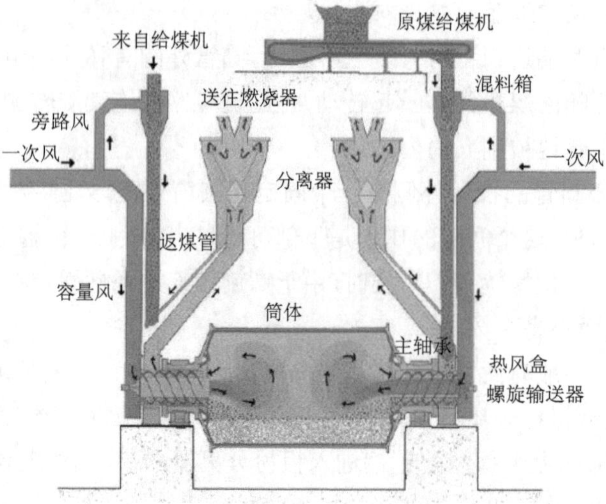

图 3-8　BBD2 型双进双出钢球磨煤机系统

2. 轴颈内不带热风空心管的双进双出球磨机

在轴颈内不带热风空心管的双进双出球磨机的筒体两端,各安装有一个进出口料斗。料斗从中间隔开,一边用来进煤,另一边用来出粉。空心轴颈内有可以更换螺旋管的螺旋管护套,在磨煤机与空心轴颈一起旋转时,原煤经过进出口料斗的一侧沿护套进入磨煤机,磨细的煤粉随着热风经进出口料斗的另一侧进入粗粉分离器,如图 3-9 所示。

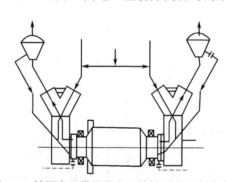

图 3-9　轴颈内不带热风空心管的双进双出球磨机

3. 双进双出球磨机的优点

(1)可靠性高、灵活性显著、可用率高。根据国外运行情况,包括给煤机在内的这种球磨机制粉的年事故率仅为 1%,而且磨煤机本身几乎不出事故。

(2)维护简便、维护费用低。与中、高速磨煤机相比,这种球磨机维护简便,维护费用也低,只需定期更换大齿轮油脂和补充钢球。

(3)磨煤出力稳定,能长期保持恒定的容量和要求的煤粉细度。

(4)能有效地磨制坚硬、腐蚀性强的煤。

(5)储粉能力强。其筒体就像一个大的储煤罐,有较大的煤粉储备能力,相当于磨煤机运行 10~15 min 的出粉量。

（6）在较宽的负荷范围内具有快速反应能力。试验表明,这种球磨机直吹式制粉系统对锅炉负荷的响应时间几乎与燃油和燃气炉一样快,其负荷变化率每分钟可以超过20%,其自然滞留时间是所有磨煤机中最短的,只有10 s左右。

（7）煤种适应能力强。这种磨煤机对煤中的杂物不敏感,但球磨机两端的螺旋输送器对煤中杂物的限制比一般磨煤机严格。

（8）能保持一定的风煤比。

（9）低负荷时能增加煤粉细度。

（10）无石子煤泄露。

4. 与传统球磨机的主要区别

（1）结构上,"双进双出"两端均有转动的螺旋输煤器,"单进单出"则没有螺旋输煤器。

（2）从风粉混合物流向看,"双进双出"正常运行是进煤出粉在同一侧,"单进单出"则是一端进煤、另一端出粉。

（3）在磨煤出力相同（近）时,"单进单出"钢球磨煤机比"双进双出"钢球磨煤机的长度要长,占地面积也大。

（4）一般情况下,在磨煤出力相同（近）时,"单进单出"钢球磨煤机的电动机容量比"双进双出"钢球磨煤机的电动机容量要大,即单位磨煤电耗高。

（5）"双进双出"球磨机的热风、原煤分别从端部进入,在磨煤机内部混合,而"单进单出"球磨机的热风、原煤在磨煤机的入口即混合。

3.2.3 中速磨煤机

1. 中速磨煤机的类型、结构及工作原理

我国发电厂目前常用的中速磨煤机有以下四种:辊 - 盘式,即平盘中速磨;辊 - 碗式,即碗式中速磨,如 RP 型磨;球 - 环式,即中速球磨或称 E 型磨;辊 - 环式,又称 MPS 中速磨。它们的结构如图 3-10 所示。

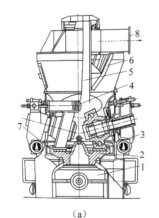
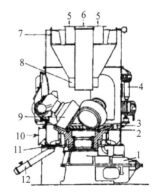

（a）　　　　　　　　　　　　　　　　（b）

（a）平盘磨　1—减速箱;2—磨盘;3—磨辊;4—加压弹簧;5—落煤管;6—分离器;7—风环;8—气粉混合物出口
（b）碗式磨　1—减速箱;2—浅沿磨碗;3—风环;4—加压缸;5—气粉混合物出口;6—原煤入口;7—分离器;8—粗粉回粉管;
9—磨辊;10—热风进口;11—杂物刮板;12—杂物排放管

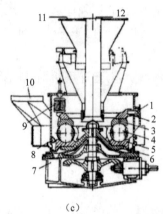
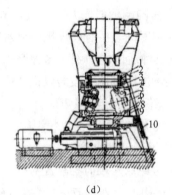

（c）　　　　　　　　　　　　　　　（d）

图 3-10　中速磨煤机

（c）E 型磨　1—减速箱；2—废料室；3—密封气连接管；4—活门；5—下磨环；6—安全门；7—钢球；8—粗粉回粉斗；
9—分离器可调叶片；10—气粉混合物出口；11—原煤入口；12—加压缸
（d）MPS 磨　1—液压缸；2—杂物刮板；3—风环；4—风环毂；5—磨辊；6—下压盘；7—上压盘；8—分离器导叶；9—气粉混合物出口；
10—原煤入口

中速磨的型式虽多，但它们的工作原理与基本结构大体相同。原煤都是落在两组相对运动的碾磨部件表面间，在压紧力作用下受挤压和碾磨而破碎。磨成的煤粉在碾磨件旋转产生的离心力作用下，被甩至磨煤室四周的风环处。作为干燥剂的热空气经风环吹入磨煤机，对煤粉进行加热，并将其带入碾磨区上部的分离器中。煤粉经过分离，不合格的粗粉返回碾磨区碾磨，细粉被干燥剂带出磨外。混入原煤中难以磨碎的杂物，如石块、黄铁矿、铁块等被甩至风环处，由于它们质量较大，风速不足以阻止它们下落，而落至杂物箱中。

平盘磨、碗式磨的碾磨件均为磨辊与磨盘，它们都以磨盘的形状命名。磨盘做水平旋转，被压紧在磨盘上的磨辊绕自身的固定轴在磨盘上滚动，煤在磨辊与磨盘间被粉碎。

E 型磨的碾磨件像一个大型止推轴承。下磨环被驱动做水平旋转，上磨环压紧在钢球上。多个大钢球在上下磨环间的环形滚道中自由滚动，煤在钢球与磨环间被碾碎。

MPS 磨是在 E 型磨和平盘磨的基础上发展起来的。它取消了 E 型磨的上磨环，而是将三个凸形磨辊压紧在具有凹槽的磨盘上，磨盘转动，磨辊靠摩擦力在固定位置绕自身的轴旋转。

各种形式的中速磨碾磨件的压紧力，靠弹簧或液压气动装置实现。

2. 影响中速磨煤机工作的主要因素

1）转速

中速磨的转速选择，要考虑最小能量消耗下的最佳磨煤效果，同时还要考虑碾磨件合理的使用寿命。转速太高，离心力过大，煤来不及磨碎即通过碾磨件，大量粗粉循环使气力输送的电耗增加；而转速太低，煤磨得过细，又将使磨煤电耗增加。随着磨煤机容量的增大，碾磨件的直径相应增大，为了限制一定的圆周速度，以减轻碾磨件的磨损并降低磨煤电耗，中速磨的转速趋向降低。

2）通风量

通风量的大小，影响磨煤出力与煤粉细度，并影响石子煤的排放量。因此，中速磨需维持一定的风煤比。如 E 型磨推荐的风煤比为 1.8~2.2 kg（风）/kg（煤），RP 型磨的风煤比一般约为 1.5 kg/kg。

3）风环气流速度

合理的风环气流速度应能保证一定煤粉细度下的磨煤出力，并减少石子煤的排放量。通风量确定后，风环气流速度通过风环间隙控制在一定范围内，如 E 型磨一般为 70~90 m/s。

4）碾磨压力

碾磨件上的平均载荷称为碾磨压力。碾磨压力过大将加速碾磨件的磨损，过小将使磨煤出力降低、煤粉变粗。因此，运行中要求碾磨压力保持一定。随着碾磨件的磨损，碾磨压力相应减小，运行中需随时进行调整。

5）燃料性质

中速磨主要靠碾压方式磨煤，燃料在磨煤机内扰动不大，干燥过程不太强烈，对于活动部件穿过机壳的小型辊磨，由于密封条件不好，只适合负压运行，冷风漏入会降低磨煤机的干燥能力，因此一般适用于磨制原煤水分 $M_{ar}<12\%$ 的煤。E 型磨、RP 型磨、MPS 磨具有良好的气密结构，适合于正压运行，干燥能力大为改善。当锅炉能提供足够高温的干燥剂时，可以磨制 $M_{ar}=20\%~25\%$ 的原煤。为了减轻磨损，延长碾磨件的寿命，并保证一定的煤粉细度，中速磨一般适合磨制烟煤及贫煤。

中速磨煤机的优点是与分离器装配成一体，结构紧凑，占地面积小，质量轻，金属消耗量小，投资省；磨煤电耗低，特别是低负荷运行时单位电耗量增加不多；运行噪声小，空载功率小，适宜变负荷运行，煤粉均匀性指数较高。因此，在煤种适宜条件下应优先采用中速磨煤机。其缺点是结构复杂，磨煤部件易磨损，需严格定期检修；不宜磨硬煤和灰分大的煤，也不宜磨水分大的煤。

3.2.4 高速磨煤机

1. 风扇磨煤机的结构特点

高速磨煤机指的即是风扇磨煤机，其结构类似风机，如图 3-11 所示。它由叶轮、外壳、轴和轴承箱等组成。叶轮上装有 8~12 块用锰钢制成的冲击板；外壳形状也像风机的外壳，其内表面装有一层护板，风扇磨煤机都由耐磨的锰钢材料制成。它相当于一台经过加固的风机，叶轮以 500~1 500 r/min 的速度旋转，具有较高的自身通风能力。原煤从磨煤机的轴向或切向进入磨煤机，在磨煤机中同时进行干燥、磨煤和输送三个工作过程。进入磨煤机的煤粒受到高速旋转的叶轮的冲击而破碎，同样又依靠磨煤机的鼓风作用把用于干燥和输送煤粉的热空气或高温炉烟吸入磨煤机内，一边强烈地进行干燥，一边把合格的煤粉带出磨煤机，再经燃烧器喷入炉膛内燃烧。风扇磨煤机集磨煤机与鼓风机于一体，并与粗粉分离器连接在一起，使制粉系统十分紧凑。

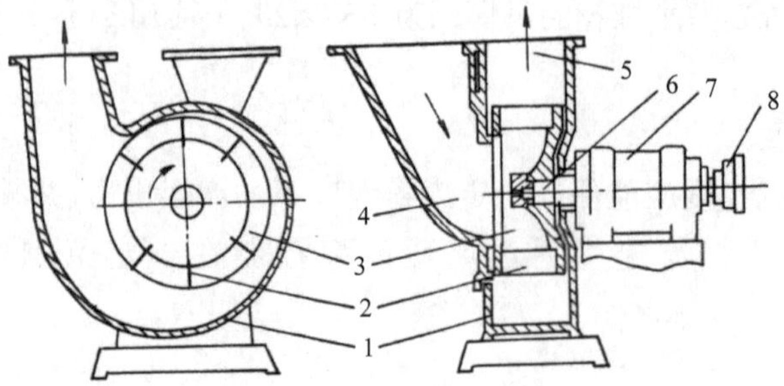

图 3-11 风扇磨煤机

1—外壳；2—冲击板；3—叶轮；4—风、煤进口；5—气粉混合物出口（接分离器）；6—轴；7—轴承箱；8—联轴节（接电动机）

2. 风扇磨煤机的运行特点

与中速磨煤机一样，风扇磨煤机的功率消耗随出力的增加而增加，因此它可以比较经济地在低负荷下运行，这一点是球磨机所不及的。风扇磨煤机在高于额定出力的负荷下运行时，不仅功率消耗增大，而且更重要的是受到磨煤机内储煤量增加而堵塞以及叶片严重磨损的影响。因此，其不宜磨制硬煤、强磨损性煤及低挥发分煤，一般适合磨制褐煤和烟煤。

风扇磨煤机工作时能产生一定的抽吸力，因而可省掉排粉风机。它本身能同时完成燃料磨制、干燥、吸入干燥剂、输送煤粉等任务，因此大大简化了系统。风扇磨煤机还具有结构简单，尺寸小，金属消耗少，运行电耗低等优点。其主要缺点是碾磨件磨损严重，机件磨损后磨煤出力明显下降，煤粉品质恶化，因此维修频繁。此外，其磨出的煤粉较粗而且不够均匀。由于风扇磨煤机所提供的风压有限，所以对制粉系统设备及管道布置均有所限制。

3.2.5　磨煤机类型的选择

磨煤机类型的选择主要应考虑以下几个方面：燃料的性质（特别是煤的挥发分）、可磨性系数、碾磨细度要求、运行可靠性、磨损指数、投资费、运行费（包括电耗、金属磨损、折旧费、维护费等），以及锅炉容量、负荷性质，必要时还要进行技术经济比较。原则上，当煤种适宜时，应优先选用中速磨煤机；燃用多水分的褐煤时，应优先选用风扇磨煤机；对于煤质较硬的无烟煤、贫煤以及杂质较多的劣质煤，可考虑选用钢球磨煤机。

任务三　制粉系统

【任务目标】

1. 掌握直吹式制粉系统和中间仓储式制粉系统的结构及工作原理。

2. 分析各种不同类型的制粉系统的工作过程。

3. 比较两种制粉系统，能在今后的工作中合理选择制粉系统。

【导师导学】

制粉设备的连接方式不同可构成不同的制粉系统,我国采用的制粉系统分为直吹式和中间储仓式两大类。

制粉系统的主要任务是煤粉的磨制、干燥与输送。对于中间储仓式系统来说,还有煤粉的储存与调剂任务。

3.3.1　直吹式制粉系统

直吹式制粉系统是指磨煤机磨制的煤粉被直接吹入炉膛燃烧的系统。直吹式制粉系统的特点是磨煤机的磨煤量任何时候都与锅炉的燃料消耗量相等,即制粉量随锅炉负荷变化而变化。因此,锅炉的正常运行依赖于制粉系统的正常运行。所以,直吹式制粉系统宜采用变负荷运行特性较好的磨煤机,如中速磨煤机、高速磨煤机、双进双出球磨机。

1. 中速磨煤机直吹式制粉系统

在中速磨煤机直吹式制粉系统中,按磨煤机工作压力可以分为正压直吹式系统和负压直吹式系统两种连接方式。按制粉系统工作流程,排粉机在磨煤机之后,整个系统在负压下工作,称为负压直吹式系统,如图3-12(a)所示。在负压直吹式系统中,燃烧所需的全部煤粉均通过排粉机,因此排粉机叶片磨损严重,这一方面影响了排粉机的效率和出力,增加了运行电耗;另一方面也使系统可靠性降低,维修工作量加大。负压直吹式系统的主要优点是磨煤机处于负压状态,不会向外喷粉,工作环境比较干净。

按制粉系统工作流程,排粉机(称一次风机)在磨煤机之前,整个系统在正压下工作,称为正压直吹式系统,如图3-12(b)所示。在正压直吹式系统中,通过排粉机的是洁净空气,排粉机不存在叶片磨损问题,但该系统要求排粉机在高温下工作,运行可靠性较低;另外,磨煤机需采取密封措施,否则易向外喷粉,影响环境卫生和设备安全。

如图3-12(b)所示正压直吹式系统中的排粉机输送的是高温空气,排粉机的工作效率和运行可靠性有所下降。将一次风机置于空气预热器前,形成冷一次风机正压直吹式系统,如图3-12(c)所示。这时流过风机的介质为冷空气,温度较低,大大提高了系统安全性。由于一次风机的风压比二次风机的风压高得多,所以必须采用三分仓空气预热器,将一、二次风流通区域分开,从而导致空气预热器结构复杂,造价提高。

2. 风扇磨煤机直吹式制粉系统

风扇磨煤机直吹式制粉系统如图3-13所示。风扇磨煤机适宜磨制褐煤,对于水分高的褐煤采用热风作为干燥剂,如图3-13(a)所示。

如磨制水分较高的褐煤,可采用热空气加炉烟作为干燥剂,以利于燃料的干燥和防爆,如图3-13(b)所示。在抽取炉烟时,可以根据干燥和防爆的要求来确定是抽取高温炉烟(炉膛出口)还是低温炉烟(除尘器后)或是高低温混合炉烟。

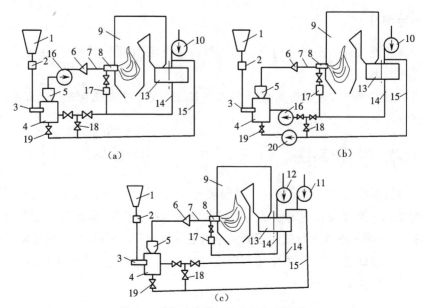

图 3-12　中速磨煤机直吹式制粉系统

(a)负压系统　(b)正压系统(带热一次风机)　(c)正压系统(带冷一次风机)

1—原煤仓；2—煤秤；3—给煤机；4—磨煤机；5—粗粉分离器；6—煤粉分配器；7—一次风管；8—燃烧器；9—锅炉；
10,11,12—送风机；13—空气预热器；14—热风道；15—冷风道；16—排粉机；
17—二次风箱；18—调温冷风门；19—密封冷风门；20—密封风机

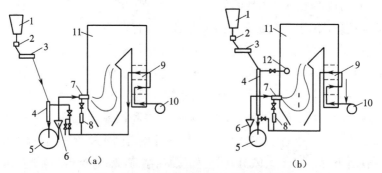

图 3-13　风扇磨煤机直吹式制粉系统

(a)热风干燥　(b)热风 - 炉烟干燥

1—原煤仓；2—煤秤；3—给煤机；4—下行干燥管；5—磨煤机；6—粗粉分离器；7—燃烧器；
8—二次风箱；9—空气预热器；10—送风机；11—锅炉；12—抽烟口

　　抽取炉烟作为干燥剂的突出优点是当燃料水分变化较大时，可利用高温烟气来调节制粉系统的干燥能力，稳定一次风温度和一、二次风的比例，减少对燃烧过程的影响。此外，较大的炉烟比例可降低燃烧器附近的炉膛温度以防结渣，这对灰熔点较低的褐煤是很重要的。

　　3．双进双出钢球磨煤机直吹式和半直吹式制粉系统

　　1）双进双出钢球磨煤机直吹式制粉系统

　　如图 3-14 所示为采用冷一次风机的双进双出钢球磨煤机正压直吹式制粉系统。该系统由两个相互对称、彼此独立的系统组合而成。每个系统的流程为煤从原煤仓经刮板式给煤机落入混料箱，与进入混料箱的高温旁路风混合，在落煤管中进行预干燥，然后进入中空轴，由螺旋输送装置送入磨煤机筒内,进行粉碎。空气由一次风机送入空气预热器,加热后进入热风管道,一部分作为旁路风,一部分作为干燥剂,经中空轴内的中心管进入磨煤机筒体,与对面进入的热空气流在筒体中部相对冲后,向回折返,携带煤粉从空心轴的环行通道流出筒体。煤粉和空气混合物与落煤管出口预热旁路空气混合,进入粗粉分离器,分离出来的粗粉经返料管与原煤混合,返回磨煤机重新磨制。圆锥形粗粉分离器上部装有导向叶片,改变导向叶片倾角可以调节煤粉细度。从分离器出来的一次风气粉混合物经煤粉分配器后进入一次风管道,再经燃烧器被送入炉内燃烧。停机时应用清洗风吹扫一次风管道和燃烧器。

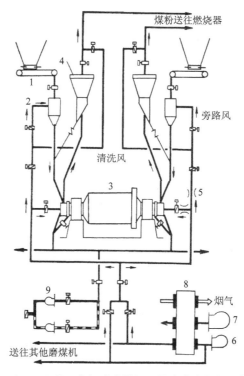

图 3-14　双进双出钢球磨煤机正压直吹式制粉系统

1—给煤机;2—混料箱;3—双进双出钢球磨煤机;4—粗粉分离器;5—风量测量装置;
6——一次风机;7—二次风机;8—空气预热器;9—密封风机

　　双进双出钢球磨煤机正压直吹式制粉系统与中速磨煤机直吹式制粉系统相比,具有以下优点。

　　(1)煤种适应性广,特别适用于磨制高灰分、强磨损性煤种,以及挥发分低、要求煤粉细的无烟煤,同时对煤中杂质不敏感。

　　(2)备用容量小。钢球磨煤机结构简单、故障少,在钢球磨损时无须停机即可添加,保证系统正常供粉,而不像中速磨煤机需 20% 左右的备用容量。

　　(3)响应锅炉负荷变化性能好。该系统以调节磨煤机通风量的方法控制给粉量,响应锅炉负荷变化的迟延时间极短。应用双进双出钢球磨煤机直吹式制粉系统的锅炉,负荷变化率可达 20%/min。

　　(4)负荷调节范围大。该磨煤机的两路制粉系统彼此独立,可两路并用或只用一路,可大大增加系统的负荷调节范围。

（5）钢球磨煤机的煤粉细度稳定，不受负荷变化影响。负荷低时，煤粉在筒内停留时间长，磨制的煤粉更细，能改善煤粉气流着火和燃烧性能，使锅炉能在更低的负荷下稳定运行，锅炉负荷调节范围扩大。

（6）双进双出钢球磨煤机直吹式制粉系统与中速磨煤机直吹式制粉系统和风扇磨煤机直吹式制粉系统相比，一次风的煤粉浓度高，有利于低挥发分煤的燃烧。

2）双进双出钢球磨煤机半直吹式制粉系统

当锅炉需采用分级燃烧或热风送粉时，可以采用双进双出钢球磨煤机半直吹式制粉系统。

如图 3-15（a）所示为 500 MW 机组固态排渣煤粉炉采用的半直吹式制粉系统。该炉为降低 NO_x 排放量，采用双级燃烧。该系统在双进双出钢球磨煤机两个制粉回路中各设置两个粗粉分离器。一级粗粉分离器的出粉量占每侧总粉量的 70%~80%，煤粉细度 $R_{90}=10\%$，直接送入锅炉主燃烧器。其余煤粉通过二级粗粉分离器和细粉分离器，煤粉细度 $R_{90}=5\%$，由细粉分离器出来的乏气送入辅助燃烧器。

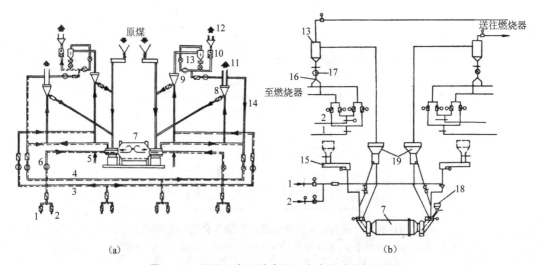

图 3-15　双进双出钢球磨煤机半直吹式制粉系统

（a）500 MW 机组半直吹式制粉系统　（b）350 MW 机组半直吹式制粉系统

1—冷风；2—热风；3—二级旁路风；4—一级旁路风；5—蒸汽；6—磨煤输送风；7—磨煤机；8—一级粗粉分离器；9—二级粗粉分离器；10—煤粉测量装置；11—去主燃烧器；12—去辅燃烧器；13—细粉分离器；14—乏气旁路；15—给煤机；16—分配器；17—旋转锁气器；18—装球斗；19—粗粉分离器

如图 3-15（b）所示为 350 MW 机组锅炉采用的半直吹式制粉系统。该系统在粗粉分离器后增设了细粉分离器。细粉分离器下来的煤粉用热风送入炉膛，参加燃烧。乏气作为三次风送入炉膛燃烧。该系统可提高一次风温度及煤粉浓度，适宜于燃用无烟煤和贫煤的锅炉。

3.3.2 中间储仓式制粉系统

1. 双进双出钢球磨煤机中间储仓式制粉系统

双进双出钢球磨煤机中间储仓式制粉系统如图 3-16 所示。该系统为锅炉燃用原煤掺褐煤焦炭的混煤。

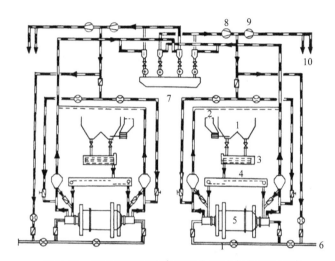

图 3-16 双进双出钢球磨煤机中间储仓式制粉系统

1—原煤仓；2—褐煤焦炭仓；3,4—给煤机；5—双进双出钢球磨煤机；6—热风；7—煤粉仓；
8—磨煤风机；9—乏气风机；10—去燃烧器乏气

2. 单进单出钢球磨煤机中间储仓式制粉系统

单进单出钢球磨煤机中间储仓式制粉系统如图 3-17 所示，磨煤机磨制成的煤粉不直接送入炉膛，而是将煤粉从输送气流中分离出来送入煤粉仓储存，锅炉燃烧所需要的煤粉再从煤粉仓取用。为此，中间储仓式制粉系统除需要煤粉仓外，还需增加细粉分离器、螺旋输粉机和给粉机等设备。细粉分离器的作用是将煤粉从输粉气流中分离出来送入煤粉仓；螺旋输粉机的作用是将煤粉输送到邻炉的煤粉仓中；给粉机的作用是根据锅炉燃烧需要调节供粉量。在中间储仓式制粉系统中，磨煤机的出力不受锅炉负荷的影响，可以维持在稳定的经济工况下运行。这一点使筒形球磨机得以广泛应用于中间储仓式制粉系统。

气粉分离后，从细粉分离器上部引出的磨煤乏气中，含有约 10% 的煤粉。为了利用这部分煤粉，一般经排粉机升压后，送入炉内燃烧。乏气可作为一次风输送煤粉进入炉膛，这种系统称为乏气送粉系统，如图 3-17（a）所示。这种系统适用于原煤水分含量较少、挥发分含量较高、易于着火和燃烧的煤种；乏气是不利于燃烧的，当燃用无烟煤、贫煤及劣质煤时，为改善着火燃烧条件，常采用热风作为一次风输送煤粉，这种系统称为热风送粉系统，如图 3-17（b）所示。这时，磨煤乏气由燃烧器专门喷口送入炉内燃烧，称为三次风。这种系统适用于燃烧无烟煤、贫煤、劣质烟煤等不易着火和燃烧的煤种。

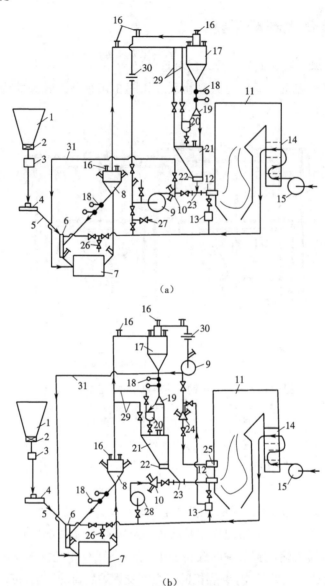

图 3-17 中间储仓式制粉系统

(a)磨煤乏气送粉;(b)热风送粉

1—原煤仓;2—煤闸门;3—煤秤;4—给煤机;5—落煤管;6—下行干燥管;7—球磨机;8—粗粉分离器;9—排粉机;10—一次风箱;
11—锅炉;12—主燃烧器;13—二次风箱;14—空气预热器;15—送风机;16—防爆门;17—细粉分离器;18—锁气器;
19—换向阀;20—输粉绞龙;21—煤粉仓;22—给粉机;23—混合器;24—乏气风;25—乏气喷嘴;26—冷风门;
27—大气门;28—一次风机;29—吸潮管;30—干燥剂流量测量装置;31—再循环管

3.3.3 直吹式与中间储仓式制粉系统的比较

(1)直吹式制粉系统简单,设备部件少,布置紧凑,耗钢材少,输粉管道短,初投资少,运行电耗较低,占地面积小;中间储仓式制粉系统复杂,耗钢材多,输粉管道长,初投资多,运行电耗较高,占地面积大,而且煤粉易于沉积,自燃、爆炸和漏风也较严重。

(2)直吹式制粉系统的出力受锅炉负荷的制约,制粉系统的故障直接影响锅炉的正常运行,供粉的可靠性较差,要求磨煤机的备用容量较大,负压直吹式系统的排粉机磨损严重,对制粉系统工作安全影响较大;中间储仓式制粉系统供粉可靠,运行工况对锅炉运行的影响相对较小,磨煤机可在经济工况下运行。

（3）当锅炉负荷变动时,中间储仓式制粉系统有煤粉仓储存煤粉,并可通过螺旋输粉机在相邻制粉系统间调剂煤粉,只要调节给粉机就能适应需要,调节灵敏方便;而直吹式制粉系统则需从改变给煤量开始,经整个系统才能达到改变煤粉量的目的,调节惰性较大。

任务四 制粉系统的部件

【任务目标】

1. 掌握制粉系统的所有部件,了解各个部件的组成。
2. 理解制粉系统各个部件的作用及工作流程。

【导师导学】

3.4.1 粗粉分离器

粗粉分离器的作用是将过粗的煤粉分离出来,送回磨煤机再次进行碾磨;保证煤粉细度合格,减少不完全燃烧热损失;调节煤粉细度,保证煤种改变时能维持一定的煤粉细度。

粗粉分离器的工作原理有如下几种。

（1）重力分离:利用重力作用使粗颗粒煤粉脱离气流而分离,气流速度越小,分离后的气流带走的煤粉颗粒越细。

（2）惯性分离:运动的物质具有惯性,质量越大,惯性越大,气流改变方向时粗煤粉颗粒受到较大惯性力的作用而被分离出来,气流初速度越大、转向越急,分离作用越强,分离后气流带走的煤粉越细。

（3）离心分离:与惯性分离原理相似,随同气流做旋转运动的粗煤粉颗粒,受到较大离心力的作用而被分离,气流旋转运动越强,分离作用越强,分离后气流带走的煤粉越细。

（4）撞击分离:煤粉颗粒受到其他物体的撞击,失去动能或得到偏离气流的动能,从而脱离气流而被分离出来,撞击分离的效果与撞击作用力的大小有关。

1. 离心式粗粉分离器

普通型离心式粗粉分离器的结构如图 3-18（a）所示,它由两个空心锥体组成。首先,来自磨煤机的煤粉气流从底部进入粗粉分离器外锥体内,由于锥体内流通截面面积增大,气流速度降低,在重力的作用下,较粗的粉粒得到初步分离,随即落入外锥体下部回粉管。然后,气流经内筒上部沿整个周围装设的折向挡板切向进入粗粉分离器内锥体,产生旋转运动,粗粉在离心力的作用下被抛向圆锥内壁而脱离气流。最后,气流折向中心经活动环由下向上进入分离器出口管,气流改变方向时,气流受到惯性力的作用,再次得到分离,被分离下来的粗粉落入内锥体下部的回粉管内,而合格的细煤粉则被气流从出口管带走。

由于粗粉分离器分离出来的回粉中,总难免要携带少量合格的煤粉,这些合格细粉返回磨煤机后,就会磨得更细,这就增加了过细的煤粉,使煤粉的均匀性变差,同时也增加了磨煤电耗。因此,国内许多发电厂把普通型粗粉分离器改进为图 3-18(b)所示的结构。

改进型粗粉分离器的特点是取消了内锥体的回粉管,代之以可上下活动的锁气器。当由内锥体分离出来的回粉达到一定量时,锁气器打开使回粉落到外锥体中,从而使其中的细粉又被吹起,这样可以减少回粉中的合格细粉,提高粗粉分离器的效率,达到增加制粉系统出力和降低电耗的目的。

改变折向挡板的开度可以调整煤粉细度,开度大小可用挡板与切线方向的夹角来表示。折向挡板的开度变小,进入内锥体气流的旋流强度增大,分离作用增强,分离出的煤粉变细。反之,折向挡板开度越大,分离出的煤粉就越粗。应当指出,当挡板开度大于 75° 而继续开大时,由于气流的旋流强度变化不大,实际对煤粉细度已无影响。当挡板开度小于 30° 时,气流阻力过大,部分气流从挡板上下端短路绕过,离心分离作用反而减弱,煤粉变粗。变动出口调节筒的上下位置可改变惯性分离作用大小,也可达到调节煤粉细度的目的。此外,通风量的变化对煤粉细度也有影响。通风量增大,气流携带煤粉的能力增强,带出的煤粉也较粗。

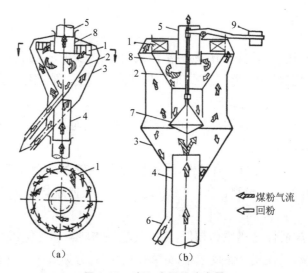

图 3-18　离心式粗粉分离器

(a)原型　(b)改进型

1—折向挡板;2—内圆锥体;3—外圆锥体;4—进口管;5—出口管;6—回粉管;
7—锁气器;8—出口调节筒;9—平衡重锤

2.回转式粗粉分离器

回转式粗粉分离器的结构如图 3-19 所示。它也有一个空心锥体,锥体上部安装了一个带叶片的转子,由电动机带动旋转。气流由下部引入,在锥体内进行初步分离。进入锥体上部后,气流在转子叶片带动下做旋转运动,在离心力的作用下大部分粗粉被分离出来。气流最后通过转子进入分离器出口时,部分粗粉被叶片撞击而脱离气流。这种分离器最大的特点是可以通过改变转子转速来调节煤粉细度,转子转速越高,离心作用和撞击作用越强,分离后气流带走的煤粉颗粒越细。

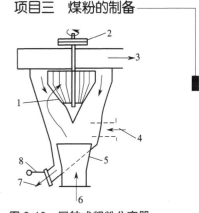

回转式粗粉分离器尺寸小,通风阻力小,煤粉细度调节方便,适应负荷的能力较强,尤其在高出力、大风量条件下,仍能获得较高的煤粉细度;但增加了转动机构,维护和检修工作量较大。

3.4.2 给煤机

给煤机的作用是根据磨煤机或锅炉负荷的需要,向磨煤机供给原煤。直吹式制粉系统通过给煤机控制给煤量,以适应锅炉负荷的变化。因此,要求给煤机应能满足供煤量的需要,具有良好的调节特性,能连续、均匀地给煤,保证制粉系统的经济运行和锅炉燃烧的稳定。我国各类电厂应用较多的给煤机有刮板式给煤机、皮带式给煤机、电磁振动式给煤机。

图 3-19 回转式粗粉分离器
1—转子;2—皮带轮;3—细粉空气混合物切向引出口;4—二次风切向引入口;5—进粉管;6—煤粉空气混合物进口;7—粗粉出口;8—锁气器

1. 刮板式给煤机

刮板式给煤机的结构如图 3-20 所示,它有一副环形链条,链条上装有刮板,链条由电动机经减速箱传动。煤从落煤管落到上台板,通过装在链条上的刮板,将煤带到左边并落在下台板上,再将煤刮至右侧,落入出煤管,送往磨煤机。改变煤层厚度和链条转动速度都可以调节给煤量。

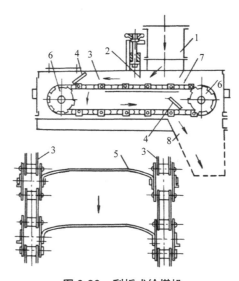

图 3-20 刮板式给煤机
1—进煤管;2—煤层厚度调节板;3—链条;4—导向板;5—刮板;6—链轮;7—上台板;8—出煤管

刮板式给煤机调节范围大,不易堵煤,密闭性能较好,煤种适应范围广,水平输送距离大,在电厂得到广泛应用。但其链条磨损后,易造成"爬链"和被煤块卡死等问题。

2. 皮带式给煤机

皮带式给煤机的结构如图 3-21 所示,它实际上是小型皮带输送机,可采用调节煤闸门开度改变煤层厚度和调节皮带速度等方法调节给煤量。皮带式给煤机带有自动煤秤装置。

煤秤的计量装置有机械方式和电子方式两种。煤秤的输出信号经过比较和放大,用以控制煤闸门的开度或给煤机的转速,以控制给煤量在给定值。

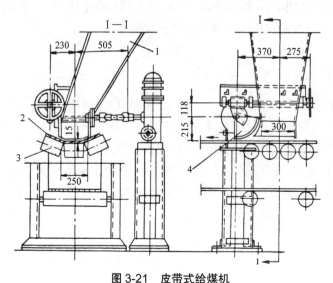

图 3-21　皮带式给煤机

1—下煤管;2—皮带;3—辊子;4—扇形挡板

皮带式给煤机适用于各种煤种,不易堵煤,水平输送距离大。新型皮带式给煤机最大的特点是自动计量、累计和调节,计量精度可达 0.5% 以内,可为锅炉技术管理和热效率试验提供极大的方便。

3. 电磁振动式给煤机

电磁振动式给煤机的结构如图 3-22 所示,它有一个形如簸箕的给煤槽,给煤槽后部连着电磁振动器,整个组件用弹簧减振器支吊于原煤斗下。煤由煤斗落入给煤槽内,振动器按每秒 50 次的频率推动给煤槽往返振动。由于电磁振动器振动方向与给煤槽平面有一定的角度,所以煤在给煤槽内呈抛物线形向前跳动,整个煤层犹如流水一样最后落入落煤管中。调节电磁振动器的电压或电流,可改变振动器的振幅,从而实现给煤量的调节。

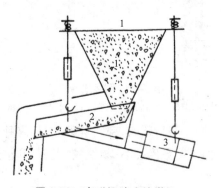

图 3-22　电磁振动式给煤机

1—煤斗;2—给煤槽;3—激振器

电磁振动式给煤机无转动部件,结构简单,调节维护方便,耗电量较小,给煤均匀,体积小,质量轻,造价低;但不能输送过湿或过干的煤,水平输送距离较短。

3.4.3　细粉分离器

细粉分离器用于中间储仓式制粉系统,其作用是将气粉混合物中的煤粉分离出来,并储存于煤粉仓中。常用的细粉分离器结构如图 3-23 所示。

细粉分离器也叫旋风分离器,其工作原理是利用气流旋转所产生的离心力,使气粉混合物中的煤粉与空气分离开来。来自粗粉分离器的气粉混合物从切向进入细粉分离器,在筒内形成高速的旋转运动,煤粉在离心力的作用下被甩向四周,并沿筒壁落下。当气流折转向上进入内套筒时,煤粉在惯性力作用下再一次被分离,分离出来的煤粉经锁气器进入煤粉仓,气流则经中心筒引至出口管。中心筒下部有导向叶片,它可使气流平稳地进入中心筒,不产生旋涡,从而避免了在中心筒入口形成真空,导致煤粉吸出而降低效率。这种分离器的效率高达 90%~95%。

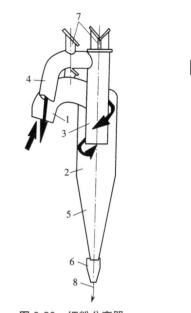

图 3-23　细粉分离器
1—气粉混合物入口管;2—分离器筒体;
3—内筒;4—干燥剂引出管;
5—分离器圆锥部分;6—煤粉斗;
7—防爆门;8—煤粉出口

3.4.4　给粉机

给粉机的作用是连续、均匀地向一次风管给粉,并根据锅炉的燃烧需要调节给粉量。常用的给粉机是叶轮式给粉机,其结构如图 3-24 所示。

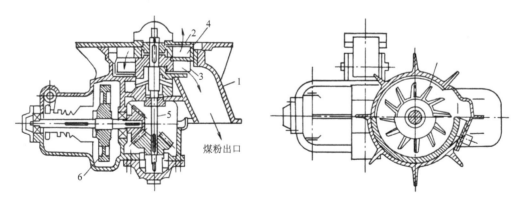

图 3-24　叶轮式给粉机
1—外壳;2—上叶轮;3—下叶轮;4—固定盘;5—轴;6—减速器

叶轮式给粉机有两个带拨齿的叶轮,叶轮和搅拌器由电动机经减速装置带动,煤粉由搅拌器拨至左侧下粉孔,落入上叶轮,再由上叶轮拨至右侧的下粉孔落入下叶轮,再经下叶轮拨至左侧出粉孔。改变叶轮的转速可调节给粉量。

叶轮式给粉机给粉均匀,严密性好,不易发生煤粉自流,还能防止一次风倒冲入煤粉仓。

61

其缺点是结构较为复杂,且易被木屑等杂物堵塞,甚至损坏机件。

3.4.5 螺旋输粉机

螺旋输粉机的作用是相互输送相邻锅炉制粉系统的煤粉,以提高锅炉给粉的可靠性。螺旋输粉机主要由装有螺旋导叶的螺旋杆和传动装置组成。螺旋杆由传动装置带动在壳体内旋转,螺旋导叶使煤粉由一端推向另一端,当螺旋杆做反方向旋转时,煤粉向反方向输送。

3.4.6 锁气器

锁气器是一种只允许煤粉通过而不允许气流通过的设备,装设在粗粉分离器回粉管、细粉分离器下粉管等处,防止气流随着煤粉一齐通过,而破坏制粉系统的正常工作。

常见的锁气器有翻板式和草帽式两种,如图 3-25 所示。它们都是按杠杆原理工作的,即当翻板或草帽顶上积聚的煤粉超过一定的重量时,翻板或活门被打开,放下煤粉,随后在重锤的作用下自行关闭,为了避免下粉时气流反向流动,锁气器总是两个一组串联在一起使用。

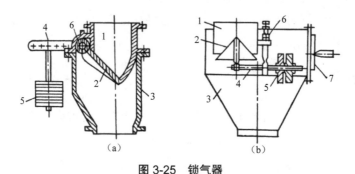

图 3-25 锁气器

(a)翻板式 (b)草帽式

1—煤粉管;2—翻板或活门;3—外壳;4—杠杆;5—平衡重锤;6—质点;7—手孔

草帽式锁气器动作灵敏,下粉均匀,严密性好;但活门容易被卡住,而且不能倾斜布置,只能用于垂直管道上。

【项目小结】

1. 掌握煤粉的特性。

2. 能够进行煤粉经济性分析。

3. 掌握燃料的性状。

4. 根据燃料的性质,合理选择磨煤机。

5. 掌握不同的制粉方法,分析其原理。

6. 能够分析不同制粉系统的优缺点。

7. 掌握制粉系统各个设备的工作原理及作用。

8. 掌握整个制粉系统的工作流程。

【课后练习】

一、名词解释

1. 煤粉细度。
2. 煤粉的经济细度。
3. 煤粉的均匀性。
4. 临界转速。
5. 磨煤出力。
6. 直吹式制粉系统。
7. 中间储仓式制粉系统。
8. 三次风。

二、填空题

1. 煤粉能够与_____,制粉系统利用这一特性用管道对煤粉进行输送。
2. 破碎所消耗的能量与新形成的自由表面积成正比,煤粉_____,形成的_____,破碎所消耗的_____。
3. 煤粉颗粒粗细不一,过粗的煤粉就增大_____,过细的煤粉又会增大_____,使锅炉运行经济性下降。
4. 电站用的磨煤机大致可分为_____、_____、_____三类。
5. 球磨机的工作原理是_____。
6. 中速磨煤机主要靠_____磨煤,适用于_____运行。
7. 直吹式制粉系统的任务是_____、_____、_____。
8. 直吹式制粉系统按工作压力可分为_____和_____。
9. 粗粉分离器的作用是_____。
10. 给煤机要求具有_____,能_____、_____地给煤,保证制粉系统的经济运行和锅炉燃烧的稳定。

三、简答题

1. 影响煤粉爆炸的因素有哪些?
2. 防止煤粉爆炸所采取的措施有哪些?
3. 影响钢球磨煤机出力的因素有哪些?
4. 简述双进双出式磨煤机的工作原理及工作特点。
5. 影响中速磨煤机工作的主要因素有哪些?
6. 简述双进双出式制粉系统的工作流程。
7. 简述单进单出式制粉系统的工作流程

8. 简述细粉分离器的工作原理。

9. 简述刮板式给煤机、皮带式给煤机的特点。

【总结评价】

1. 谈一谈你对煤粉的具体认识。

2. 谈一谈你认为磨煤机的选择主要需要考虑哪些因素。

3. 两种制粉系统的比较及选择依据。

4. 制粉系统各部件的工作过程。

项目四　燃烧设备及原理

【项目目标】

1. 掌握燃烧器的种类。
2. 掌握等离子点火的机理,熟悉等离子点火燃烧系统,掌握等离子点火的条件。
3. 掌握火焰检测器的类型和功能,熟悉煤粉火焰检测系统。
4. 掌握煤粒燃烧的三个阶段,掌握煤粉迅速而完全燃烧的充分必要条件。
5. 熟悉影响煤粉气流着火与燃烧的因素,熟悉强化煤粉气流着火与燃烧的措施。

【技能目标】

掌握煤粉完全燃烧的条件和燃烧过程,以及燃烧器类型、等离子燃烧原理、煤粉燃烧原理。

【项目描述】

本项目要求学生掌握影响煤着火、燃烧、燃尽三个阶段的主要因素及强化措施,熟悉煤粉燃烧器的结构。

【项目分解】

	任务一　燃烧器	4.1.1　直流燃烧器
		4.1.2　旋流燃烧器
	任务二　等离子点火	4.2.1　等离子点火机理
		4.2.2　等离子点火燃烧系统
		4.2.3　等离子点火运行
项目四 燃烧设备及原理	任务三　火焰检测器	4.3.1　火焰检测器的类型和功能
		4.3.2　煤粉火焰检测系统
	任务四　煤粉燃烧原理简介	4.4.1　煤粒燃烧的三个阶段
		4.4.2　燃烧速度与燃烧程度
		4.4.3　煤粉迅速而完全燃烧的充分必要条件
		4.4.4　影响煤粉气流着火与燃烧的因素
		4.4.5　强化煤粉气流着火与燃烧的措施

任务一　燃烧器

【任务目标】

1. 掌握燃烧器的种类。
2. 掌握直流燃烧器和旋流燃烧器的工作原理。
3. 掌握夹心风的作用。
4. 掌握旋转射流的特点。
5. 掌握旋流燃烧器的优点。
6. 熟悉双通道轴向旋流燃烧器的结构和工作原理。

【导师导学】

燃烧器是煤粉燃烧设备的主要组成部分。它的作用是向炉膛输送煤粉及燃烧所需要的空气,并组织良好的燃烧工况,使煤粉迅速稳定地着火;并在着火后及时供应二次风,使煤粉与空气充分混合,保证煤粉在炉内迅速完全地燃烧。

按燃烧器出口气流的形状,燃烧器可分为直流燃烧器和旋流燃烧器两大类。

4.1.1　直流燃烧器

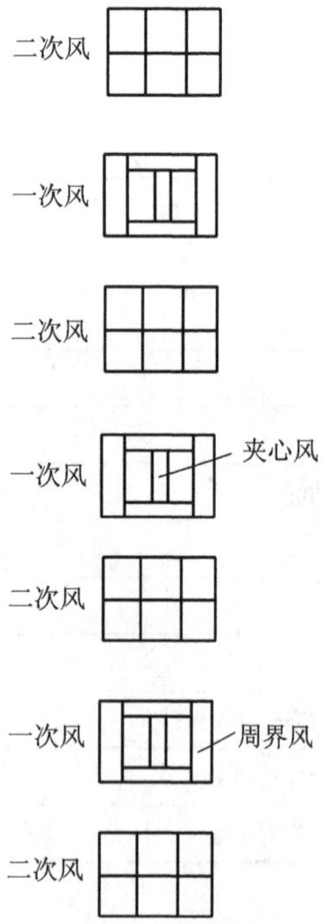

图 4-1　直流燃烧器结构示意

直流燃烧器喷射出来的是直流射流,该射流具有向前运动的轴向速度和向周围扩展的径向速度。

直流燃烧器通常由一列沿高度方向排列的矩形喷口组成,其结构示意如图 4-1 所示。一次风煤粉气流和二次风热空气从各喷口射出后,形成直流射流。

直流燃烧器喷口的布置方式可分为均等配风和分级配风两种排列方式。

均等配风方式布置的特点是一、二次风喷口相间布置,即在两个一次风喷口之间均等布置 1 个(或 2 个)二次风喷口,一、二次风喷口相互紧靠,其喷口边缘的上下间距较小,这样布置有利于一、二次风的较早混合,使一次风煤粉气流着火后就能迅速获得足够的空气补充,使火焰根部不至于因缺氧而导致燃烧不完全。

1.一次风

一次可为进入制粉系统时干燥,并携带煤粉进入炉内的热空气。其主要作用是输送煤粉,并满足煤粉燃烧初期对氧气的需要。

2. 二次风

二次可为直接进入炉内助燃的热空气。

3. 周界风

在一次风喷口外缘,有时布置一圈周界风,其来源于二次风。周界风的作用如下。

(1)冷却一次风喷口,防止喷口烧坏或变形。

(2)使少量热空气与煤粉火焰及时混合。由于直流煤粉火焰的着火首先从外边缘开始,故火焰外围易出现缺氧现象,这时周界风就起补氧作用。周界风量较小时,有利于稳定着火;周界风量太大时,相当于二次风过早混入一次风,对着火不利。

(3)周界风的速度比煤粉气流的速度要快,能增加一次风气流的刚度,防止气流偏斜;并能托住煤粉,防止煤粉从主气流中分离出来而引起不完全燃烧。

(4)高速周界风有利于卷吸高温烟气,促进着火,并加速一、二次风的混合过程。但周界风量过大或风速过小时,在煤粉气流与高温烟气之间形成屏蔽,反而阻碍加热煤粉气流。故当燃用的煤质变差时,应减少周界风量。

周界风的风量一般为二次风量的 10% 或略多一些,风速为 30~45 m/s,风层厚度为 15~25 mm。

4. 夹心风

为了避免周界风妨碍一次风直接卷吸高温烟气的不利影响,又出现了夹心风。所谓夹心风,就是在一次风喷口中间竖直地布置一个二次风喷口。夹心风的作用如下。

(1)补充火焰中心的氧气,同时降低着火区的温度,而对一次风射流外缘的烟气卷吸作用没有明显的影响。

(2)高速的夹心风提高了一次风射流的刚度,能防止气流偏斜;而且增强了煤粉气流内部的扰动,有利于加速外缘火焰向中心的传播。

(3)夹心风速度较大时,一次风射流扩展角减小,煤粉气流扩散减弱,这对于减轻和避免煤粉气流贴壁、防止结渣有一定作用。

(4)可作为变煤种、变负荷时燃烧调整的手段之一。

如前所述,周界风和夹心风主要用来解决煤粉气流高度集中时着火初期的供氧问题,两者的量占二次风量的 10%~15%。在实际运行中,由于漏风,周界风和夹心风的量可达二次风量的 20% 以上。在燃用无烟煤、贫煤或劣质煤时,周界风或夹心风的速度比较高,为 50~60 m/s;在燃用烟煤时,周界风的速度为 30~40 m/s,主要用于冷却一次风喷口。

直流燃烧器对煤种的适应范围广,但每个燃烧器出口射流的着火条件及炉内空气动力工况差,为了解决这两个问题,可采用四角布置切圆燃烧方式(图 4-2),即每组直流燃烧器布置在炉膛四角,燃烧器轴线与炉膛中心

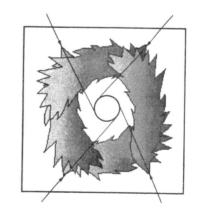

图 4-2　直流燃烧器四角布置切圆
燃烧方式示意

的一个假想的圆相切,因此连接管道多,且布置复杂。另外,采用切圆燃烧方式,燃料在炉膛内燃烧后产生的烟气会产生残余扭转,这样就使得水平烟道两侧产生较大的烟温差,从而使两侧汽温产生较大偏差。

4.1.2 旋流燃烧器

旋流燃烧器喷射出的是旋转射流,该射流既有向前运动的轴向速度和向周同扩展的径向速度,又有使射流旋转的切向速度。在燃烧器出口处,轴向速度迅速衰减,在距离喷口出口不远处形成中心回流区,在该回流区后,由于受外围区域高轴向速度的影响,轴线上的轴向速度在回升至最高值后再逐步衰减。而切向速度由于强烈的湍流和回流,衰减很快。

旋转射流具有如下特点。

(1)旋转射流具有内、外两个回流区,扩展角比较大,相对直流射流而言,旋转射流卷吸周围介质的能力比较强,可以依靠自身的回流区保持稳定着火。

(2)旋转射流出口处速度高,具有轴向、径向和切向速度,气流的早期混合强烈。

(3)旋转射流的切向速度衰减很快,气流旋转效应消失较快,因此气流的后期混合较弱。

(4)旋转射流的轴向速度衰减也较快,因此气流射程较短。

旋流燃烧器一般采用前后墙布置、对冲燃烧方式,如图 4-3 所示。

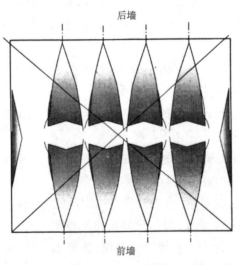

图 4-3 前后墙布置、对冲燃烧方式示意

相对于直流燃烧器四角布置切圆燃烧方式,采用旋流燃烧器有如下优点。

(1)可以减轻四角布置切圆直流燃烧方式产生的炉膛出口残余扭转导致的过热器热偏差现象。

(2)燃烧器布置均匀,入炉热量比较均匀,可避免炉膛中部因温度过高而引起的结渣等现象。

(3)各燃烧器单独组织燃烧,可通过调整旋流燃烧器的旋转强度,达到调节回流区大小的目的,各燃烧器相互间影响比较小。

(4)当锅炉容量增加时,单个燃烧器的功率不必相应增大,只需相应增加炉膛宽度和燃烧器的个数,这样可避免因燃烧器附近热负荷过大而导致的结焦问题。

(5)对炉膛形状的要求不如四角布置切圆直流燃烧方式严格,不必一定接近正方形,以有利于尾部受热面的方便布置为准。

因上述诸多优点,旋流燃烧器在现代大型锅炉上得到了广泛应用。

下面以按CE技术设计的某轻油点火的双通道轴向旋流燃烧器为例,介绍双通道轴向旋流燃烧器的主要结构及工作原理。

双通道轴向旋流燃烧器一般由中心风管、一次风管、同心的二次风管组成,每层燃烧器被置于一个大风箱中。该燃烧器最中间是中心风管,自内向外依次分别是与中心风管同心的一次风管、内二次风管、外二次风管。在内、外二次风管的锥状管段内中,各有一轴向叶轮(轴向旋流调风器),其上有调节拉杆,通过推进或拉回锥状管段内的叶轮,可以改变叶轮侧面与锥状管段之间的缝隙,进而改变进入炉膛的旋流风与直流风的比例,最终调节旋流强度(外二次风管叶轮安装时就通过调节连杆推到完全向前的旋流最大位置,运行中不再调整)。双通道轴向旋流燃烧器结构示意如图4-4所示。

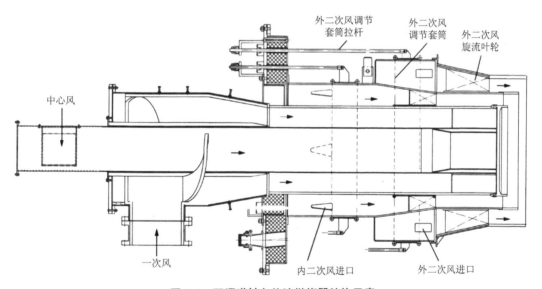

图4-4 双通道轴向旋流燃烧器结构示意

在内二次风管上开有6个三角形孔,以允许风箱空气进入内二次风的环形通道。在外二次风管上开有6个矩形孔,以允许风箱空气进入外二次风的环形通道。在内、外二次风管外各有一轴向调节套筒,套筒向前(往炉膛方向)推,露出的缝隙面积增大,进入的二次风的风量增加;反之,套筒往回(离开炉膛方向)拉,缝隙被套筒遮挡的面积增大,进入的二次风的风量减少。

中心风管外部有一个矩形接口将中心风引入。中心风由专用风道提供,该风道布置在每一组燃烧器风箱的上方。该专用风道的两端各有一个控制挡板,控制挡板由专用气动执行器控制。当投入油枪时,该风门处于全开位置给油枪供风。当不投入油枪时,不论该组燃烧器正在投运还是处于备用状态,该风门均处于全关位置(此时该风门仍有约 20% 的流通面积),此时的通风量仍可起到冷却的作用。

任务二　等离子点火

【任务目标】

1. 掌握等离子点火机理。
2. 熟悉等离子点火燃烧的各个系统及其工作原理。
3. 熟悉等离子点火运行的启动条件。
4. 了解等离子燃烧器运行过程中的注意事项。

【导师导学】

4.2.1　等离子点火机理

等离子点火装置利用直流电流(>200 A,280~350 A)在一定介质气压(0.01~0.03 MPa)的条件下接触引弧,并在强磁场控制下获得具有稳定功率的定向流动空气等离子体,该等离子体在点火燃烧器中形成温度大于 4 000 K 的梯度极大的局部高温火核,煤粉颗粒通过该等离子体火核时,在 0.001 s 内迅速释放出挥发物、再造挥发分,并使煤粉颗粒破裂粉碎,从而迅速燃烧。由于反应是在气固两相流中进行的,高温等离子体使混合物发生一系列物理化学变化,近而使煤粉的燃烧速度加快,达到点火并加速煤粉燃烧的目的,大大减少了促使煤粉燃烧所需要的引燃能量。

4.2.2　等离子点火燃烧系统

等离子点火燃烧系统由点火系统和辅助系统两大部分组成。点火系统由等离子发生器、等离子燃烧器、等离子电气系统等组成;辅助系统由压缩空气系统、冷却水系统、图像火检系统、一次风在线测速系统等组成。

1. 等离子发生器的组成及工作原理

等离子发生器是用来产生高温等离子电弧的装置,一般为磁稳空气载体等离子发生器,它主要由阴极组件、阳极组件及绕组组件组成,如图 4-5 所示。其中,阴、阳极均采用水冷方式,以承受电弧高温冲击,电源采用全波整流并具有恒能性能。其点火原理为在一定输出电流条件下,当阴极前进并与阳极接触后,系统处于短路状态,当阴极缓缓离开阳极时产生电弧,电弧在绕组磁场的作用下被拉出喷管外部,压缩空气在电弧的作用下,被电离为高温等离子体,其能量密度高达 $10^5 \sim 10^6$ W/cm^2,为点燃煤粉创造了良好条件。

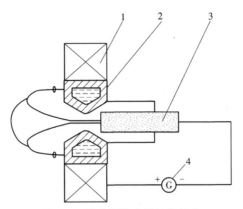

图 4-5 等离子发生器结构示意

1—绕组；2—阳极；3—阴极；4—电源

2. 等离子燃烧器的组成及工作原理

等离子燃烧器由等离子发生器、风粉管、外套管、喷口、浓淡块、主燃烧器等组成,如图 4-6 所示。等离子燃烧器采用多极燃烧结构,煤粉首先在中心筒点燃,进入中心筒的煤粉量为 500~800 kg/h,这部分煤粉在中心筒中稳定点燃,在中心筒出口处形成稳定的二级煤粉点火源,并依次逐级放大,最大可点燃 12 t/h 的煤粉量。在等离子点火器退出运行后,等离子点火燃烧器可作为主燃烧器使用。

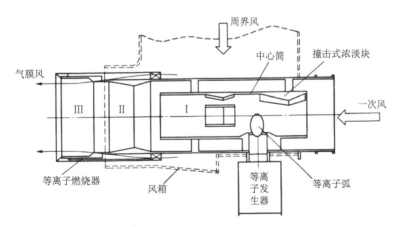

图 4-6 等离子燃烧器结构示意

3. 气膜风系统

等离子燃烧器属于内燃式燃烧器,运行时燃烧器内壁热负荷较高,为保护燃烧器,并提高燃尽度,设置了等离子燃烧器气膜冷却风。

气膜冷却风可以从二次风箱抽取,也可以从送风机出口引取。

气膜冷却风控制,冷态一般在等离子燃烧器投入 0~30 min,开度尽量小,以提高初期燃烧效率,随着炉温升高,逐渐开大风门,防止烧损燃烧器,原则上以将燃烧器壁温控制在 500~600 ℃为宜。

4. 冷炉制粉系统

采用直吹式制粉系统的锅炉在安装等离子点火系统时,所要解决的首要问题就是在锅炉冷态启动时,使磨煤机具备启动条件,并磨制出合格的煤粉。

冷态启动时,空气预热器处于冷态运行,此时空气预热器出口热一次风母管中的流动介质与冷风母管中的流动介质是一样的,都是冷空气。为了将磨煤机进口热一次风管中的冷风加热到制粉所需温度,在等离子磨煤机入口热一次风管上加装蒸汽加热器(也称作磨煤机入口暖风器),利用蒸汽的热量将磨煤机入口热风加热到制粉所需温度,进行等离子点火。当锅炉负荷达到一定值时,空气预热器出口一次风管中的热风温度已达到制粉所需温度,可以退出等离子模式运行。此时,冷风蒸汽加热器旁路上的气动调节门开启,热一次风通过此管路运行,冷风蒸汽加热器退出运行。

加热蒸汽一般来自电厂辅汽联箱,蒸汽参数压力为 0.8~1.3 MPa,温度为 350 ℃,加热器疏水至指定的地方。冷炉制粉冷风加热系统示意如图 4-7 所示。

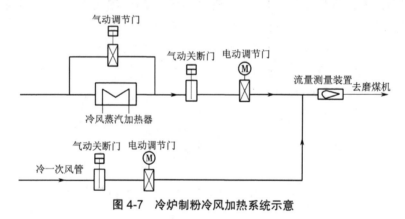

图 4-7　冷炉制粉冷风加热系统示意

等离子燃烧器在锅炉点火启动初期,燃烧的煤粉浓度较好的适用范围为 0.36~0.52 kg/kg,最低不得低于 0.3 kg/kg。冷态启动初期,一次风速宜保持在 19~22 m/s。

5. 等离子电气系统

等离子发生器电源系统是用于维持等离子电弧的直流电源装置,由隔离变压器和电源柜两大部分组成。其基本原理是通过三相全控桥式晶闸管整流电路将三相交流电源转变为稳定的直流电源。

隔离变压器的主要作用是隔离,避免等离子发生器带电。

电源柜内主要有三相全控整流电桥、大功率直流调速器、直流电抗器、交流接触器、控制PLC 等。

6. 等离子压缩空气系统

压缩空气是等离子电弧的介质,等离子电弧形成后,通过绕组形成的强磁场的作用压缩成为压缩电弧,需要压缩空气以一定的流速将其吹出阳极才能形成可利用的电弧。因此,等离子系统需要配备压缩空气系统,大多采用仪用压缩空气为等离子发生器提供压缩风。

7. 等离子冷却水系统

等离子电弧形成后,弧柱温度一般为 5 000~10 000 K,因此对于形成电弧的等离子发生器的阴极和阳极,必须通过水冷的方式进行冷却,否则会很快被烧毁。为保证好的冷却效果,需要冷却水以较高流速冲刷阴极和阳极,因此需要保证冷却水压力不低于 0.3 MPa,冷却水温度不高于 30 ℃。

冷却水水源一般取自电厂的除盐水箱,通过专设的冷却水泵,实现对等离子点火器的闭式循环。

8. 图像火检系统

为监视等离子点火燃烧器的火焰情况,方便运行人员进行燃烧调整,一般要在每台等离子点火燃烧器上各安装一套图像火检装置。

9. 一次风速在线测量系统

为便于等离子煤粉燃烧器风速的控制,在用于等离子点火的一次风管上各安装一套风速在线监测装置,用于在线监测一次风速,方便运行人员进行燃烧调整。

一次测压元件为耐磨型靠背管(全称为靠背式动压测定管)。两个测压管端的开口,一个开口迎向气流作为全压感压孔,另一个开口背向气流作为静压感压孔,两个开口面应该成 180° 对称布置。一次风速在线测量系统与 DCS 直接连接。

4.2.3 等离子点火运行

1. 冷态等离子点火器的启动条件

(1)锅炉吹扫完成。

(2)载体风压力满足(>5 kPa)。

(3)冷却水压力满足(>0.25 MPa)。

(4)等离子整流柜正常。

(5)等离子整流柜远方控制。

(6)等离子燃烧器前、后壁温不高。

2. 等离子状态下煤层点火允许

(1)MFT 继电器已复位。

(2)二次风量大于 30%。

(3)一次风机运行且一次风压力正常。

(4)存在点火源(4 个等离子点火器投入正常)。

3. 载体风机控制逻辑

(1)载体风机连锁。

①运行载体风机风压低于 5 kPa 联启备用风机。

②运行载体风机故障跳闸联启备用载体风机。

(2)载体风机停允许。

①等离子磨煤机停,且在等离子全停延时 10 min。

②等离子磨煤机投运,且母管压力不可过低,以及两台风机运行可以停运一台。

4. 冷却水泵控制逻辑

(1)冷却水泵连锁。

①冷却水压力低于 0.6 MPa 联启备用泵。

②冷却水泵故障跳闸联启备用冷却水泵。

(2)冷却水泵停允许。

①所有等离子点火器全停延时 10 min。

②等离子点火器投运,且母管压力不低于 0.6 MPa,以及两台泵运行可以停运一台。

(3)冷却水箱连锁逻辑。在水位低于 1.8 m 时打开电磁阀补水,水位高于 2.7 m 时关断补水电磁阀。

5. 等离子燃烧器的启动

在 DCS 中等离子磨煤机有正常运行模式与等离子运行模式两种运行模式,并可手动相互切换。

等离子燃烧器单独运行状态下的启动:

(1)检查,并将磨煤机的出口分离器挡板角度调至合适位置,保持煤粉细度 R_{90}=20%~22%。

(2)检查锅炉等离子点火允许条件是否满足。

(3)按等离子点火的启动顺序(1、4、2、3 号)启动等离子点火器。

(4)调节电弧功率在 110 kW 左右。

(5)打开磨煤机入口一次风门、出口煤阀,投入暖风器,提高一次风温,调节 B 磨煤机入口风量大于 51 t/h,进行暖磨煤机。

(6)待 B 磨煤机启动条件满足,启动磨煤机,启动给煤机。

(7)若点火过程中发生两个等离子点火器断弧,将停止磨煤机的运行,同时 MFT 动作,锅炉应进行吹扫后方可重新点火。

(8)根据机组试运要求及锅炉燃烧情况,投入其他磨煤机组。

(9)当电负荷升至 40% BMCR(140 MW)且 B 给煤机煤量大于 35 t/h,可将等离子运行模式手动切至正常运行模式,并可视燃烧情况逐步撤出等离子点火器。

6. 等离子点火燃烧器运行过程中的注意事项

(1)等离子点火燃烧器投入运行的初期,要注意观察煤粉的燃烧情况、电功率的波动情况以及冷却水压力的变化情况,做好事故预想,发现异常,及时处理。

(2)冷炉点火时,在等离子点火燃烧器投入运行的初期,为控制汽温上升速率,上部二次风门要适当开大,适当加大通风量,并注意观察、记录炉膛出口温度,防止汽温上升过快。

(3)根据一、二次风量、风温,煤粉的细度以及煤粉着火情况,及时调整燃烧,使之稳定。

(4)如需停止等离子磨煤机运行,应逐渐减少给煤量,降低磨煤机负荷。视燃烧情况投入等离子点火器,当给煤量降至最小给煤量(12 t/h)左右时停止给煤机,将磨煤机内积煤抽净后停磨煤机,退出等离子点火器。

（5）等离子点火系统停运后,冷却水泵、载体风机应处于备用状态,以备随时投用。

任务三　火焰检测器

【任务目标】

1. 掌握火焰检测器的类型和功能。

2. 熟悉煤粉火焰检测系统的组成。

3. 熟悉火焰检测器的组成和工作原理。

【导师导学】

火焰检测器是燃烧器自动装置中的重要部件之一,其作用是对火焰进行检测和监视。现代大型锅炉都装设有火焰检测器,以自动检测点火器的点火工况、单个主燃烧器的着火工况,从而在锅炉点火时、或低负荷运行时、或燃料变差时,有效防止锅炉灭火和炉内爆炸事故。

燃料在炉内燃烧,发生化学反应释放出大量的能量,这些能量以光能（紫外线、可见光、红外线）、热能等形式释放,不同的能量形式构成了检测炉内燃烧火焰的基础,应用不同的火焰特征可以设计出多种火焰监测器。

4.3.1　火焰监测器的类型和功能

1. 紫外线火焰检测器

紫外线火焰检测器利用火焰本身发出的光线中含有紫外线的原理来检测火焰的状态。其常用的传感器是紫外光电倍增管,由于煤和重油燃烧发出的紫外光非常弱,而且易被介质吸收,因而一般对煤和重油燃烧不使用紫外光火焰检测器,而其在燃气、燃烧轻油的锅炉中用得较多。

2. 可见光火焰检测器

可见光火焰检测器基于检测火焰的闪烁频率和强度两个物理量来检测火焰的状态。由于其采用双信号的检测方法,故提高了火焰检测的可靠性。

3. 红外线火焰检测器

红外线火焰检测器通过检测燃烧火焰所发出的红外光来检测火焰的状态。煤粉或油雾燃烧时光强的闪动性,为红外火焰检测器提供了依据。由于火焰的频率信号为 1~200 Hz,而热的炉膛虽产生很强的红外辐射,但其强度的变化频率不超过 2 Hz,因此通过过滤器可以将燃烧器的火焰和炉膛背景火焰区分开。红外线火焰检测器对不同煤种有较好的监视效果。

目前应用最广的是利用火焰光强弱进行检测的红外线火焰检测器和利用火焰的闪动进行检测的可见光火焰检测器。

4.3.2 煤粉火焰检测系统

煤粉火焰检测系统由煤粉火焰检测器及其安装附件、火焰分析单元、信号处理器机柜、火检冷却风机及电动机、冷却风机就地控制柜、冷却风管道压力开关、不锈钢压力表组成。

下面以 Uvisor 红外火焰检测系统为例介绍火焰检测系统各部件的功能。

1. 火焰检测器

如图 4-8 所示，Uvisor 红外火焰检测器主要由火焰检测探头、光导纤维束、内套管、外套管、火焰传感器组成。

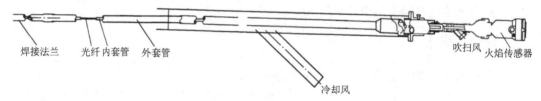

焊接法兰　　光纤　内套管　　外套管　　　　　　　　　冷却风　　　　　　　　吹扫风　火焰传感器

图 4-8　Uvisor 火焰检测器结构示意

光导纤维束、内套管、外套管构成光纤传导系统，该系统是为了能够优化地、选择性地检测火焰而配备的。

外套管（柔性系统）最前端（面向炉膛侧）有焊接法兰，以保证火焰检测探头只测到本燃烧器的火焰。

在光纤传导系统上有两个内螺纹口，一个是吹扫风接口，另一个是冷却风接口。提供的吹扫风必须能够使镜头上不会累积灰尘颗粒，因此吹扫风连接到内套管机构上。只有无油的、过滤后的空气能够用来吹扫。冷却风接口连接在外套管上，应提供足够的冷却风，以确保光纤不会超过允许的环境温度。吹扫风和冷却风来自火检冷却风系统。

火焰检测器的工作原理是由探头中的检测元件对火焰中红外线的闪烁效应进行检测，检测光谱范围为 320~1 100 nm。它只接收由于燃料在燃烧时湍流而引起的闪烁部分的火焰信号，即燃烧的动态辐射部分，而对于加热了的锅炉内壁或水冷壁管产生的静态辐射，即使它们强度很大，也并不敏感，这样在保证有效见火的同时，有力地防止了"偷看"现象。

红外线煤粉火焰检测探头在主煤粉燃烧器中的布置如图 4-9 所示，它安装在旋流燃烧器的外二次风道中，探头中心线与水平线之间的夹角是 5°，每个煤粉燃烧器的火嘴配"一对一"煤粉火焰检测器。

2. 火焰分析单元

火焰分析单元是基于微处理器的放大设备，具有同时接收两个检测器探头信号的能力，来自每个探头的信号被送入其自己独立的通道，每个通道又有其自己的火焰继电器以及现场设置的 0~10 V 或 4~20 mA 的模拟输出。

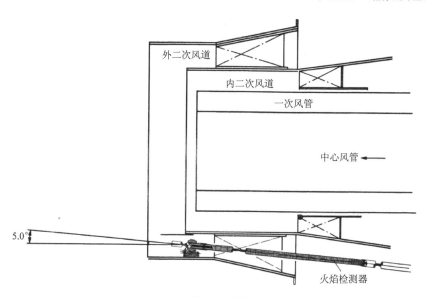

图 4-9　火焰检测器在燃烧器中的布置示意

　　在火焰检测器实际运行中,为防止本火嘴火焰检测器检测到其他火嘴的火焰,形成所谓的"偷看"现象,一般的做法是设置一个槛值,对背景火焰进行遮挡。但只凭借槛值是很难保证检测的准确性的。因为如果将其设置太高,则见火困难;而设置太低,则容易形成"偷看";即使其在一个比较合适的数值,也会由于工况的不断变化而出现这样或那样的问题。在研究中发现,燃料和风的混合物在喷入炉膛燃烧时,喷口根部(火焰的初始 1/3 处)流体的雷诺数(Re)都大于 4 000,形成湍流;又由于风速、煤粉量等因素不同,导致混合物一直不断变化,从而引起火焰辐射处于不停来回摆动的状态。但无论怎样波动,它们的频率总是在一个固定的范围内变化,而且是从根部到尾部依次降低。根据火焰在燃烧时这一特有的属性,火焰分析单元除了对背景火焰进行处理外,还引入了火焰光谱的自动分析技术,以给出适合本火嘴的低切断频率和高切断频率,它既能将低于低切断频率的火焰信号滤除,也能将高于高切断频率的火焰信号滤除。由于炉膛内的火焰和热管壁基本属于静态辐射,即使其火焰信号很强,但频率却远远低于低切断频率,则信号被滤除。其他火嘴的火焰由于绝大部分都是尾部对被检测火嘴有影响,频率也较低,同样被滤除。这样就保证了火焰检测器只采集本火嘴的火焰信号,极大地提高了检测准确度。

　　火焰分析单元可以根据"闪烁"放大器型火焰探头的工作原理,自动调整最佳的参数。

　　当待检的燃烧器停运时,使用"SCAN FLAME OFF"功能,处理器将分析此时火检探头接收到的光谱,并扫描参数库中的每一种滤波器低切断频率。每一种低切断频率都会运行一段时间,以保证信号的稳定和火焰信号值的存储。在扫描过程中,火焰信号继电器的输出被强制为"OFF"。

　　当待检的燃烧器投运时,使用"SCAN FLAME ON"功能,重复以上扫描过程。在扫描过程中,火焰信号继电器的输出被强制为"ON"。

　　主要可组态参数包括有火 / 无火延迟时间、背景值、频率值、敏感度等。

3. 火检冷却风系统

每台锅炉须设两台火检冷却风机，一台运行，另一台备用，并向所有煤粉火焰检测探头提供吹扫和冷却空气；运行时投入连锁，风机出口设有三通挡板，可随时切换。风机入口配滤网，以保证风机吸入干净的空气。冷却空气用于防止探头部件因温度过高而烧坏，保证这些探测部件清洁，使它们能正确地监视炉膛火焰情况。在锅炉点火前必须投入图像火检冷却风机，锅炉停炉后空气预热器入口烟温低于 45 ℃时，才允许停止该风机的运行。

任务四　煤粉燃烧原理简介

【任务目标】

1. 掌握煤粒燃烧的三个阶段。
2. 熟悉影响着火速度的因素。
3. 了解煤粉燃烧与一般煤粒燃烧的区别。
4. 掌握影响燃烧速度与燃烧程度的因素。
5. 掌握煤粉迅速而完全燃烧的充分必要条件。
6. 掌握影响煤粉气流着火与燃烧的因素。
7. 熟悉强化煤粉气流着火与燃烧的措施。

【导师导学】

4.4.1　煤粒燃烧的三个阶段

煤粒的燃烧过程大致可分为以下三个阶段。

1. 着火前的准备阶段

煤粉进入炉内至着火前这一阶段为着火前的准备阶段。在该阶段，煤粉中的水分先蒸发，接着挥发分析出，煤粉的温度逐渐升至着火温度。着火热量来源主要是高温烟气回流和火焰辐射。着火前的准备阶段是吸热阶段。影响着火速度的因素除燃烧器本身结构外，主要是炉内高温烟气对煤粉气流的加热强度、煤粉气流的数量与温度，以及煤粉性质和浓度等。

2. 燃烧阶段

煤粒表面的挥发分在一定温度下遇氧即着火燃烧，燃烧放出的热使煤粒表面温度迅速升高，煤粒加热至一定温度并有氧气补充到煤粒表面时，煤粒首先局部着火，然后扩展到整个表面。燃烧阶段是一个强烈的放热阶段，用时较短，这一阶段的快慢主要取决于燃料与氧气的化学反应速度和混合接触速度。

3. 燃尽阶段

在燃烧阶段中未燃尽而被灰包围的少量固定碳在燃尽阶段继续燃烧，直到燃尽。该阶段一般是在氧气供应不足、气粉混合较弱、炉内温度较低的情况下进行的,因此需要较长时间。燃尽阶段是一个缓慢的放热过程,用时较长。

据有关资料表明,97%的可燃质是在1/4的燃烧时间内燃尽的,3%的可燃质的燃尽却用了3/4的燃烧时间。

现代大型煤粉锅炉的煤粉燃烧,由于煤粉颗粒很细,炉膛温度又很高,因此悬浮在气流中的煤粒加热速度高达104 ℃/s。在这样高的升温速度下,现代研究证明,煤粉燃烧与一般煤粒燃烧有一些不同,主要表现在以下方面。

(1)挥发分的析出过程几乎延续到煤粉燃烧的最后阶段。

(2)在高速升温的情况下,挥发分的析出、燃烧和焦炭燃烧同时进行,在更高的加热速度下,甚至是最小的煤粉颗粒先着火,然后才热分解析出挥发分。

(3)高速加热时,挥发分的产量和成分都与低速加热的现行常规测试方法所得的数值有所不同,产量有高有低,成分也不尽相同。

(4)快速加热形成的焦炭与慢速加热形成的焦炭,在孔隙结构方面也有很大差别。

4.4.2　燃烧速度与燃烧程度

燃烧速度反映了单位时间烧去可燃物的质量。由于燃烧是复杂的物理化学过程,燃烧速度的快慢主要取决于化学反应速度和氧扩散速度。化学反应速度是耗氧速度,而氧扩散速度是供氧速度,燃烧速度取决于两个速度当中的较小值。

1. 化学反应速度及其影响因素

实际上,在炉内燃烧过程中,反应物的浓度、压力基本不变,因此化学反应速度主要取决于炉内温度,其影响相当显著,运行中常用提高炉温的方法强化燃烧。

2. 氧扩散速度及其影响因素

氧扩散速度是指可燃物与氧的接触速度,即供氧速度。影响氧扩散速度的因素有空气与燃料的相对速度、气流扰动情况、扩散速度、煤粉细度等。

空气与燃料的相对速度越大,气流扰动越强烈,扩散速度越大,煤粉细度越细,则氧扩散速度越大,越有利于煤粉的着火。

化学反应速度和氧扩散速度是相互关联的,对燃烧速度均起制约作用。例如,高温条件下本应有较高的化学反应速度,但由于氧扩散速度低,氧气浓度下降,可燃物得不到充足的氧气供应,则燃烧速度必然下降。因此,只有在化学条件和物理条件都比较适合的情况下,才能获得较快的燃烧速度。

4.4.3　煤粉迅速而完全燃烧的充分必要条件

1. 相当高的炉膛温度

温度是发生燃烧化学反应的基本条件,对燃料的稳定着火、迅速燃烧、快速燃尽均有重大的影响,故维持炉内适当高的炉温是至关重要的。当然,若炉内温度太高,则需要考虑锅炉结渣问题。

2. 适量的空气供应

适量的空气供应是为燃料提供足够的氧气,它是发生燃烧反应的原始条件。空气供应不足,可燃物得不到足够的氧气,也就不能达到完全燃烧;但空气量太大,又会导致炉温下降及排烟损失增大。

3. 煤粉与空气的良好混合

煤粉与空气的良好混合是发生燃烧反应的重要物理条件。混合使炉内热烟气回流,对煤粉气流进行加热,以使其迅速着火;混合使炉内气流强烈扰动,对煤粉在燃烧阶段向煤粒表面提供氧气,向外扩散 CO_2,以及燃烧后期促使燃料燃尽,都是必不可少的条件。

4. 足够的燃烧时间

燃料只有在炉内停留足够的时间,才能达到可燃物的高度燃尽,这就要求有足够大的炉膛容积。炉膛容积与锅炉容量成正比。当然,炉膛容积也与燃料燃烧特性有关,易于燃烧的燃料,炉膛容积可相对小些。如相同容量的锅炉,烧无烟煤的炉膛容积要比烧烟煤的炉膛容积稍大些。

4.4.4　影响煤粉气流着火与燃烧的因素

1. 煤的挥发分与灰分

挥发分越低,煤的着火温度越高,煤粉进入炉膛后,加热到着火温度所需的热量较多,时间较长。所以,燃用无烟煤、贫煤等低挥发分煤时,为使着火迅速,应提高着火区温度,使高温烟气尽可能多的回流。煤的挥发分越高,着火越容易,应注意着火不要太早,以免结渣或烧坏燃烧器。

灰分多的煤,着火速度慢,对着火稳定不利,且不易烧透。

2. 煤粉细度

煤粉越细,总表面积越大,挥发分析出越快,着火可提前,燃烧也越完全。另外,煤粉的均匀性指数越小,粗煤粉较多,燃烧完全程度会降低。因此,燃烧挥发分低的煤时,应该采用较细较均匀的煤粉。

3. 炉膛温度

炉膛温度高,着火可提前,燃烧迅速且完全,但炉膛温度过高也不允许。燃烧挥发分低的煤时,应适当提高炉膛温度,可采用热风送粉,敷设卫燃带,保持较高负荷的方法;燃烧挥发分高且灰熔点低的煤时,可适当降低炉膛温度。

4. 空气量

空气量过大,炉膛温度下降,对着火和燃烧不利;空气量过小,燃烧不完全。因此,应保持最佳的过量空气系数。

5. 一次风与二次风的配合

一次风量以能满足挥发分的燃烧为原则。提高一次风量和一次风速都对着火不利。一次风量增加,煤粉气流加热到着火温度所需热量增加,着火点推迟。一次风速高,着火点靠后;一次风速低,会造成一次风管堵塞,还可能烧坏燃烧器。一次风温高,煤粉气流达到着火点所需的热量少,着火点提前。

二次风混入一次风的时间应合适。如果在着火前提前混入,着火推迟;如果混入过迟,着火后的燃烧缺氧。二次风一下子全部混入一次风对燃烧也是不利的,因为二次风的温度远远低于火焰温度,大量低温的二次风混入会降低火焰温度,使燃烧速度减慢,甚至造成熄火。

二次风速一般应大于一次风速。二次风速比较高,才能使空气与煤粉充分混合;但二次风速又不能比一次风速大太多,否则会迅速吸引一次风,使混合提前,影响着火。

总之,二次风混入应及时而强烈,才能使混合充分,燃烧迅速完全。

燃用低挥发分煤时,应提高一次风温,适当降低一次风速,选用较小的一次风率,对煤粉的着火燃烧有利。

燃用高挥发分煤时,应一次风温低些,一次风速高些,一次风率大些。有时,有意使二次风混入一次风的时间早些,将着火点推后,以免结渣或烧坏燃烧器。

6. 燃烧时间

燃烧时间的长短取决于炉膛容积的大小,容积越大,煤粉在炉膛中的流动时间越长。燃烧时间的长短还与炉膛充满度有关,火焰充满程度差,就等于缩小了炉膛容积,煤粉在炉膛中的时间就缩短。燃用低挥发分煤时,应适当加大炉膛容积,以延长燃烧时间。

4.4.5 强化煤粉气流着火与燃烧的措施

从煤粉气流燃烧过程各阶段的特点分析,强化煤粉气流着火与燃烧的基本措施有以下几种。

1. 适当提高一次风温

提高一次风温可减少着火所需的热量,使煤粉气流进入炉后迅速达到着火温度。当然,一次风温的高低是根据不同的煤种确定的,对挥发分高的煤,一次风温可低些。

2. 适当控制一次风量

一次风量小,可减少着火所需的热量,有利于煤粉的迅速着火。但最小的一次风量也应满足挥发分燃烧对氧气的需要量,挥发分高的煤一次风量可大些。

3. 合理的一、二次风速

一、二次风速对煤粉气流着火与燃烧有较大的影响。由于一、二次风速影响热烟气的回流,从而影响煤粉气流的加热情况;一、二次风速影响一、二次风混合的早晚,从而影响燃烧阶段的进展;一、二次风速还影响燃烧后期气流扰动的强弱,从而影响燃料燃烧的完全程度。因此,必须根据煤种与燃烧器形式,选择适当的一、二次风速。

4. 合适的煤粉细度

煤粉越细,相对表面积越大,本身热阻小,挥发分析出快,着火容易,燃烧反应迅速,易于达到完全燃烧;但煤粉过细,会增大厂用电量。所以,要根据不同的煤种确定合理的经济细度。

5. 维持燃烧器区域适当高温

适当高的炉温是煤粉气流着火与稳定燃烧的基本条件。炉温高,煤粉气流被迅速加热而着火,燃烧反应也迅速,并为保证完全燃烧提供条件。故在燃烧无烟煤或其他劣质煤时,常在燃烧器周围敷设卫燃带或采取其他措施,以提高炉温。当然,在提高炉温时,要考虑防止出现结渣的可能性。

6. 适当的炉膛容积与合理的炉膛形状

炉膛容积的大小,决定着燃料在炉内停留的时间长短,从而影响其完全燃烧的程度。故对于着火、燃烧性能差的燃料,炉膛容积要大些,且还要求维持燃烧区的高温,从而常需要选用炉膛燃烧区域断面尺寸较小的瘦高形炉膛。

7. 锅炉负荷维持在适当范围内

锅炉负荷低时,炉内温度下降,对着火、燃烧均不利,使燃烧稳定性变差。锅炉负荷过高时,燃料在炉内停留时间短,出现不完全燃烧。同时,由于炉温的升高,还有可能出现结渣及其他问题。因此,锅炉负荷应尽可能控制在适当的范围内。

【项目小结】

1. 掌握等离子点火的机理。
2. 掌握等离子点火的条件。
3. 掌握火焰检测器的类型和功能。
4. 掌握煤粒燃烧的三个阶段。
5. 掌握煤粉迅速而完全燃烧的充分必要条件。

【课后练习】

一、名词解释

1. 燃烧器。
2. 火焰检测器。

二、填空题

1. 简述燃烧器分为_____、_____两大类。
2. 直流燃烧器喷口的布置方式可分为_____、_____两种。
3. 等离子点火燃烧系统由_____、_____两大部分组成。
4. 火焰检测器分为_____、_____和_____三种类型。

三、简答题

1. 简述直流燃烧器和旋流燃烧器的工作原理。
2. 简述煤粉火焰检测系统由哪几部分组成。

3.简述燃烧速度与燃烧程度的影响因素包括什么。

4.简述煤粉迅速而完全燃烧的充分必要条件。

5.简述强化煤粉气流着火与燃烧的措施。

【总结评价】

燃烧系统各个部件的工作过程。

项目五　锅炉的蒸发系统及蒸汽净化

【项目目标】

1. 能熟练、正确地表述自然循环的形成原理,能正确说明蒸发设备的组成及各部件的作用。

2. 掌握运动压头、储热能力、循环倍率的概念,能正确分析其影响因素。

3. 能正确分析自然水循环常见故障的现象和原因,能正确说明为提高水循环安全性可采取的措施。

4. 能正确分析蒸汽含杂质的危害,能正确说明对蒸汽质量的要求和提高蒸汽品质的基本方法。

5. 熟悉常用蒸汽净化设备的结构、原理和布置位置。

【技能目标】

能正确对常见的自然水循环故障采取安全有效的措施。

【项目描述】

本项目要求学生能理解自然循环的原理及相关概念,熟悉蒸发设备的组件,并能够分析自然水循环常见故障的现象和原因,进而采取安全有效的措施。

【项目分解】

项目五 锅炉的蒸发系统及蒸汽净化	任务一　锅炉的蒸发受热面系统	5.1.1　自然循环的原理及特性
		5.1.2　锅炉蒸发系统的可靠性
		5.1.3　水冷壁回路的设计和运行
	任务二　锅筒内部的蒸汽净化装置	5.2.1　汽水品质要求
		5.2.2　蒸汽的污染及杂志携带
		5.2.3　饱和蒸汽的机械携带
		5.2.4　蒸汽的选择性携带
		5.2.5　蒸汽分离装置

任务一　锅炉的蒸发受热面系统

【任务目标】

1. 熟悉自然循环的原理及特性。

2. 会计算压差平衡式、回路循环水速和循环倍率、锅水欠焓、热水段长度、总折算阻力系数、双相流体摩擦损失校正系数、上升管中间集箱回路的水循环计算、自然循环特性的确定。

3. 熟悉循环停滞与循环倒流的概念和校验方法。

4. 掌握膜式水冷壁的概念和作用。

5. 了解"传热恶化"现象。

【导师导学】

锅炉的蒸发系统包括锅炉产生蒸汽的主要部件,即锅炉炉膛内吸收辐射换热的水冷壁及部分吸收对流换热的对流管束。水在管内蒸发而沸腾时属于相变的传热过程,其放热系数是很高的,受热面的金属可以得到良好的冷却,即使在很高热负荷下仍能保持长期安全的工作。锅炉炉膛是吸收辐射热最强的部位,故多用蒸发受热面来吸收这部分热量。要保持良好的沸腾放热,首先在蒸发管内必须达到一定的工质流速。在低于临界压力时,工质是采用自然循环方式来流动的,也可用泵来推动为采用强制流动方式。但在超临界压力时,必须用强制流动方式推动。在热电站内,锅炉主要采用自然循环方式,因此这里主要介绍自然循环的工作原理、特性及水冷壁管系的结构。

5.1.1　自然循环的原理及特性

如图 5-1 所示为自然循环回路的示意图。该图对大型热电站的自然循环锅炉是比较典型的。其回路包括锅筒、(不受热)大直径下降管、分散引入管、(受热)上升管(水冷壁管)、汽水引出管以及上、下集箱等部件。给水从省煤器出来后进入锅筒,与上升管出来的汽水混合物分离后的锅水(也称炉水)一起进入大直径下降管或分散下降管,然后分别由下降管通过引入管向炉膛下部各个水冷壁回路的下集箱配水。水在上升管 A 点处进入炉膛开始受热,在达到 B 点处开始产生部分蒸汽直到 D 点处进入水冷壁上集箱,最后通过引出管将汽水混合物通入锅筒,完成整个循环。由于汽水混合物的密度小于下降管内的密度(重度),力的不平衡作用将上升管中汽水混合物推向上流进入锅筒进行汽水分离。可见影响循环推动力的因素是下降管中的工质液柱重和上升管内的工质液柱重之差,主要取决于上升管中的含汽率及其高度。随着工作压力的升高,饱和水和汽之间的密度差逐渐减小,因此必须增大上升管的含汽率及回路高度,以保持足够的循环推动力。大容量的自然循环锅炉则因高度随容量的增加而增加,相应水冷壁产汽率也增加,所以可以在亚临界压力下(锅筒工作压力 ≤ 20 MPa)仍可使水冷壁安全工作。

85

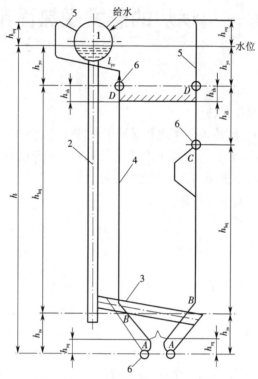

图 5-1　典型自然循环回路示意图

1—锅筒;2—大直径下降管;3—引入管;4—水冷壁管;5—汽水引出管;6—集箱;h_{cq}—引出管超过锅筒水位高度;
h_{yc}—引出管高度;h_{hq}—含汽段高度;h_{rs}—热水段高度;h_{rq}—受热前高度;h_{rh}—受热后高度;h_{dl}—对流段高度

图 5-1 给出了水循环工作中的简图,自锅筒水位到下集箱高度差为 h,包括大直径下降管及引入管内的水柱重度 $h\bar{\rho}_{xj}g$(其中 $\bar{\rho}_{xj}g$ 为下降管内水的重度,g 为重力加速度),当然水向下流过下降管及引入管时是有流动阻力(即压力损失)的,相应减少了水柱重度。从上升管方面来看,锅水先从 A 点进入炉膛得到加热直到沸点 B,产生蒸汽后不断受热成为汽水混合物向上流动到炉膛出口(D 点及 C 点),再从炉膛出口到上集箱入口,上升流动时是有压力损失的,但下集箱到锅筒水位之间压差要比上升管内汽水柱重量所产生的压差大。从下降集箱中进出口方向看,压强都是相等的,由此可以得出压差平衡式:

$$h\bar{\rho}_{xj}g - \Delta P_{xj} - \Delta P_{yr} = \sum h_i\bar{\rho}_i g + \Delta P_s + \Delta P_{yc} + \Delta P_{fl}$$

式中　　h——自锅筒水位到下集箱高度差;

　　　　$\bar{\rho}_{xj}$——下降管内工质平均密度;

　　　　ΔP_{xj}——下降管中阻力损失;

　　　　ΔP_{yr}——引入管中阻力损失;

　　　　h_i——上升管各区段高度;

　　　　$\bar{\rho}_i$——上升管各区段工质的平均密度;

　　　　g——重力加速度;

　　　　ΔP_s——上升管中阻力损失;

　　　　ΔP_{yc}——汽水引出管阻力损失;

ΔP_{fl}——锅筒内汽水分离装置阻力损失。

上式是反映水循环特性及用于计算的基本公式（也称压差法），可确定各回路中水的流速和循环水量等循环特性，以及用以检查回路工作的可靠性。对于后墙，如果有中间集箱，则在 C 点处要对上、下部特性分别进行计算。

在过去国外的一些水循环计算中有的采用所谓的有效压头法，还引用了运动压头的概念，即运动压头 $S_{yd} = h\bar{\rho}_{xj}g - \sum h_i\bar{\rho}_i g$，表示自然循环的推动力，它应等于下降管和上升管系统内工质流动阻力之和，即

$$S_{yd} = \Delta P_{xj} + \Delta P_{yr} + \Delta P_s + \Delta P_{yc} + \Delta P_{fl}$$

而有效压头 S_{yx} 是指运动压头减去上升管各阻力后的剩余值，即

$$S_{yx} = S_{yd} - \left(\Delta P_s + \Delta P_{yc} + \Delta P_{fl}\right)$$

显然该剩余值应等于克服下降管的流动阻力，即 $S_{yx} = \Delta P_{xj} + \Delta P_{yr}$。

以上两种方法的原理是一样的，仅水循环特性图的形状有所不同，而前者压差法在概念上更容易理解。根据以上原理要精确计算出各循环特性参数是很复杂的，手工计算时要预先假定 3~5 个循环流量 G（或流速），做出 G-$\Delta P(h)$ 的水动力特性曲线，然后按各并联或串联回路进行 G 坐标或 ΔP 坐标叠加的方法得出总的特性曲线，根据上升管压差等于下降系统压差的原理得出总的和各循环回路的工作点，由此可求出各回路的循环流速 W_0、循环倍率 K、工作压差 ΔP_s 等特性参数。在计算前需列出上升管及下降系统各部件管段的管径、管长、管高、弯头大小及数量，与锅筒及集箱连接的管子进出口情况和上升管的截面比等结构特性表，以及各受热段的吸热特性的汇总表。对于设计及运行人员，了解锅炉水冷壁的结构特性及回路的划分很重要，由此计算得出的各循环特性对于循环安全性检查，分析事故，调整炉内工况都是重要依据。在已有的计算方法标准中，在进行大量分析计算基础上，得出可以保证循环安全性的一些结构推荐，可以不做详细的水循环计算，仅对工作压力大于 9.83 MPa 的大容量锅炉、结构特殊锅炉及锅炉改造造成事故分析时，才需靠计算机进行循环安全性的检查计算。一般在设计时可按以下简化的方法用手工进行循环特性估算。

简化方法是对大量计算参数进行简化后直接求出 W_0、K 等数据，验证后表明其有较高的准确性。回路循环水速和循环倍率的计算公式如下：

$$W_0 = \sqrt{\frac{ZgC}{\sum Z}\left[h_{ng}\left(1 - \frac{\ln m}{m-1}\right) + h_{yc}\left(1 - \frac{1}{m}\right)\right]} \tag{5-1}$$

$$K = 3.6\frac{L_s - L_{rg}}{L_{hg}} \times \frac{W_0\rho' r f_s}{Q} \tag{5-2}$$

式中　W_0——循环水速，m/s；

　　　K——循环倍率；

　　　g——重力加速度，m/s²；

　　　h_{yc}——出管高度，m；

　　　L_s——上升管长度，m；

L_{rg}——上升管受热前长度,m;

h_{ng}, L_{hg}——上升管含汽段高度和长度,m;

ρ'——锅筒压力下饱和水重度,kg/m³;

r——锅筒压力下的汽化热,kcal/kg;

f_s——回路的上升管总截面面积,m²;

Q——回路的总吸热量,$\times 10^3$ kcal/h;

$\sum Z$——回路各段折算阻力系数之和;

C——截面含汽率校正系数,见后述;

m——转换系数。

转换系数 m 按下式计算:

$$m = 1 + \frac{1}{K}\left(\frac{\rho'}{\rho''} - 1\right) \tag{5-3}$$

式中 ρ''——锅筒压力下饱和汽重度,kg/m³。

使用式(5-3)要先假设一个循环倍率 K 值,才能计算出 m 并用式(5-1)计算出 W_o,再用式(5-2)计算出 K 值,如这时 K 值与假设的 K 值之间差值 <30%,则认为计算有效,否则要重新假设 K 值进行计算。

由式(5-3)可如 m 与 K 值及压力有关,式(5-1)中 $\frac{\ln m}{m-1}$ 值及 $1 - \frac{1}{m}$ 值可按不同的 m 值做出线算图。

在使用上述公式计算时,同样需做出各循环回路的结构特性和吸热特性汇总表,这些数据一般应在锅炉的热力计算后做出,并与锅炉的几何尺寸一致。此外,在计算时还需要预先计算上升管含汽段的长度和高度,其步骤如下。

1. 锅水欠焓(Δi_{gh})的计算

在下列情况下,$\Delta i_{gh}=0$;

(1)省煤器进入锅筒的水已沸腾;

(2)给水全部进入蒸汽清洗装置;

(3)锅筒水室凝汽及下降管带汽的放热量刚好等于把水加热到沸腾所需的热量;

(4)上升管和汽水引出管通入锅筒汽水混合物有一半以上通过锅筒水容积并与水接触良好。

当锅筒水室无凝汽时,有

$$\Delta i_{gh} = \frac{i' - i_{sm}}{K} \tag{5-4}$$

式中 i'——水的焓;

i_{sm}——省煤器出口水的焓,kcal/kg。

当锅筒水室有凝汽时,则还要扣除凝汽部分的焓,即

$$\Delta i_{gh} = \frac{i' - i_{sm}}{K} - X_{ng}\left(i'' - i_{sm}\right)$$

式中 X_{ng}——凝汽率，根据统计，对一般高压时 $X_{ng}=0.5\%$，超高压时 $X_{ng}=2\%$，亚临界时

   $X_{ng}4.5\%$，该值对不同锅内装置各制造厂在设计时有不同取值；

   i''——饱和水的焓。

当部分给水通过锅筒内的蒸汽清洗装置时，则还要考虑清洗水分额对其影响，即

$$\Delta i_{gh} = \frac{i' - i_{sm}}{K} - \frac{1 - \eta_{qx}}{1 + \eta_{qx} \dfrac{i' - i_{sm}}{r}} \tag{5-5}$$

式中 η_{qx}——清洗水分额，如一半给水通过蒸汽清洗装置，则 $\eta_{qx}=0.5$。

当有部分蒸汽通过清洗装置，只有锅筒水室凝汽时，有

$$\Delta i_{gh} = \frac{\left(1 - X_{ng}KX_i - i_{sm}\right) - \eta_{qx}\left(i' - i_{sm}\right) - r}{K\left(1 + \eta_{qx} \dfrac{i' - i_{sm}}{r}\right)} \tag{5-6}$$

2. 热水段长度（L_{rs}）的计算

确定锅水欠焓后，就可计算水冷壁回路中热水段长度 L_{rs}，它近似地可按下式计算：

$$L_{rs} = \frac{\Delta i_{gh}}{\dfrac{r}{K} + \Delta i_{gh}}\left(L_s - L_{rq}\right) + L_{rq} \tag{5-7}$$

式中 L_s——上升管长度，m；

   L_{rq}——上升管受热前区段长度，m。

可见上升管含汽段长度 $L_{hg}=L_s-L_{rs}$（m）。

3. 总折算阻力系数（$\sum Z$）的计算

在确定回路各项长度后，就可计算回路各段的总折算阻力系数 $\sum Z$，即

$$\sum Z = Z_{xj} + Z_{yr} + Z_{rs} + Z_{hq} + Z_{yc} + Z_{fl} \tag{5-8}$$

其中

$$Z_{xj} = \left(\xi_{r1} + \xi_{wt1} + \xi_{cl} + \lambda_{01}L_{xj}\right)\left(\frac{f_s}{f_{xj}}\right)^2 \tag{5-9}$$

$$Z_{yr} = \left(\xi_{r2} + \xi_{wi2} + \xi_{c2} + \lambda_{02}L_{yr}\right)\left(\frac{f_s}{f_{yr}}\right)^2 \tag{5-10}$$

$$Z_{rs} = \left(\xi_{r3} + \xi_{wt3} + \lambda_{03}L_{rs}\right) \tag{5-11}$$

$$Z_{hq} = \left(\xi_{r4} + \lambda_{04}\psi_s L_{hq}\right)\frac{m+1}{2} + \left(\xi_{wt4} + \xi_{c4}\right)m \tag{5-12}$$

$$Z_{yc} = \left(\xi_{r5} + \xi_{wt5} + \psi_{yc}\lambda_{05}L_{yc} + \xi_{c5}\right)\left(\frac{f_s}{f_{yc}}\right)^2 \tag{5-13}$$

$$Z_{fl} = \xi_{fl}\left(\frac{f_s}{f_{fl}}\right)^2 m \tag{5-14}$$

$$f_{xj} = 0.785d_{xj}^2\frac{n}{\sum n} \tag{5-15}$$

式中 ξ_{r1-5}——各管段的入口阻力系数；

89

$\lambda_{01\text{-}5}$——各管段的折算摩擦阻力系数，1 m；

L——各管段长度，m；

f——各管段截面面积，m²；

f_{xj}——集中下降管截面面积，m²；

d_{xj}——集中下降管内径，m；

n——属于该计算回路的引入管数；

$\sum n$——与该集中下降管连接的引入管总根数；

ψ_s, ψ_{yc}——受热和不受热两段双相流体摩擦损失校正系数；

$\xi_{wt1\text{-}5}$——各管段弯头阻力系数之和。

对水

$$\xi_{wt} = \frac{\sum an}{45} \times 0.1$$

对汽水混合物

$$\xi_{wt} = \frac{\sum an}{45} \times 0.2$$

式中 $\sum an$——计算段所有弯头角度之和。

4. 重位压差（ΔP_{zw}）的计算

如前所述，汽水双相流体在管内流动时的压差主要有重位压差 $h\rho_{hu}g$（其中 ρ_{hu} 为汽水混合物的真实重度）和摩擦及局部阻力损失 ΔP 等。汽水混合物在管段内流动时高度（垂直标高）不同而引起的压力差称为重位压差 ΔP_{zw}，有

$$\Delta P_{zw} = h\bar{\rho}_{hu}g \tag{5-16}$$

$$\bar{\rho}_{hu} = \bar{\varphi}\rho'' + (1 - \bar{\varphi})\rho' \tag{5-17}$$

式中 ρ'——水的密度；

ρ''——饱和水的密度；

$\bar{\varphi}$——管段内平均截面含汽率。

$\bar{\varphi}$ 值是双相流体动力学中的一个重要参数，在水冷壁管内受热后可以确定出口处（或各段）的重量含汽率 X（即干度），它是循环倍率的倒数，由 X 可以确定其容积含汽率 β，即

$$\beta = \frac{1}{1 + \dfrac{\rho''}{\rho'}\left(\dfrac{1}{X} - 1\right)} \tag{5-18}$$

然而，双相流体在受热管内流动时，汽和水是有相对速度的，这时用 β 来确定 $\bar{\rho}_{hu}$ 就有很大误差，因此要用截面含汽率 φ 来确定，φ 又称为真实容积含汽率，在水动力计算中有各种方法来计算，但大都是经验公式或通过试验确定的公式，这些公式中主要采用对容积含汽率进行校正的方法，即 $\varphi = C\beta$，其中 C 称为截面含汽率校正系数。C 的计算有一套较为复杂的公式，也是正规水循环计算的主要项目。在简化计算中，经过计算分析，推荐采用如表 5-1 所示数据。

表 5-1 *C* 值推荐表

压力	容量范围 /(t/h)	燃用燃料	推荐 *C* 值
中压（次高压）	35~50	褐煤	0.68
		其他煤	0.71
		油气	0.74
	65~130	褐煤	0.7
		其他煤	0.73
		油气	0.77
	230~240	褐煤	0.76
		其他煤	0.78
		油气	0.8
高压	160~410	各种燃料	0.89
超高压	400~670	不限	0.94
亚临界	>800	不限	0.91

表 5-1 中所示不同煤种的推荐 *C* 值实际上反映了炉膛受热面吸热量的大小，而不同容量反映了水冷壁出口含汽率（循环倍率）的大小。此外，*C* 值的变化在压力较低及 β 较小区变化较大，因此对大型、压力较高的热电站锅炉 *C* 值变化并不大。

5. 双相流体摩擦损失校正系数（ψ）的确定

式（5-12）和式（5-13）中的 ψ_s 和 ψ_{yc} 代表受热（水冷壁）和不受热（引出管）中双相流动时的阻力损失校正系数，其计算和关系很复杂，也是正规水动力计算中的主要项目。

已知双相流体的摩擦阻力损失 ΔP_m 按下式计算：

$$\Delta P_m = \psi \lambda_0 l \frac{\rho' W_0^2}{2g}\left[1 + \bar{x}\left(\frac{\rho'}{\rho''} - 1\right)\right] \tag{5-19}$$

式中　λ_0——每米摩擦阻力系数，这里可按单相流体时的 λ_0 计算，它与管子内径及粗糙度有关，1/m；

　　　l——管长；

　　　W_0——循环流速；

　　　$\bar{x}$——管内平均重量含汽率；

　　　ψ——双相摩阻校正系数。

在一般水循环计算方法中，计算 ψ 值很复杂，且对受热及不受热有不同公式，在简化计算方法中经过分析研究直接做出不同压力下的推荐值，并有一定的精确度，具体见表 5-2。

表 5-2 ψ 的推荐值表

压力 /MPa	40~60	100~120	140~160	170~190
锅炉容量 /(t/h)	35~240	160~410	400~670	≥800
ψ_s 值	1.3	1.08	1.03	1
ψ_{yc} 值	1.4	1.15	1.07	1

式（5-19）中的每米摩擦阻力系 λ_0 在管内流动时按下式确定：

$$\lambda_0 = \frac{1}{4d_n\left(\lg 3\,700 \times \dfrac{d_n}{k}\right)} \tag{5-20}$$

式中 d_n——管子内径，m；

k——管内壁绝对粗糙度，对一般锅炉钢管可取 $k=0.06$ mm，mm。

6. 上升管带中间集箱回路的水循环计算

图 5-1 中的后墙水冷壁回路，在炉膛出口处往往需采用中间集箱的结构，这时将上部称为对流管段（费斯顿管），其出口重量含汽率为 X_D，下部 C 点处的介质重量含汽率 X_C 按下式计算：

$$X_C = \frac{X_D}{1+y} \tag{5-21}$$

$$y = \frac{Q_{dl}}{Q_s\left(\dfrac{L_{dq}}{L_s - L_{rq}}\right)} \tag{5-22}$$

式中 Q_{dl}、Q_s——回路上部和下部的吸热量，kcal/h。

这时各计算公式为

$$W_o = \sqrt{\frac{ZgC}{\sum Z}\left\{h_{nq}\left(1 - \frac{P_{um}}{m-1}\right) + h_{dl}\left[\frac{(m-1)(y+2)}{Zm + ym - y}\right] + h_y\frac{(m-1)(y+1)}{m + ym - y}\right\}} \tag{5-23}$$

$$K = 3.6\frac{W_o\rho'rf_s}{Q_s\left(\dfrac{L_{hq}}{L_s - L_{rq}}\right) + Q_{dl}} \tag{5-24}$$

$$\sum Z = Z_{xj} + Z_{yr} + Z_{rs} + Z_{bq} + Z_{dl} + Z_{yc} + Z_{fl} \tag{5-25}$$

$$Z_{dl} = \left(\xi_{c5} + \xi_{wt5} + \psi_{dl}\lambda_{05}L_{dl} + \xi_{cs}\right)\left(\frac{f_s}{f_{dl}}\right)^2\left(\frac{2m + my - y}{2}\right) \tag{5-26}$$

其中

$$\psi_{dl} = \frac{\psi - \psi_{ys}}{2} \tag{5-27}$$

$$Z_{yc} = \left(\xi_{r6} + \xi_{wt6} + \psi_{yc}\lambda_{06}L_{yc} + \xi_{c6}\right)\left(\frac{f_s}{f_{yc}}\right)^2\left(m + my - y\right) \tag{5-28}$$

$$Z_{fl} = \xi_{fl}\left(\frac{f_s}{f_{fl}}\right)^2 (m+my-y) \tag{5-29}$$

7. 自然循环特性的确定

自然循环特性主要为循环流速 W_o 及循环倍率 K 两项。根据式（5-1）、式（5-2）及式（5-23）和式（5-24）可确定锅炉不同回路的 W_o 及 K 值。对各种容量和压力的锅炉都有一个合理的 W_o 及 K 值的范围。表5-3给出了国内电站锅炉中推荐的 W_o 值范围，但从管内防止污垢沉积角度考虑，W_o 应大于 0.4 m/s。

表5-3　W_o 的推荐值表

锅筒压力 /MPa	4~6	10~12	14~16	17~19
锅炉出力 /(t/h)	35~240	160~420	400~670	≥800
直接引入锅筒 W_o	0.5~1	1~1.5	1~1.5	1~2.5
有上集箱时 W_o	0.4~0.8	0.7~1.2	1~1.5	1.5~2.5
对流管束	0.4~0.7	0.5~1		

此外，还有不少资料中提出对对流管及容量较小和热负荷较低的水冷壁管内 W_o 允许降低到 0.1~0.2 m/s。

从计算 W_o 及 K 值的公式中可以分析各种结构因素和受热状况对其影响。如 W_o 及 K 值与一般推荐值偏离较大时，则应调整 $\sum Z$ 值来提高 W_o 及 K 值的计算结果。从计算 $\sum Z$ 的各种公式中可发现，下降管、引入管、引出管及汽水分离装置与上升管的各项截面比 f_s/f_{xj}、f_s/f_{yr}、f_s/f_{yc} 和 f_s/f_{fl} 对其有很大影响，这有待于设计人员在锅炉设计时就合理选取。

循环倍率 K 值是反映循环特性是否合理和安全的指标之一，已知 $K=1/X$，即上升管出口含汽率越大，K 则越小，X 的大小能反映 W_o 的大小及管内传热。随着压力的提高，饱和汽和水之间的重度差减小，相应上升管中含汽率增加，可以使 W_o 增加。吸热强的水冷壁上升管出口含汽率增加，导致管中的 W_o 增加，这个特性称为自然循环的自补偿特性，对循环有利。但是当 X 值大到一定值后，再增加 X 时，上升管流动阻力会很快增加，W_o 反而下降，且不稳定也不安全，因此 X 值大到失去自补偿能力时的循环倍率 K 值即称为极限循环倍率。根据已有经验，各类锅炉的推荐循环倍率及极限循环倍率 K 值见表5-4，一般能达到合理的 W_o 及 K 值时的循环。

表5-4　各类锅炉的推荐循环倍率及极限循环倍率 K 值表

锅筒压力 /MPa		4~6	10~12	14~16	17~19
锅炉出力 /(t/h)		35~240	160~420	185~670	≥800
极限循环倍率		10	5	3	>2.5
推荐循环倍率	燃煤炉	15~25	8~15	5~8	4~6
	油气炉	12~20	7~12	4~6	3.5~5

回路结构特性,在设计时可按表 5-5 中的各项与上升管截面来选取下降管、引入管和引出管的管径及根数。一般情况下,回路高度低的回路,截面比反而要取得大些,例如循环流化床锅炉的分离器部分(水冷方形)的包墙管等。

表 5-5　回路结构特性表

锅筒压力 /MPa	40~60	100~120	140~160	170~190
锅炉出力 /(t/h)	35~240	160~420	400~670	≥ 800
下降管截面比	0.2 ~0.3	0.3 ~0.5	0.4~0.5	0.5~0.6
引入管截面比	0.2~0.35	0.35~0.45	0.5~0.6	0.6~0.7
引出管截面比	0.35~0.45	0.4~0.5	0.5~0.7	0.6~0.8

表 5-5 中小的数值适用于无上集箱、水冷壁直接进锅筒的场合。锅炉的设计及运行人员应当对水冷壁系统每根管子的工况了如指掌,以便有事故时找出原因。

5.1.2　锅炉蒸发系统的可靠性

循环特性确定的 W_0 和 K 值是保证蒸发管工作的重要指标,但上述数据仅代表回路中一排并联上升管的平均值。实际上,并联各管中的受热情况是有差异的,受热强的管子 W_0 值会大于平均值,而 K 值会小于平均值;而反之,则 W_0 减小。尤其当管子结构相差很大时,阻力也明显不同,个别管子有可能产生循环停滞或倒流现象,从而影响安全性。因此,水循环计算还要对此做出检查。

1. 循环停滞及校验

并联上升管是在相同的压差下运行的,当受热弱的管子生成的汽量 D 等于进入该管的水量 G 时就称为循环停滞,这时水速极慢地向上流动,水冷壁管的冷却被破坏,因此其是不允许出现的工况。

在管子出现循环停滞时,气泡穿过静止水层而上升,管子所吸收的热量几乎全部用于汽化,这样就可用蒸汽折算速度计算出停滞管的真实含汽率(截面含汽率)。因为水几乎静止,流动阻力可略去不计,上升管的压差就等于工质的柱重。因此,只要这个压差(停滞压差 ΔP_{tz})不超过平均管的压差 ΔP_s,就不会产生循环停滞现象,一般还要有一定的安全裕度,即 $\dfrac{\Delta P_s}{\Delta P_{tz}} \geq 1.05$。

在校验循环停滞时,计算停滞压差 ΔP_{tz} 前,首先要确定回路宽度上并联上升管的最小吸热管的吸热量,即在蒸汽折算速度上乘以吸热不均匀系数 η 值,在炉膛角部的水汽壁管 η 值可能只有 0.4,如果每面炉墙宽度有 3 个并联回路,则 η 值可达 0.5~0.6,η 值越小,出现循环停滞的可能性越大。

2. 循环倒流及校验

当并联上升管受热不均时,除会造成循环停滞外,还会造成循环倒流,即水自上向下流动。水在很小流速向下流动时，蒸汽仍可缓慢上升，增大下流水速，蒸汽可能静止积累，当达到一定汽量会突然上升，再增大下流水速，则会使汽带向下流动。倒流时水将汽推向管壁，导致传热恶化，增加发生事故的可能性，这也是应当避免发生的现象。

从水冷壁流量与压差的安全特性曲线可作为倒流时的曲线，因而向下流动时的压差是工质的重位压差与流动阻力相减。如果与上升流动时的平均压差处于同一水平，就有产生倒流的可能性。因此，校验是否会产生循环倒流，同样是对并联回路中受热最差管子中的压差做出特性曲线，当稳定倒流压差的最大值 ΔP_{dl}^{max} 大于回路总压差 ΔP_s 时就会出现倒流现象，同样要求 $\dfrac{\Delta P_s}{\Delta P_{dl}^{max}} \geqslant 1.05$。

在计算倒流压差 ΔP_{dl}^{max} 时，要对水冷壁各段分段计算，计算过程比停滞校验复杂。经过大量计算分析表明，只有在中压以下锅炉才有可能出现倒流问题，对于高压及以上锅炉，发生倒流的可能性不大，当结构特性符合设计推荐时，可不校验循环倒流。而对有上集箱的水冷壁回路，η 值大于 0.6 时，可不必校验倒流。

3. 下降管带汽的校验及防止

由计算 W_0 的公式 [式（5-1）和式（5-23）] 可见，降低汽水引出管的阻力和增大下降管的压差，都有利于提高循环流速 W_0 和水冷壁的工作安全性，因此其与上升管的截面比可衡量循环回路的工作可靠性。采用大直径下降管可以降低摩擦阻力系数，从而增大下降管压差。为了增大下降管压差，除减小流动阻力外，还要注意下降管带汽问题。下降管带汽后，工质的流动阻力显著增大，工质的柱重减小，从而使下降管压差减小。防止和减少下降管带汽在设计和运行时有以下措施。

（1）设计中采用较完善的锅筒内部汽水分离装置使水室不带汽，并在下降管入口装设栅格或十字挡板，防止旋涡将汽空间的蒸汽卷入。

（2）限制下降管入口水速，将下降管入口布置在锅筒的最低位置，下降管入口水速一般应小于 3.5 m/s，过高会因局部阻力过大而产生汽化。

（3）运行中要限制负荷增加及压力下降速度，防止下降管中产生汽化。

5.1.3　水冷壁回路的设计和运行

水冷壁是锅炉蒸发系统的重要部件，受热强烈，容易发生事故，确保其工作可靠是设计和运行人员的重要任务。

炉膛内布置水冷壁管的数目由炉膛周界长度决定，而管子高度则由炉膛高度决定，具体体现在上升管出口的单位截面面积的蒸汽负荷 D/f_s 上（其中 f_s 为上升管总截面面积，m^2）。锅炉容量越大，压力越高，每根管子产生蒸汽也越多，即 X 和 W_0 都较高。根据实践经验，上升管内径一般为 30~60 mm，壁厚由工作压力及钢材性能决定。但是，管径的采用涉及制造厂工艺及工装，尤其是膜式水冷壁。国内各制造厂目前对中压到超高压锅炉都普遍采用外径为 60 mm 的水冷壁管，仅在亚临界压力锅炉上采用外径更大的管子。

对于超高压及亚临界压力的锅炉，在部分热负荷较高及含汽率 X 较高的水冷壁部位，会出现所谓"传热恶化"（或膜态沸腾）的现象，也即管子内壁的蒸汽来不及被带走或被蒸干而形成一层贴壁汽膜，阻断了管子金属的冷却，使管子温度急剧升高。因此，对这些锅炉在水循环计算后，要根据已确定的 W_0、K 等值及炉膛高度上热负荷分布特性来校验是否会出现"传热恶化"现象，并有一定的安全裕度。例如水冷壁回路中可能达到的最大含汽率与在该处热负荷下允许不发生"传热恶化"时的含汽率之间有一个差值。如果该差值过小或明显，表示会出现"传热恶化"，则水冷壁管要采用一种内螺纹管，使汽水混合物流动时破坏汽膜，确保管子金属良好冷却。这种内螺纹管要专门轧制，价格较高，其深度为 1 mm 左右，螺距为 30 mm 左右，有多至 8 头的内螺纹。对于燃油的超高压和亚临界压力锅炉，一般要全部或局部采用内螺纹水冷壁管；而对燃煤的亚临界压力自然循环锅炉，经过计算校核，则往往可只对热负荷高的区域（例如后墙折焰角以下部位）采用局部内螺纹管，甚至可以不采用。

目前，热电站的锅炉大都采用膜式水冷壁结构，可以大大提高炉膛的密封性。膜式水冷壁结构主要有用轧制带鳍片的管子在鳍片之间焊接而成及用光管之间焊接扁钢而成两种形式，现在各制造厂都装备膜式水冷壁自动焊生产线。而采用后者结构，管子加扁钢的结构要求扁钢的四角都与管子两侧焊透，以便使扁钢中部（又称鳍端部位）处的热量被管内工质带走而不被烧坏。因此，扁钢的宽度及厚度都要经传热计算来确定，厚度一般为 6~7 mm，而宽度要根据热负荷来确定，在自然循环锅炉的燃煤炉膛内一般可用宽度为 20 mm，如管子直径为 60 mm，则水冷壁的节距为 80 mm，面对炉膛后部的包覆管，由于该处热负荷较低，扁钢可以宽达 40~50 mm。

由上可知，自然循环锅炉的水冷壁要符合水循环特性要求，在宽度上要防止热偏差过大，因此往往将角部的 8~10 根水冷壁管布置成斜角，或者使之成为具有独立引入管和引出管的循环回路，在其上、下集箱内用隔板与其他回路隔开，或采用单独的上、下集箱。

任务二　锅筒内部的蒸汽净化装置

【任务目标】

1. 了解锅炉蒸汽污染的危害和对蒸汽品质的要求标准。
2. 熟悉蒸汽污染产生的原因。
3. 熟悉影响蒸汽带水的因素。
4. 掌握汽水分离装置的作用和方法。
5. 了解蒸汽清洗的方式。

【导师导学】

锅筒是压力直到临界值前锅炉的重要受压部件，其任务是进行汽水分离，净化蒸汽及建立正常的水循环，在负荷变化或给水中断时可起到蓄热和蓄水的作用。

5.2.1 汽水品质要求

在了解锅筒的作用前,首先要了解进入锅筒的给水及锅筒出口蒸汽品质的关系及要求。

蒸汽中的杂质分为气体和非气体两类,前者虽无沉淀过程,但能腐蚀金属;后者称为蒸汽含盐,会影响设备运行。锅筒带出饱和汽中的盐会部分沉积在过热器中,这将影响蒸汽流动和传热,使管子超温,而随着过热汽中带出的盐会沉积在管道、阀门和汽机叶片上。阀门上积盐会使其动作不灵,关不严密;而汽轮机叶片上积盐会改变其型线而降低效率,会增加流动阻力而降低出力并增大轴向推力,当周向叶片积盐不均匀时,还会影响转子平衡而造成事故。

盐分一般能溶于水,会因锅筒分离不好而随水滴被带出,但也有些盐能溶于蒸汽,例如锅筒压力 ≥ 6 MPa 时蒸汽中能溶解一些二氧化硅(SiO_2),压力再升高还能溶解一些钠盐。这些盐分被带入汽机后会随压力降低而析出,并沉积在汽机通道中,钠盐沉积在高压缸中,而氧化硅则沉积在中、低压缸各级中。沉积的钠盐可溶于水,但沉积的氧化硅不能用水冲洗,要进行专门清理。

为保证锅炉和汽机的长期安全运行,在锅炉设计中对锅筒出口的蒸汽和过热器出口的蒸汽都分别装有蒸汽取样装置和取样冷却器,用以对运行中的蒸汽带出的杂质进行监控。运行中要对这些监控数据进行定期分析,借以明确过热器内的积盐状况和汽机内的积盐工况,确定其清洗周期及方法。这也是热电厂内热化学试验的主要内容之一。我国颁布了《火力发电厂水汽化学监督导则》,首先对蒸汽含盐量提出要求,见表5-6。

表5-6 蒸汽含盐量要求

锅筒压力 /MPa	3~6	6~17
蒸汽中钠盐含量 /(μg/kg)	冷凝电厂≤15;热电厂≤20	10
蒸汽中 SiO_2 含量 /(μg/kg)	≤25	≤20

对于热电厂及经常启停的尖峰负荷锅炉,经常有湿蒸汽通过,其对汽机有清洗作用,含盐量可略高。

5.2.2 蒸汽的污染及杂质携带

锅炉的给水中含有盐分,给水在蒸发系统中生成蒸汽后,给水中的盐分大都留在锅筒的锅水中,使锅水的盐分浓度大大高于给水,而蒸汽又是在锅水中蒸发的,这就是蒸汽污染的主要来源。溶于锅水中的盐分有少量形成沉渣,悬浮在锅水中,通过排污排出。送入过热器的饱和蒸汽有两种污染:对中、低压锅炉,蒸汽携带了分离不完善的锅水,称为机械携带;对高压以上的锅炉除机械携带外,还因蒸汽能溶解某些盐分而造成携带,称为溶解性携带或选择性携带。

机械携带的多少决定于蒸汽带出的锅水量(即蒸汽湿度)及锅水中的含盐浓度。溶解性携带是用分配系数来表示的,即某物质溶解于蒸汽中的量与锅水中的量之比。因此,蒸汽中总的携带系数是蒸汽湿度与分配系数之和。锅筒内部装置的任务首先是尽量减少总的蒸汽携带系数,使合格的蒸汽送入过热器及汽机。

5.2.3 饱和蒸汽的机械携带

锅筒内有水汽空间,中间有蒸发面(即水位),汽水引出管可以从水空间或汽空间进入锅筒,但因进入的动能都会在汽空间形成飞溅的水滴,质量大的水滴动能较大,升起较高,如蒸汽空间不高,就会被蒸汽带出;细小的水滴虽然飞溅不高,但因质量轻也会被汽流卷起带出。在实际工作中,有不少因素都会影响蒸汽带水,以下分别说明。

1. 锅水浓度的影响

锅水含盐浓度增加,分子结合力加大,使小气泡不易破坏,并在水面停留直到水膜减薄破裂。这样水面上会形成泡沫层,使锅筒水容积中含汽量增多,水位胀起升高,蒸汽空间被占用,结果可能使蒸汽自锅筒带出大量锅水。泡沫层和水位胀起与含盐浓度和成分都有关系,例如有机物能形成稳定泡沫,磷酸盐水渣形成的悬浮物会黏附于液膜上而增大液膜强度,以及苛性钠和油脂物等能增大泡沫稳定性。气泡直径越小,内部压力越大,而使破裂时抛出的水滴增多,且更细、更容易被蒸汽带走。随着锅炉负荷的提高,水容积中含汽量增多,水位胀起加剧,也会使锅水的临界含盐量降低。所谓临界含盐量,是指当锅水含盐量增大到某一数值时,蒸汽带出的含盐量突然增多的现象,在低于临界含盐量时,锅水与蒸汽的含盐量是直线关系。锅炉的锅水临界含盐量可由热化学试验来确定,试验时可用减少排污量的方法来提高锅水的含盐浓度。实际运行时,锅水含盐量要控制在临界含盐量的70%左右。由于锅水临界含盐量还与工作压力及锅筒内部装置有关,因此一般运行中锅水允许含盐量可按表5-7的数据控制。

表5-7 锅水允许含盐量

锅筒压力/MPa	采用简单分离元件时允许锅水含盐量/(mg/kg)	采用旋风分离器时允许锅水含盐量/(mg/kg)
4.4	300~450	800~1 200
11	200~300	~500
15.5	200	~300

2. 蒸汽负荷的影响

随着蒸汽负荷的增大,生成的细微水滴增多,且蒸汽速度增大,湿度也随之增大。蒸汽负荷与湿度的关系可分为三个区域:第一区域内蒸汽只带出卷走的细小水滴,湿度 <0.03%;第二区域内蒸汽速度增大,除细小水滴外,蒸汽还带走较大水滴,湿度为 0.03%~0.2%;第三区域内除卷走水滴外,还带走飞溅出去的水滴,湿度 >0.2%。锅筒一般在第二区域内工作,超过时即显著恶化蒸汽品质,因此第二区域末的蒸汽负荷称为临界负荷,即锅筒允许的最大负荷。在设计时,临界负荷值是根据锅筒的蒸发面负荷及蒸汽空间负荷两个指标来确定的,即 $R_F = \dfrac{Dv}{F}$ (m³/(m²·h)) 和 $R_V = \dfrac{Dv}{V}$ (m³/(m³·h)) 值,前者表示蒸汽平均上升速度,后者表示蒸汽停留时间的倒数。其中,D 为蒸汽负荷,t/h;ν 为饱和汽比容,m³/kg;F 为蒸发面面积,m²;V 为蒸汽空间容积, m³。R_F 和 R_V 值仅作为设计时初步确定锅筒大小的参考,具体选用时还需根据锅筒内选用的分离元件、布置及汽空间分配的均匀性来确定。运行中的锅炉,应通过热化学试验来确定临界蒸汽负荷。

3. 锅筒水位的影响

锅筒中的水位表通过汽水连通管与锅筒内的水位保持平衡,由于水位表及连接管的散热,其中水温低于饱和温度;又由于水容积内含有蒸汽,锅筒内水位要高于水位表指示值。锅筒内水位波动使长度方向上各处水位也会有高低差别。

锅筒水位影响蒸汽空间高度,并影响蒸汽带水量。水位升高,减小蒸汽空间高度,使飞溅的较大水滴和卷走的细小水滴均易于带出,只有蒸汽有一定空间时才会使飞溅水滴回落到水面,蒸汽湿度就会稳定。而水位太低,将使下降管易于带汽而影响水循环的安全。锅筒允许最高水位一般由制造厂根据锅筒大小及锅内装置情况来确定。运行中的锅炉也可通过热化学试验来确定。

4. 工作压力的影响

压力增高,使蒸汽与水密度差减小,水表面张力减小,小水滴容易被卷起,也容易被打碎成细小水滴,蒸汽容易带水,因此蒸汽空间的允许负荷也随之减小。

锅炉还怕蒸汽压力的急剧变动,如气压下降,蒸发管内的和锅筒内水会放出附加蒸汽,使水容积中含汽量增多,水位胀起,蒸汽大量带水,造成所谓的"汽水共腾"现象。这时过热汽温会降低,严重时还可能将锅水冲入汽机。

5.2.4　蒸汽的选择性携带

随着蒸汽压力的提高,蒸汽密度增加,溶解盐类的能力也就更强。与水一样,蒸汽对不同盐类的溶解能力是有选择性的,其特点为凡能溶解在饱和汽中的盐也能溶解于过热汽中;随着压力的升高,溶解能力增强;不同盐类溶解度差别很大,是有选择性的。

物质在蒸汽中的溶解特性用分配系数表示,锅水中遇到的杂质中硅酸(H_2SiO_3)的分配系数最大,但压力为 8 MPa 时其携带系数就达机械携带系数的 20~50 倍;其次是 NaOH、$CaCl_2$、NaCl 等盐类,其在 11 MPa 时很低,但到 15 MPa 时就相当于机械携带的 1~5 倍。其他盐类可以不考虑在蒸汽中的溶解问题。

硅酸在汽机内的沉积影响很大,提高锅水的碱度(加大 pH 值),有利于将硅酸转变为难溶于蒸汽的硅酸盐(Na_2SiO_3),但是 pH 值过高会使蒸汽机械携带剧增,还会腐蚀金属。因此,锅水的碱度一般应控制在 pH 值为 12 左右。运行中可利用排污来降低蒸汽的硅酸含量,但要控制 pH 值不能过低,不然蒸汽中硅酸反而可能会升高。

所谓分配系数,即指在蒸汽中的溶解特性与其接触的锅水中溶解特性之比,因此也可利用给水中含量低的特点来清洗从浓度高的锅水中产生的蒸汽的方法来提高蒸汽的品质。

蒸汽中带出的杂质受热后就转变为固相,主要沉淀在过热器管子内(对于中压锅炉有90%~95%),达到高压和超高压时,因溶盐能力增强,沉淀在过热器中的物质会减少。在热电能锅炉的过热器中主要沉淀的是蒸汽中溶解度低的杂质,如硫酸钠、磷酸钠、碳酸钠、氢氧化钙和氢氧化镁等以及一些氧化铁的腐蚀产物。

5.2.5 汽水分离装置

锅筒内部的蒸汽净化装置的任务是减少蒸汽中的锅水带出和杂质溶解(选择性携带)问题。对中压和次高压锅炉,主要是将锅水从蒸汽中分离出来;对高压锅炉除机械携带外,还要控制蒸汽中溶解的硅酸;而对超高压锅炉,溶盐问题更重要的除硅酸外,还有氯化钠的溶解。

汽水分离装置的任务是减少蒸汽中机械携带,从作用原理上看有以下几点。

(1)消除来自从汽水引出管的汽水混合物动能,并不打碎水滴。

(2)均匀地将蒸汽分配到锅筒汽空间,降低蒸汽上升流速,提高自然分离效果。

(3)利用离心力来实现水滴机械分离。

根据以上作用原理,在热电站锅炉上锅筒内采用的分离装置分为一次分离(粗分离)、二次分离(细分离)和蒸汽清洗三种,各自具有不同的作用。

1. 一次分离(粗分离)元件

粗分离主要具有消除入口动能,均匀蒸汽负荷和使锅水平稳进入水室的作用。其主要元件有水下孔板、缝隙挡板和旋风分离器等,前两种经常结合在一起使用,称为简单的一次分离元件,而后者则因利用离心力作用较完善又称为完善的一次分离元件。

水下孔板和缝隙挡板用于消除动能,使进入水容积的汽水混合物中蒸汽均匀地穿出水面。孔板设于水中,一般在最低水位下 50~100 mm 处,孔径 8~10 mm,孔板靠穿孔气速使其有一定阻力,借以使蒸汽均匀分布,孔板下应有一汽垫层,孔板还具有减少水位胀起作用。

缝隙挡板可使分离出来的水向下平稳进入水容积,湿蒸汽经缝隙后转折向上,起辅助分离作用,因此其中蒸汽流速不宜过高。

简单的一次分离元件,因其汽水阻力较小,常用于缩环回路高度不大的中、低压锅炉,其允许的锅水含盐量也要控制得较低。

作为完善的一次分离元件,锅内旋风分离器在中、高压和超高压锅炉的锅筒中采用很普遍。旋风分离器综合了离心分离、重力分离和膜式分离作用来进行汽水分离,其工况示意如图 5-2 所示。汽水引出管进入锅筒后通过汇流箱使具有较大动能的汽水混合物切向进入旋风分离器筒体,形成离心力,汽在旋风筒中螺旋上升,水则贴筒壁旋转下流,有少量水滴被汽流带出,同时旋

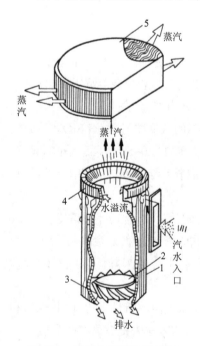

图 5-2 旋风分离器工况示意

1—筒体;2—筒底;3—导向叶片;
4—溢流环;5—顶帽

转被抛向壁面,蒸汽又通过旋风筒上部的百叶窗顶帽,靠膜式分离使蒸汽进一步净化。

旋风分离器可防止高浓度的锅水形成表面泡沫,保持水室平静,减少水室含汽量,达到完善的分离效果。旋风分离器在国产锅炉内已形成标准的结构尺寸。其筒体直径主要取决于单台的蒸汽负荷,并能通过入孔搬入锅筒内部。其常用尺寸及允许负荷见表 5-8。

表 5-8　旋风分离器推荐负荷(t/h)

筒体直径 /mm	中压及次高压 4.5~6 MPa	高压 11.1 MPa	超高压 15.7 MPa
290	3~3.5	5~6	7~7.5
315	3.5~4	6~7	8~9
350	4~4.5	7~8	9~11

旋风分离器的顶帽有四种形式,如立式百叶窗的圆形顶帽、梯形和伞形顶帽以及水平百叶窗的方形顶帽。其中采用效果较好的是立式百叶窗的圆形顶帽,但各个之间相互节距较大,而其他形式的布置可较紧凑。

旋风分离器底部排水装置对防止蒸汽从底部传出作用较大,采用径向导叶盘式效果较好,同时旋风分离器下部还应装稳水托斗,消除排水动能。

在进口的锅炉内还有卧式及涡轮式旋风分离器两种结构,如图 5-3 和图 5-4 所示。

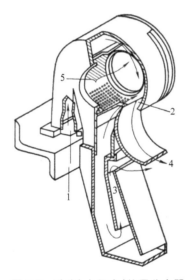

图 5-3　卧式(水平式)旋风分离器

1—汽水混合物入口通道;2—排水孔板(一次疏水出口);
3—排水通道(二次疏水出口);4—排水导向板;5—蒸汽出口

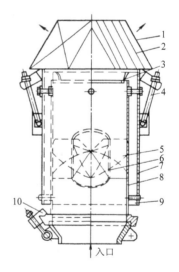

图 5-4　涡轮式旋风分离器

1—梯形顶帽;2—百叶窗板;3—集汽短管;4—钩头螺栓;
5—固定式导向叶片;6—芯子;7—外筒;8—内筒;
9—疏水夹层;10—支撑螺挂

卧式旋风分离器,蒸汽空间高度很小,重力分离的条件很差,工况易受水位波动影响,排水方式也不好,因此总体来看其效果不如立式的好,在国内制造厂并未得到采用。

涡轮式旋风分离器又称为轴流式分离器,离心力靠筒体内螺旋导叶装置形成,汽水混合物从底部进入,经轴向导叶片使汽水混合物强烈旋转,水被挤到内筒壁,从集汽短管与内筒间环形通道流入疏水夹层排出。涡轮式旋风分离器工作效果主要靠导叶片实现,水从夹层带出,容易带汽,汽水阻力较小,单台负荷较立式的高,在引进机组的强制循环亚临界压力锅炉上采用较普遍。

2. 二次分离(细分离)元件

二次分离元件是利用离心式、膜式和节流作用,把蒸汽中的细小水滴分离出来。锅筒的汽空间也有一定的分离作用,但由于其空间高度(锅筒直径及清洗装置)限制及长度上汽水负荷分布不均,在从锅筒引出蒸汽前需进一步将其净化,因此细分离元件要担负均匀蒸汽空间负荷和分离湿分两个任务。均汽板是利用多孔板的气流作用使蒸汽沿锅筒长度和宽度均匀分布,能有效地利用锅筒汽空间,使蒸汽局部上升速度降低,有利于重力分离。均汽板还能阻挡一些小水滴,起到一定的细分离作用。

由于上述原因,均汽板在各种容量和压力等级的锅炉上采用很广,其结构简单,占用空间小,可单独使用,也可与百叶窗分离器组合使用。

在一些锅炉的锅筒上,由于来自上升管的汽水混合物在入口与蒸汽引出锅筒出口之间明显地分布不均,可以采用不均匀开孔的均汽板来降低锅筒长度上因蒸汽流速过高而使蒸汽湿度增加。

百叶窗分离器是一种有效的二次分离元件,它由一组很多块波形板相间排列组成。波形板为厚 0.8~1.2 mm 的薄钢板压制而成的带圆角的板,宽度为 80 mm,其相间节距为 10 mm,用厚 3~4 mm 的边框组成组件,其尺寸以能进入锅筒入孔为限。蒸汽以低速进入波形板后,通过各板之间形成的通道做曲线流动,蒸汽中的水滴受惯性力作用撞到波形板上,形成水膜,然后靠水膜自重不断向下流,因此它具有离心分离和膜式分离的双重作用。

根据波形板的布置方向,百叶窗分离器分为卧式和立式两种,两者分离效果有所不同。对卧式波形板,蒸汽与水膜流动方向是对冲的,当水膜太厚时,蒸汽会冲破水膜造成所谓的"二次带水",而水膜沿板边下落时水滴也容易被上升汽流带走,因此其入口汽速要很低。对但立式百叶窗,蒸汽与水膜相互垂直流动,只要下流的水膜不会在下部板间形成"搭桥",蒸汽就不会吹破水膜面而出现"二次带水"。立式百叶窗下部水膜可以通过疏水管而回落到锅筒水室,因此立式百叶窗入口允许蒸汽流速可比卧式高 2.5~3 倍。图 5-5 所示为百叶窗分离器的几种布置方式。入口蒸汽湿分在一定范围内,百叶窗分离器的效果变化不大,但湿分太大,水膜容易增厚而造成"二次带水"。因此,百叶窗布置应距锅筒水位有一定高度,尤其当有清洗装置时锅筒汽空间被占用较多,这时装卧式百叶窗分离器,甚至只装均汽孔板反而能取得较好效果。

3. 蒸汽清洗装置

正如前述,由于高压下溶解性携带成为蒸汽污染的主要原因,仅靠机械分离元件难以保证良好的蒸汽品质,还需采用蒸汽清洗。常用的蒸气清洗装置是使蒸汽通过较洁净的水层(一般为给水),利用给水和锅水的浓度差来降低溶解性携带的盐分,同时清洗装置也能清除部分机械携带的盐分,使蒸汽品质进一步改善。

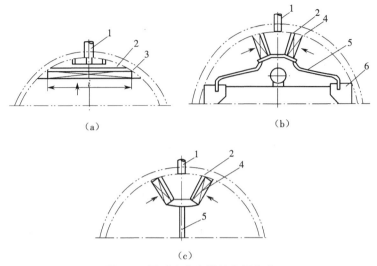

图 5-5　百叶窗分离器的布置方式

（a）水平式百叶窗　（b）立式百叶窗（疏水引入清洗水溢水斗）　（c）立式百叶窗（疏水引入水室）
1—饱和蒸汽引出管；2—均汽板；3—水平式百叶窗；4—立式百叶窗；5—疏水管；6—清洗水溢水斗

蒸汽清洗方式很多，但国产锅炉上主要采用起泡穿层式的平孔板结构，清洗效果较好，当用给水作为清洗水时，清洗效率可达 60%~70%。平孔板装在粗分离元件上部，给水由配水装置沿锅筒长度均匀地分配到清洗孔板上，孔板依靠门槛使水层保持一定厚度（一般为 30~40 mm）。蒸汽穿过水层与清洗水接触，进行物质交换，蒸汽所携带杂质部分溶解到清洗水中，从清洗板溢水回到锅筒水室。清洗后蒸汽在汽空间进一步分离（细分离），并从锅筒引出。虽然清洗孔板结构简单，制造安装方便，但是设计时要详细计算各部分速度、鼓泡层高度、门槛高度以及最后的蒸汽携带系数等一系列参数，如水层过厚可以只用部分给水（40%~50%）来进行清洗，其余给水通过旁通管直接进入锅筒水室。图 5-6 和图 5-7 所示为其工作原理和一些需计算的参数及布置结构。

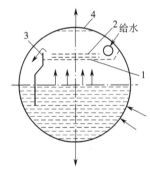

图 5-6　清洗设备工作原理

1—清洗孔板；2—给水配水装置；3—溢水门坎；4—均汽孔板

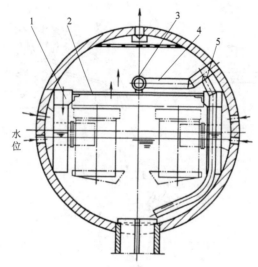

图 5-7　平板式清洗装置的布置

1—溢水斗；2—清洗孔板；3—清洗水配水装置；4—清洗水管；5—旁路水管

　　在亚临界压力的自然循环锅炉上以及引进的一些超高压锅炉上,并不采用蒸汽清洗装置,这时给水品质要求更高,要采用完善的水处理装置,对凝结水进行除盐过滤。锅筒内部的一、二次分离元件要求也很高,运行时要严格控制锅水中各种杂质的含量及饱和蒸汽的品质。

【项目小结】

1. 自然循环的形成原理,蒸发设备的组成及各部件的作用。

2. 自然水循环常见故障的现象和原因,提高水循环安全性可采取的措施。

3. 蒸汽含杂质的危害,蒸汽质量的要求和提高蒸汽品质的基本方法。

4. 常用蒸汽净化设备的结构、原理和布置位置。

【课后练习】

1. 自然循环锅炉的蒸发设备由哪几部分组成？各部分分别起什么作用？

2. 何谓锅炉的储（蓄）热能力？它的大小对锅炉工作有何影响？

3. 大型锅炉常用水冷壁和下降管的类型有哪些？膜式水冷壁有哪些特点？

4. 发生下降管带汽的原因有哪些？在运行中应注意什么问题？

5. 蒸汽含杂质（被污染）有哪些危害？

6. 炉水含盐量对蒸汽有何影响？

7. 提高蒸汽品质的基本途径和相应的设备分别有哪些？

8. 锅炉两种排污的目的分别是什么？排污位置分别在何处？

【总结评价】

1. 谈一谈蒸发设备在锅炉上的重要性。

2. 谈一谈在完成项目学习的过程中,你和你所在小组的收获、不足和有待改进提高的地方。

3. 结合学习的实际情况,在锅炉运行中如何实现蒸汽净化。

项目六　过热器和再热器

【项目目标】

1. 了解过热器与再热器的作用、类型和特点。
2. 熟悉过热器与再热器的形式和结构。
3. 了解热偏差,掌握减少热偏差的方法。
4. 根据机组运行情况,能根据工况调节过热器与再热器的汽温。
5. 根据机组运行情况,掌握对过热器与再热器的安全启停工作。

【技能目标】

1. 能清楚说明过热器和再热器采用的意义、类型及布置位置。
2. 能正确分析和表述汽温特性的概念,以及各类过热器的汽温特性。
3. 能清楚说明过热器与再热器的作用、工作特点、结构特点和布置位置。
4. 能正确表述热偏差的概念,简要归纳减轻热偏差的主要措施。
5. 能正确清楚地说明蒸汽调温的基本原理和方法、主要调温设备的工作过程。

【项目描述】

　　本项目要求学生能根据过热器和再热器的结构形式特点对机组蒸汽系统进行汽温调节,并能根据机组运行情况,掌握对过热器与再热器的安全启停工作,能保证机组蒸汽系统的安全运行。

【项目分解】

项目六 过热器和再热器	任务一　过热器	6.1.1　过热器的作用
		6.1.2　过热器的类型
		6.1.3　过热器的汽温特性
	任务二　再热器	6.2.1　再热器的作用
		6.2.2　再热器的特点
	任务三　蒸汽温度的调节	6.3.1　汽温调节的重要性
		6.3.2　影响汽温变化的因素
		6.3.3　气温调节的方法
	任务四　热偏差	6.4.1　热偏差的概念
		6.4.2　热偏差产生的原因
		6.4.3　减少热偏差的措施

任务一　过热器

【任务目标】

1. 了解过热器的作用和类型。
2. 掌握过热器的汽温特性。
3. 熟悉对流式过热器的结构形式。
4. 掌握辐射式过热器的结构特点。
5. 掌握半辐射式过热器的结构形式和结构特点。

【导师导学】

6.1.1　过热器的作用

过热器的作用是把饱和蒸汽加热成为具有一定温度的过热蒸汽,并要求在锅炉出力或其他工况条件发生变动时,能保证过热蒸汽温度的波动处在允许的范围内。

提高过热蒸汽的参数是提高火力发电厂热经济性的重要途径。但过热蒸汽温度的提高受到金属材料性能的限制。在过热器设计中,必须确保受热面管子的外壁金属温度低于钢材的抗氧化温度,并必须保证其高温持久强度。

6.1.2　过热器的类型

按照传统的受热方式,过热器可分为对流式、辐射式和半辐射式三种形式。在大型热电站锅炉中通常采用上述形式多级布置的过热器系统。

1. 对流式过热器

对流式过热器布置在锅炉的水平或垂直下降烟道中,主要依靠热烟气冲刷管束的对流放热,并从烟气中吸收热量。对流式过热器由许多平行蛇形管束组成,其进口、出口与集箱相连。蛇形管可做成单管圈、双管圈和多管圈多种。

在布置蛇形管时,要兼顾获得合理的烟气流速和蒸汽流速。烟气流速是根据管子不受磨损和在受热面上不易积灰的条件来选择的。烟速过高,虽传热系数增加,但磨损量增大;烟速过低,则造成积灰。煤粉炉的烟速一般在 10~14 m/s,油炉和气炉可高一些。

为防止炉膛出口处的密排对流式过热器结渣,必须使该过热器入口烟温低于灰的变形温度,并留有一定的裕度,一般应低于灰变形温度 50 ℃,或低于灰软化温度 100 ℃,取两者较小值。

对流式过热器按布置方式可分为垂直式和水平式两种。其中,垂直式布置在炉膛出口的水平烟道中;水平式布置在尾部烟道中,常在塔式和箱式锅炉中采用。

对流式过热器按蒸汽和烟气的相对流向可分为顺流、逆流、混合流三种形式,如图 6-1

所示。其中,混合流又可分为平行混合流和串联混合流两种。

　　顺流布置的过热器,蒸汽出口位于烟温较低区域,因而管壁温度较低,可把管壁控制在管材的合理使用范围内。但顺流布置传热的平均温度差较小,即比较而言需要较多的受热面,金属消耗量较大。

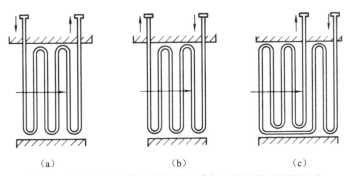

图 6-1　根据烟气与蒸汽的相对流动方向划分的过热器形式
(a)顺流　(b)逆流　(c)串联混合流

　　逆流布置的过热器的特点恰与顺流布置相反,即它的平均温度差较大,因而传热效果较好。但由于蒸汽的最高温度和烟气的最高温度同处一侧,所以此侧的壁温较其他流动方式要高。

　　在设计中,一般根据过热器所处位置来采取不同的流动方式。如过热器内的汽温和所处的烟温都较高,宜采用顺流布置方式。反之,如过热器的汽温及所处的烟温都较低,壁温相对于金属材料允许使用温度有足够的裕度,应采用逆流布置方式,以提高传热效果。因此,通常在锅炉水平烟道的高烟温区多采用顺流布置,而在后竖井的低温区采用逆流布置,使整台锅炉的对流式过热器组成混合流形式,以达到统筹兼顾安全和经济的目的。

　　2. 半辐射式过热器

　　半辐射式过热器一方面吸收烟气的对流传热,另一方面又吸收炉膛中和管间烟气的辐射传热。对于倒 U 形锅炉,半辐射式过热器都做成挂屏形式,位于炉膛出口处,称为屏式过热器或后屏过热器。

　　随着锅炉蒸汽参数的提高,蒸汽过热所需的吸热量也相应增大,必然需将部分过热器受热面布置在更高的烟温区域,即在炉膛出口处布置屏式过热器。采用屏式过热器的主要优点如下:

　　(1)利用屏式受热面吸收一部分炉膛和高温烟气热量,能有效地降低进入对流受热面的烟气温度,防止在密集对流管束处发生结渣;

　　(2)由于半辐射受热面的热负荷较对流受热面高,因而减少了过热器受热面的金属消耗量;

　　(3)改善了过热汽温的调节特性。

　　但屏式过热器受炉膛火焰的直接辐射,热负荷比较高,而屏中各管圈的结构和受热条件的差别又比较大,因而其热偏差较大。

107

3. 辐射式过热器

辐射式过热器的布置方式很多,除了布置成前屏过热器外,还可以布置在炉膛四壁,称为壁式过热器;或布置在炉顶,称为炉顶过热器。

在现代高参数大容量锅炉中,由于蒸汽过热所需热量占总吸收热量的份额很大,而蒸发需要的热量比例减小。因此,为了使炉膛有足够的受热面来吸收炉内辐射热,以保证炉膛出口烟温不致过高,除水冷壁外,还应布置一定的辐射式过热器。

由于炉膛热负荷很高,辐射式过热器的工作条件较差。尤其在启动和低负荷运行时,对其安全性应特别注意。

6.1.3 过热器的汽温特性

过热器出口蒸汽温度和锅炉出力之间的关系,称为过热器的汽温特性。过热器的汽温特性取决于它的传热方式,不同传热方式的过热器,其汽温变化特性是不同的。

对流式过热器的汽温变化具有对流特性,即过热汽温随锅炉出力增加而升高。这是由于在锅炉出力增加时,燃料消耗量增大,产生的烟气量增多,使烟气流速增加,烟气侧对流放热系数增大。同时,随着炉膛内燃料燃烧量的增大,炉膛出口烟温升高,使过热器处的烟气温度升高,温压随之增高,从而使工质吸热量增加。因此,当锅炉出力增加时,对流式过热器出口汽温将升高。对流式过热器的汽温特性变化率与过热器所处烟气温度高低有关。对于布置在高烟温区的对流式过热器,由于辐射吸热比例增加,其温度变化比较小,即特性曲线比较平坦,如图 6-2 所示。

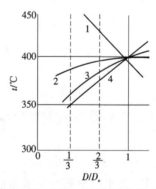

图 6-2 不同进口烟温对对流式过热器汽温变化特性的影响

1—辐射式过热器;2—对流式过热器进口烟温 1 200 ℃;3—对流式过热器进口烟温 1 000 ℃;4—对流式过热器进口烟温 900 ℃

辐射式过热器的汽温变化特性与对流式过热器相反。在锅炉出力增加,加大燃料量时,炉膛内火焰平均温度变化不大,辐射传热量增加不多,跟不上过热蒸汽流量的增加。因而,使蒸汽的焓增减小,即辐射式过热器的出口汽温随锅炉出力的增加而降低。

半辐射式过热器同时吸收炉内辐射热和烟气冲刷的对流传热,所以其汽温特性介于辐射和对流之间,汽温随出力的变化较小,其出口汽温的升降取决于两部分吸热量的比例。

因此,在过热器设计中,如果同时采用辐射式过热器和对流式过热器,并保持适当的吸热量比例,则蒸汽的总焓增变化比较小,即可得到比较平稳的汽温特性,如图 6-3 所示。

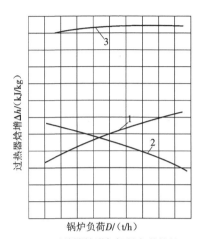

图 6-3　过热器焓增与锅炉负荷的关系

1—对流式过热器焓增;2—辐射式过热器焓增;3—总焓增

任务二　再热器

【任务目标】

1. 了解再热器的作用和类型。

2. 掌握再热器的特点。

3. 掌握再热器的结构与布置特点。

【导师导学】

6.2.1　再热器的作用

随着蒸汽压力的提高,要求相应提高蒸汽温度,否则蒸汽膨胀做功到汽轮机尾部时,蒸汽湿度会过高。这不仅会使汽轮机的相对效率降低,影响设备的经济运行,而且会加剧汽轮机末几级叶片的侵蚀,严重时甚至会造成叶片断裂。但提高过热汽温受到金属材料的限制,因而采用中间再热系统。

再热器的作用是将汽轮机高压缸排出的蒸汽通过再热器再加热成一定温度(通常取用与过热蒸汽相同的温度)的再热蒸汽,然后再送入汽轮机的中压缸和低压缸中继续膨胀做功。

在锅炉负荷或其他工况变动时,再热蒸汽温度值也应处在允许的波动范围内。采用再热系统可使电站的热经济性提高 4%~5%。

6.2.2　再热器的特点

再热器实际上是一种中压过热器,按传热方式不同,再热器可分为对流式和辐射式两种。对流式再热器有顺流、逆流以及垂直和水平布置之分。这些特点与对流式过热器相同。辐射式再热器通常布置在炉膛上部水冷壁之前,所以又称为壁式再热器。

由于再热器加热的是压力较低的蒸汽,而且所加热的蒸汽是串联在汽轮机高压缸与中压缸之间,因此与过热器相比,再热器有许多不同的特点。

1. 再热器的工作条件较过热器差

由于再热蒸汽压力低,在相同的蒸汽流速下,管子内壁对蒸汽的放热系数比过热蒸汽小很多,所以再热蒸汽对管壁的冷却能力差。在受热面热负荷相同的情况下,管壁与蒸汽之间的温差比过热器大,也就是说,如果汽温相同,则再热器的管壁温度要比过热器的管壁温度高。因此,对再热器的选型、系统布置、结构设计以及运行等都必须给予充分的考虑。

2. 再热器系统阻力大小直接影响机组热效率

由于再热器串联在汽轮机高、中压缸之间,所以再热器系统阻力会使蒸汽在汽轮机内做功的有效压降相应减小,从而使汽耗和热耗都增加。降低再热器管子内的蒸汽流速,虽然可以减小流动阻力,但过小的蒸汽流速会使再热器工作条件恶化,影响安全运行。因此,再热器系统的设计,应力求简单,以减小系统阻力。

由于再热蒸汽压力低、温度高、比容大,所以它的质量流速虽然比过热蒸汽小,但它的容积流量却远比过热蒸汽大。因此,为了不使蒸汽流速过高、流动阻力过大,适当加大蒸汽的流通面积是目前通用的解决办法。

在中间再热锅炉中,再热器的工质流通面积总是大于过热器的工质流通面积。对于对流式再热器,在结构上通常采用大管径,并且由比较多的平行连接蛇形管组成。

3. 再热器对汽温偏差比较敏感

在相同的温度下,蒸汽的比热容随着压力的降低而减小。因为再热蒸汽的压力远比过热蒸汽低,它的比热容也较小,所以在相同的热偏差条件下,也就是在偏差管与平均管的焓增差相同的情况下,再热蒸汽所引起的出口汽温偏差要比过热蒸汽的大。

在两级再热器之间,蒸汽进行交叉混合可以有效地降低热偏差,但会增加再热器系统阻力,所以不宜过多采用。

4. 运行工况变化对再热汽温影响较大

在定压运行时,汽轮机依靠改变调节气门的开度来改变机组的功率,而汽轮机前的主蒸汽压力和温度维持不变。当负荷变化时,对过热器来说,由于它的进口温度等于锅筒压力下的饱和温度,因此过热器进口温度维持不变。

由于负荷降低,汽轮机各级中的压力和温度都随蒸汽流量相应下降,即汽轮机高压缸的排汽压力和温度也都降低,因此再热器进口汽温也随之降低。为了保持再热器出口汽温不变,必须吸收更多的热量。又由于再热蒸汽的比热容较小,因此再热汽温的变化幅度较大。

在变压运行时,汽轮机的调节气门保持全开,机组功率的变化是靠改变汽轮机前的主蒸汽压力来实现的。此时,锅炉的压力随机组负荷而变化,而主蒸汽温度则仍保持不变。这样,在负荷变化时,汽轮机各级中的蒸汽温度基本上保持不变,汽轮机高压缸的排汽温度保持不变,所以再热器的进口汽温也就维持不变。因此,采用变压运行方式,可使再热器的汽温特性得到改善。

任务三　蒸汽温度的调节

【任务目标】

1. 了解蒸汽温度调节的意义。
2. 熟悉影响蒸汽温度的主要因素。
3. 掌握蒸汽温度调节的方法。

【导师导学】

6.3.1　汽温调节的重要性

蒸汽参数是表征锅炉特性的重要指标之一,发电设备需要使用温度稳定的蒸汽,并要求在运行中不能有过大的偏差,其原因有以下几点。

(1)汽温过高,会使锅炉受热面及蒸汽管道金属材料的蠕变速度加快,影响使用寿命。当受热面严重超温时,将会因强度的急剧下降而导致管子破裂。当锅炉出口汽温超过允许值时,还会使汽轮机的汽缸、气门、前几级的喷嘴和叶片等部件的机械强度降低,将会导致设备的损坏,或使用年限的缩短。

(2)汽温过低,会引起机组循环热效率降低,煤耗增大。同时,汽温降低还会导致汽轮机尾部的蒸汽湿度增大。这不仅使汽轮机效率下降,而且造成汽轮机末几级叶片的侵蚀加剧。此外,汽温过低还会增大汽轮机转子所受的轴向推力,影响机组的安全运行。

(3)汽温变化过大,除使管材及有关部件产生疲劳外,还会引起汽轮机转子和汽缸间的胀差变化,动静部分摩擦,甚至产生剧烈振动,危及机组的安全运行。

表 6-1　GB 753—85 对电站锅炉出口蒸汽温度的允许偏差值规定

出口蒸汽额定压力 /MPa	锅炉负荷变化范围 /%	出口蒸汽额定温度 /℃	温度允许偏差值 /℃	
			+	-
2.5	75　~100	400	10	20
3.9	70　~100	450	10	25
9.8	70　~100	540	5	10
13.7	70　~100	540/540	5	10
16.7~18.3	70　~100	540/540	5	10
25.3	70　~100	541/541		

在规定允许偏差的同时,还应规定允许偏差值下运行的持续时间和汽温变化时允许的变化速度。目前,我国对此尚无统一规定,而大多数电厂沿用如下规程:每次允许偏差值下的运行持续时间不得大于 2 min;在 24 h 内允许偏差值下运行的累计时间不得大于 10 min;蒸汽温度允许变化速度每分钟不大于 3 ℃。

6.3.2 影响汽温变化的因素

1. 锅炉负荷变化对汽温的影响

当锅炉负荷变化时,必然改变所需燃料量。随着燃料量的改变,炉膛出口烟温也会发生改变,烟气流速也有变化。这样必然引起炉内辐射传热量和烟道内对流传热量发生变化,从而引起过热器和再热器内蒸汽吸热量的改变,并使过热汽温和再热汽温发生变化。

当锅炉负荷变化时,对流受热面和辐射受热面的汽温变化特性是相反的。所以,在系统设计中适当地利用这一特性可减小汽温变动幅度。

2. 燃料变化对汽温的影响

燃料成分的变化,对汽温的影响是极其复杂的。在煤种变化时,一般而言,随着可燃基挥发分的增加,由于蒸发受热面吸热量增加,蒸发量随之增加,炉膛出口温度下降,而使汽温下降。在煤种不变时,主要是水分和灰分的变化对汽温有较大的影响。水分和灰分增加时,由于燃料发热量降低而必会增加燃料消耗量,从而使对流受热面的烟速增加,对流传热增强,汽温也将随之增高。

对于辐射式过热器,由于炉膛温度降低,使辐射吸热减少,其出口汽温将下降。一般煤中水分增加 1% 时,过热汽温约增加 1 ℃。灰分的影响因素较多,如灰分增加,将使着火恶化和燃烧过程延迟,以及受热面沾污情况恶化,情况比较复杂。

当燃煤的挥发分降低,或含碳量增加,或煤粉较粗时,煤粉在炉内的燃尽时间增长,火焰中心上移,炉膛出口烟温升高,将导致汽温升高。

3. 过量空气系数对汽温的影响

在燃料量不变的情况下,如风量在通常范围内增加,由于炉内温度水平降低,使辐射过热器出口汽温下降。虽然由于炉膛出口烟温略有下降而使传热温差有些影响,但由于烟速增加显著,从而使表面传热系数明显增加,故对流式过热器出口汽温增加。另外,一般过热器多数呈对流特性,炉内温度水平降低,将导致蒸发量减少。如果要保持蒸发量不变,由于风量增加和锅炉热效率降低,势必又要增加燃料耗量。综上所述,风量增加时,过热汽温将明显上升。由计算表明,一般炉膛出口过量空气系数增加 10%,过热汽温增加 10~20 ℃。

4. 燃烧器运行方式及配风对汽温的影响

燃烧器运行方式的改变,例如燃烧器从上排切换到下排时,或者燃烧器喷口角度向下摆动时,由于火焰中心下移,会使汽温降低;反之,会使汽温升高。

在总风量不变的情况下,由于配风工况不同,造成炉内火焰中心位置变化,也会引起汽温变化。例如对于四角布置切圆燃烧方式的喷燃器,当使其上面的二次风加大而下二次风减少时,火焰中心将压低,于是炉膛出口烟温降低,从而使对流式过热器汽温降低。

当引风和进风配合不当,例如由于引风量过大,炉膛负压值过大,使火焰中心抬高,则过热汽温会随之发生不正常升高;反之,则降低。

5. 给水温度对汽温的影响

在锅炉运行过程中,当负荷不变,而给水温度降低时,将使锅炉总吸热量增加,因而需要增加燃料消耗量。这将使对流过热器前的烟气温度和烟气流速增加,因而使对流式过热器的吸热量增加,而使过热汽温升高。在一般情况下,给水温度变化不大,对过热汽温的影响很小。但在某些情况下,如高压加热器解列,将使给水温度显著下降,则对过热汽温有较大的影响。根据运行经验,给水温度每降低 3 ℃,将使过热汽温升高约 1 ℃。

6. 受热面清洁程度对汽温的影响

炉膛水冷壁管外严重积灰、结渣或管内结垢,受热面吸热量减少,会使炉膛出口及过热器、再热器进口烟温升高,从而引起汽温升高。新炉子在运行初期,由于炉膛比较干净,如果炉膛沾污程度偏差设计值太大,则炉膛吸热量会加大,炉膛出口烟温则降低,汽温也随之降低。

当过热器和再热器本身严重积灰、结渣或管内结盐垢时,将使汽温降低。所以,在运行中要注意保持受热面清洁,及时进行必要的吹灰和打渣工作。

7. 饱和蒸汽含湿量对汽温的影响

过热器入口蒸汽来自锅筒出口的饱和蒸汽。饱和蒸汽含湿量越大,蒸汽的焓值越小。在正常情况下,进入过热器的饱和蒸汽含湿量一般很少变化,饱和蒸汽温度保持不变。但是,在不稳定工况或不正常运行条件下,例如当锅炉负荷突然增加,锅筒水位过高,炉水含盐浓度太大而引起汽水共腾时,将会使饱和蒸汽的含湿量大大增加。由于增加的水分在过热器中汽化要多吸收热量,在燃烧工况不变的情况下,用于使饱和蒸汽过热的热量相应减少,因而会使过热蒸汽温度下降。

综上所述,锅炉在运行中,过热汽温和再热汽温由于受各种因素的影响,会经常发生波动。因此,为了保证锅炉和汽机的工作安全与经济,必须装设汽温调节装置,进行及时适当地调节,以便使汽温恢复和维持在额定范围内。

6.3.3　汽温调节的方法

1. 汽温调节方法分类

由于汽温变化是由蒸汽侧和烟气侧两方面因素引起的,因而汽温调节也就可以从这两方面进行。汽温调节方式分为蒸汽侧调节和烟气侧调节两大类,这两大类又可按调温方式分为几个小类,见表6-2。

表 6-2　汽温调节方法分类

分类		优点	缺点
蒸汽侧调节	表面式减温器	调节灵敏、精细,可用作蒸汽温度的细调节	只能减温,不能升温,再热器喷水影响机组循环效率
	喷水减温器(包括自冷凝)		
	汽-汽热交换器		
烟气侧调节	烟气再循环	可减温、升温双向调节	延迟大,精度差,只能用作蒸汽温度的粗调节
	烟气调节挡板		
	改变炉内火焰位置		

2. 蒸汽侧调节汽温方法

1)减温器

蒸汽侧调节汽温的主要手段是减温器。它是用冷却水(减温水)间接或直接冷却蒸汽的办法来达到减温的目的。

减温器在过热器系统中的位置,需综合考虑汽温调节的灵敏性和对过热器的保护。一般把减温器布置在两级过热器之间和末级过热器之前。这样既可保护过热器不超温,又可使出口汽温的调节比较灵敏。减温器可分为表面式减温器和喷水减温器两种。

表面式减温器是一种管式热交换装置,其特点是水与蒸汽不直接接触,利用锅炉给水或锅水来冷却蒸汽。它的结构为减温器壳体,上面有蒸汽引入、引出管接头,壳体内是 U 形管或螺旋管、套管。冷却水由管子一端引入,另一端引出。蒸汽从壳体上部引入,垂直冲刷外管后,再由壳体下部引出。表面式减温器广泛应用于中压锅炉上。

喷水减温器又称为混合式减温器,高压以上锅炉几乎全部采用这种减温器来调节过热汽温。喷水减温器有多种结构形式,但原理是一样的,即将减温水直接喷入过热蒸汽中吸收蒸汽的热量,使水加热、汽化和过热,从而降低蒸汽温度。它的特点是减温幅度大,汽温调节灵敏,易于自动化,且设备简单。但因为减温水是直接喷入蒸汽,所以对减温水的品质要求特别严格,不能低于蒸汽品质。凝汽式电站由于给水品质好,所以可以利用给水作为减温水。一般以给水泵抽头,通过减温水管道系统,直接喷入减温器中。另外,对于给水品质较差的中、高压电站,可以采用自制冷凝水的喷水减温系统。其原理是将部分饱和蒸汽用给水冷却成冷凝水喷入减温器调节汽温,水的喷射依靠冷凝器和减温器之间的压差实现,不需专门的减温水泵,如图 6-4 所示。再热器喷水会减小机组效率,所以喷水减温器不能作为再热器调温的主要手段。它一般装设在再热器系统入口用作事故喷水,也有的锅炉在设计中采用极少量喷水作汽温微调用。

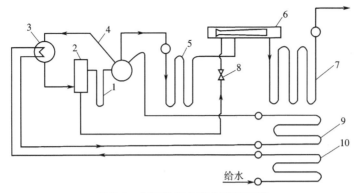

图 6-4 自制冷凝水喷水减温系统

1—溢水管;2—储水器;3—降凝器;4—饱和蒸汽管;5,7—过热器;6—喷水减温器;8—喷水调节阀;9,10—省煤器

2)汽 - 汽热交换器

蒸汽侧调温的另一种方法是汽 - 汽热交换器,用于再热器调温。它是利用高温过热蒸汽来加热低温再热蒸汽,以达到调节再热汽温的目的。

其在结构上一般采用过热蒸汽在管内流动,再热蒸汽在管间流动,利用变更三通阀的开度来改变再热蒸汽流量,从而对再热蒸汽温度进行调节。由于它的结构复杂,制造困难,耗金属较多,调节性能也难以保证,所以目前用得较少。

3. 烟气侧调节汽温方法

1)烟气再循环

烟气再循环的工作原理是把省煤器后的一部分低温烟气通过再循环风机进回炉膛,改变辐射受热面与对流受热面的吸热比例,以调节蒸汽温度。

再循环烟气从炉膛下部送入时,由于烟气量增加,使炉膛温度降低,减小了炉膛辐射吸热量,而炉膛出口烟温则变化较小。在对流受热面中,由于烟气量增加,使其吸热增加。而且沿烟气流程越往后,受热面吸热量增加值越大。再热器通常布置在烟温较低的烟道中,所以采用烟气再循环调节再热汽温极为有利。

再循环烟气从炉膛上部送入时,炉膛吸热量变化不大,但炉膛出口烟气温度明显下降,使高温过热器吸热量减少,而再热器吸热量变化较小,只有后烟道受热面吸热量增加明显。因此,其主要作用是保护屏式过热器和高温过热器。

常用的办法是将再循环烟气同时接入炉膛上部和下部。在锅炉低负荷时,烟气从炉膛下部送入,以调节汽温。在锅炉高负荷时,烟气从炉膛上部送入,以保护高温过热器。

烟气再循环不但可以调节汽温,还能降低炉膛热负荷,抑制 NO_x 的生成。可是再循环风机不但增加了厂用电,若是燃煤锅炉,风机的磨损也相当严重,故可靠性差,维修费用大。

2)烟气挡板

烟气挡板是把锅炉后烟道用分隔墙分成平行的两个烟道。主烟道中布置再热器,次烟道中布置过热器和省煤器。在烟道出口处装设烟气调节挡板。通过调节挡板开度,改变两个并联烟道的烟气分配比率,即改变通过再热器的烟气量和吸热量来调节再热汽温。

为防止烟气挡板的热变形,挡板处的烟温应控制在 400 ℃左右,而且应采取防磨措施。

烟气挡板的优点是结构简单,操作方便;缺点是汽温调节的延迟时间太长,挡板的开度与汽温的变化不呈线性关系,而大多数挡板只有在 0~40% 的开度范围内比较有效。

3)改变炉内火焰位置

改变炉内火焰位置的方法有多种,如摆动式燃烧器,切换上下排燃烧器,改变各排燃烧器负荷等。其目的都是改变炉膛火焰中心的高度,从而改变炉膛出口烟气温度,以调节过热汽温和再热汽温。

摆动式燃烧器多用于四角布置的锅炉上。当机组负荷降低时,锅炉出力相应减少。根据再热器的汽温特性,其出口汽温将下降,此时调整燃烧器喷口的倾角,使它向上摆动某一角度,可造成炉膛火焰中心上移,引起炉膛上部及炉膛出口烟温升高,从而使壁式再热器,中、高温再热器的吸热量都得到相应增加,使再热器出口汽温保持在规定的范围内。同样,当再热汽温偏高时,使燃烧器向下摆动某一角度,同样能调节再热汽温。由于采用此方法调节再热汽温的同时,也影响到过热汽温,所以需要用喷水减温对过热汽温进行调整。

由于摆动式燃烧器具有调温幅度大、时滞小,且不需增加额外受热面等优点,所以它已成为现代大型锅炉机组进行汽温调节的主要方法,但在具体应用上,它也有一定局限性。如对于灰熔点较低的煤种,为防止结渣,其调温幅度应受到限制。在燃油锅炉中,由于火焰较短,其调温效果不大。对于不易着火、燃烧稳定性差的煤种,如某些贫煤、无烟煤,则不宜采用对炉内燃烧工况有干扰的摆动式燃烧器来调节汽温。

大型锅炉常采用多层燃烧器,依靠上下排燃烧器负荷的变化,改变炉膛火焰中心位置,从而调节蒸汽温度。锅炉满负荷时,全部燃烧器投入运行。负荷下降时,逐步停用下排燃烧器,使火焰没有受到炉膛下部蒸发受热面的冷却,炉膛出口的烟气温度变化较小。这种调节方法的调温幅度较小,需与其他调温方法配合使用。

任务四　热偏差

【任务目标】

1. 了解热偏差的定义。
2. 掌握热偏差形成的原因。
3. 掌握降低热偏差的措施。

【导师导学】

6.4.1　热偏差的概念

过热器是由许多并列管组成的管组。在这些并列工作的管子中,个别管子内工质的焓增超过管组平均焓增的现象,称为热偏差。

在偏差管中应特别注意焓增较大的那些管子。因为焓增越大,管内工质的温度越高,管壁超温的危险性越大。因此,通常所指的偏差管就是焓增最大的那些管子。

6.4.2　热偏差产生的原因

热偏差产生的主要原因是并列管受热不均和工质流量不均。

1. 并列管受热不均

由于结构上和运行中各种因素的影响,并列管的热负荷各不相同,从而使并列管受热不均。热负荷的大小主要取决于受热面所在区域的烟气温度与烟气流速。

在炉膛中,由于水冷壁吸热,靠近壁面的烟温必然低于炉膛中间的烟温。同时,由于边界层的影响,靠近壁面的烟速也明显比炉膛中间低。炉膛热负荷不均,将不同程度地影响对流受热面,使对流烟道中沿烟道宽度,中间热负荷高于两侧。因此,烟道中间受热面的吸热量必然大于两侧,且离炉膛越近,不均匀的程度越大。

此外,炉膛火焰偏斜,受热面局部结渣或积灰,部分可燃物在对流受热面上积存并再次燃烧,都将造成热负荷分布不均,加剧过热器的热偏差。

2. 蒸汽流量不均

并列管圈中的工质流量与管圈的进出口压差、阻力特性及工质密度有关。

1)管圈进出口压差

在过热器的进出口联箱中,蒸汽的引入、引出方式不同,各并列管圈的进出口压差就不一样。压差大的管圈,蒸汽流量大;压差小的管圈,蒸汽流量小,因而造成流量不均。各种连接方式联箱的压力分布特性表明,π 形连接各并列管圈的流量分配比 Z 形连接均匀得多;双 π 形连接又比 π 形连接好;流量分配最均匀的属多点引入引出,但耗钢材较多。

2)管圈阻力特性

管圈阻力特性与管子的结构特性、粗糙度等有关。管圈的阻力越大,则流量越小。

3)工质密度

当并列管受热不均时,受热强的管子吸热多,工质温度高,密度减小,蒸汽容积增大,阻力增加,因而蒸汽流量减小。这与自然循环蒸发受热面的自补偿特性恰好相反。

6.4.3　减少热偏差的措施

现代大型锅炉由于几何尺寸较大,烟温分布很难均匀,炉膛出口烟温偏差可达 200~300 ℃。而过热器的面积较大,系统复杂,蒸汽焓增又很大,以致个别管圈的汽温偏差可达 50~70 ℃,严重时可达 100~150 ℃。要完全消除热偏差是不可能的,但应针对造成热偏差的原因,采取相应的措施,尽量减少热偏差,使金属壁温控制在允许范围内。

在过热器设计时,常从蒸汽侧采取以下措施以减少热偏差。

(1)热面分级,级间混合。将过热器受热面分为几级,级间用中间联箱混合。由于每一级蒸汽焓增减少,故热偏差减小。同时,通过级间混合进一步消除或减小热偏差。

(2)蒸汽交叉流动。为了减小沿烟道宽度热负荷不均的影响,常利用交叉管和中间联箱使蒸汽交叉流动。

（3）采用并列管圈流量分配均匀的连接方式。在进出口联箱的连接方式中,尽量采用流量分配均匀的双 π 形连接及多点均匀引入引出的连接方式。

锅炉在运行中,还应从烟气侧尽量使热负荷均匀,如确保燃烧稳定、火焰中心位置正常,防止受热面局部积灰、结渣等。

【项目小结】

1. 过热器和再热器的作用、特点。

2. 蒸汽温度选择要考虑的因素。

【课后练习】

一、名词解释

1. 汽温特性。

2. 热偏差。

二、简答题

1. 简述过热器和再热器的作用、主要类型及其布置位置。

2. 为什么说再热器的工作条件比过热器更差?

3. 何谓过热器的热偏差? 为减轻热偏差可采取哪些措施?

4. 何谓锅炉的汽温特性? 各类过热器的汽温特性(变化趋势)是怎样的?

5. 汽温调节设备的任务是什么? 运行中为什么要控制汽温(汽温过高或过低分别有哪些危害)?

6. 简述影响过热汽温的因素。

7. 简述辐射式过热器的汽温特性。

8. 简述对流式过热器的汽温特性。

9. 简述过热汽温的调节方法。

三、分析题

1. 过量空气系数如何影响过热汽温?

2. 高压加热器解列时,过热汽温如何变化?

3. 分析影响热偏差的因素。

【总结评价】

1. 谈一谈你学习完本项目内容的体会。

2. 谈一谈在完成项目学习的过程中,你和你所在小组的收获、不足和有待改进提高的地方。

3. 结合学习的实际情况,阐述汽温调节的步骤。

项目七　省煤器和空气预热器

【项目目标】

1. 熟悉省煤器的作用及结构。
2. 熟悉空气预热器的作用及结构。
3. 掌握空气预热器的低温腐蚀机理。
4. 掌握空气预热器的磨损、积灰、腐蚀问题。

【技能目标】

1. 能正确说明省煤器和空气预热器的作用、基本类型、结构特点及其工作过程。
2. 能对空气预热器的积灰、磨损、低温腐蚀等现象进行分析说明,并提出相应的减轻措施。

【项目描述】

本项目要求学生掌握省煤器和空气预热器的作用、结构形式,空气预热器的磨损、积灰、腐蚀问题。

【项目分解】

		7.1.1　省煤器的作用
	任务一　省煤器	7.1.2　省煤器的分类
		7.1.3　省煤器的结构及布置
		7.1.4　省煤器的启动和保护
项目七 省煤器和空气预热器		7.2.1　空气预热器的作用和分类
	任务二　空气预热器	7.2.2　管式空气预热器
		7.2.3　回转式空气预热器
		7.3.1　低温腐蚀的机理
	任务三　空气预热器的低温腐蚀与堵灰	7.3.2　预防和减轻低温腐蚀的措施
		7.3.3　空气预热器堵灰的机理
		7.3.4　减轻空气预热器转子堵灰的措施

119

任务一　省煤器

【任务目标】

1. 了解省煤器的作用和分类。
2. 掌握省煤器的结构及布置。
3. 掌握省煤器的启动和保护。

【导师导学】

7.1.1　省煤器的作用

省煤器是利用锅炉尾部烟道中烟气的热量来加热给水的一种热交换器。省煤器在锅炉中的主要作用有以下三个。

（1）节省燃料。在现代锅炉中，燃料燃烧生成的高温烟气虽经水冷壁、过热器和再热器的吸热，但其温度还很高，如直接排入大气，将造成很大的热量损失。在锅炉尾部装设省煤器后，利用给水吸收烟气热量，可降低排烟温度，减少排烟热损失，提高锅炉效率，从而节省燃料。省煤器的名称也就由此而来。

（2）改善汽包的工作条件。由于采用省煤器，提高了进入汽包的给水温度，减小了汽包壁与进水之间的温度差，也就减小了因温差而引起的热应力，从而改善了汽包的工作条件，延长了使用寿命。

（3）降低锅炉造价。由于给水进入蒸发受热面之前首先在省煤器中加热，这样就减少了给水在蒸发受热面中的吸热量。由管径较小、管壁较薄、价格较低的省煤器受热面代替了一部分管径较大、管壁较厚、价格较高的蒸发受热面，从而降低了锅炉造价。

因此，省煤器已成为现代电站锅炉中必不可少的重要设备。

7.1.2　省煤器的分类

根据省煤器出口工质的状态，可将省煤器分为非沸腾式省煤器和沸腾式省煤器两种。当出口工质为至少低于饱和温度 30 ℃的水时，称为非沸腾式省煤器。当出口工质为汽水混合物时，称为沸腾式省煤器，汽化水量不大于给水量的 20%。

现代大容量高参数锅炉中均采用非沸腾式省煤器，这是由于随着锅炉压力的升高，水的蒸发吸收热量所占比例下降，水加热至饱和温度的吸热比例增加。同时，保持省煤器出口水有一定的欠焓可使水从下联箱进入水冷壁时不出现汽化，保持供水的均匀性，防止出现水循环的不良现象。而沸腾式省煤器常用于中压以下锅炉，现代大型电站锅炉已不采用。

根据省煤器所用材料不同，可将省煤器分为铸铁式省煤器和钢管式省煤器两种。铸铁式省煤器耐磨损、耐腐蚀，但强度不高，因此只用于低压的非沸腾式省煤器。钢管式省煤器可用于任何压力和容量的锅炉，置于不同形状的烟道中。其优点是体积小、质量轻，布置自由,价格低廉,被现代大型锅炉广泛采用;缺点是钢管容易受氧腐蚀,给水必须除氧。

7.1.3 省煤器的结构及布置

大型电站锅炉所用钢管式省煤器由一系列平行排列的蛇形管组成。管子外径为 25~51 mm,目前常采用外径为 42~51 mm 的管子,以提高运行的安全性,管子壁厚为 3~6 mm,通常为错列布置,结构紧凑,其横向相对节距 s_1 取决于烟气流速和管子支承结构,一般横向节距 s_1/d=2~3,纵向节距 s_2 受管子的弯曲半径限制,一般纵向相对节距 s_2/d=1.5~2,使用小弯曲半径弯管技术时可做到 s_2/d=1~1.2。

为了便于检修,省煤器管组高度应加以限制。当管子排列紧密时($s_2/d \leqslant 1.5$),管组高度不超过 1.0 m;当管子排列稀疏时,管组高度不超过 1.5 m。当省煤器分成几组时,管组之间应留出高度不小于 600~800 mm 的空间,省煤器与空气预热器之间的空间高度应大于 800 mm,以方便检修。

省煤器中的工质一般自下向上流动,以利于排除空气,避免造成局部的氧化腐蚀;烟气从上向下流动,既有利于吹灰,又与水形成逆向流动,增大传热温差。省煤器进口水的质量流速为 600~800 kg/(m²·s)。水速过低不易排走气体,在沸腾式省煤器中会造成汽水分层;水速过高,则使流动阻力增大。在非沸腾式省煤器及沸腾式省煤器的非沸腾部分水速应不小于 0.3 m/s,在沸腾式省煤器的沸腾部分水速应不小于 1 m/s。省煤器中的水阻力在高压和超高压锅炉中不大于汽包压力的 5%,中压锅炉不大于 8%。

蛇形管在烟道中的布置方向对水速影响很大,如图 7-1 所示。当蛇形管垂直于前墙时称为纵向布置,由于尾部烟道宽度大于深度,所以并联管子数多,水速低,在大型锅炉中采用较易满足水速要求;当蛇形管平行于前墙时称为横向布置,当单面进水时,管排最少,宜在小容量锅炉中采用,大容量锅炉可用双面进水的连续方式使水速达到要求值。

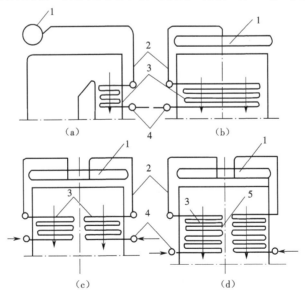

图 7-1 省煤器蛇形管的布置

(a)垂直墙壁布置 (b)平行前墙布置 (c)双面进水平行前墙布置 (d)双面进水平行前墙布置

1—汽包;2—水连通管;3—省煤器蛇形管;4—进口集箱;5—交混连通管

由于烟道深度小,当蛇形管平面垂直于前墙时,支吊较简单,但每排蛇形管均受到飞灰磨损;当平行于前墙时,只有靠近烟道后墙的几根蛇形管磨损严重,损坏后只要换几根蛇形管即可。

省煤器可采用支承和悬吊两种方式来承重,如图 7-2 所示。可以将支承梁布置在两段省煤器管组中间(支承梁外敷耐火混凝土,中间通风进行冷却),联合使用悬吊和支托的方法支承其重量。当省煤器不重时,也可直接以蛇形管或集箱作为支持件,集箱置于烟道内,减少管子穿墙,炉墙的气密性要比集箱置于炉墙外好得多。

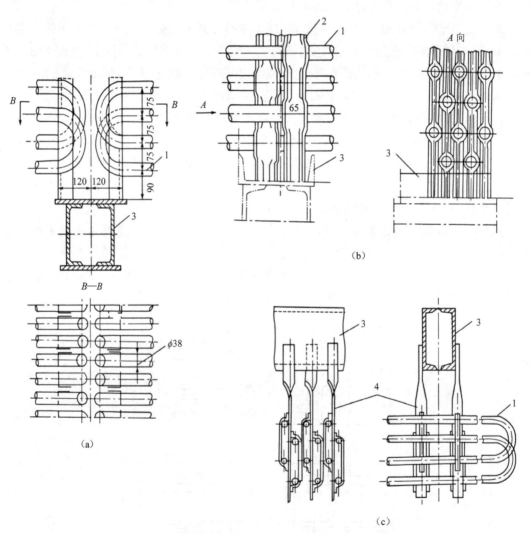

图 7-2 省煤器的几种支持结构

(a)应用角钢支架 (b)应用冲压制成的支架 (c)应用吊杠

1—蛇形管;2—支架;3—支持梁;4—吊杆

7.1.4　省煤器的启动和保护

省煤器在锅炉启动时常常是不连续进水的,但如果省煤器中水不流动,就可能使管壁温度超高,而使管子损坏,因此可以在省煤器与除氧器之间装一根带阀门的再循环管来保护省煤器,如图 7-3 所示。

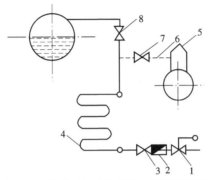

图 7-3　省煤器与除氧器之间的再循环管

1—自动调节阀;2—止回阀;3—进口阀;4—省煤器;5—除氧器;6—再循环管;7—再循环门;8—出口阀

通常在省煤器进口与汽包之间装有再循环管,如图 7-4 所示。再循环管装在炉外,是不受热的。当锅炉启动时,省煤器便开始受热,从而就在汽包再循环管和省煤器汽包之间形成自然循环。省煤器内有水流动,管子受到冷却,就不会烧坏。但要注意,在锅炉汽包上水时,再循环阀门应关闭,否则给水将由再循环管短路进入汽包,省煤器又会因失水而得不到冷却;上完水以后就可关闭给水阀,打开再循环阀。

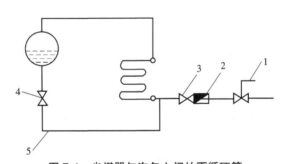

图 7-4　省煤器与汽包之间的再循环管

1—自动调节阀;2—止回阀;3—进口阀;4—再循环阀;5—再循环管

任务二　空气预热器

【任务目标】

1. 熟悉空气预热器的作用和分类。

2. 掌握管式空气预热器。

3. 掌握回转式空气预热器。

【导师导学】

空气预热器是利用锅炉排烟的热量加热空气的热交换设备。

7.2.1 空气预热器的作用和分类

1. 空气预热器的作用

空气预热器是利用烟气余热加热燃烧所需要的空气的热交换设备,其主要作用如下。

(1)降低排烟温度,提高锅炉效率。随着蒸汽参数提高,回热循环中用汽轮机抽汽加热的给水温度越来越高,只用省煤器难以将锅炉排烟温度降到合适的温度,使用空气预热器就可进一步降低排烟温度,提高锅炉效率。

(2)改善燃料的着火条件和燃烧过程,降低不完全燃烧损失,提高锅炉热效率。尤其是着火困难的无烟煤等,需将空气加热到 380~400 ℃,有利于着火和燃烧。

(3)热空气进入炉膛,减少了空气的吸热量,有利于提高炉膛燃烧温度,强化炉膛的辐射传热。

(4)热空气还作为煤粉锅炉制粉系统的干燥剂和输粉介质。

现代大容量锅炉中,空气预热器已成为锅炉不可缺少的部件。

2. 空气预热器的分类

根据传热方式不同,空气预热器可分为传热式和蓄热式(再生式)两大类。传热式空气预热器采用金属壁面将烟气和空气隔开,空气与烟气各自有自己的通道,烟气通过传热壁面将热量传给空气。而蓄热式空气预热器是烟气和空气交替地流过一种中间载热体(金属板、钢球、陶瓷和液体等)来传热。当烟气流过载热体时将其加热,空气流过载热体时将其冷却,而空气吸热升温,这样反复交替,故又称为再生式空气预热器。

根据结构形式不同,空气预热器主要可分为管式空气预热器和回转式空气预热器。

7.2.2 管式空气预热器

管式空气预热器按布置形式可分为立式和卧式两种;按材料可分为钢管式、铸铁管式和玻璃管式等几种。立式钢管式空气预热器应用最多,其优点是结构简单、制造方便、漏风较小;缺点是体积大、钢材耗量大,在大型锅炉及加热空气温度高时,会因体积庞大而引起尾部受热面布置困难。

目前,中小容量锅炉中用得较多的是立式钢管式空气预热器,其结构如图 7-5 所示。它由许多薄壁钢管焊在上、下管板上形成管箱。烟气在管内流动,空气在管子外部横向流动,两者的流动方向互相垂直交叉。中间管板用来分隔空气流程。常用 ϕ40 mm×1.5 mm 有缝钢管错列布置,以便单位空间中可布置更多的受热面和提高传热系数。选用相对节距要从传热、阻力、振动等因素综合考虑,一般取 s_1/d=1.5~1.9,s_2/d=1.0~1.2。管箱高度通常不超过 5 m,使管箱具有足够刚度,便于制造和清灰。立式低温段的管箱高度应取 1.5 m 左右,以便维修和更换。

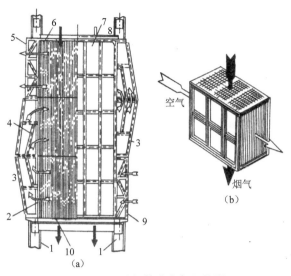

图 7-5　立式钢管式空气预热器

（a）纵向剖面图　（b）管箱

1—锅炉钢架；2—管子；3—空气连通罩；4—导流板；5,9—出口、进口连接法兰；6,10—上、下管板；7—墙板；8—膨胀节

烟气速度对固体燃料为 10~14 m/s，对液体、气体燃料还可适当提高，空气速度应取为烟气速度的 50% 左右，以提高传热效果，管子直径、节距和管子数目的选用应保证预热器具有合适的烟气速度和空气速度。

卧式钢管式空气预热器中空气在管内流动，烟气在管外横向冲刷，其管壁温度可比立式布置提高 10~30 ℃，有利于减轻烟气侧的低温腐蚀，但易堵灰。其一般在燃用多硫重油的锅炉中采用，并需配以钢珠吹灰设备，一般烟气速度为 8~12 m/s，空气流速为 6~10 m/s。

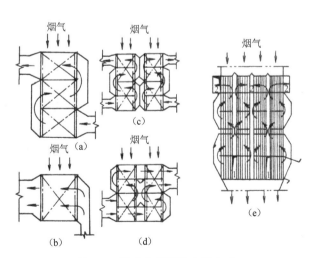

图 7-6　管式空预器的布置方式

（a）单道多流程　（b）单道单流程　（c）双道多流程　（d）单道多流程双股平行进风　（e）多道多流程

图 7-6 所示为管式空气预热器在烟道中的几种典型布置方式。单道多流程如图 8-5（a）

125

所示,流程数目越多,越接近于逆流传热,可以得到较大的传热平均温差,此外流程数目增多,空气流速增加,也有利于增强传热,不利的是会使流动阻力增加很多。单道单流程如图 8-5(b)所示,烟气与空气一次交叉流动,布置方式简单,空气通道截面大,流动阻力小,但其缺点是传热平均温差小。在大型锅炉中,为了得到较大的传热温差,又不使空气流速过大,可采用双道多流程 [图 8-5(c)],或单道多流程双股平行进风 [图 8-5(d)],甚至多道多流程[图 8-5(e)]。

7.2.3　回转式空气预热器

回转式空气预热器结构紧凑,消耗金属量少,可解决大型锅炉尾部受热面布置困难的问题,故在大型锅炉中得到广泛应用,通常 300 MW 及以上的机组就不再采用管式空气预热器。两者相比较,在同等容量下,回转式空气预热器的体积是管式空气预热器的 1/10,金属消耗量为 1/3;在同样的外界条件下,回转式空气预热器因受热面金属温度高,故低温腐蚀的危险较管式空气预热器轻些。回转式空气预热器的缺点是结构较复杂,漏风量较大,在状态良好时为 8%~10%,密封不良时可达 20%~30%。

回转式空气预热器按部件旋转方式可分为受热面回转式和风罩回转式两种。

1. 受热面回转式空气预热器

图 7-7 所示为 1 000 t/h 亚临界压力直流锅炉上所用的直径为 9.5 m 的受热面回转式空气预热器。其转子截面分为三部分:烟气流通部分、空气流通部分及密封区。转子截面的分配要达到尽量高的传热系数和受热面利用率,并要使通风阻力小,有效地防止漏风。由于锅炉中烟气的体积比空气的体积大,从技术经济上要求烟气的流通面积占转子流通面积的50% 左右,空气流通面积占 30%~40%,其余截面则为扇形板所遮盖的密封区。这样,烟气和空气的速度相近,通常为 8~12 m/s。

受热面回转式空气预热器的传热元件主要由波形板组成。高温段主要考虑强化传热,低温段着重防止腐蚀积灰,故波形板的形状和厚度都不同。高温段用 0.5~0.6 mm 厚的低碳钢板制成密形波形板;低温段用 0.5~1.2 mm 厚的低碳钢或低合金耐腐蚀钢板制成空隙大的波形板。低温段传热元件在需要更强的耐腐蚀性时,用陶瓷传热元件代替。波形板的形式对传热特性、气流阻力和积灰污染有很大影响。一般在 1 m³ 空间内要放置 300~400 m² 的传热元件。

当锅炉的一次风和二次风温度不同,则可将转子的空气通道分成两部分,分别与一次风、二次风通风道相接,称为三分仓回转式空气预热器,如图 7-7 所示。

从图 7-7 可见,这种空气预热器主要由轴、转子、外壳、传动装置和密封装置组成。电动机经减速器带动转子以 1.5~4 r/min 的转速转动。转子传动除了齿轮和销链方式外,也可采用无级调速液压装置。

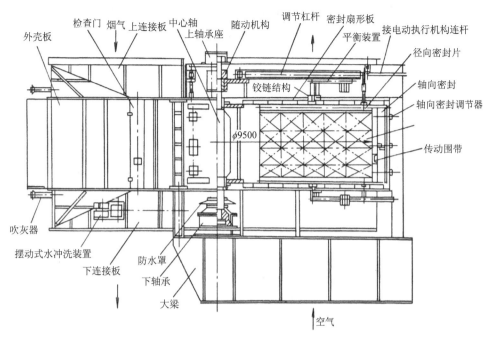

图 7-7　直径为 9.5 m 的受热面回转式空气预热器

受热面回转式空气预热器中,空气可从下列三个途径漏入烟气侧:

(1)由转子中的通道空间带入烟气侧,称为携带漏风,该漏风一般不会超过 1%;

(2)通过转子与外壳之间的间隙,沿转子周界进入到烟气侧;

(3)通过径向密封件漏入烟气侧。

以上(2)、(3)两项称为直接漏风,通常以第(3)项为主。

做好密封装置是减少回转式空气预热器漏风的重要环节之一。其密封装置通常包括轴向密封、径向密封和周向(环向)密封。

轴向密封由装在转子外周与径向隔板相对应的轴向密封片和装在外壳内侧密封区的弧形板组成。利用调节装置可使弧形板相对于转子做径向移动和转动。轴向密封的密封周界仅与转子高度有关,因此密封周长较短,调节点少,调整方便。

径向密封是转子端面与上、下端板密封区之间的密封,它由径向密封板和扇形密封板组成。转子直径大于 5 m 时,扇形密封板设有调节装置。

周向密封有中心轴周向密封(转子轮壳平面与上、下端板之间的密封)和转子外圆周向密封(烟、风道接口与转子两端面外周之间的密封)。为了减少沿转子周向的漏风量,在大型空气预热器中的热端采用挠性扇形板,形成一个柔性密封表面,它可形成一个接近于转子在热态下的轮廓曲线形状。外侧端的密封表面,在锅炉负荷改变时起追踪转子的作用。

2. 风罩回转式空气预热器

图 7-8 所示为风罩回转式空气预热器,它主要由定子、回转风罩和密封装置等组成。其优点是旋转部件的质量轻,特别是在大型空气预热器中可避免笨重受热面旋转时产生的受热面变形、轴弯曲等缺点。其可使用质量大、强度低但能防腐蚀的陶质受热面,但结构较复

杂。烟气在风罩外流经定子并加热受热面,空气在风罩内逆向流动,吸收受热面的蓄热。电动机经减速器使风罩以 0.75~1.4 r/min 的转速旋转。风罩与固定风道的接口为圆形,另一端罩在定子受热面上的 8 字形风口,上、下风罩结构相同,上、下两个 8 字形风口互相对准且同步回转,两风罩用穿过中心筒的轴连成一体。回转风道与固定风道之间有环形密封,与定子之间也有密封装置。平面密封是回转风罩与定子上、下端面之间的密封,因此两个端面的平行度和平整度要高,并正确控制密封框架压向定子的密封力,弹簧在支承密封框架重量和烟气压差后要能把密封块压紧。颈部密封是固定风道与回转风罩接口处的密封,动密封环和铸铁密封块的表面要求光滑,其间应留有一定的间隙,以保证在热胀和不同心时密封良好但又不会卡住。

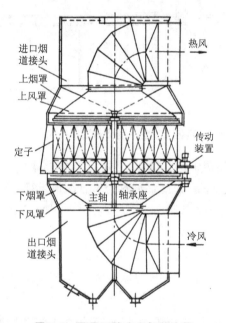

进口烟道接头
上烟罩
上风罩
定子
传动装置
下烟罩
下风罩
主轴 轴承座
出口烟道接头
热风
冷风

图 7-8　风罩回转式空气预热器

在定子整个截面上,烟气流通截面面积占 50%~60%,空气流通截面面积占 35%~45%,密封区占 5%~10%。当风罩每旋转一次,受热面进行两次吸热和放热。

风罩回转式空气预热器由于结构紧凑、质量轻,易于布置在锅炉的任何部位,故可用于各种布置形式的锅炉中。当热空气温度在 300~350 ℃以上时,可联合使用回转式及管式空气预热器,此时高温段采用管式,低温段采用回转式。

风罩回转式空气预热器存在的主要问题是漏风量大。管式空气预热器的漏风量一般不超过 5%,而风罩回转式空气预热器在设计良好时漏风量为 8%~10%,密封不好时可达 30% 或更高。由于空气的压力较大,故漏风主要是指空气漏入烟气中。

携带漏风部分由于风罩回转式空气预热器的转速不高,故其漏风量不大。密封漏风是由于空气侧与烟气侧之间的压差造成的,其漏风量和两侧压差的平方根成正比。其漏风量大的主要原因是转子、风罩和定子制造不良或受热变形,使漏风间隙增大。

风罩回转式空气预热器存在的另一个问题是受热面上易积灰,这是因为蓄热板间烟气通道狭窄的缘故。积灰不仅影响传热,而且增加流动阻力,严重时甚至会将气流通道堵死,影响预热器的正常运行。因此,在预热器受热元件的上、下两端都装有吹灰装置。吹灰介质通常采用过热蒸汽或压缩空气,如积灰严重,亦可采用压力水冲洗。

任务三　空气预热器的低温腐蚀与堵灰

【任务目标】

1. 熟悉空气预热器的低温腐蚀的机理。
2. 掌握预防和减轻低温腐蚀的措施。
3. 掌握空气预热器堵灰的机理。
4. 掌握减轻空气预热器转子堵灰的措施。

【导师导学】

对于电站锅炉而言,低温对流受热面烟气侧腐蚀主要发生在空气预热器的冷端。回转式空气预热器发生低温腐蚀,不仅使遭受腐蚀部分的传热元件表面的金属被锈蚀掉,而且还因其表面粗糙不平,且覆盖着疏松的腐蚀产物,而使流通截面减小,从而引起传热元件与烟气、空气之间的传热恶化,导致排烟温度升高,空气预热不足;同时,还会加剧受热面积灰,增加送、引风机电耗。若腐蚀情况严重,则须停炉检修。

由于空气预热器发生低温腐蚀会对锅炉造成很大危害,因此必须注意低温腐蚀的预防,则有必要先了解产生低温腐蚀的机理。

7.3.1　低温腐蚀的机理

燃料中的硫在燃烧后生成二氧化硫,其中有少量的二氧化硫又会进一步氧化而形成三氧化硫。三氧化硫和烟气中的水蒸气化合,会生成硫酸蒸气。当含有硫酸蒸气的烟气流过低温受热面时,如果受热面壁温低于硫酸蒸气的凝结温度,硫酸蒸气会在金属表面上凝结,从而对受热面金属造成腐蚀。

烟气中水蒸气开始凝结的温度称为水露点;烟气中硫酸蒸气开始凝结的温度称为酸露点或烟气露点。

水露点取决于水蒸气在烟气中的分压力,一般为 30~60 ℃,即使煤中水分很大时,水露点也不超过 66 ℃。一旦烟气中含有 SO_3 气体,则使烟气露点大大升高,如烟气中只要含有0.005%(50ppm)左右的 SO_3,烟气露点即可高达 130~150 ℃ 或以上。

129

7.3.2 预防和减轻低温腐蚀的措施

由上述分析可知,如使受热面壁温高于烟气露点,硫酸蒸气不能在金属表面凝结,也就不会发生腐蚀。对于回转式空气预热器,冷端传热元件的壁温可用下式近似计算:

$$t_b=0.5(t_{py}+t'_{ky})-5 \tag{7-1}$$

式中　　t_{py}——排烟温度,℃;

　　　　t'_{ky}——空气预热器进口空气温度,℃。

由式(7-1)可知,要提高壁温,就要提高排烟温度及冷空气温度,但提高排烟温度会使排烟热损失大为增加,从而降低锅炉的经济性,但提高空气预热器入口冷空气温度,以提高冷端受热面壁温则是可行的。因此,除锅炉设计时要选用适当的排烟温度外,主要采用提高空气预热器进口风温的方法来提高冷端金属壁温,具体方法有热风再循环和采用暖风器。

热风再循环是利用热风道与送风机的吸风管之间的差压,将空气预热器出口的热空气,经热风再循环管送一部分热风回到送风机的入口,以提高空气预热器的进口空气温度。热风再循环只宜将空气预热器进口的风温提高到 50~65 ℃,否则会使排烟温度升高和风机耗电量增加,使锅炉经济性下降。

采用暖风器是指在空气预热器进口风道上加装蒸汽空气热交换器,用预先加热空气的方法来提高空气预热器的进风温度。这种方法能将空气预热器入口风温提高到 75~80 ℃,而不会使锅炉经济性下降很多,因此这种方法为大容量锅炉所广泛采用,尤其是燃用含硫量较高的煤种。

暖风器实际上是一个表面式汽-汽热交换器,它利用抽汽或辅助蒸汽的热量来加热进入空气预热器的冷空气,使之达到所要求的温度。每台空气预热器装设一台暖风器,蒸汽在管内流动,冷空气在管外流动;蒸汽释放出热量后凝结成水,称为暖风器疏水。启动初期,疏水排入地沟;正常运行中,当暖风器疏水箱水位高于某一值时,疏水泵会自动启动,将疏水打入除氧器。冷风吸收热量后,温度可提高到 80 ℃左右,已能对预防低温腐蚀产生良好的效果。

采用暖风器可提高空气预热器进口风温,冷端传热元件的壁温也会升高,从而减轻低温腐蚀的程度,但它同样会使排烟温度升高,从而使锅炉效率降低。但由于正常运行时所用的加热蒸汽为汽轮机的抽汽,因此减少了汽轮机的冷源损失,循环热效率提高,可部分补偿锅炉效率降低的损失。增加暖风器会增加空气侧流动阻力,使送风机的电耗有所增加。

7.3.3 空气预热器堵灰的机理

当空气预热器换热元件壁温低于酸露点时,酸液凝结,引起飞灰黏附,导致换热元件堵塞,即为堵灰。

空气预热器堵灰的产生,主要是由于烟气中的硫酸蒸气凝结在传热面上,产生低温腐蚀所致。腐蚀引起积灰,积灰加剧腐蚀,最后导致堵灰。在空气预热器中,沿烟气流动方向,换热元件壁温逐渐降低。当壁温低于烟气露点 20~45 ℃时,腐蚀速度达到最大值。当壁温下降至水露点时,则有大量的水蒸气和稀硫酸液凝结,此时烟气中的 SO_2 溶解于水膜中形成亚硫酸液,使金属的腐蚀剧烈增加。

空气预热器换热元件壁温较少低于水露点。为防止产生严重的低温腐蚀,必须避开烟气露点以下的严重腐蚀区。

应该强调指出的是,发生在空气预热器受热面上的积灰与低温腐蚀是相互促进的。由于空气预热器的传热元件布置较紧密,烟气中的飞灰易沉积在受热面上,受热面上积灰后会吸收水分和 SO_3 气体以及其他腐蚀性气体,使受热面的腐蚀速度加快。而水蒸气和硫酸蒸气的凝结,不仅造成受热面的腐蚀,同时潮湿的波纹板表面能吸附烟气中更多的飞灰,形成低温黏结性积灰,使受热面的积灰程度加剧。此外,低温受热面积压将造成金属壁温更低,硫酸蒸气能透过灰层扩散到金属壁上,形成硫酸,沉积物与硫酸液起化学变化,会在空气预热器上形成复合硫酸铁盐为基质的水泥状物质,更难清除。

7.3.4　减轻空气预热器转子堵灰的措施

空气预热器的低温腐蚀往往伴随着冷段堵灰,产生的原因主要是由于冷段温度较低,容易产生结露,形成弱酸后对材料进行腐蚀并黏结灰,从而形成低温腐蚀。冷端腐蚀发生的概率随着燃料含硫量的升高而升高。

防止空气预热器低温腐蚀和堵灰有以下几个措施。

(1)选取合理的空气预热器冷段平均温度。冷段平均温度的选择,既要考虑到锅炉的经济性,又要考虑到锅炉运行的安全性。

(2)选取合理的冷段蓄热元件板型及材料。空气预热器的腐蚀和堵灰往往发生在空气预热器的冷段,冷段板型及材料的选取充分考虑了空气预热器的防结露、抗腐蚀以及堵灰性。豪顿华空气预热器冷段蓄热元件采用大波纹的 NF6 板型,烟气在通过冷段蓄热元件时是以层流形式流动的,使得蓄热元件不易积灰;同时,冷端传热元件的材料采用低合金耐腐蚀材料,对防止低温腐蚀和堵灰都有着非常大的作用。

(3)提高流经转子的烟气流速及空气流速。提高烟气流速及空气流速可以减轻积灰,但会加剧磨损和增大流动阻力损失。这是因为烟气流速高,在波纹板上不易积灰,而提高烟气及空气的流速,还能增强自吹灰能力。为了使积灰不过分严重,对回转式空气预热器,在锅炉最大连续蒸发量下,烟气流速一般不小于 8~9 m/s,空气流速不小于 6~8 m/s。

(4)提高空气预热器传热元件的壁温,以防止结露。干燥的壁面有利于改善积灰的情况,但会降低锅炉的效率。

(5)装设高效吹灰装置,并定期进行吹灰。

(6)空气预热器设置有效的清洗装置。当空气预热器蓄热元件上的积灰不能用吹灰的方法除去时,必须对空气预热器进行清洗。

(7)加强运行监视。运行中应加强对空气预热器出、入口的一、二次风及烟气差压的监视,特别是在冬季气温急剧下降时更应注意。此时,如果暖风器运行不正常或调整不当,很容易发生空气预热器冷端低温腐蚀及预热器堵塞。当发现空气预热器出、入口的一、二次风及烟气差压异常时,应加强调整,采取加强吹灰等措施。如采取措施后仍不见好转,确认为冷端受热面薄板有可能被腐蚀并开始积灰时,应利用停机的机会及时对冷端受热面进行更换,以确保受热面清洁,防止堵灰加剧。

【项目小结】

1. 省煤器结构和布置特点。
2. 空气预热器的工作原理、结构和布置特点。
3. 预防和减轻低温腐蚀和转子堵灰的措施。

【课后练习】

一、名词解释

1. 省煤器。
2. 低温腐蚀。

二、简答题

1. 省煤器和空气预热器的作用及采用的意义分别是什么?分别布置在锅炉的什么位置?
2. 省煤器和空气预热器分别有哪些类型?现代大型锅炉较多采用哪种类型?
3. 读图 7-4,说明图中各编号的名称。说明省煤器再循环管连接在什么位置?起什么作用?
4. 在什么情况下空气预热器需要采用双级布置?
5. 热风再循环管连接在什么地方?暖风器布置在什么位置?起什么作用?
6. 烟气流速与管壁磨损程度有何关系?为减轻管壁磨损可采取哪些方法?
7. 何谓锅炉的低温腐蚀?为减轻低温腐蚀可采取哪些方法?
8. 简述低温腐蚀的机理。
9. 在锅炉运行时要注意省煤器的什么问题?

【总结评价】

1. 谈一谈你学习完本章内容的体会。
2. 谈一谈在完成项目学习的过程中,你和你所在小组的收获、不足和有待改进提高的地方。
3. 结合学习的实际情况,就防止积灰、磨损与腐蚀采取的措施进行阐述。

项目八　除尘、除灰设备及脱硫、脱硝技术

【项目目标】

1. 熟悉除尘、除灰的意义。

2. 掌握除尘器的作用。

3. 掌握除灰的方式。

4. 了解除灰系统及设备使用。

5. 掌握脱硫技术的种类。

6. 熟悉脱硝技术的原理及其流程。

【技能目标】

能正确描述除尘器的作用、除灰的方式、脱硫工艺和脱硝工艺。

【项目描述】

本项目要求学生能系统认识除尘器、除灰系统和设备、脱硫技术及脱硝技术。

【项目分解】

项目八 除尘、除灰设备及脱硫、脱硝技术	任务一　除尘设备	8.1.1　除尘的意义
		8.1.2　除尘器
	任务二　除灰系统及设备	8.2.1　水力除灰系统
		8.2.2　气力除灰系统
		8.2.3　锅炉出渣系统
	任务三　脱硫及脱硝技术	8.3.1　脱硫技术
		8.3.2　脱硝技术

133

任务一　除尘设备

【任务目标】

1. 熟悉除尘的意义。

2. 掌握除尘器的作用。

【导师导学】

8.1.1 除尘的意义

煤中的灰分是不可燃的物质,煤在燃烧过程中经过一系列的物理化学变化,灰分颗粒在高温下部分或全部熔化,熔化的灰粒相互黏结形成灰渣,被烟气从燃烧室带出,凝固的细灰及尚未完全燃烧的固体可燃物就是飞灰。一座 600 MW 的燃煤电厂,每天排放数千吨的灰渣以及相当数量的二氧化硫(SO_2)、氮氧化物(NO_x)等气态污染物。其中,粉尘、烟雾和二氧化硫、氮氧化物构成了燃料燃烧时对环境的四大污染。粉尘会使锅炉受热面积灰,影响热交换,烟气中含有微小颗粒会对锅炉受热面、烟道、引风机造成磨损,缩短其使用寿命,增加维修工作量。粉尘落入周围工矿企业不但会加速机件磨损,而且还可能导致产品质量下降,尤其对炼油、食品、造纸、纺织和电子元件等工业产品影响更大;粉尘落到电气设备上可能发生短路,引起事故。

为保护我们的生存环境,实现电力工业的可持续发展,就必须对燃煤电厂和其他工业企业的烟气和粉尘等污染物进行处理,以达到排放标准。目前,对烟气的处理方法主要是除尘、脱硫和发电机组低 NO_x 燃烧技术。除尘是指在炉外加装各类除尘设备,净化烟气,减少排放到大气的粉尘,它是当前控制排尘量达到允许程度的主要方法。

8.1.2 除尘器

1. 除尘器的作用

火力发电厂锅炉都装有除尘器,其作用是将飞灰从烟气中分离并清除出去,减少它对环境的污染,并防止引风机的急剧磨损。

2. 除尘器的类型

火力发电厂的除尘器按工作原理不同可分为机械式除尘器和电除尘器两大类,机械式除尘器又可分为干式除尘器和湿式除尘器两种。

1)干式除尘器

干式除尘器是利用机械方法改变烟气流动的方向产生的惯性力,将灰粒分离而使烟气净化,常用的是旋风除尘器。

旋风除尘器的工作原理如图 8-1 所示。使含尘烟气切向进入旋风除尘器,旋转向下运动,然后转弯向上从中心流出。在旋转过程中,由于离心力把一部分飞灰分离并甩到圆筒内壁上,再靠灰粒自身重力落下,当烟气转弯向上时,由于惯性力又有一部分灰粒从气流中分离出来。由于气流旋转和引风机的抽吸,在旋风筒中心产生负压,使运动到筒体底部的已净化的烟气改变流向,沿筒体的轴心部位形成上旋气流,并从除尘器上部的排气管排出。

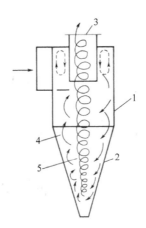

图 8-1　旋风除尘器的工作原理

1—筒体；2—锥体；3—排出管；4—外涡旋；5—内涡旋

旋风除尘器结构简单、管理方便、投资少、耗电量小、处理烟气量大、除尘效率高，被广泛应用于供热锅炉烟气除尘。

2）湿式除尘器

湿式除尘器是利用水膜粘住或吸附烟气中的灰粒，或用喷雾的水使灰粒凝聚随水清洗下来，常用的有离心式水膜除尘器、文丘里湿式除尘器等。这类除尘器耗水量较大，在我国的缺水地区不适用。

3）电除尘器

电除尘器的基本工作原理是在两个曲率半径相差较大的金属阳极和阴极（一对电极）上通以高压直流电，维持一个足以使气体电离的静电场，使气体电离后所产生的电子、阴离子和阳离子吸附在通过电场的粉尘上，从而使粉尘获得电荷（粉尘荷电），荷电粉尘在电场的作用下便向与其电极极性相反的电极运动，并沉积在电极上，以达到粉尘和气体分离的目的。电极上的积灰经振打、卸灰清出本体外，再经过输灰系统（有气力输灰和水力输灰）输送到灰场或者便于利用存储的装置中去。净化后的气体便从所配的烟筒中排出，扩散到大气中。电除尘器的工作原理可简单地概括为以下四个过程：①气体的电离；②粉尘获得离子而成为荷电粉尘；③荷电粉尘（的捕集）向电极运动而收尘；④振打清灰。

电除尘器由两部分构成：一部分是电除尘器本体，烟气通过这一装置完成净化过程，主要由放电极（电晕极、负极或阴极）、集尘极（正极或阳极）、槽板、清灰设备、外壳、进出口烟箱、储灰系统等部件组成；另一部分是产生高压直流电装置和低压控制装置，将 380 V，50 Hz 的交流电转换成 60 kV 的直流电供除尘器使用，主要由高压变压器、绝缘子和绝缘子室、整流装置、控制装置等组成。S3 F-220 电除尘器的结构如图 8-2 所示。

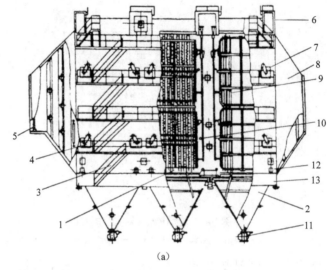

(a)

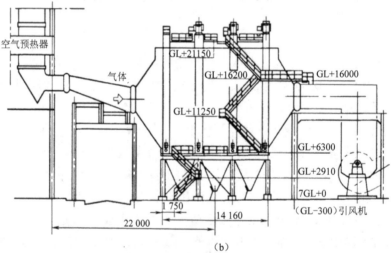

(b)

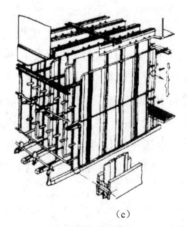

(c)

图 8-2　S3 F-220 电除尘器的结构总图

（a）电除尘器的简图　（b）电除尘器布置图　（c）工作原理示意图

1—正极板（集尘极板）；2—灰斗；3—梯子平台；4—正极振打装置；5—进气烟箱；6—顶盖；7—负极振打传动装置；
8—出气烟箱；9—星形负极线；10—负极振打装置；11—卸灰装置；12—正极振打传动装置；13—底盘

电除尘器与其他类型除尘器相比有如下优点。

（1）除尘效率高，能有效地清除超细粉尘粒子，达到很高的净化程度。一般电除尘器最小可收集到百分之一微米级的微细粉尘，而其他类型的除尘器对此则无能为力。电除尘器还可以根据不同的效率要求，使其设计效率达到99.5%甚至更高。

（2）能处理大流量、高温、高压或有腐蚀性的气体。

（3）电耗小，运行费用低，由于电除尘器对含尘气体的粉尘的捕集作用力直接作用于粒子本身，而不是作用于含尘气体，因此气流速度低，所受阻力小，当烟气经过除尘器时，其阻力损失小，相应地引风机的耗电量就小。

（4）维修简单，费用低，一台良好的电除尘器的大修周期比锅炉长，日常维护简单，更换的零部件少。

电除尘器与其他类型除尘器相比也存在如下缺点。

（1）占地面积大，一次性投资大。

（2）对各类不同性质的粉尘，电除尘器的捕集效果是不相同的，它一般所适应的粉尘比电阻范围为 $10^4 \sim 5 \times 10^{10}$ Ω/cm。

（3）对运行人员的操作水平要求比较高。与其他类型的除尘器相比较，电除尘器的结构较为复杂，要求操作人员对其原理和构造要有一定的了解，并且要有正确维护和独立排除故障的能力。

（4）钢材的消耗量大，尤其是薄钢板的消耗量大。例如，一台四电场240 m² 的卧式电除尘器，其钢材耗量达 1 000 t 以上。

电除尘器按不同的分类方法可分出不同的类型。

（1）按电除尘器对尘粒的处理方法，可分为干式和湿式两种类型。烟气中的尘粒以干燥的方式被捕集在电除尘器的收尘极板上，然后通过机械振打的方式从极板上振落下来的，称为干式；在电除尘器收尘极板的表面形成一层水膜，被捕集到极板上的尘粒通过这层水膜的冲洗而被清除的，称为湿式。

（2）按烟气在电除尘器内部的流动方向，可分为立式和卧式两种类型。气体在电除尘器中自下而上运动的称为立式，一般用于气体流量小、粉尘性质便于捕集、效率要求不高的场合；气体在电除尘器中沿水平方向流动的称为卧式。

（3）按电除尘器内部收尘极的结构，可分为管式和板式两种类型。收尘极是由一根根截面呈圆环形、六角环形或方环形的钢管构成，放电极安装于管子中心，含尘气体自下而上地通过这些管内的电除尘器，称为管式结构；收尘极是板状，为了减少粉尘的二次飞扬和提高刚度，通常把断面做成各种形状，如 C 形、Z 形、波浪形等，称为板式结构。

（4）按收尘极与放电极在除尘器内部的匹配形式，可分为单区式和双区式两种类型。粉尘粒子的荷电和捕集是在同一个区域内进行的，电晕极和收尘极都装在这个区域内，称式单区式；粉尘的荷电和捕集分别在两个结构不同的区域内进行，第一个区域内安装电晕极，第二个区域内安装收尘极，称为双区式。

近年来，电除尘器的发展很迅速，在我国的电力系统，特别是大型机组不断投运的背景

137

下,电除尘器以其特有的优势已成为防止机组粉尘污染的一种重要手段。随着环境保护要求的日益加强,电除尘器的发展将更加迅速,应用范围也更加广泛,其性能、构造也将更进一步地完善。

任务二　除灰系统及设备

【任务目标】

1. 掌握除灰方式。
2. 了解除灰系统及设备使用。

【导师导学】

在燃煤电厂中,灰渣是由煤燃烧后的不可燃部分变成的。锅炉按排渣形态的不同,一般可分为固态排渣炉和液态排渣炉两种。从锅炉中排出的灰渣包括炉膛冷灰斗的灰渣及省煤器灰斗、空气预热器灰斗、除尘器捕集到的粗灰和细灰。对煤粉炉而言,炉底冷灰斗的灰渣占 5%~15%,省煤器灰斗的灰占 2%~5%,空气预热器灰斗的灰占 1%~2%,除尘器捕集到的灰占 92%~98%,如图 8-3 所示。

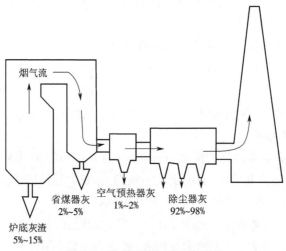

图 8-3　燃煤锅炉灰渣分布概况

发电厂收集、处理和输送灰渣的设备、管道及其附件构成发电厂的除灰系统。除灰方式有三种:水力除灰、气力除灰和机械除灰。具体选择何种除灰方式,一般是根据灰渣综合利用的要求、水量多少以及储灰场的距离来确定,如采用一种方式不能满足除灰要求,就需要采用两种除灰方式联合的除灰系统。

8.2.1　水力除灰系统

水力除灰是燃煤发电厂灰渣输送的一种典型方式,它是以水为介质,通过部分设备、管道完成灰渣输送。水力除灰是一种常用的输灰方式,在火力发电厂中占有相当大的应用比例。我国在水力除灰方面已积累了大量的试验研究和改进成果,并在采用高浓度水力除灰技术和高浓度效教除灰技术、冲灰水回收利用技术、管阀防磨防垢技术等方面都取得了成功和可靠的运行检修维护经验。

水力除灰对输送不同的灰渣适应性强,各个系统设备结构简单、成熟,运行安全可靠,操作检修维护简单,灰渣在输送过程中不易扬散,且有利于环境清洁,从而能够实现灰浆远距离输送。

但是,水力除灰方式存在以下缺点。

(1)不利于灰渣综合利用。灰渣与水混合后,将失去松散性能,灰渣所含的氧化钙、氧化硅等物质也要发生变化,活性将降低。

(2)灰浆中的氧化钙含量较高时,易在灰管内壁结垢,堵塞灰管,而且不易清除。

(3)耗水量较大。

(4)冲灰水与灰混合后一般呈碱性,pH 值超过工业"三废"的排放标准。

由于近年来水资源的严重短缺,故使用水量较大的水力除灰的发展受到了极大的限制。

在我国现有电厂的水力除灰系统中,尤其是南方水源充足,多数采用灰水比为 1∶15 的低浓度输灰系统,而北方由于水资源缺乏,目前一些电厂采用灰水比为 1∶1~1∶25 的高浓度输灰系统。油隔离泵、水隔离泵和柱塞泵为高浓度输灰系统的主要设备。为了节约用水,许多缺水地区的电厂还采用浓缩池,将回收的废水用在除尘器中,使除灰系统耗水量大大降低。水力除灰系统的基本组成及流程如图 8-4 所示。

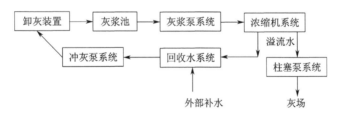

图 8-4　水力除灰系统的基本组成及流程

水力除灰系统一般由以下几个系统中的几个或全部组成。

(1)卸灰装置,借助于某一设计,水力水流装置或搅拌装置将飞灰与水充分混合,并送入输灰管道或灰沟内,其供料装置设在系统的始端、灰斗的底部。

(2)冲灰泵系统,供料装置的冲灰动力源。

(3)灰浆泵系统,用来将供料装置排出的灰浆通过设备系统输送到浓缩机,一般由灰浆泵、管道、阀门等组成。

(4)浓缩机系统,用来将灰浆泵输送到的灰浆进行沉淀浓缩,使灰浆中的大部分水分离出来,并将浓缩后的高浓度灰浆排到远距离输送系统。

（5）回收水系统，一方面为供料装置提供水力动力源，另一方面将浓缩机分离出来的水进行循环利用。

（6）远距离输送动力装置（柱塞泵系统），用来将浓缩机浓缩后的灰浆进行增压输送的设备系统，一般采用柱塞泵或渣浆泵多级提升。该装置布置在输送系统的终端。

（7）输灰管，输送介质的管道阀门装置及其附件等。

在水力除灰系统中，低浓度水力除灰系统比较简单，设备少；高浓度水力除灰系统设备较多，相对复杂些。

锅炉内部除灰系统的主要设备有捞渣机、碎渣机以及喷射泵，外部除灰系统的主要设备有灰浆泵、回水泵（渣水回收泵、灰水回收泵）、浓缩池、搅拌槽或湿式搅拌机、容积泵（包括水隔离泵、油隔离泵、柱塞泵）、箱式冲灰器等。

图 8-5 所示是我国采用较多的灰渣泵水力除灰系统。在这种系统中，锅炉排出的渣在灰渣室经碎渣机破碎成碎渣，连同冲灰器排出的细灰沿倾斜的灰沟被激流喷嘴的水冲入灰渣池。灰渣池中的灰水混合物通过灰渣泵增压后，由压力输灰管道送往灰场。每吨灰耗水量为 15~16 t（即灰水比为 15~16）或更大，耗电量为 15~20 kW·h，输送距离为 1.5~2 km，超过此距离还需要装设第二级灰渣泵，也就是以泵两级串联运行方式将灰送到灰场。

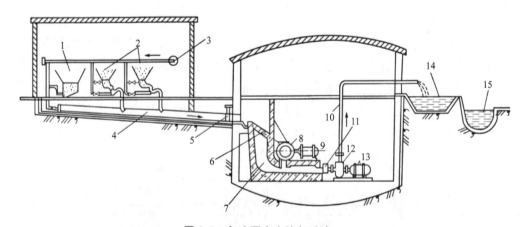

图 8-5　灰渣泵水力除灰系统

1—渣斗；2—灰斗；3—清水供给管；4—灰沟；5—提升式闸门；6—栅格；7—澄清池；8—渣机；
9、13—电动机；10—灰管；11—铁质分离器；12—灰渣泵；14—灰场；15—河流

当电厂附近的灰场较小或没有灰场时，可以先用灰渣泵将灰渣送到沉灰池沉淀，然后用抓灰机把沉淀后的灰渣抓出，再用轮船或者火车运走。

8.2.2　气力除灰系统

气力除灰是一种以空气为载体，借助某种压力（正压或负压）设备和管道系统对粉状物料进行输送的方式。燃煤电厂的除灰系统是一种比较先进、经济、环保的系统。20 世纪 80 年代以后，我国在一些大型电厂相继开始引进各类气力除灰设备和相关技术。特别是近十多年来，由于环保、水资源等的要求和限制，我国极力倡导和推进这一技术的发展和应用，使

得气力除灰在电力系统已逐渐成为一种趋势和强制要求,这就进一步促进了国内气力除灰技术的发展。

气力除灰在环保、节约水资源、实现自动控制等方面与传统的水力输灰及常规机械输灰方式相比有着无可比拟的优越性,但也存在以下不足。

(1)由于气力除灰是以空气为载体,物料在系统中的流动速度相对较快,摩擦较大,这样某些设备及部件的耐磨性能难以满足工况要求,影响单纯运行的可靠性。

(2)粗大的颗粒、黏滞性粉体及潮湿粉体不宜使用气力输送,输送距离和输送量受到一定的限制。

气力除灰系统又可分为正压和负压两种系统,这里以正压除灰系统为例说明其工作过程。图 8-6 所示为正压气力除灰系统的下引式仓泵结构,灰斗中的灰定期排入仓泵,灰在仓泵中达到一定高度后,开启压缩空气阀门,压缩空气进入仓泵上部,再经冲灰压缩空气管引入仓泵下部进行除灰。从仓泵中吹出的灰沿输灰管直接送往目的地,以作灰渣综合利用。

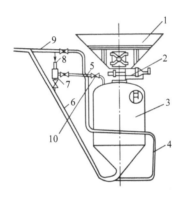

图 8-6 正压气力除灰系统的下引式仓泵结构

1—灰斗;2—锥形阀;3—仓泵;4—冲灰压缩空气管;5—压灰空气管;6—输灰管;
7—滤水管;8—压缩空气总管;9—冲洗压缩空气管;10—压灰空气门

8.2.3 锅炉除渣系统

燃煤发电机组的除渣系统一般可分为水力除渣和机械除渣两种。水力除渣系统具有对输送不同的灰渣适应性强、运行安全可靠、操作维护简便、技术成熟等特点,并且在输送过程中灰渣不会扬散,是一种传统的、成熟的灰渣输送形式,大多数电厂均采用这种方式。但是,随着现代电厂容量的增加、环保要求的提高以及水资源的日益匮乏,这种方式在新电厂的采用越来越少。

水力除渣是以水为介质进行灰渣输送的,其系统由排渣、冲渣、碎渣、输送的设备以及输渣管道组成。机械除渣是由捞渣机、埋刮板机、斗轮提升机、渣仓和自卸运输汽车等机械设备组成。

水力除渣主要存在的问题有以下三个。

(1)水力除渣的耗水量比较大,每输送 1 t 渣需要消耗 10~15 t 的水,运行很不经济。

（2）灰渣中的氧化钙含量较高，容易在灰管内结垢，堵塞灰管，难以清除。

（3）除灰水与灰渣混合多呈碱性，其 pH 值超过工业"三废"的排放标准，则不允许随便从灰场向外排放。不论采取回收还是采取处理措施，都需要很高的设备投资和运行费用。

与水力除渣形式相比，机械除渣形式有以下特点和优势。

（1）机械除渣不需要水力除渣用的自流沟，地下设施（沟、管、喷嘴）简化。

（2）机械除渣对渣的处理比较简单，可减少向外排放的困难，输送方便，有利于渣的综合利用。

（3）机械除渣不存在冲灰水的排放回收等问题。

正因为以上优势，现在新建电厂除渣形式越来越多地采用机械固态排渣设计，这也是现代燃煤发电机组灰渣输送的发展趋势。

现代大型锅炉多采用连续除渣方式，如图 8-7 所示。其工作过程是炉膛内的灰渣落入冷灰斗后进入排渣槽，渣槽水深 1 500 mm，可兼作炉底水封；落入渣槽的灰渣被迅速冷却而易碎，并由设置在渣槽中的刮板式捞渣机连续将灰渣刮出，在通过渣槽斜坡时灰渣脱水，落到碎渣机中，渣块经碎渣机粉碎后直接掉入灰渣沟，与激流喷嘴来的冲灰水混合，并被冲至灰渣泵的缓冲池内，再由灰渣泵通过灰管送至储渣场或综合利用系统。这种除渣方式能连续运行，消耗水量少，可根据炉渣量的多少决定链条转速，电耗低，适用于远距离输送；但炉底结构复杂，维护工作量大。

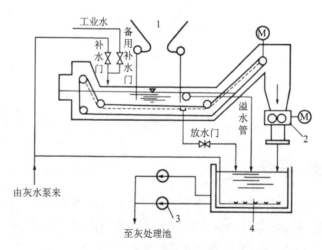

图 8-7　连续除渣排渣槽装置
1—炉底排渣口；2—碎渣机；3—灰渣泵；4—炉底灰渣池

任务三　脱硫及脱硝技术

【任务目标】

1. 掌握脱硫技术的原理。

2. 熟悉不同脱硫技术之间的区别。

【导师导学】

燃烧产物中的粉尘和 SO_2、NO_x 等有害气体首先对锅炉本身产生不利影响,烟气中大量的有害气体(如 SO_2)还会限制排烟温度,增加排烟损失,降低锅炉效率。燃煤产生的 SO_2、NO_x 会在一定物化条件下形成酸雨,造成金属腐蚀和房屋建筑结构破坏;大气中的 NO_x 则会产生光化学烟雾,危害人体健康和动植物生长,对大气环境及生态平衡造成严重影响。

8.3.1　脱硫技术

烟气脱硫技术按脱硫剂及脱硫反应产物的状态,可分为湿法、干法及半干法三大类。

1. 湿法脱硫工艺

世界各国的湿法烟气脱硫工艺流程、形式和机理大同小异,主要是以碱性溶液为脱硫剂吸收烟气中的 SO_2。这种工艺已有 50 多年的历史,经过不断地改进和完善后,技术成熟,而且具有脱硫效率高(90%~98%)、机组容量大、钙硫比低、煤种适应性强、运行费用较低和副产品易回收等优点。但其工艺流程复杂、占地面积大、投资大,需要烟气再热装置,脱硫产物为湿态,且普遍存在腐蚀严重、运行维护费用高及造成二次污染等问题。

湿法脱硫工艺是世界上应用最多的脱硫技术,占脱硫总装机容量的 83.02%。据美国环保局(EPA)的统计资料,全美火力资电厂采用的湿法脱硫装置中,石灰石/石灰-石膏湿法占 87%,双碱法占 4.1%,碳酸钠法占 3.1%。目前,湿法脱硫工艺占据 80% 以上的烟气脱硫(FGD)市场。

湿法脱硫工艺主要有石灰石/石灰-石膏法、海水法、双碱法、亚钠循环法、氧化镁法等。

湿法工艺包括许多不同类型的工艺流程,使用最多的是石灰石/石灰-石膏湿法工艺,约占全部 FGD 安装容量的 70%,根据吸收塔形式不同又可分为逆流喷淋塔、顺流填料塔和喷射鼓泡反应器三类,常用的为逆流喷淋塔形式湿法脱硫工艺,其工艺流程如图 8-8 所示。

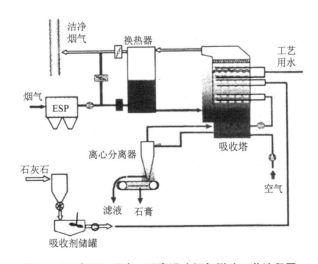

图 8-8　石灰石／石灰 - 石膏湿法烟气脱硫工艺流程图

从除尘器出来的烟气经气-气换热器降温后进入 FGD 吸收塔,在吸收塔内烟气和喷淋下的石灰石粉悬浮液充分接触,SO_2 与浆液中的碱性物质发生化学反应被吸收。新鲜的石灰石浆液不断加入吸收塔中,洗涤后的烟气通过除雾器再经气-气换热器升温后由烟囱引至高空排放。吸收塔底部的脱硫产物由排液泵抽出,送去脱水或做进一步处理。

该工艺的主要缺点是基建投资费用高、占地多、耗水量大、脱硫副产物为湿态,且脱硫产生的废水需处理后再排放。但由于该工艺技术成熟、性能可靠、脱硫效率高、脱硫剂利用率高,且以最常见的石灰石作脱硫剂,其资源丰富、价格低廉,加上脱硫副产品石膏有较高的回收利用价值,因此很适合在中、高硫煤(含硫量≥1.5%)地区使用。

2. 干法脱硫工艺

工法脱硫工艺用于电厂烟气脱硫始于 20 世纪 80 年代初,它使用固相粉状或粒状吸收剂、吸附剂或催化剂,在无液相介入的完全干燥的状态下与 SO_2 反应,并在干态下处理或再生脱硫剂。其脱硫产物为干态,工艺流程相对简单、投资费用低,烟气在脱硫过程中无明显降湿,有利于排放后扩散,且无废液等二次污染,设备不易腐蚀、不易发生结垢及堵塞。但其要求钙硫比高,反应速度慢,脱硫效率及脱硫剂利用率低,飞灰与脱硫产物相混可能影响综合利用,且对干燥过程控制要求很高。

干法脱硫工艺主要有荷电干法吸收剂喷射脱硫法、电子束照射法和吸附法等。

3. 半干法脱硫工艺

半干法脱硫工艺融合了湿法和干法脱硫工艺的优点,具有广阔的应用前景。它利用热烟气使 Ca(OH)$_2$ 吸收烟气中的 SO_2,在反应生成 $CaSO_3 \cdot 0.5H_2O$ 的同时进行干燥过程,使最终产物为干粉状。该工艺通常配合袋式除尘器使用,能提高 10%~15% 的脱硫效率。

半干法脱硫工艺主要有喷雾干燥法、增湿灰循环法和循环流化床法等。

1)喷雾干燥脱硫技术

喷雾干燥脱硫技术从 20 世纪 20 年代开始就被许多工业部门应用,但直到 70 年代才在电厂烟气脱硫系统中得到应用,成为控制 SO_2 排放的一种重要工艺,其工艺流程如图 8-9 所示。

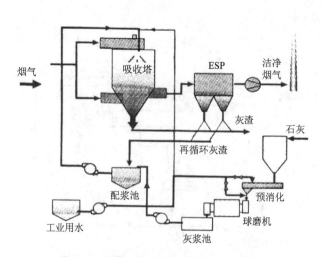

图 8-9 喷雾干燥法烟气脱硫工艺流程图

该工艺以石灰作为脱硫剂,首先把石灰消化制成消石灰浆,消石灰浆液经旋转喷雾装置或两相流喷嘴雾化成非常细的液滴,在吸收塔内与处理的烟气充分混合,再通过气液传质,使烟气中的 SO_2 与脱硫剂反应生成 $CaSO_3$ 而被除去,粉末状的脱硫副产物随烟气一起排出,由下游的除尘器收集,收集的固体灰渣一部分排入配浆池循环利用,一部分外排,净化后的烟气由引风机引至烟囱排放。

与石灰石 / 石灰 - 石膏湿法工艺相比,该工艺投资费用低、能耗小、脱硫产物呈干态,便于处理,一般用于燃用中、低硫煤(含硫量为 1.0%~2.5%)的电厂烟气脱硫系统,在钙硫比为 1.1~1.6 时,脱硫效率可达 80%~90%。其主要缺点是利用消石灰浆液作脱硫剂,系统较易结垢和堵塞,而且需要专门设备进行脱硫剂的制备,雾化装置容易磨损,脱硫效率和脱硫剂利用率也不如石灰石 / 石灰 - 石膏湿法工艺高。该工艺目前已基本成熟,在欧洲应用较多,法国、奥地利、丹麦、瑞典、芬兰等国家均建有这种设备。

2)炉内喷钙,炉后增湿活化工艺

炉内喷钙脱硫技术早在 20 世纪 50 年代中期就已开始研究,但由于脱硫效率不高(只有 15%~40%)、钙利用率低(15%)而被搁置,到 70 年代又开始重新研究。20 世纪 80 年代初,芬兰的 Tampella 动力公司以炉内喷钙为基础,开发了附加尾部增湿活化的烟气脱硫工艺,即炉内喷钙 - 炉后增湿活化工艺(LIFAC),使脱硫效率和脱硫剂利用率都有了较大提高,其工艺流程如图 8-10 所示。

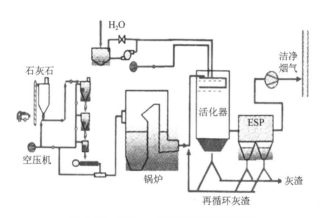

图 8-10　LIFAC 烟气脱硫工艺流程图

该工艺与炉内喷射工艺的区别关键在于把简单的烟道增湿过程改造为气、固、液三相接触的增湿活化塔,以增加脱硫剂与烟气的接触时间并改善反应条件,同时采用脱硫灰再循环以提高脱硫剂的利用率。该工艺设备简单、占地面积小、安装工期短、投资和运行费用较低;缺点是需要改动锅炉炉膛且要损失部分热能,脱硫效率难以达到 80% 以上。这种工艺适用于燃用中、低硫煤(含硫量为 1.0%~2.5%)的现有锅炉脱硫改造。

3)循环流化床烟气脱硫工艺

循环流化床烟气脱硫(CFB-FGD)工艺以循环流化床原理为基础,通过脱硫剂的多次再循环,延长脱硫剂与烟气的接触时间,大大提高了脱硫剂的利用率,其工艺流程如图 8-11

所示。

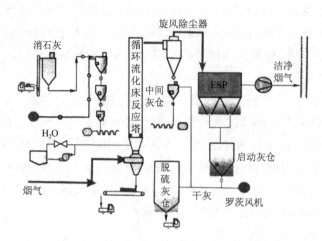

图 8-11　循环流化床烟气脱硫工艺流程图

锅炉烟气进入脱硫塔底部的文丘里管状入口段,在此烟气被加速并均匀分布于塔内,同时在此处加入适量的脱硫剂和雾化水。由于流化床反应塔内呈流化状态,气、固相互运动剧烈、混合均匀,烟气中的 SO_2 与脱硫剂快速反应,大部分 SO_2 及其他酸性气体被脱除。脱硫后的反应物连同飞灰及未反应的脱硫剂被烟气携带进入返料除尘器,除尘器分离下的固体产物一部分返回塔内循环利用,另一部分外排,净化后的烟气由引风机排至烟囱实现达标排放。

该法的主要优点是脱硫剂反应停留时间长,对锅炉负荷变化适应性强;由于床料有98% 参与循环,脱硫剂在反应器内停留时间累计可达 30 min 以上,提高了脱硫剂利用率。目前,循环流化床烟气脱硫工艺只在中、小规模电厂锅炉上得到应用,尚缺乏大型化的应用实例。

4. 脱硫工艺比较

目前,在我国已有石灰石／石灰 - 石膏湿法、循环流化床法、海水脱硫法、脱硫除尘一体化法、半干法、旋转喷雾干燥法、炉内喷钙炉后增湿活化法、活性炭吸附法、电子束法等十多种烟气脱硫工艺技术得到应用。在火电厂大、中容量机组上得到广泛应用并继续发展的主流脱硫工艺有 4 种:石灰石／石灰 - 石膏湿法脱硫工艺(WFGD)、喷雾干燥脱硫工艺(LSD)、炉内喷钙炉后增湿活化脱硫工艺(LIFAC)和循环流化床烟气脱硫工艺(CFB-FGD)。这四种烟气脱硫工艺技术指标见表 8-1。

表 8-1　四种烟气脱硫工艺技术指标

工艺	石灰石／石灰 - 石膏湿法	喷雾干燥法	炉内喷钙炉后增湿活化法	循环流化床法
适用煤种含硫量	>1.5%	1%~3%	<2%	低、中、高硫均可
钙硫比	1.1~1.2	1.5~2	<2.5	1.2 左右
脱硫效率	>90%	80%~90%	60%~80%	>85%

工艺	石灰石/石灰-石膏湿法	喷雾干燥法	炉内喷钙炉后增湿活化法	循环流化床法
工程投资占电厂总投资的百分数	15%~20%	10%~15%	4%~7%	5%~7%
钙利用率	>90%	50%~55%	35%~40%	>80%
运行费用	高	较高	较低	较低
设备占地面积	大	较大	小	小
灰渣状态	湿	干	干	干
是否成熟	成熟	较成熟	成熟	较成熟
适用规模及场合	大型电厂高硫煤机组	燃用中、低硫煤的现有中小型机组改造	燃用高中低硫煤的现有中小型机组改造	受场地限制新建的中小型机组

8.3.2　脱硝技术

从 NO_x 的生成途径可以看出,降低 NO_x 排放的主要措施有两种:一是控制燃烧过程中 NO_x 的生成,即低 NO_x 燃烧技术;二是对生成的 NO_x 进行处理,即烟气脱硝技术。

1. 低 NO_x 燃烧技术

为了控制燃烧过程中 NO_x 的生成量所采取的措施原则:①降低过量空气系数和氧气浓度,使煤粉在缺氧条件下燃烧;②降低燃烧温度,防止产生局部高温区;③缩短烟气在高温区的停留时间等。

1)空气分级燃烧

燃烧区的氧气浓度对各种类型的 NO_x 生成都有很大影响,当过量空气系数小于1,燃烧区处于"贫氧燃烧"状态时,对于抑制在该区域中 NO_x 的生成量有明显效果,即降低过量空气系数和氧气浓度。根据这一原理,把供给燃烧区的空气量减少到全部燃烧所需用空气量的70%左右,从而既降低了燃烧区的氧气浓度,也降低了燃烧区的温度水平。因此,第一级燃烧区的主要作用就是抑制 NO_x 的生成,并将燃烧过程推迟。燃烧所需的其余空气则通过燃烧器上面的燃尽风喷口进入炉膛与第一级所产生的烟气混合,完成整个燃烧过程。

炉内空气分级燃烧将燃烧所需的空气分两部分送入炉膛:一部分为主二次风,占总二次风量的70%~85%;另一部分为燃尽风,占总二次风量的15%~30%。炉内的燃烧分为三个区域:热解区、贫氧区和富氧区。径向空气分级燃烧是在与烟气流垂直的炉膛截面上组织分级燃烧,它是通过将二次风射流部分偏向炉墙实现的。

空气分级燃烧存在的问题是二段空气量过大,会使不完全燃烧损失增大;煤粉炉由于还原性气氛而易结渣、腐蚀。

2)燃料分级燃烧

在主燃烧器形成的初始燃烧区的上方喷入二次燃料,形成富燃料燃烧的再燃区, NO_x 进入本区将被还原成 N_2;为了保证再燃区不完全燃烧产物的燃尽,在再燃区的上面还需布置燃

147

尽风喷口;改变再燃区的燃料与空气之比是控制 NO_x 排放量的关键因素。

燃料分级燃烧利用超细化煤粉的分级再燃技术,可使 NO_x 的排放量减少 30%~50%。该技术存在的问题是为了减少不完全燃烧损失,需加空气对再燃区烟气进行三级燃烧,配风系统比较复杂,目前尚未在大型锅炉中应用。

3)烟气再循环

烟气再循环技术是把空气预热器前抽取的温度较低的烟气与燃烧用的空气混合,通过燃烧器送入炉内,从而降低燃烧温度和氧的浓度,达到降低 NO_x 生成量的目的。

该技术存在的问题是由于受燃烧稳定性的限制,一般再循环烟气率为 15%~20%,投资和运行费用较大,占地面积大。

4)低 NO_x 燃烧器

通过特殊设计的燃烧器结构及改变通过燃烧器的风煤比例,可以达到在燃烧器着火区空气分级、燃烧分级或烟气再循环的效果。在保证煤粉着火燃烧的同时,有效抑制 NO_x 的生成,如燃烧器出口燃料分股、浓淡煤粉燃烧。在煤粉管道上的煤粉浓缩器使一次风分为水平方向上的浓、淡两股气流,其中一股为煤粉浓度相对高的煤粉气流,含大部分煤粉;另一股为煤粉浓度相对较低的煤粉气流,以空气为主。

我国低 NO_x 燃烧技术起步较早,国内新建的 300 MW 及以上火电机组已普遍采用低 NO_x 燃烧技术,对现有 100~300 MW 机组也开始进行低 NO_x 燃烧技术改造。采用低 NO_x 燃烧技术只需用低 NO_x 燃烧器替换原来的燃烧器,燃烧系统和炉膛结构不需做任何更改。为了控制燃烧过程中 NO_x 的生成量所采取的低 NO_x 燃烧技术措施原则:①降低过量空气系数和氧气浓度,使煤粉在缺氧条件下燃烧;②降低燃烧温度,防止产生局部高温区;③缩短烟气在高温区的停留时间等。其中,空气分级技术在锅炉燃烧中应用最广,如低氮燃烧器的采用,较好地降低了 NO_x 的生成量,还原效率达 15%~20%。

2. 烟气脱硝技术

1)炉膛喷射法

炉膛喷射法实质上是向炉膛喷射还原性物质,在一定温度条件下可使已生成的 NO_x 还原,从而降低 NO_x 的排放量。该方法包括喷水法、二次燃烧法(喷二次燃料,即前述燃料分级燃烧)和喷氨法等。

喷氨法亦称选择性非催化还原法(SNCR),是在无催化剂存在条件下向炉内喷入还原剂氨或尿素,将 NO_x 还原为 N_2 和 H_2O。还原剂喷入锅炉折焰角上方水平烟道(温度为 900~1 000 ℃),在 NH_3/NO_x 摩尔比为 2~3 情况下,脱硝效率为 30%~50%。当反应温度在 950 ℃左右时,反应式为

$$4NH_3+6NO \rightarrow 9N_2+6H_2O \tag{8-1}$$

当温度过高时,则会发生如下的副反应,又会生成 NO:

$$4NH_3+5O_2 \rightarrow 4NO+6H_2O \tag{8-2}$$

当温度过低时,又会减慢反应速度,所以温度的控制是至关重要的。该工艺不需要催化剂,但脱硝效率低,高温喷射对锅炉受热面的安全有一定影响。其存在的问题是由于水平烟

道处的温度随锅炉负荷和运行周期而变化,以及锅炉中 NO_x 浓度的不规则性,使该工艺应用时变得较复杂。在同等脱硝效率的情况下,该工艺的 NH_3 耗量要高于 SCR 工艺,从而使 NH_3 的逃逸量增加。

选择性催化还原法(SCR)是还原剂(NH_3 或尿素)在催化剂作用下,选择性地与 NO_x 反应生成 N_2 和 H_2O,而不是被 O_2 所氧化,故称为"选择性"。其原理是在催化剂(使用钛和铁氧化物类催化剂)的作用下,向温度为 $300\sim420\ ℃$ 的烟气中喷入氨,将 NO_x 还原成 N_2 和 H_2O。

2)烟气处理法

烟气脱硝技术有液体吸收法、吸附法、液膜法、微生物法、脉冲电晕法、电子束法、SNCR 法和 SCR 法等。液体吸收法的脱硝效率低,净化效果差;吸附法虽然脱硝效率高,但吸附量小,设备过于庞大,再生频繁,应用也不广泛;液膜法和微生物法是两种新技术,还有待发展;脉冲电晕法可以同时脱硫脱硝,但如何实现高压脉冲电源的大功率、窄脉冲、长寿命等问题还有待解决;电子束法技术能耗高,并且有待实际工程应用检验;SNCR 法氨的逃逸率高,影响锅炉运行的稳定性和安全性等;目前脱硝效率高、最为成熟的技术是 SCR 技术。

3. 脱硝技术的原理及流程

在众多的脱硝技术中,SCR 法是脱硝效率最高、最为成熟的脱硝技术。SCR 法已成为目前国内外电站脱硝比较成熟的主流技术。但其投资和运行费用大,同时还存在 NH_3 的泄漏等问题。

SCR 技术是还原剂(NH_3 或尿素)在催化剂作用下,选择性地与 NO_x 反应生成 N_2 和 H_2O,而不是被 O_2 所氧化,故称为"选择性",主要的反应式见式(8-1)和式(8-2)。

SCR 系统包括催化剂反应室、氨储运系统、氨喷射系统及相关的测试控制系统。SCR 工艺的核心装置是脱硝反应器,有水平气流和垂直气流两种布置方式,如图 8-12 所示。在燃煤锅炉中,由于烟气中的含尘量很高,因而一般采用垂直气流方式。

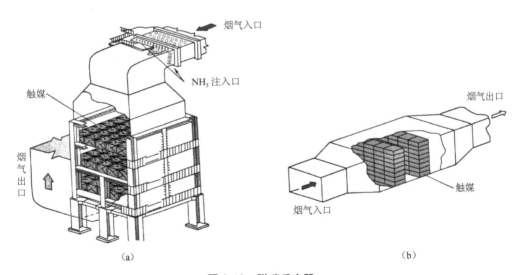

图 8-12 脱硝反应器

(a)垂直气流 (b)水平气流

按照催化剂反应器安装在烟气除尘器之前或之后,可分为"高飞灰"或"低飞灰"脱硝,SCR 布置方式如图 8-13 和图 8-14 所示。采用高尘布置时,SCR 反应器布置在省煤器和空气预热器之间。其优点是烟气温度高,满足了催化剂反应要求;缺点是烟气中飞灰含量高,对催化剂防磨损、堵塞及钝化性能要求更高。对于低尘布置,SCR 布置在烟气脱硫系统和烟囱之间,烟气中的飞灰含量大幅降低,但为了满足温度要求,需要安装烟气加热系统,造成系统复杂,运行费用增加,故一般选择高尘布置方式。

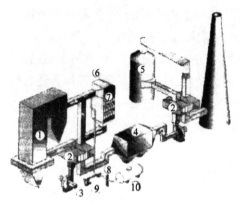

图 8-13　SCR

1—锅炉;2—换热器;3—空气;4—电除尘器;
5—SO$_2$ 吸收塔;6—SCR 反应器;7—催化剂;
8—雾化器;9—氨 / 空气混合器;10—氨储罐

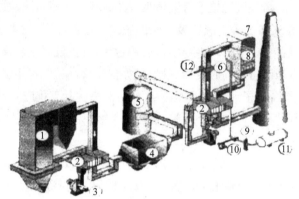

图 8-14　SCR

1—锅炉;2—换热器;3—空气;4—电除尘器;5—SO$_2$ 吸收塔;
6—加热器;7—SCR 反应器;8—催化剂;9—雾化器;
10—氨 / 空气混合器;11—氨储罐;12—燃料 / 蒸汽

【项目小结】

1. 除尘、除灰的意义和除尘器的作用。
2. 除灰方式和除灰系统及设备的使用。
3. 脱硫技术的种类。
4. 脱硝技术原理及其流程。

【课后练习】

1. 为什么燃煤锅炉要进行除尘、除灰?
2. 除尘器有什么作用? 简述除尘器的分类。
3. 简述旋风除尘器的工作原理及结构特点。
4. 简述电除尘器的基本工作原理及构成。
5. 电除尘器与其他类型除尘器相比有哪些优缺点?
6. 电除尘器可分为哪些类型?
7. 水力除灰方式有哪些优缺点?
8. 水力除灰系统一般由哪些系统或者装置组成?
9. 气力除灰方式有哪些优缺点?

10. 水力除渣有哪些特点？简要介绍其工作过程。

11. 机械固态排渣形式有什么特点？

12. 为什么要对烟气进行脱硫、脱硝？

13. 湿法脱硫工艺有哪些优缺点？包括哪些方法？

14. 以逆流喷淋塔形式为例，简要介绍湿法脱硫工艺。

15. 干法脱硫工艺有哪些优缺点？包括哪些方法？

16. 半干法脱硫工艺有哪些优缺点？包括哪些方法？

17. 为了控制燃烧过程中 NO_x 的生成量采取了哪些低 NO_x 燃烧技术措施原则？

18. 试比较烟气脱硝技术几种方法各的优缺点。

19. 简要介绍选择性催化还原法（SCR）的原理、流程及主要影响因素。

20. 试对 SCR、选择性非催化还原法（SNCR）、SNCR/SCR 混合法技术进行比较。

【总结评价】

1. 谈一谈你学习完本章内容的体会。

2. 谈一谈在完成项目学习的过程中，你和你所在小组的收获、不足和有待改进提高的地方。

项目九　强制流动锅炉及其水动力特性

【项目目标】

1. 熟悉控制循环锅炉和低循环倍率锅炉的特点及工作原理。
2. 了解直流锅炉的结构、特点和类型。
3. 了解复合循环锅炉的特点。
4. 熟悉管路压力降的特征。
5. 熟悉强制流动锅炉的特征和强制流动的多值性。

【技能目标】

能正确描述强制流动锅炉的基本结构、工作原理和水动力特性。

【项目描述】

本项目要求学生能系统认识强制流动锅炉,在此基础上分析水动力的特性和产生原因。

【项目分解】

	任务一　控制循环锅炉	9.1.1　控制循环汽包锅炉
		9.1.2　低循环倍率锅炉
项目九 强制流动锅炉及其水动力特性	任务二　直流锅炉	9.2.1　直流锅炉的特点
		9.2.2　直流锅炉的类型
		9.2.3　螺旋管圈型直流锅炉
	任务三　复合循环锅炉	
	任务四　强制流动特性	9.4.1　管路压力降特征
		9.4.2　强制流动多值性
		9.4.3　强制流动工质脉动

任务一　控制循环锅炉

【任务目标】

1. 了解控制循环汽包锅炉的工作原理和特点。

2. 熟悉控制循环汽包锅炉的应用。

3. 掌握低循环倍率锅炉的工作原理和特点。

【导师导学】

控制循环锅炉通常指控制循环汽包锅炉和低循环倍率锅炉两类,由自然循环锅炉发展而来,它在循环回路的下降管上装有循环泵,因而其循环动力得到大大提高,控制循环回路能克服较大的流动阻力。

9.1.1 控制循环汽包锅炉

1. 控制循环汽包锅炉的工作原理

在自然循环锅炉中,工质在循环回路中的流动是依靠下降管中的水与受热上升管中汽水混合物的密度差来进行的。其工作特点是在受热上升管组中,受热强的管子产汽量多,汽水混合物的密度小,运动压头大,因此流过该管的循环水量也多,可以保证对受热管的足够冷却。

随着锅炉压力的提高,水与水蒸气间的密度差越来越小,当工作压力高到 16~19 MPa 时,水的自然循环就不够可靠。此外,随着锅炉压力和容量的提高,希望采用管径较小的蒸发受热面,以提高管内工质的质量流速,加强换热。但管径减小,流速提高,则流动阻力增大,自然循环的安全性就将进一步下降。为解决这个矛盾,可以在循环回路中串接一个专门的循环泵,以增加循环回路中的循环推动力,并可人为地控制锅炉中工质的流动,因此称这种锅炉为控制循环锅炉。控制循环锅炉有控制循环汽包锅炉和低循环倍率锅炉两种。控制循环汽包锅炉有时也称为多次强制循环锅炉,其原理如图 9-1 所示。

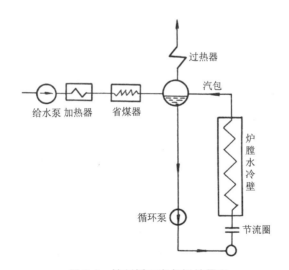

图 9-1　控制循环汽包锅炉原理

控制循环汽包锅炉是在自然循环锅炉的基础上发展而来的。在工作原理上,它们之间的主要差别在于控制循环汽包锅炉主要依靠循环泵使工质在蒸发管中做强制流动,而自然

153

循环锅炉则靠汽水密度差使工质在循环回路中进行自然循环。在控制循环汽包锅炉的循环系统中,除了有自然循环回路中由于下降管和上升管工质密度差所形成的运动压头之外,还有循环泵所提供的压头。自然循环所产生的运动压头一般只有 0.05~0.1 MPa,而循环泵可提供的压头在 0.25~0.5 MPa。由此可见,控制循环汽包锅炉的运动压头比自然循环锅炉大 5 倍左右,因而控制循环汽包锅炉能克服较大的流动阻力。

循环倍率 K 的大小对蒸发管的工作安全有很大的影响。当 K 值较小时,由于管子内壁的冷却不够,管壁温度会随热负荷的升高而显著提高。为保证管子能得到足够的冷却,还要求管内工质有一定的质量流速。目前,大容量控制循环汽包锅炉的循环倍率 K 值在 3~8,一般为 4 左右;质量流速为 1 000~1 500 kg/(m²•s)。

控制循环汽包锅炉与自然循环锅炉在结构上的最大差异就是控制循环汽包锅炉在循环回路中装置了循环泵。大容量控制循环汽包锅炉一般装有 3~4 台循环泵,其中 1 台备用。循环泵通常垂直装置在下降管的汇总管道上。由于循环回路中装置了循环泵,控制循环汽包锅炉与自然循环锅炉相比具有许多特点。

2. 控制循环汽包锅炉的特点

1) 结构特点

Ⅰ. 水冷壁方面

由于控制循环汽包锅炉的循环推动力要比自然循环锅炉大许多倍,故可以采用较小管径的蒸发受热面;而强制流动又使管得到足够的冷却,壁温较低,管壁也可减薄,因此锅炉的金属耗量减少。另外,控制循环汽包锅炉可更自由地布置蒸发受热面,锅炉的形状和蒸发受热面都能采用较好的布置方案,不必受到垂直布置的限制;水冷壁管进口一般装置节流孔板,用以分配各并联管的工质流量,改善工质流动的水动力特性和热偏差。

Ⅱ. 汽包方面

由于控制循环汽包锅炉的循环倍率低、循环水量少,以及采用循环泵的压头来克服汽水分离元件的阻力,可以充分利用离心力分离的效果,因而分离元件的直径可以缩小。在保持同样分离效果的条件下,能提高单个旋风分离器的蒸汽负荷,因此汽包直径可以缩小。而且整个汽包的结构和布置与自然循环锅炉相比也有很大的差异。

图 9-2 所示为亚临界压力控制循环汽包锅炉汽包的内部装置示意图。采用流动阻力大、分离效率高的轴向进口带内置螺旋形叶片的轴流式分离器作为一次分离,然后蒸汽经波形板百叶窗分离器分离后引出。因采用的给水品质好,可以不用蒸汽清洗装置,将给水直接送至下降管入口附近。

与超高压锅炉相比,亚临界压力控制循环汽包锅炉汽包内部装置的主要特点为除可以采用轴流式旋风分离器和不用蒸汽清洗装置外,汽包内装有弧形衬板,与汽包内壁间形成一环形通道,构成汽水混合物汇流箱,汽水混合物从汽包上部引入,沿环形通道自上而下流动,最后进入旋风分离器。这种结构汽包内壁只与汽水混合物接触,避免了汽包壁受锅水冲击,减小了汽包上下壁温差和壁温波动幅度,从而使汽包热应力减小,对汽包有较好的保护作用。

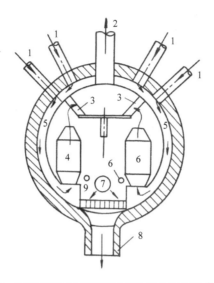

图 9-2　亚监界压力控制循环汽包锅炉汽包的内部装置

2）运行特点

控制循环汽包锅炉在低负荷或启动时可以靠水的强制流动使各受压部件能得到均匀冷却，并且这种锅炉的汽包结构也有利于锅炉在启动、停运及变负荷过程中减小汽包的热应力，因此可以大大提高启动及升降负荷的速度。由于循环泵的采用，除增加了设备的制造费用外，锅炉的运行及维护费用也相应增加。此外，循环泵的压头（扬程）虽然不高，一般为0.3~0.5 MPa，但需要长期在高压、高温（250~330 ℃）下运行，需用特殊结构，其运行的安全可靠性相应影响整个锅炉运行的可靠性。

3. 控制循环汽包锅炉的应用

1）适用范围

对中压和高压锅炉来说，采用控制循环在水冷壁受热面的布置上并未显示出有多大的好处。一般来说，汽压低于16 MPa 时，采用自然循环方式完全能保证水循环的安全可靠性，因此此时采用自然循环可以避免因增加循环泵而带来的一系列问题。在16~19 MPa 的压力范围内，尤其对大容量锅炉，采用控制循环更为有利。当锅炉容量超过500 MW 时，则应在更低的压力范围内就考虑采用控制循环方式。

2）应用实例

我国制造的控制循环汽包锅炉有1 000 t/h 和2 000 t/h 两个等级的容量，都是采用亚临界压力参数。

哈尔滨锅炉厂制造的配600 MW 汽轮发电机组的亚临界压力控制循环汽包锅炉型号为HG-2008/186-M。该锅炉的主要参数：额定蒸发量为2 008 t/h，额定主蒸汽压力为18.24 MPa，主蒸汽温度为540.6 ℃；再热蒸汽流量为1 634 t/h，再热蒸汽进出口压力分别为3.86/3.64 MPa，再热蒸汽进出口温度分别为315 ℃和540.6 ℃；设计给水温度（省煤器出口）为278.3 ℃；空气预热器出口二次风温度为314 ℃；锅炉排烟温度为128 ℃；锅炉效率为91.5%。

该锅炉的整体结构为单炉膛Ⅱ形半露天布置,炉顶为平炉顶结构,并配以后墙上部的折焰角来改善炉内气流的流动;锅炉燃烧方式为四角双切圆燃烧,燃烧器为摆动式直流煤粉燃烧器,用以改变炉内火焰中心位置和调节再热汽温。汽包布置在炉膛顶部,材料为碳钢,汽包内径为1 778 mm,筒身长度为25 760 mm,两端采用球形封头,总长27 700 mm,为了减少上下壁温差,汽包内设有内夹层,与汽包内壁形成环形汽水混合物通道。

图9-3所示为国产2 008 t/h亚临界压力控制循环汽包锅炉的循环回路示意图。循环回路中工质的流程:锅水经下降管、循环泵、连接管、环形集箱进入水冷壁,在水冷壁中上升、受热、蒸发形成汽水混合物,通过出口联箱经导汽管引入汽包,在汽包内沿环形通道进入汽水分离器,分离出的蒸汽通过汽包顶部连接管送入过热系统进行过热,分离出来的水与给水混合后进入下降管进行再循环。

该锅炉炉膛采用气密式结构,由炉膛水冷壁、折焰角及延伸水冷壁组成。在高热负荷区的水冷壁采用内螺纹管,以防止出现偏离核态沸腾。过热器系统由顶棚管、尾部包覆管、延伸侧包覆管、悬吊管、卧式低温过热器、立式低温过热器、分隔屏、后屏和高温过热器组成。过热器、再热器各级之间全部采用大口径连接管,以减小汽侧阻力,简化炉顶布置。在分隔屏之前设置一级混合式减温器。

9.1.2 低循环倍率锅炉

1. 低循环倍率锅炉的工作原理

循环倍率 K=1.5左右的控制循环锅炉称为低循环倍率锅炉。低循环倍率锅炉与控制循环汽包锅炉相比,基本工作原理相似,但在结构上它没有大直径的汽包,只有置于炉外的汽水分离器,而且循环倍率较低。图9-4所示是低循环倍率锅炉的循环系统简图。其工质的流程为给水经省煤器与从汽水分离器分离出的饱和水在混合器内混合后,再经过过滤器进入循环泵,升压后再把水送入分配器,由分配器用连接管分别引到水冷壁各回路的下联箱。每个回路接一根连接管,连接管的入口都装有节流圈。水经过蒸发受热面引入汽水分离器,分离出来的水引到混合器进行再循环,而分离出来的蒸汽引向过热器系统进行过热。

在循环泵前装设过滤器是为了滤去管路中的杂质,使循环泵和水冷壁等能安全运行。设节流圈是为了调整各回路的流量,使各回路的流量能与水冷壁热负荷的分布相适应,防止管壁超温。循环泵共3台,2台运行,1台备用,布置在给水主流程上(即与给水泵是串联的),这样可以保证引到循环泵的水温总是低于饱和温度。当运行的循环泵发生故障时,备用泵立即投入运行。在切换过程中,给水通过备用管路进入分配器,不影响锅炉安全工作。

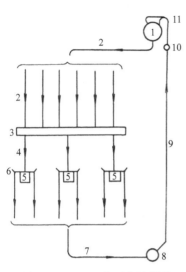

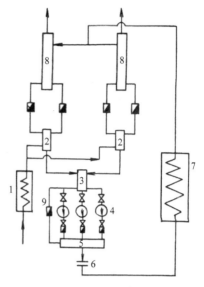

图 9-3 HG-2008/186-M 锅炉
循环回路示意

1—汽包;2—下降管;3—循环泵入口
汇集联箱;4—进水管;5—循环;
6—排放阀;7—出水管;8—水冷
壁进口联箱;9—水冷壁;10—水冷
壁出口联箱;11—导汽管

图 9-4 低循环倍率锅炉循环系统

1—省煤器;2—混合器;3—过滤器;
4—循环泵;5—分配器;6—节流圈;
7—水冷壁;8—汽水分离器;
9—备用管路

2. 低循环倍率锅炉的特点

在低循环倍率锅炉中,当锅炉负荷变化时,由于循环泵的特性,水冷壁管中工质流量变化不大,因此质量流速变化也小。蒸发受热面可以采用一次上升膜式水冷壁,而且不需要用很小管径的水冷壁管来保证质量流速。由于循环流量随锅炉负荷变化不大,因此在锅炉负荷降低时,循环倍率增加,流动较稳定,管壁也得到较好的冷却,而且水冷壁受热面布置比较自由。

低循环倍率锅炉因循环泵产生的压头高、循环倍率低、循环水量少,可以采用直径小的汽水分离器取代汽包。由于循环水量少,锅炉负荷变动时水位波动较小,取消汽包成为可能,节省了钢材,减轻了汽包制造、运输的难度。由于低循环倍率锅炉循环倍率大于1,水冷壁出口为汽水混合物,与一次上升直流锅炉相比,膜态沸腾传热恶化的影响程度可大为减轻。由于水冷壁中工质的质量流速可根据需要选择,因此炉膛蒸发受热面可采用一次垂直上升且无中间混合联箱的膜式水冷壁。垂直上升管屏中,锅炉循环倍率为 1.3~1.8,而且水冷壁流阻不大,因而受热强的管子中工质流量也会相应有所增加,即有一定的自补偿特性,因此一般不必在每根水冷壁管中加装节流圈,只需按管屏装节流圈。

此外,低循环倍率锅炉的启动流量小,启动系统简化,启动时工质和热量的损失小。这种锅炉与自然循环汽包锅炉相比,没有汽包而只有汽水分离器,锅炉的启动和停运速度可加快;与控制循环汽包锅炉相比,循环倍率要低得多,控制循环汽包锅炉的循环倍率为 3~8,而

157

低循环倍率锅炉的循环倍率只有 1.5 左右,因此循环泵的功率较小。低循环倍率锅炉便于滑压运行,适用于亚临界压力锅炉。由于有以上一系列优点低循环倍率锅炉,在国外有较好发展,我国也有一些机组采用了这种锅炉。

但是低循环倍率锅炉也存在两个方面的问题:一是汽水分离器的分离效率低于自然循环锅炉和控制循环汽包锅炉,其出口蒸汽有一定湿度,对受热面的布置影响较大,而且水位及汽温调节较为复杂;二是需要解决长期在高温高压下运行的循环泵的安全问题。

任务二　直流锅炉

【任务目标】

1. 熟悉直流锅炉的特点。
2. 了解直流锅炉的类型。
3. 了解螺旋管圈型直流锅炉的结构特点。

【导师导学】

直流锅炉没有汽包,整个锅炉是由许多管子并联且并用联箱而成。给水在给水泵压头的推动下,依次流过省煤器、水冷壁、过热器受热面,完成水加热、汽化和蒸汽过热过程,循环倍率 $K=1$。图 9-5 所示为直流锅炉工作原理。其中,受热管均匀吸热,热负荷 q,给水流量 G_{gs},出口蒸汽流量 D_{gr}'',各曲线表示了沿受热管子长度工质参数的变化过程。在加热水的热水段中,水温 t 与焓 h 逐步升高,压力 p 因流动阻力而有所下降,密度 ρ 也略有下降;在蒸发段中,水逐渐变成蒸汽,压力降低较快,密度也有较大的减小,工质温度为饱和温度,随着压力下降而下降,但工质焓 h 不断上升;在过热段中,蒸汽的温度与焓都不断上升,压力和密度都不断下降。

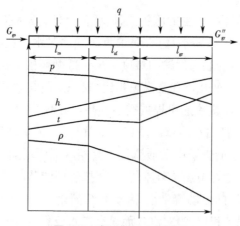

图 9-5　直流锅炉工作原理

9.2.1　直流锅炉的特点

（1）直流锅炉给水泵压头比汽包锅炉的高,给水泵电耗相应也较大。但直流锅炉可不受工质压力的限制,目前汽包锅炉的工质压力最高可达到亚临界压力,而直流锅炉在超临界压力或亚临界压力都适用。

（2）直流锅炉水冷壁允许有较大的压力降,由于给水泵能提供较高的压头,因此直流锅炉的水冷壁允许有较大的流动阻力,由此带来了以下特点：

①可选用较小直径的水冷壁管,水冷壁在炉膛内的布置有较多的自由度；

②可提高水冷壁内的工质流速,这对水冷壁的安全工作创造了条件。

（3）直流锅炉不用汽包。直流锅炉水冷壁出口工质质量含汽率为1,不需要汽水分离,蒸汽直接进入过热器,水冷壁的进水全部来自省煤器,故不用汽包,由此带来了以下特点：

①炉给水品质要求高；

②锅炉蓄热量小,运行参数稳定性较差,但在启动和停运过程中无汽包热应力限制,可提高启动和停运速度；

③锅炉钢耗低,制造及由制造厂运至安装工地也较方便。

（4）直流锅炉在结构上虽然有省煤器、水冷壁和过热器,但在运行工况下,水、汽水混合物、过热蒸汽的分界点在受热面上的位置随工况不同而变化,从而使其运行特性和汽包锅炉有明显的差别。

9.2.2　直流锅炉的类型

直流锅炉的类型主要由水冷壁的结构形式和其系统的不同来区分。直流锅炉的水冷壁管由于布置自由,故形式很多。

图9-6所示为传统的直流锅炉水冷壁的基本形式,包括水平围绕管圈型（拉姆辛型）、垂直多管屏型（本生型）和回带管圈型（苏尔寿型）。

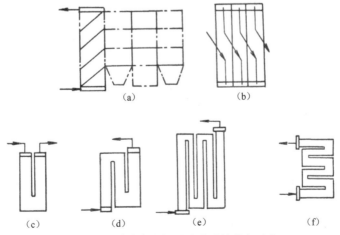

图9-6　传统的直流锅炉水冷壁的基本形式

（a）水平围绕管圈型　（b）垂直多管屏型　（c）~（f）回带管圈型

水平围绕管圈型是由多根平行管子组成管带,沿炉膛上四周围绕上升,三面水平、一面倾斜。

垂直多管屏型是在炉膛四周布置多个垂直管屏,管屏之间由炉外管子连接,整台锅炉的水冷壁管可串联成一组或几组,工质顺序流过一组内的各管屏,组与组之间并联连接。

回带管圈型的水冷壁是由多行程迂回管带形成。管带迂回方式分为上下迂回和水平迂回两种。

现代直流锅炉的水冷壁形式有很大的发展,主要有螺旋管圈型和垂直管屏型两类。螺旋管圈型水冷壁是在水平围绕管圈型的基础上发展而来,垂直管屏型是在垂直多管屏的基础上发展而来。

9.2.3 螺旋管圈型直流锅炉

螺旋管圈型直流锅炉是20世纪70年代以来发展较快的一种类型,如图9-7所示。水冷壁管组成管带,沿炉膛周界倾斜螺旋上升。它无水平围绕管圈型中的水平段,管带中的并联管数也增多了。螺旋管圈型水冷壁适用于滑压运行,能适用于超临界和亚临界压力,平行管热偏差小,燃料适应性广泛,还可采用整体焊接膜式水冷壁。其缺点是水冷壁支吊结构较复杂,制造、安装工艺要求高。

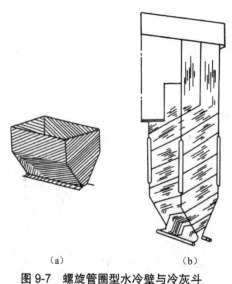

（a）　　　　　　（b）

图 9-7　螺旋管圈型水冷壁与冷灰斗

（a）螺旋管圈型冷灰斗　（b）螺旋管圈型水冷壁

下面对螺旋管圈型直流锅炉的水冷壁及其系统进行分析。

1. 水冷壁的布置与支吊

螺旋管圈型直流锅炉的水冷壁一般都由螺旋管圈和垂直管屏两部分组成。炉膛下部热负荷高,布置螺旋管圈。炉膛上部热负荷较低,布置垂直管屏。螺旋管与垂直管之间的连接方式有两种:一种是通过联箱连接,螺旋管出口接至联箱,垂直管由联箱接出;另一种是分叉管连接。

　　螺旋管支吊采用均匀受载型支吊结构。这种支吊方式,支吊点分散、均匀,避免了应力集中。

　　2. 水冷壁的工质质量流速

　　水冷壁的工质质量流速是保证水冷壁安全工作的重要指标。水冷壁安全工作的最低质量流速称为界限质量流速,它与水冷壁的结构、热负荷大小等有关。为使水冷壁安全工作,水冷壁中的实际质量流速必须大于界限质量流速,但是在全负荷范围内都满足此要求是不合理的,故实际上锅炉给水流量不低于(25%~30%)MCR。

　　3. 汽水分离器

　　螺旋管圈型直流锅炉在直流负荷以下运行或启停的过程中,水冷壁的最低质量流速是由汽水分离器及其疏水系统来实现的。疏水系统是机组启动系统的组成部分,它主要考虑在启动与停运过程中对排放工质和热量的回收。

　　螺旋管圈型直流锅炉采用内置式圆筒形立式旋风分离器,它在系统中位于水冷壁与过热器之间,锅炉运行时承受锅炉运行压力。在启动和低于直流最低负荷运行时,水冷壁出口为汽水混合物,在汽水分离器中进行汽水分离,分离出的蒸汽直接进入过热器,水由分离器下部疏水口排出。这时,锅炉的汽温特性与汽包锅炉相同,即水冷壁产生蒸汽、过热器过热蒸汽受热面固定不变。当进入直流负荷运行时,汽水分离器入口已是过热蒸汽,汽水分离器处于干式运行状态,只起到通道的作用。

任务三　复合循环锅炉

【任务目标】

1. 了解复合循环锅炉的概念。
2. 掌握复合循环锅炉的特点。

【导师导学】

　　复合循环锅炉是由直流锅炉发展形成的。它与直流锅炉的基本区别是在省煤器和水冷壁之间连接循环泵、混合器、分配器和再循环管,如图9-8所示,它可使部分工质在水冷壁中进行再循环,再循环的负荷范围可分为部分负荷再循环和全负荷再循环两种。部分负荷再循环就是在低负荷时进行再循环,高负荷时转入直流运行,故又称为复合循环锅炉。对全负荷范围内进行再循环的锅炉,额定负荷时循环倍率 $K=1.25~2$,随着负荷降低,循环倍率有所增大,这种锅炉称为低循

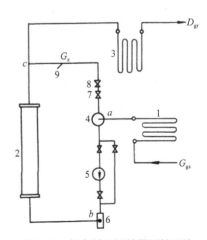

图 9-8　复合循环锅炉原则性系统

1—省煤器;2—水冷壁;3—过热器;
4—混合器;5—循环泵;6—分配器;
7—止回阀;8—再循环阀;9—再循环管

环倍率锅炉,它是复合循环锅炉的一种特例。

复合循环锅炉和低循环倍率锅炉与直流锅炉相比,具有以下特点。

(1)对于容量不大的机组,采用一次上升型水冷壁和较大的管径也能保持安全质量流速,水冷壁中工质流量由于再循环而增大。

(2)低循环倍率锅炉、复合循环锅炉的水冷壁质量流速在全负荷范围内比较合理,高负荷时的电耗比直流锅炉低了很多。

(3)循环泵要消耗一定的电能,一般大容量机组循环泵功率为机组功率的 0.2%~0.3%。

(4)锅炉最低负荷在额定负荷的 5% 左右,它由过热器冷却所需的最低流量决定。与直流锅炉相比,最低负荷大大降低,启动系统可按 5%~10%MCR 设计,使设备费用下降,又可减小启动热损失和工质损失。

(5)再循环流量与给水流量在混合器混合后进入水冷壁,使水冷壁进口工质焓值提高,欠焓减小,工质在水冷壁内的焓增也减小,有利于水冷壁中工质流动和减小热偏差。

(6)循环泵在高温、高压下长期工作,必须保证其安全可靠性。循环泵的流量 - 压头特性必须与水冷壁系统压力降特性匹配,符合设计要求。

任务四　强制流动特性

【任务目标】

1. 了解管路压力降特征。
2. 熟悉强制流动多值性。
3. 熟悉强制流动工质脉动的现象、原因和种类。

【导师导学】

9.4.1　管路压力降特征

蒸发受热面管路压力降 Δp 略去加速度压力降后,可表示为

$$\Delta p = \Delta p_{lz} \pm \Delta p_{zw} \tag{9-1}$$

式中　Δp_{lz}——流动阻力压力降,Pa;

　　　Δp_{zw}——重位压头,工质上升流动时为"+",下降流动时为"-",Pa。

自然流动时,管路压力降特性以重位压头为主要部分;强制流动时,管路压力降特征以流动阻力为主要部分。强制流动管路压力降略去次要部分后,可表示为

$$\Delta p = \Delta p_{lz} \tag{9-2}$$

因此,管路流动阻力压力降与质量流速的关系为 $\Delta p = f(\rho w)$,称为强制流动特性函数,其关系曲线称为强制流动特性曲线。

对于受热管道的汽水两相流动,其关系比较复杂,可能出现在一个压力降下有几个质量

流速或质量流速发生周期性变化。前者称为多值性,后者称为脉动,都是水动力不稳定现象。

9.4.2 强制流动多值性

设有一均匀受热的管道,单位长度的热负荷为 q,进入管道的工质为欠热的水,在单相水段内被加热至饱和水,在汽水混合物段内水逐渐蒸发形成汽水混合物。

被分析的蒸发管的吸热量是固定不变的。进入蒸发管的是欠热的水,当入口水流量很大时(如图 9-9 中的 D 点后)管子的吸热量只能使水温提高而不产生蒸汽,故从管子流出的仍是单相水;当入口水流量很小时(如图 9-9 中的 B 点前),水进入管子后很快被汽化成蒸汽,管内主要是单相蒸汽的流动。上述两流动区域是单相或接近单相的流动,其特性函数是单值的。在管子出口工质质量含汽率 $x=10$,其流动阻力不仅与汽水混合物的质量流速有关,还与流体的平均密度的变化有关。

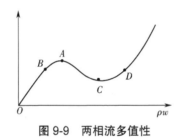

图 9-9 两相流多值性

从 B 点开始,在质量流速逐步上升过程中,一方面热水段长度增长,蒸发段长度缩短;另一方面蒸发段中平均质量含汽率减小,使总管段的平均密度增大。质量流速上升使流动阻力压力降增大,平均密度增大使流动阻力压力降下降。A 点以前,质量流速起主要作用,故管道压力降随着质量流速上升而增大;AC 段,管中平均密度的增大起主要作用,故管路压力降随着质量流速上升而下降;CD 段,蒸汽含量很少,工质质量流速又起主要作用,故管路压力降又上升。

当进入管子的水是饱和水时,热水段长度为零,管子全部是蒸发段,管中产汽量不变,故只有质量流速的变化起作用,质量流速上升,压力降增大,特性函数是单值的。

在蒸发管结构固定的情况下,影响水动力多值性的因素有管子热负荷 q、工质压力 p、管子进口水的欠焓。热负荷增大,水动力不稳定加剧。压力增高,水、汽密度差减小,水动力特性趋于稳定。

但是超临界压力也可能发生水动力多值性,这是因为超临界压力的相变区内,比容随着温度上升急剧增大,即密度急剧下降,与亚临界压力下水汽化成蒸汽密度急剧下降相似。因此,超临界压力的锅炉蒸发受热面也应防止发生水动力多值性。

蒸发管入口欠焓减小,热水段长度缩短,当入口水达到饱和温度时,水动力多值性消失。压力一定时,入口水温上升,水动力趋向稳定。

对超临界压力锅炉,提高蒸发管入口水焓值也能使水动力特性趋向稳定。

163

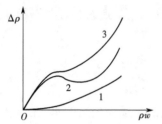

图 9-10　节流圈使水动力稳定
1—节流圈的水动力曲线；
2—原管路特性曲线；
3—加节流圈后管路的特性曲线

现代锅炉为防止水动力多值性,除了改进锅炉形式外,还有两个常用的方法,即减小蒸发管进口欠焓和蒸发管进口端加装节流圈。图 9-10 表明蒸发管进口端加装节流圈后消除水动力多值性的情况。节流圈应装在热水段进口,保证流过节流圈的为单相水。

节流圈的阻力压降可由下式表示:

$$\Delta p_{jl} = \xi_{jl}(\rho w)2/(2\rho') \qquad (9\text{-}3)$$

式中　Δp_{jl} —— 节流圈压力降,Pa;

ξ_{jl} —— 节流圈阻力系数;

ρ' —— 饱和水密度,kg/m³。

可见节流圈的压力降与质量流速的二次方成正比,节流圈的孔径越小,其阻力系数越大。蒸发端进口加装节流圈后,管路特性曲线陡度上升,使水动力特性曲线趋向稳定。

9.4.3　强制流动工质脉动

1.脉动现象与原因

在强制流动蒸发管中,工质压力、温度、流量发生周期性变化,称为脉动。

当发生脉动时,热水段和蒸发段长度发生周期性变化,相应壁温也随着变化,产生周期性热应力,导致金属疲劳损伤甚至破坏。

发生脉动的原因大致如下。例如在一个并联管组内,当某一根或几根管子的吸热量偶然增大时,热水段缩短,原来的热水段变成了汽水混合段,使产汽量增加,流动阻力增大,管内的压力升高。但是进口联箱压力并未改变,故进入这些管子的水流量减小;出口联箱压力也未改变,故这些管子的排出流量增大。上述过程使管子输入输出能量失去平衡,管内压力下降到低于正常值,流量开始向反方向变化。在上述管内压力升高期间,工质的饱和温度也升高,蓄热增大;当管内压力下降,工质饱和温度也下降,较高温度的管金属向工质放热即释放蓄热,这相当于吸热量增大。上述过程重复进行,脉动继续下去。

2.脉动种类

水冷壁的脉动有三种类型:管间脉动、屏间脉动和整体脉动。

1)管间脉动

在蒸发管进、出口联箱的压力和总流量基本不变的情况下,管中流量等发生周期性变化,一些管子水流量增大时,另一些管子水流量减小,对一根管子来说,进口水流量和出口水流量的脉动有 180° 的相位差,进口流量最大时,出口流量最小。脉动过程中沿管长的压力分布发生周期性变化,管间脉动一旦发生,就会自动地以一定频率进行下去。脉动频率大小与管子结构、受热以及工质参数有关。

垂直管屏中的重位压头对流量脉动有影响,尤其在低负荷时重位压头的影响较大,比流量脉动滞后一个相位角,它起到推动流量脉动的作用。

2）屏间脉动

在并联管屏之间也会出现与管间脉动相似的脉动现象。在发生脉动时,进出口总流量和总压头并无明显变化,只是各管屏间的流量发生变化。

3）整体脉动

蒸发管同期发生脉动的现象称为整体脉动。当发生整体脉动时,各并联蒸发管子入口处水流量发生同方向的周期性波动,蒸汽流量也发生相应的波动,与此同时,汽压、汽温也发生波动。整体脉动与给水泵的特性有关,离心式给水泵的流量随压头的增加而减小,当锅炉蒸发段由于短期热负荷升高、压力上升时,离心泵送给蒸发管的给水流量减小,同时蒸发流量增大,随着短期热负荷增值的消失,蒸发段压力下降,给水流量上升,蒸汽流量下降。离心泵特性曲线越平坦,流量波动越大。

3. 脉动的影响因素

1）压力

蒸发管脉动是由工质的汽水密度差引起的。在相同的条件下,提高工质压力可使管内脉动压力增值减小、脉动减轻。

2）热水段阻力

蒸发管脉动压力增值发生在汽水两相流区段。增加热水段的阻力,可降低脉动压力增值的影响。热水段阻力大小是相对蒸发段的阻力来说的,故用热水段阻力与蒸发段阻力之比作为影响脉动的主要因素。

锅炉中增大热水段阻力的方法主要有下面几种。

（1）在热水段进口端加装节流圈,这是提高热水段阻力的常用方法。

（2）增大管中质量流速,可使热水段阻力与蒸发段阻力之比增大,脉动增值的影响减小。

（3）蒸发管进口欠焓越大,热水段就越长,使热水段阻力与蒸发段阻力之比增大。

【项目小结】

1. 控制循环锅炉的工作原理和特点。

2. 直流锅炉的特点和类型。

3. 强制流动锅炉的水动力特性。

【课后练习】

1. 简述控制循环汽包锅炉的特点和工作原理。

2. 简述直流锅炉的特点、类型和工作原理。

3. 阐述管路压力降的特征。

4. 脉动现象产生的原因是什么?

【总结评价】

1. 谈一谈你学习完本项目内容的体会。

2. 结合学习的实际情况,就强制流动锅炉谈谈你的认识。

项目十　锅炉机组的启动和停运

【项目目标】

1. 熟悉汽包锅炉的启动与停运。
2. 了解直流锅炉的启动与停运。

【技能目标】

1. 能清楚说明汽包锅炉启动与停运的基本程序。
2. 能正确表述汽包锅炉蒸发设备的安全启动与停运。
3. 能正确清楚地说明过热器与再热器的安全启动与停运。
4. 能清楚说明尾部受热面的保护和启动过程中的燃烧。
5. 能正确说明直流锅炉的启动、停运与停用保护。

【项目描述】

本项目要求学生能通过理论学习并观看录像,正确表述锅炉的启动步骤及运行中的保护,还有汽包锅炉的运行调节原理。

【项目分解】

项目十 锅炉机组的启动和停运	任务一　汽包锅炉的启动与停运	10.1.1　汽包锅炉启动与停运的基本程序
		10.1.2　汽包锅炉蒸发设备的安全启动与停运
		10.1.3　过热器与再热器的安全启停
		10.1.4　尾部受热面的保护
		10.1.5　启动过程中的燃烧
	任务二　直流锅炉的启动与停运	10.2.1　直流锅炉的启动旁路系统
		10.2.2　直流锅炉的启动特点
		10.2.3　UP 型直流锅炉的启动
		10.2.4　螺旋管圈型直流锅炉的启动
		10.2.5　直流锅炉的停运
		10.2.6　直流锅炉的热应力控制

任务一　汽包锅炉的启动与停运

【任务目标】

1. 了解汽包锅炉启动与停运的基本程序。
2. 掌握汽包锅炉蒸发设备的安全启动与停运。
3. 掌握过热器与再热器的安全启动与停运。
4. 了解尾部受热面的保护。
5. 掌握启动过程中的燃烧。
6. 掌握直流锅炉的热应力控制。

【导师导学】

汽包锅炉有自然循环和控制循环两种。它们的启动与停运类似,统称为汽包锅炉的启动与停运。

10.1.1　汽包锅炉启动与停运的基本程序

1. 启动的基本程序

自然循环汽包锅炉滑参数压力法冷态联合启动的基本程序如下。

1)准备工作

准备阶段应对锅炉各系统和设备进行全面检查,并使其处于启动状态;为确保启动过程中的设备安全,所有检测仪表、连锁保护装置(主要是 MFT 功能、重要辅机连锁跳闸条件)及控制系统(主要包括 FSSS 系统和 CCS 系统)均经过检查、试验,并全部投入。其他准备工作包括:

(1)厂用电送电;

(2)机组设备及其系统置于准备启动状态,投入遥控、程控、连锁和其他热工保护;

(3)制备、存贮化学除盐水,水系统启动;

(4)除氧器、凝汽器、水箱等进行水冲洗,直至水质合格,然后灌满除盐水,启动凝结水泵,启动循环水泵,然后建立循环水虹吸;

(5)汽轮机、发电机启动准备。

2)锅炉上水

锅炉上水一般用经过除氧器除过氧的热水。上水时使用带有节流装置的给水旁路,以防止给水主调节阀的磨损和便于流量控制。在上水开始时,稍开上水阀门,进行排气暖管,并注意给水压力的变化情况和防止水冲击。当给水压力正常后,可逐渐开大上水阀门。

为了保护汽包,应该控制上水的时间(即速度)。上水的终了水位,对于自然循环汽包锅炉,一般只要求到水位表低限附近,以方便点火后炉水的膨胀;对于控制循环汽包锅炉,由于上升管的最高点在汽包标准水位线以上很多,所以进水的高度要接近水位的顶部,否则在启动炉水循环泵时,水位可能下降到水位表可见范围以下。

3)锅炉点火

(1)启动回转式空气预热器及其吹灰器,投用炉底密封装置。

(2)启动一组送、引风机,进行炉膛吹扫。

(3)锅炉点火,投燃油燃烧;注意风量的调节和油枪的雾化情况,逐渐投入更多油枪,建立初投燃料量(汽轮机冲转前应投燃料量),一般为(10%~25%)MCR。

4)锅炉升温升压

汽包压力为 0.2~0.3 MPa 时,冲洗水位计、热工表管,并进行炉水检查和连续排污,0.5 MPa 时,进行定期排污,热紧螺母;1 MPa 时,进行减温器反冲洗。

主蒸汽参数达到冲转参数时开始冲转汽轮机,升速暖机,并网,低负荷暖机,升负荷。冲转参数一般为压力 2~6 MPa(新型大机组可以达到 4~6 MPa),蒸汽过热度为 50 ℃以上。

锅炉在升温、升压阶段的主要工作是稳定汽压、汽温,以满足汽轮机冲转后的要求。锅炉的控制手段除燃烧外,还可以利用汽轮机高、低压旁路系统,必要时可投入减温装置和进行过热器疏水阀放汽。

当锅炉炉膛温度和热空气温度达到要求时启动制粉系统,炉内燃烧完成从投粉到断油的过渡。

相应启动除灰、除渣系统,投入煤粉燃烧,然后逐渐停止燃油。

5)投入自动控制装置

图 10-1 所示为亚临界压力下 600 MW 机组冷态启动曲线。

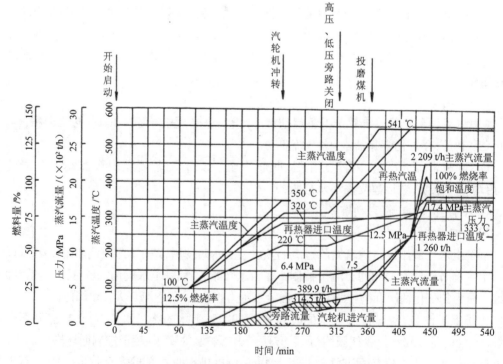

图 10-1 亚临界压力下 600 MW 机组冷态启动曲线

控制循环汽包锅炉点火前应投用炉水循环泵,借助炉水循环泵的动力在点火开始前水就在水冷壁系统进行循环流动。其启动程序与自然循环锅炉基本相同。

一般认为启动时若汽轮机高压内上缸的内壁温度在150 ℃以上,称为热态启动。热态启动时,冲转蒸汽温度应高于轮汽机高压内缸50 ℃,并至少具有50 ℃的过热度。汽轮机冲转后,锅炉应按汽轮机的要求升温、升压。当机组负荷增加到冷态启动汽缸所对应的工况时,就按冷态方式加到满负荷。

2. 停运的基本程序

单元机组滑参数的联合停运根据机组停运时的参数可分为低参数停机和中参数停机两种。主蒸汽压力滑降至1.5~2 MPa,汽温250 ℃,在对应汽轮机负荷下的停机称为低参数停机,用于检修停机。主蒸汽压力降至4.9 MPa,在对应汽轮机负荷下的停机称为中参数停机,用于热备用停机。

滑参数停运基本程序可分为以下五个阶段。

1)停运准备

低参数停机在停运前要做好"六清"工作,即清原煤仓,清煤粉仓,清受热面(吹灰),清锅内(水冷壁下联箱排污),清炉底(冷灰斗清槽放渣一次),清灰斗。中参数停机在停运前不一定全面进行"六清"工作,一般只清受热面,清锅内,清炉底。

汽轮发电机做好停机准备。

2)滑压准备

在额定工况下运行的机组,锅炉先降压、降温,使机组负荷降低到(80%~85%)MCR,汽轮机逐步开大调速汽门至全开,机组稳定一段时间。

3)滑压降负荷

在汽轮机调速汽门全开条件下,锅炉降低燃烧率,降压、降温,机组按照一定的速率(如1.5%MCR/min)降负荷。同时,用汽轮机旁路平衡锅炉与汽轮机之间的蒸汽流量。

煤粉锅炉的煤粉燃烧器和相应的磨煤机按照拟定的投停编组方式(燃烧器一般应自上而下切除)减弱燃烧,在低负荷时及时投入相应层的油枪助燃,防止灭火和爆燃,最后完成从燃煤到燃油的切换。随着燃料量的不断减少,送风量也相应减少,但最低风量不应少于总风量的30%。

对于中间储仓式制粉系统,要注意煤粉仓粉位下降对给粉机出粉均匀性的影响,此时应及时测量粉位,根据粉位偏差调整各给粉机的负荷分配,维持燃烧稳定。对于直吹式制粉系统,在各给煤机给煤量随锅炉负荷减少时,应同时减少相应燃烧器的风量,使一次风煤粉浓度保持在不太低的限度内,以使燃烧稳定。

随着负荷的降低,燃料量和风量逐渐减少,当负荷降到30%MCR以下时,风量维持在35% 左右的吹扫风量,直至停炉该风量应保持不变。

另外,低负荷下,为稳定燃烧和防止受热面的低温腐蚀,应通过调整暖风器的出口风量或投入热风再循环的方法,提高入炉的热风温度;同时,及时投入点火油枪。

4)汽轮机停机、锅炉熄火

降压、降负荷至停机参数时,汽轮机脱扣停机,锅炉熄火。锅炉熄火后,燃油炉必须开启送、吸风机,通风扫除可燃质,时间不少于 10 min,燃煤炉只用引风机通风 5~10 min。然后停止送、引风机,并密闭炉膛和关严各烟风道风门、挡板,避免停炉后冷却过快。

5)锅炉降压冷却

低负荷停机后,锅炉进入自然降压与冷却阶段。这一阶段总的要求是保证锅炉设备的安全,所以要控制好降压和冷却速度。当排烟温度降到 80 ℃时,可停止回转式空气预热器。停炉 4~6 h 后,开启引风机入口挡板及锅炉各人孔、检查孔,进行自然通风冷却。停炉 18 h 后可启动引风机进行冷却。当锅炉降压至零时,可放掉炉水。若锅炉有缺陷,放水温度≤ 80 ℃

中参数热备用停机应保持锅炉热量不散失,各处风门应关闭严密,但要防止管壁金属超温。

10.1.2　汽包锅炉蒸发设备的安全启动与停运

锅炉点火前,蒸发设备要先进水,大修后的启动或新投运的机组,还要进行水压试验。

锅炉点火以后,水冷壁吸收热量,加热蒸发设备的金属与内部的工质,工质温度逐渐上升。当工质温度达到饱和温度以后,工质压力随着产汽量增多而上升。水冷壁直接受到火焰的加热,炉外下降管、联箱及导汽管等靠工质流动获得热量,故工质流动是蒸发设备各部件均匀温升的必要条件。自然循环锅炉靠自然循环使工质流动,尽快建立稳定的水循环是蒸发设备温升的关键。控制循环锅炉可启动炉水循环泵建立水循环。

蒸发设备的工质压力与升压速度要符合汽轮机进汽的要求,还要符合蒸发设备本身的要求。它主要受水冷壁金属温度、汽包热应力、汽轮机汽缸与转子热应力等的限制。

下面分析蒸发设备在启动和停运各种工况下的安全工作。

1.锅炉上水与水压试验

锅炉上水就是向汽包、水冷壁、省煤器等注水。锅炉启动或水压试验都要先向锅炉上水。水压试验就是在冷态下将充满水的锅炉受压容器升压至工作压力或超工作压力,以检查严密性。

1)上水过程中汽包应力的控制

当汽包壁受外力作用时,其内部任一断面的两侧将产生相互作用的力,称为内力。单位断面面积上的内力,称为机械应力。汽包壁受热温度上升,体积膨胀,当体积膨胀受到限制时,也会产生内力。这种由温差引起的单位断面面积上的内力,称为热应力。

上水时汽包内无压力,故无内压力造成的机械应力。但进入的温水与汽包壁接触时,引起汽包内外、上下壁产生温差,管孔与管头之间产生温差。温水加热内壁,使汽包壁厚方向形成温度梯度,如图 10-2 所示。进入汽包的水温越高,温度梯度越大;加热速度越高,靠近内壁的温度梯度越大。汽包内壁温度高,体积膨胀量大;外壁温度低,体积膨胀量小。由于内壁膨胀受到外壁的限制,外壁受到内壁的拉伸,结果使外壁受到拉伸热应力,内壁受到压缩热应力。

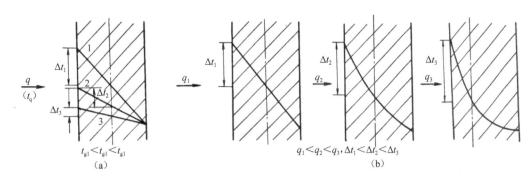

图 10-2　上水时汽包壁温度变化

(a)不同进水温度　(b)不同加热速度

q—加热速度；t_g—汽包进水温度

假定汽包壁为单面受热的平板，其周边固定而不能扭转，汽包内壁温度为 t_1，外壁温度为 t_2。壁面热应力值与内壁表面至中性线的温差 Δt 成正比，可近似表示为

$$\sigma = \Delta t \cdot \alpha \cdot E/(1-\mu) \qquad (10\text{-}1)$$

式中　σ——汽包热应力，MPa；

　　　E——汽包壁金属材料的弹性模数，MPa；

　　　α——金属材料的线膨胀系数，$\alpha = (11\sim14)\times10^6 \, \mathrm{m/(m\cdot ℃)}$；

　　　μ——泊桑系数。

Δt 与汽包内壁受工质加热情况有关，具体有以下三种情况。

(1)当加热缓慢时，壁内温度呈线性分布，此时有

$$\Delta t = (t_1 - t_2)/2$$

(2)当工质对汽包内壁加热较强时，如在正常升压时，则汽包壁内温度呈抛物线分布，此时有

$$\Delta t = 2(t_1 - t_2)/3$$

(3)当工质对汽包内壁加热强烈时，如高温水快速进入汽包时，则汽包壁内温度呈双曲线分布，此时有

$$\Delta t \approx t_1 - t_2$$

由上述分析可知，为了控制汽包热应力，上水温度不能太高，上水速度不能太快。一般规定，上水温度与汽包壁温差值不大于 50 ℃；上水时间，夏天不少于 2 h，冬天不少于 4 h。若上水温度与汽包壁接近，可适当加快上水时间；如果两者相等，则不受限制。例如对 600 MW 汽包锅炉，上水水质要合格，上水温度为 40~60 ℃，如果水温高于汽包壁温 50 ℃，应控制给水流量(30~60 t/h)，上水时间，夏天不少于 2 h，冬天不少于 4 h。

电厂上水水源有两种：一种来自除氧水箱，除氧器维持 0.12 MPa 压力热力除氧；另一种来自疏水箱。一般用 105 ℃除氧水作为锅炉进水，它流过管道系统、省煤器进入汽包，水温约 70 ℃。也有用疏水箱中的疏水上水，疏水由疏水泵升压，经过定期排污系统进入水冷壁下联箱，通过水冷壁进入汽包。用疏水箱上水，水温低，流量容易控制，但应注意水品质要符合标准。

2）锅炉启动上水和上水后的检查

锅炉启动上水时的最终汽包水位规定在正常水位线以下 100 mm 左右。一般正常水位在汽包中心线以下 150~300 mm。上水最终水位就是点火水位，它应低于正常水位，因为点火后炉水受热，水位会上升。

启动上水量与锅炉的参数、容量和结构有关。例如 670 t/h 超高压自然循环锅炉的启动上水量为 160 t。上水水质要符合给水品质有关规定。

上水完毕后，上水阀门关闭，汽包水位应稳定不变。如汽包水位继续上升，则需要检查阀门是否关闭严密。

上水过程中，汽包、水冷壁、省煤器等部件受热膨胀应正常。上水前后与上水过程中要检查和记录各部件膨胀指示值，如有异常情况应暂缓上水，并检查原因。

3）水压试验方法

锅炉承压元件在制造和安装过程中对原材料和各制造工序虽然经过专门检查，但是由于检查方法和检查范围的局限性，材料和工艺缺陷不一定都能被排除。因此，在锅炉承压元件全部工艺过程结束之后，应在等于或高于工作压力的条件下进行水压试验，以便对制造、安装的工艺质量进行投运前的整体最终检查。锅炉运行规程规定，锅炉大修、小修或局部受热面检修后，也必须进行工作压力的水压试验。

水压试验前必须确定水压试验范围及其隔离方案，例如主蒸汽系统与再热蒸汽系统之间的隔离，锅炉与汽轮机之间的隔离等。

水压试验上水方法和启动上水相同，但水压试验时上水必须把水灌满承压容器的全部空间。因此，水压试验的上水量大，超高压 670 t/h 锅炉承压容器总上水量为 326 t。

水压试验时可用小型活塞泵或其他方法对承压容器升压。升压应缓慢平稳，压力低于 10 MPa 时，升压速度不大于 0.3 MPa/min；压力大于 10 MPa 时，升压速度不大于 0.2 MPa/min。因为水是不可压缩的，升压过程中的任何疏忽都可能导致升压失控，造成设备严重损坏。对于工作压力水压试验，最终升压至工作压力。对于超压水压试验，升压至工作压力后暂停升压并进行检查，正常后再升压至超压值。水压试验结束后进行卸压，卸压速度不大于 490 kPa/min，压力降至大气压力后，根据需要开空气阀门进行放水。

（1）工作压力水压试验检查方法：当承压容器压力升至工作压力时关闭上水阀门，进行严密性检查，记录压力下降速度；然后再微开上水门，保持工作压力，进行全面性检查。

（2）超压水压试验检查方法：当承压容器压力升至工作压力后进行严密性检查和全面性检查，检查合格后再升压至超压试验压力，并保持 5 min 进行，严密性检查，再降压至工作压力保持不变，进行全面性检查。

（3）水压试验质量标准：严密性检查的合格标准为 5 min 内汽包压力下降值不大于 0.5 MPa，再热器压力下降值不大于 0.25 MPa；全面性检查的合格标准为汽包、联箱、受热面以及它们的连接管道的所有焊缝或其他部位无泄漏现象，没有任何水珠和水雾。

4）水压试验的安全

水压试验必须保证安全。水压试验的安全原则主要有以下四个方面：

（1）防止试验容器超压；

（2）防止试验容器的冷脆破碎；

（3）防止奥氏体钢的腐蚀脆裂；

（4）保护水压试验范围以外的设备与表计。

防止试验容器超压，首先要有可靠的监视压力表，要临时安装事先校验过的标准压力表。试验容器还必须有快速卸压的有效措施。容器升压要严格按规定的升压速度升压。

Ⅰ.汽包的"冷脆"破碎

水压试验时必须十分重视金属材料的"冷脆"现象。锅炉汽包广泛采用低合金钢，主要有α-铁构成的体心立方晶格。这类材料在温度较低时脆性明显增加，抗拉强度明显下降。例如20世纪60年代我国某锅炉制造厂生产的125 MW机组的锅炉汽包，采用BHW-35低合金钢，在进行水压试验时由于金属温度过低而发生"冷脆"破碎事故。

对于一定的材料，通过试验可求得脆性转变温度。当金属的工作温度高于脆性转变温度时，就不会出现"冷脆"破碎。影响脆性转变温度的因素有：容器缺陷会使脆性转变温度升高；升压速度越快，脆性转变温度越高；汽包壁厚度增加，脆性转变温度升高；冷加工工艺也会影响脆性转变温度。

为了防止在水压试验时发生"冷脆"破碎严重事故，水压试验温度必须高于脆性转变温度。具体控制数值由制造厂规定，一般试验水温为30~70 ℃，环境温度应在5 ℃以上。

Ⅱ.过热器、再热器的应力腐蚀

现代高参数锅炉的过热器、再热器高温段受热面有的采用奥氏体钢，如1Cr18NiTi等材料。奥氏体钢对一般腐蚀有很强的抵抗能力，但是奥氏体钢在应力作用下，当介质中含有Cl^-、OH^-时会引起破裂，称为奥氏体钢的应力腐蚀。

应力腐蚀的特点是产生金属晶粒体或晶间裂纹，腐蚀速度极快，在应力腐蚀条件下，5 min后就会产生裂纹、4 h后破裂。例如德国某化工厂装有一台30 MPa、600 MW参数的直流锅炉，正常运行了8万小时后，由于偶然原因水中含有Na（OH）120 mg/kg，Cl^- 0.4 mg/kg，仅20 min后奥氏体钢受热面就发生明显的腐蚀而完全损坏。因此，对于奥氏体钢受压容器的水压试验的上水中的Cl^-含量必须严格控制。我国200 MW机组锅炉中有的再热器高温段采用奥氏体钢，水压试验时要十分重视水中Cl^-含量。

2.启停过程中的汽包应力

1）汽包应力分析

在锅炉启动与停运过程中，汽包壁应力主要由压力引起的机械应力和温度变化引起的热应力组成，此外还有汽包、工质和连接件的重力等引起的附加机械应力。汽包壁受到的机械应力和热应力可用第四强度理论方法进行合成。下面分析各种应力的形成及其对锅炉安全工作的影响。

Ⅰ.机械应力

一般情况下，汽包的内外直径之比都在1.2以下，如某600 MW机组锅炉汽包内径为1 778 mm，上半部壁厚为198.4 mm，下半部壁厚为166.7 mm，其内外直径之比为1.11左右。

厚壁部件容器内外直径之比在 1.2 以下时,可以近似作为薄壁容器。

对于薄壁容器,在内压力作用下,只有向外扩张而无其他变形,故汽包壁的纵横截面上只有正应力而无剪应力。

在内压力作用下,汽包壁内任一部分的机械应力可以分解为切向应力 σ_1、轴向应力 σ_2 和径向应力 σ_3,其中切向应力和轴向应力为拉应力,径向应力为正应力。通常机械应力与汽包内压力成正比,汽包内工质压力越高,汽包壁机械应力越大。

Ⅱ. 热应力

在升压过程中,汽包壁热应力主要由汽包上下壁温差和内外壁温差造成。启动升压过快,汽包壁温差就大,热应力增大,过大的热应力将使汽包寿命损耗增大。启动升压过慢,则启动热损失增大,机组发电量减少。在升压过程中,汽包壁上下温度差表现在汽包上部温度比下部温度高,如图 10-3 所示。下面对其原因进行分析。

(1)汽包上部与蒸汽接触,下部与水接触。在升压过程中,工质温度上升,汽包壁金属温度低于工质温度,形成工质对汽包的加热。汽包下部为水对汽包壁的对流放热传热,汽包上部为蒸汽对汽包壁的凝结放热传热。后者的放热系数比前者大 3~4 倍,使汽包上部温升比下部快。

(2)上部饱和蒸汽温度与压力在升压过程中是单一关系,温度与压力同时上升。汽包蒸汽空间的蒸汽只能过热不会欠热。下部水温的上升需要靠工质的流动与混合实现,上升迟缓。升压越快,汽包上下部介质温差越大。

(3)启动初期,水循环微弱,汽包内水流缓慢,存在局部停滞区的水温明显偏低。

这样汽包上部壁温高,金属膨胀量大,下部壁温低,金属膨胀量相对较小。其结果是上部金属膨胀受到下部的限制,上部产生压缩应力,下部产生拉伸应力,如图 10-4 所示。

在升压过程中,工质不断对汽包内壁加热,还会产生汽包内外壁温差,使内壁产生压缩热应力,外壁产生拉伸热应力。

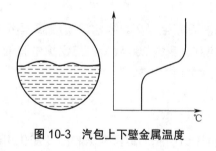

图 10-3 汽包上下壁金属温度

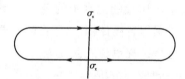

图 10-4 汽包上下壁热应力

Ⅲ. 汽包应力分析与低周疲劳寿命

在升压过程中,汽包的总应力由机械应力与热应力合成。一般情况下,汽包上下的外壁温度较接近,故外壁压缩应力较小,内壁拉伸应力较大。在汽包顶部,热应力与轴向机械应力方向相反,起削弱合成应力的作用;而在汽包底部,热应力与轴向机械应力方向相同,起叠加合成应力的作用。可见汽包底部应力大于汽包顶部,汽包整体的最大应力发生在底部内壁。下面对汽包底部的热应力进行简要分析。

（1）汽包底部内壁的轴向应力由以下部分组成：

①由内压力引起的轴向应力 σ_2，属于拉伸应力（+ 号）；

②汽包上下壁温差引起的热应力 $\sigma_{上下}$，属于拉伸应力（+ 号）；

③汽包内外壁温差引起的热应力 $\sigma_{内外}$，属于压缩应力（- 号）。

（2）汽包底部内壁的切向应力由内压力引起的机械切向应力 σ_1 和汽包内外壁温差引起的热应力 $\sigma_{内外}$ 组成。

（3）汽包底部内壁的径向应力由内压力引起的机械径向应力 σ_3 和大直径下降管金属及管内贮水重量引起的机械应力 $\sigma_{管重}$ 组成。

由上述分析可建立汽包底部内壁的应力表达式为

$$\sigma_{轴向} = \sigma_2 + \sigma_{上下} - \sigma_{内外} \tag{10-2}$$

$$\sigma_{切向} = \sigma_1 - \sigma_{内外} \tag{10-3}$$

$$\sigma_{径向} = \sigma_3 + \sigma_{管重} \tag{10-4}$$

由第四强度理论合成汽包底部内壁的总应力为

$$\sigma_{总} = \sqrt{\frac{1}{2}\left[\left(\sigma_{切向} - \sigma_{轴向}\right)^2 + \left(\sigma_{轴向} - \sigma_{径向}\right)^2 + \left(\sigma_{径向} - \sigma_{切向}\right)^2\right]} \ (\text{kg/mm}^2) \tag{10-5}$$

分析影响总应力的因素可以得到函数式 $\sigma_{总} = f(p, \Delta t_{上下}, \Delta t_{内外}, \Delta t_{管孔})$，而式中各项温差又是压力 p 的函数。

锅炉在启停过程中，机械应力与热应力的合成应力可能已超过材料的屈服极限。汽包由塑性钢材制成，合成应力一旦达到屈服极限后不再增加，由塑性变形吸收，故其实际应力有所减小。可见，汽包壁中实际存在的应力不会达到材料的抗拉强度而立即破坏，但是会影响汽包的工作寿命。其主要表现为以下两个方面。

（1）材料在接近塑性变形或局部塑性变形下长期工作，材质变坏，抗腐蚀能力下降，还可能引起应力腐蚀。

（2）在锅炉启动、停运及变负荷过程中，汽包应力发生周期性变化，这将引起疲劳损坏。即在长期的交变应力作用下，汽包壁形成裂纹，扩展到一定程度时汽包即破坏。汽包超过材料屈服极限时的疲劳破坏，称为低周疲劳破坏。汽包应力峰值超过屈服极限的数值越大，塑性变形越大，达到破坏的循环周数越少，即应力循环每一次的寿命损耗增大。

在启动和停运过程中，汽包最大峰值应力常在下降管进口处，该处的热应力是由汽包上下壁温差、内外壁温差及下降管与汽包孔壁之间的温差综合形成的，又由于该处因结构原因应力最集中，故在锅炉大修时，对汽包内壁进行检查，常发现在该处存在裂纹。发现汽包壁存在裂纹时应进行测量，确定它的安全裕度。

2）汽包壁温差的控制

由上述分析可知，在升压过程中，汽包的热应力和机械应力的总峰值应力增大，将使汽包的工作寿命缩短。热应力是由汽包壁温差产生的，而各项温差又是压力 p 的函数。因此，升压过程中要求汽包壁温差在最小值，压力越高，汽包壁温差允许值应越小。目前，运行规程根据传统的原则规定汽包壁温差不大于 40~50 ℃。

Ⅰ. 汽包内外壁温差的测定

在运行中汽包内外壁温差的测定,实质上就是汽包内壁温度的测定,根据试验可得以下规律:

(1)在启动初始阶段及稳定运行阶段,蒸汽引出管的外壁温度与汽包上部内壁温度相差仅在 0~3 ℃,故可以直接用前者代替后者;

(2)在启动初始阶段及稳定运行阶段,集中下降管外壁温度与汽包下部内壁温度相差仅在 0~5 ℃,故也可以直接用前者代替后者;

(3)在停炉过程中,从机组滑参数停机到发电机解列、锅炉熄火,蒸汽引出管的外壁温度与当时压力下的饱和温度相差在 0~±3 ℃范围内,差别不大,故可以用饱和温度代替上部内壁温度,锅炉熄火以后,进入自然降压阶段,降压速度缓慢,内外温差很小,可不必检测内壁温度;

(4)在停炉过程中,直至锅炉放水,集中下降管外壁温度与汽包下壁温度相差大致在 ±5 ℃范围内,可以考虑适当修正后仍用前者代替后者。

根据各壁温测点检测到的数值,可以确定汽包的上下壁温差、汽包上部内外壁温差及汽包下部内外壁温差。

Ⅱ. 启动与停运过程中汽包壁温差的控制

控制汽包内外、上下壁温差的关键是控制工质的升温、升压速度。降低汽包壁温差的具体方法主要包括:

(1)及早建立稳定的水循环;

(2)控制汽包内工质的升压或降压速度;

(3)限制升负荷速度。

3)锅炉升温、升压与升压曲线

饱和工质的压力与温度是单一关系,因此升压速度决定了升温速度。根据我国的经验,启动过程中工质的升温速度不大于 1~1.5 ℃ /min,可由此制定锅炉的升压基本曲线,如图 10-5 所示。在启动初期应采用较小的升压速度,因为此时汽包常会发生较大的壁温差。

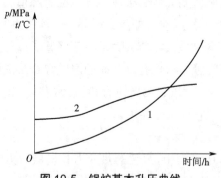

图 10-5　锅炉基本升压曲线

1—工质压力曲线;2—工质温度曲线

例如某亚临界压力自然循环锅炉,启动初期汽包压力为 0.8 MPa 时,汽包上下最大壁温差达 98 ℃,内外壁温差 56 ℃,峰值应力为 300 MPa。启动初期发生较大壁温差的原因主要有:启动初期水循环不正常,汽水流动较差,局部地区有停滞现象;进水阀门关闭不严,给水漏入汽包,使汽包壁局部温度下降;在低压时汽水饱和温度随压力的变化率($\Delta t/\Delta p$)较大等。

汽水饱和温度随压力的变化率见表 10-1。

表 10-1　汽水饱和温度随压力的变化率($\Delta t/\Delta p$)

P/MPa	0.098~0.196	0.196~0.49	0.49~0.98	0.98~3.92	3.92~9.8	9.8~13.7	13.7~17.64
$\Delta t/\Delta p$/ (℃/MPa)	205	105	56	23	10	6.4	5.7

单元机组滑参数启动时,锅炉升压曲线还必须满足汽轮机运行工况的要求,如汽轮机冲转、升速、并网、升负荷、暖机等,参看图 10-1。汽轮机冲转时,汽包压力要满足最低负荷的需要。升负荷阶段,汽包压力要满足升负荷速率与暖机等的要求,同时还应注意升负荷时汽包壁温差会短期增大。例如某 200 MW 锅炉,在并网初期汽包上下壁温差 $\Delta t_{上下}$ 不大于 10 ℃,升负荷 >25 MW 以后,$\Delta t_{上下}$ 增大,负荷至 180 MW 时 $\Delta t_{上下}$ 达 40~42 ℃,此时降低汽包壁温差的方法是限制升负荷速率。

升压过程应严格按给定的锅炉升压曲线进行,若发现汽包壁温差过大,应减慢升压速度或暂停升压,找出原因并根据设备情况采取相应的措施,使温差不超过规定值,保证汽包的安全。

对锅炉升温、升压过程的控制,可以汽轮机冲转为界,划分为以下三个阶段。

(1)汽轮机冲转前锅炉的升温、升压。这时锅炉通常未投煤粉,由于炉内整体燃烧较弱,烟气量少,过热蒸汽的过热度不大,而且过热度的变化也不大。所以,过热汽温基本上受升压速度的控制,汽温控制的原则是只要满足汽轮机的冲转压力和温度的要求即可。控制汽温的手段主要是燃料量和汽轮机旁路系统阀门的开度。

(2)汽轮机冲转时锅炉的升温、升压。在冲转升速过程中,锅炉基本不调整燃烧,同时锅炉压力维持恒定,这时锅炉过热器的进口温度不变,易于维持汽轮机前主蒸汽温度的稳定,使汽轮机冲转升速过程中的加热平缓、均匀,降低其热应力。

(3)汽轮发电机并网接带初负荷后锅炉的升温、升压。机组接带初负荷后,由于给水加热系统的投入,给水温度逐渐提高,过热汽温有所增大。同时,锅炉的燃烧率大幅度增加,汽温上升较快,过热度也逐渐增大。此时的升温速度主要受汽轮机热应力和胀差的限制,而升压速度仍旧受汽包安全的限制。控制升温、升压速度的主要手段就是控制燃烧率,即控制投入的燃料量。此外,还可以通过调节旁路系统阀门的开度来控制升温、升压速度。机组达到某一负荷(如 70%MCR)时,汽温一般会升至额定值,此后按照滑压方式升负荷,而汽温则用正常的调温装置(一般是减温水量)来维持给定值。

4）热态启动过程的升温、升压控制

机组热态启动的特点是启动前机组的金属温度水平高，汽轮机的冲转参数高，启动时间短。因此，锅炉在点火后，应尽可能加大过热器、再热器的排汽量，迅速增加燃料量，在保证安全的前提下尽快提高汽压、汽温，提高升负荷率，以防止机组金属部件继续冷却。同时，由于被加热部件的金属温度起点高，相应的升温幅度小，因此也允许较大的升温、升压速度。

由于再热蒸汽管道容积比主蒸汽管道大，疏水多；再热蒸汽压力比主蒸汽压力低得多，排汽及疏水能力差，因此在主蒸汽温度达到冲转要求时，再热蒸汽温度往往还没达到要求，可能低于金属温度。这就要求锅炉应迅速提高主蒸汽温度和再热蒸汽温度，减少低参数蒸汽对金属的冲击。

为缩短启动时间，尽快达到汽轮机冲转的要求，可采取下面的方法来提高再热蒸汽温度：

（1）汽轮机高压旁路后汽温在允许范围内尽量提高（控制装置为旁路的减温减压器），从而达到提高再热蒸汽进、出口温度的目的；

（2）尽可能在汽轮机冲转前投入制粉系统，以满足汽轮机较高冲转参数的要求；

（3）采取在烟气侧提高再热汽温的措施，例如摆动式燃烧器上摆，或投用上层燃烧器喷口，或开大再热器出口烟气挡板，适当增大过量空气系数等。

5）停炉降压过程中的汽包热应力分析

Ⅰ.停炉降压过程中的汽包热应力

锅炉停炉过程中工质温度相应下降，汽包金属温度也下降。对于停机后的降压过程，汽包上部蒸汽温度下降滞后于压力下降，汽包金属温度下降滞后于工质温度下降。工质与汽包金属之间形成的温差使金属的蓄热释放，下部壁面水层发生核态沸腾，上部壁面汽层变成微过热。由于汽包下部水温低于上下汽温，下部壁面放热系数大于上部壁面放热系数，从而使上部壁温高于下部壁温。

如果是滑压停运过程，由于汽水工质的流动，汽包上部蒸汽温度与饱和温度基本相同，微过热蒸汽层较薄，汽包上下壁温差较小。

在降压过程中，若汽包保温良好，汽包外壁温度高于内壁温度。

因此，停炉降压过程中汽包上部产生压缩热应力，下部产生拉伸热应力；汽包外壁产生压缩热应力，内壁产生拉伸热应力。

此外，在滑压停运过程中，由于压力降低使下降管中工质和管壁金属蓄热释放造成下降管带汽，使循环动力减小，可能引起水循环恶化。水循环恶化会使汽包壁温度分布更不均匀，热应力增大。

Ⅱ.锅炉停炉过程中降压速度的控制

在锅炉滑压停运过程中，一般采用以下方法控制汽包热应力。

（1）控制工质温度下降速度。汽包压力大于 9.8 MPa 时，汽包内工质温度下降速度不大于 1 ℃/min，相应的降压速度为 0.05~0.1 MPa/min；汽包压力小于 9.8 MPa 时，工质温度下降速度不大于 1.5 ℃/min，相应的降压速度为 0.1~0.15 MPa/min，主要由燃烧率控制降压速度。在汽压下降的同时，汽温也相应下降，汽温下降速度取决于汽轮机冷却的烟气，通常过热蒸汽的降温速度大约为 2 ℃/min,再热蒸汽的降温速度大约为 2.5 ℃/min。要控制再热汽温与过热汽温变化一致,不允许两者温差过大,同时应始终保持过热汽温有不低于 50 ℃ 的过热度,以确保汽轮机的安全。因此,除用燃料量和使用减温水调节汽温外,还可以通过汽轮机增大负荷的方法进行控制。

(2)降压降负荷分几个阶段进行,每个阶段停留 20~60 min。

(3)降压至 2 MPa 以下时,应放慢降压速度,因为低压时温度随压力的变化率大,见表 10-1。

(4)机组滑停的最低负荷,除稳定燃烧要求外,还受汽包壁温差的限制。在锅炉负荷下降的同时,燃料量减少,水冷壁热负荷不均匀性加剧,水循环恶化,发生循环停滞回路的汽包相应空间内工质流动减弱甚至停止,导致汽包壁温差增大。

例如某 670 t/h 锅炉在负荷降至 9%MCR 时,只有两个油燃烧器在运行,炉内热负荷不均匀,使汽包上下壁温差在 10 min 内上升至 60 ℃,被迫立即停炉,汽轮发电机解列。

锅炉在额定参数停运时,由于在较高参数下熄火降压,降压过程容易产生更大的汽包上下壁温差,所以要更严格地控制降压速度,主要是在刚停炉的 4~6 h 内,一定要停运送、引风机,密闭锅炉本体,并连续监视汽包壁温差。

6)控制循环锅炉汽包热应力控制的特点

由于控制循环锅炉在汽包内部有与汽包同样长度的弧形衬板,在弧形衬板和汽包壁之间有汽水混合物自上而下流动,使汽包内部表面温度基本相同,汽包上下壁基本不存在温差,从而改善了汽包的应力特性。所以,对于控制循环锅炉的汽包,限制其升压速度的因素主要是汽包内外壁温差和汽包的内压力。

控制循环锅炉在点火前已经启动炉水循环泵并建立了水循环,点火后汽包的受热比较均匀,可以提高升温、升压速度,其炉水温升速度一般控制在 80~90 ℃/h 以上,根据资料,如果采用 110 ℃/h 的温升速度,汽包寿命期内允许启停次数在 7 万次以上。

控制循环锅炉在水冷壁进口安装了节流孔板,使水冷壁管中的流量按热负荷大小来分配,在整个启动过程中,保证了水循环的安全可靠。

3. 启停时蒸汽管道的保护

一台大型锅炉的汽水受热面,即过热器、再热器、省煤器和水冷壁(俗称"四管"),由性能不同的各种钢管组成,必须承受很高的工作压力,其管材壁厚为 2.0~12.0 mm,各种规格管子的总长度可达 200 km。

在启停过程中,过热器和再热器受热面的管子及其到汽轮机的连接蒸汽管道,壁内温度的变化和分布是一个不稳定的导热过程,管子在长度方向膨胀受阻产生热应力,管子内外壁温差也产生相应的热应力;同时,随着升温、升压过程蒸汽的产生,管内随即由内压产生机械应力。启停时锅炉蒸汽管道的保护方法如下。

1)暖管

锅炉启动时由于蒸汽管道稳定性较低,为避免高参数蒸汽进入管道产生过大的热应力,应进行充分的暖管。暖管时升温要缓慢,防止加热过快,保证热应力在安全的范围内。同时,管道系统中还有比管子厚度大很多的法兰和阀门,特别是没有保温的法兰和阀门,如果暖管速度太快,会产生巨大的热应力从而造成破坏。因此,为保证管道系统的安全,暖管的速度应控制在温升不大于 4~5 ℃ /min。

2)疏水

在启动前,从锅炉出口到汽轮机前的一段主蒸汽管道是冷的,可能管道内还有积水,同时在暖管的初始阶段,进入主蒸汽管道的蒸汽参数较低,蒸汽将热量传给管道和阀门等而凝结成大量的疏水。这些凝结水被蒸汽带走会产生严重的水冲击,使管道系统发生振动,因此需要把管道系统上的疏水门打开排放积水和凝结水,疏水过程一定要进行彻底。

3)排空气

管道投入运行前,应开启空气门,把管内空气全部排除,防止空气积存在管内腐蚀管壁金属和引起空穴振动。

4)热紧及防冻

启动时,必须监视管道膨胀是否正常,支吊架是否完整。

在启动过程中,随着压力的升高,管道上的螺栓会产生热松弛,可能造成泄漏,因此在压力升高到 0.3~0.4 MPa 时,要进行热紧螺栓的工作。为了安全,不允许在压力更高的情况下热紧螺栓。

为了防止冻坏管道和阀门,对于露天或半露天布置的停用管道,在冬季气温低于 0 ℃时,要将管道内的存水排放干净,并防止有死角积水的存在,或采取一定的防冻措施。

4. 启动过程中的水循环

1)水循环建立过程

锅炉点火前,汽包水位以下空间储存着水,处于静止状态。锅炉冷态点火时,燃料燃烧放热,水冷壁内炉水温度逐渐上升,达到饱和温度就开始产生蒸汽。下降管中的水与水冷壁中的高温水或汽水混合物之间的密度差形成运动压头,从而促使水冷壁内的工质发生流动。随着燃烧的加强,工质流动逐步加速。

水循环把工质从炉膛吸收的热量带至循环回路各部位,使各部件温升均匀。水循环使汽包内炉水温升和流动,减小汽包壁温差。水循环使水冷壁内的工质流动,减小了膜式水冷壁的管间温度差。因此,启动初期及早建立水循环是非常重要的。

2)建立水循环的措施

Ⅰ.炉膛燃烧

炉膛燃烧稳定均匀并具有一定的燃料量是及早建立稳定的水循环的必要条件。

锅炉点火时,短期内投入的燃料量称为初投燃料量。较大的初投燃料量对稳定燃烧、建立水循环有利,但初投燃料量太大会引起受热面壁金属超温危险。在一定的初投燃料量下,单个油枪容量小,油枪根数多可使炉膛热负荷均匀,并注意及时轮换使用油枪,使炉膛热负荷尽量均匀。

需要注意,为了保护过热器和再热器,在汽轮机冲转前,锅炉炉膛出口烟温不要超过540 ℃左右。

Ⅱ. 升压速度

升压速度对水循环建立也有影响。锅炉压力较低时,虽然汽化热较大,但饱和温度低,对应金属温度也低,金属与水的蓄热少,在相同燃烧条件下产汽量较多。同时,在低压时,汽水密度较大,能产生较大的流动压头。因此,启动初期升压较慢,维持较低压力有利于建立水循环。

Ⅲ. 炉水辅助加热(也称为蒸汽推动)

自然循环锅炉为了及早形成较大的流动压头,常采用炉水辅助加热装置。它是在水冷壁下联箱内用外来汽源(邻机抽汽或启动锅炉)对炉水加热,一般可将炉水加热到 100 ℃ 左右后锅炉再点火,锅炉点火后就停止加热。

采用炉水辅助加热装置有以下优点:加快建立水循环,减少汽包壁温差,缩短启动时间,减少启动耗油,停炉时用外来汽源加热炉水以防冻和防腐蚀,还可用外来汽源排除过热器中的积水。

投用炉水辅助加热装置时,汽包水位应在正常水位线以下 100 mm 处,炉水加热后水空间内的水产生膨胀使水位上升,故投用后要严密监视汽包水位。投用炉水辅助加热装置时,要注意控制炉水升温速度,一般控制在 28~56 ℃ /h 内,防止受热面产生过大的热应力。

Ⅳ. 锅内补放水

锅内补放水就是利用定期排污放水,同时补充给水维持汽包水位。锅内补放水可使受热较少的水冷壁及不受热的部件内用热水代换冷水,促使它们的温升均匀。但是锅内补放水将造成部分工质和热量损失。

5. 金属膨胀量的监督

升压过程中工质和金属温度随之升高,各部件都相应地发生热膨胀。各部件膨胀的位移反映了其受热温升情况,不同的温度水平就有不同的膨胀位移量;同时也反映了膨胀位移是否受阻碍(水冷壁不能自由膨胀时即有热应力产生使其发生弯曲或顶坏其他部件),以及方向是否正确。对新安装或大修后的锅炉,首次启动时必须严格监视各部件的膨胀情况,检查膨胀方向和膨胀量。如发现不正常,必须限制升压速度,查明原因,消除障碍。正常启动时也要常规检查各部件的热膨胀情况。

锅炉主要受热部件都装置膨胀指示器。膨胀指示器由膨胀位移指针与坐标板组成,膨胀位移指针焊接在受热部件上,坐标板在静止不受热的钢架上。

对各部件的膨胀指示值,在点火或炉水辅助加热前要做好记录。点火或炉水辅助加热后,除要定期记录指示值之外,一般还要从升压初期到汽轮机冲转、暖机、并网及接带负荷,直至锅炉负荷达到 70%MCR 前,进行多次膨胀指示值的检查与记录。通常在锅炉升温、升压的初期,检查间隔的时间应该短些。

当水冷壁及其联箱因受热不同而出现不均匀膨胀时,可以用加强放水,特别是通过加强膨胀量较小的水冷壁回路放水的方法来解决。

6. 汽包水位控制

锅炉启动与停运过程中,汽包水位受到各种工况的影响,必须注意汽包水位的控制。此时,应以汽包就地水位计为准,用就地水位计监视水位,并作为控制水位的依据。在启动过程中,就地水位计指示必须可靠,故在汽包工质压力升至 0.05~0.1 MPa 时对水位计进行冲洗,检查水位计工作是否可行和排尽积存的空气。为了安全,在锅炉启动过程中,可指派专人对就地水位计水位进行监视。

1)启动时汽包水位变化的特点

锅炉汽包水位除决定于进出口工质流量平衡关系外,还决定于水空间蒸汽体积大小,后者决定于蒸汽质量和蒸汽密度。压力增加,蒸汽密度增大,蒸汽体积减小;蒸汽产量增大,在相同的密度下蒸汽体积增大。因此,在启动与停运过程中,汽包水位的变化是很复杂的,一般具有以下规律:

(1)炉水辅助加热,汽包水位上升;

(2)锅炉点火,汽包水位上升;

(3)增加燃料,汽包水位上升;

(4)升压,汽包水位下降;

(5)增加燃料升压,汽包水位上升;

(6)开大汽轮机旁路,汽包水位上升;

(7)安全阀门起座,汽包水位上升;

(8)开向空排汽阀门,汽包水位上升;

(9)锅炉进水,开始时汽包水位下降,之后又上升;

(10)开下联箱放水,汽包水位下降;

(11)汽轮机调速阀门开大,汽包水位上升。

2)升温、升压过程中汽包水位的监视

在升压过程中,对汽包水位的控制和监视,由于需密切配合锅炉启动工况的变化进行,各阶段的操作要点如下。

Ⅰ.升压初期的操作

在点火升压的初期,炉水逐渐受热升温、汽化,因而其体积膨胀,汽包水位逐渐升高。同时,一般还要进行锅炉下部放水,使水冷壁各回路受热均匀,金属膨胀变形均匀。这时,应根据放水量的多少和水位的变化情况,决定是否需要补充进水,以保持汽包水位正常。

Ⅱ.升压中期的操作

在升压过程的中期,煤粉主燃烧器投入运行,炉内燃烧逐渐加强,汽温、汽压逐渐加速升高。由于这时蒸汽产量加大,消耗水量增多,应及时增大给水量,以防止汽包水位下降。此时,一般仍用给水旁路或低负荷进水管上水(因主给水管道直径大,给水量不易控制)。

Ⅲ.升压后期的操作

在升压过程的后期,进行安全阀校验时,在开始的瞬间由于蒸汽突然大量外流,锅炉汽压会因此迅速降低,产生严重的"虚假水位"现象,暂时使汽包水位迅速升高。为了避免蒸汽大量带水,事先应将汽包水位保持在较低的位置。若"虚假水位"很严重,还应暂时适当地减少给水,待水位停止上升后,再开大给水门增加给水。

在锅炉蒸汽量达到一定值时,应根据负荷上升的情况,将给水管路切换到主给水管路,并根据需要改变给水调节门的开度,维持给水量与蒸发量的平衡,保持汽包水位正常,并在适当负荷下,当汽包水位稳定后,将给水由手动切换为自动,使给水自动调节装置投入运行。

7. 硅洗

超高压、亚临界压力汽包锅炉,炉水中的硅酸会溶解于蒸汽(如 600 MW 汽包锅炉工作压力达 19.4 MPa 时,硅酸的分配系数已接近 16,具有较大的溶解能力),使蒸汽品质恶化。含硅蒸汽在汽轮机中膨胀做功,压力下降,硅酸从蒸汽中分离出来,以固态沉积在汽轮机叶片上,严重影响汽轮机的安全经济运行。超高压以上的汽包锅炉硅酸分配系数随着锅炉压力升高而上升,因此在启动过程与正常运行时,必须对炉水含硅量进行严格控制。在启动过程中,根据含硅量限制锅炉升压,排去硅酸浓度高的炉水,使炉水含硅量达到 0.02 mg/L 以内,这个过程称为硅洗。硅洗一般从 10 MPa 左右开始进行。

例如 300 MW 亚临界压力自然循环锅炉,在锅炉压力升至 9.8 MPa 开始进行硅洗,分 9.8、11.8、14.7、16.7、17.7 MPa 五个阶段,每个压力阶段的炉水允许含硅量见表 10-2。在每个压力阶段都进行硅洗,当炉水中含硅量达到下级压力允许含硅量时,才能升压至相应级,并继续进行硅洗。

表 10-2　各压力阶段下炉水允许含硅量(mg/L)

蒸汽压力 /MPa	9.8	11.8	14.7	16.7	17.7
炉水中含硅量 /(mg/L)	3.3	1.28	0.5	0.3	0.2

10.1.3　过热器与再热器的安全启停

1. 基本要求

在单元机组滑参数联合启动与停运过程中,锅炉送至汽轮机的过热蒸汽的压力、温度及其流量要符合汽轮机各工况的要求,同时还要保证过热器、再热器及管道系统自身的安全工作。过热器、再热器的受热面金属温度是锅炉受热面中最高的,与材料的许用温度很接近。在启动过程中,锅炉各部件及工质温升需要热量,燃料常是超量投入,即燃料量的投入超过蒸汽流量的对应值,过热器与再热器的冷却条件常不适应其加热条件,很可能引起受热面金属超温。在停运降压降负荷过程中,锅炉蓄热释放,也可能发生受热面的超温。管道、联箱从冷态到相应工质温度的暖管过程,也可能发生水锤、振动等不正常现象。因此,在启动与停运过程中,必须十分重视采取有效的措施,使过热器、再热器及其管道系统安全工作。

2. 过热器与再热器启动初期的保护

1) 立式蛇形管积水与排除积水的措施

炉膛中的屏式过热器、水平烟道中的高温过热器、高温再热器都是立式布置,启动前常有积水现象。如启动前进行水压试验,立式蛇形管内充满水压试验用水;运行后停炉,立式蛇形管内也会有凝结水积聚。立式蛇形管内的积水不能靠自身的重力放掉,锅炉启动时会形成水塞,阻碍蒸汽畅流。

由于平行管列中的积水往往是不均匀的,在通汽流量或并列管进出口压力差不足时,积水较少的管子可能被疏通,而积水较多的管子中的水位波动会使水位面处的管金属发生疲劳损伤。大型锅炉左右侧水塞偏差会造成汽温偏差。因此,在启动初期必须及时地把蛇形管中的积水疏尽,具体措施如下。

(1)汽轮机冲转前主蒸汽阀门关闭阶段,要求对过热器、再热器通汽,疏通与排尽积水,积水的蒸发形成对受热面的冷却,同时对联箱、蒸汽管道进行暖管。首先要放掉过热器、再热器中的积水,启动初期各级疏水阀门应开启。包覆管过热器、水平蛇形管过热器和再热器等在启动初期应开启各自的底部疏水阀门,待积水放尽后关闭;立式蛇形管出口疏水阀门在蒸汽流量达到疏通水塞的流量后可关闭,且疏水一定要彻底。

汽轮机冲转前,过热器、再热器中的出口蒸汽可通过以下途径排放:

①开过热器、再热器出口疏水阀门,工质通过疏水管道排放。

②开汽轮机旁路,蒸汽通过旁路系统排入凝汽器,这种方法无噪声,并能回收工质。

一般应在立式蛇形管积水疏通后,才能使用前几级过热器的疏水阀门与过热器的旁路系统,并必须注意受热面的管壁温度。因为使用这些通道将使其后的受热面中蒸汽流量减少,冷却条件变差。

(2)立式蛇形管的积水还可靠烟气对其加热蒸发逐渐疏通或加热疏通,在没有达到疏通前必须限制受热面的进口烟温(一般在锅炉蒸发量小于(10%~15%)MCR 时)。可根据过热器或再热器受热面金属材料的许用温度与允许的左右烟温偏差值确定进口烟温的限值。例如用 12Cr1MoV 钢材的过热器,钢材的许用温度为 580 ℃,考虑到左右烟温偏差为30 ℃,则过热器进口烟温限值为 550 ℃。再热器未通汽前,采用限制进口烟温方法来保护再热器,可用上述相同方法确定烟温限值。

可从以下几个方面判断过热器的积水是否已经疏通:

①出口汽温忽高忽低,说明还有积水,而出口汽温稳定上升,则说明积水已经消除;

②各受热管的金属壁温彼此相差很大,说明还有积水,当各管间的温差小于 50 ℃时,才允许增加燃烧;

③汽压已大于 0.2 MPa,足以将最长管子中的积水疏通。

当以上三个条件都具备时,可以增加燃料升温升压。如果过早增加燃料,很可能导致过热器超温。

2)暖管

冷态管道突然通入大量高温蒸汽,阀门、法兰等管子附件会产生很大的热应力,还可能产生严重的水锤和振动。因此,事先必须用少量的蒸汽对管道进行缓慢的加热和疏水,使管道金属逐渐升温一致,这个过程称为暖管。暖管温升速度一般限制在 2~3 ℃/min。

3.过热器与再热器启动后期的保护

启动后期是指并网后的升负荷阶段。在该阶段中,由于燃烧未调整至最佳状态,燃烧中心偏高、热偏差大、燃料量偏大等都是常见的现象,这些都会造成受热面壁温偏高,甚至超过材料的许用温度。现代高参数锅炉使用钢材的工作温度已十分接近材料的许用温度,即使壁温少量偏离也会发生超温的危险。

在启动过程中,防止过热器、再热器管壁金属超温的方法大致有以下几种。

(1)降低燃烧火焰中心的位置。降低燃烧火焰中心的位置,使炉膛出口烟温下降,从而使受热面壁温下降。投用下排燃烧器,增大燃烧器下倾角,调整燃烧器一、二次风使燃烧稳定,火焰不直接冲刷炉墙和屏式过热器,降低过量空气系数和漏风系数等,都能降低燃烧火焰中心的位置。

(2)防止局部烟温过高。投运的燃烧器均匀对称,或定期调换燃烧器,减少炉内的烟气温度偏差和传热偏差,都可以防止局部烟温过高。

(3)合理使用喷水减温器。使用喷水减温器的目的是降低受热面壁温和调节蒸汽温度。在喷水点后的受热面,既可降低壁温又可降低蒸汽温度。但在相同的过热器出口蒸汽流量前提下,喷水点前受热面蒸汽流量相应减少,冷却条件变差,壁温升高。因此,只有在喷水点前受热面壁温较低,安全裕度许可的情况下,才能用喷水减温器调节汽温,而在启动的初期和中期应尽量避免使用。

经验表明,由于减温器布置位置的影响,低温过热器和屏式过热器是启动时应该重点加以监视的对象,它们往往在(70%~80%)MCR 负荷区间出现金属超温。

再热器的具体保护方法与汽轮机旁路系统的形式有关。对于采用高、低压两级旁路的系统,在启动期间,锅炉产生的蒸汽可以通过"高压旁路-再热器-低压旁路"通道流入凝汽器,因而再热器能得到充分冷却。一般高压旁路应全开,低压旁路开 50% 以上。

对于采用一级大旁路的系统,汽轮机冲转以前,再热器内没有蒸汽流过进行冷却,通常采用以下方法保护再热器。

(1)启动时,控制进入再热器的烟气温度,可根据再热器受热面金属材料的许用温度与允许的左右烟温偏差值确定进口烟温的限值,操作时以控制炉膛出口烟气温度来实现。

(2)选用较低的汽轮机冲转参数,这样在再热器进口烟温较低时已可冲转进汽,保证再热器管内有蒸汽流过。

(3)启动中投入限制燃料量的保护装置,如燃料量超过整定值则保护动作,自动停止增加燃料。

在热态、极热态下启动时,由于锅炉整体温度水平较高,使再热器在管内蒸汽流量较小时,管外已经有很高的热负荷,管壁超温的可能性极大。为保护再热器,在条件允许的情况下,应提高再热器的启动压力定值(国外 300 MW、600 MW 机组热态、极热态启动时的再热器压力在 1.0 MPa 左右),以提高热态、极热态启动初期旁路流量和再热器管内蒸汽的质量流速,加强管壁的冷却,以降低壁温。

4. 启动与停运过程中蒸汽参数的调节

启动与停运过程中锅炉出口蒸汽参数应按以下原则确定:

(1)蒸汽压力与温度要满足汽轮机各工况下的进汽要求;

(2)过热器与再热器受热面金属不超温;

（3）主蒸汽温度变化率不大于 1~1.5 ℃ /min，再热蒸汽温变化率不大于 2 ℃ /min。

图 10-1 与图 10-2 所示为滑参数联合启动与停运过程中汽轮机进口蒸汽参数的变化。蒸汽温度要符合升温（启动）与降温（停运）曲线，就需要进行汽温调节。汽温调节可用喷水减温、汽 - 汽热交换、烟气挡板等实现。如果炉内燃烧稳定，还可采用改变燃烧器投运组合、调节燃烧器倾角等实现。但是正常的调温方法不能完全满足启动与停运过程中汽温的要求，还必须用启动与停运过程中特定的调温方法。后者与启动系统有关，下面进行说明。

大型锅炉的过热器是以对流型为主的辐射对流联合型受热面，再热器主要是对流型受热面，它们的汽温特性都是随着负荷的增加而上升，对流成分越多，汽温特性斜率越大。因此，锅炉增加燃料量，使产汽量增加的同时，蒸汽温度也随之上升。在启动过程中，为满足汽温的要求，锅炉产汽流量常会超过汽轮机的需要，锅炉与汽轮机之间的流量差值可通过以下途径平衡。

（1）具有汽轮机旁路系统的启动系统，流量差值可通过汽轮机旁路系统排入凝汽器；通过过热器、再热器出口疏水系统排入凝汽器或疏水扩容器；向空排汽排入大气。其中，汽轮机旁路系统通流量大，调节性能好。疏水系统的通流能力较小，只能平衡较小流量差值；向空排汽阀门有很大的平衡汽量的能力，简单可靠，但工质全部损失，噪声也很大。

（2）具有过热器旁路系统的启动系统，调节汽温的原理是改变受热面内蒸汽流量，使每千克蒸汽的吸热量与汽温升高值发生变化。受热面的对流传热主要决定于烟气速度与温度，辐射传热主要决定于烟气温度，决定于燃料量的大小。故在燃料量不变时，蒸汽流量减小，汽温上升，而蒸汽流量增加，汽温下降。采用过热器旁路系统调节汽温时，过热器中蒸汽流量减少，对受热面的冷却条件变差，要防止受热面管壁金属超温。

10.1.4　尾部受热面的保护

1. 省煤器的保护

汽包锅炉水容积大，在启动与停运过程中的一段时间内产汽量很少，不需要给水或只需要间断给水。在停止给水时，省煤器内无水流通，管内将会发生汽水分层、CO_2、O_2 等气体杂质停留在受热面上，发生受热面管子金属温度波动、超温或腐蚀等问题。因此，在启动或停运过程中，要求省煤器内有连续流动的水流。

保持省煤器内水连续流动的方法有省煤器再循环法和连续进放水法。

1）再循环法

自然循环锅炉的省煤器再循环法是在汽包和省煤器进口联箱之间接一根装有再循环阀门的再循环管。在锅炉停止给水时，给水阀门关闭，再循环阀门开启，省煤器与再循环管间由于工质密度差而形成循环流动。自然循环锅炉省煤器再循环法存在以下缺点。

（1）省煤器再循环和省煤器给水进水工况切换时，要操作给水阀和再循环阀门；同时，省煤器进水联箱由给水变成炉水或由炉水变成给水时，由于水温不同而引起壁温波动，产生疲劳裂纹。

（2）如果再循环阀门关闭不严或有泄漏，则部分给水将不通过省煤器直接进入汽包，汽包壁局部温度下降,壁温差加剧;同时,省煤器中水流量下降,将引起管壁超温;给水吸热量减少,将引起过热汽温上升。

控制循环锅炉省煤器再循环系统是在水冷壁下联箱与省煤器进口联箱之间接再循环管,主要靠炉水循环泵使省煤器产生再循环。这种系统循环动力大,工作安全,应用较广。

2)连续进放水法

连续进放水法一般是小流量给水连续经过省煤器进入汽包,同时通过连续排污或定期排污系统放水维持汽包水位。它克服了省煤器再循环法的缺点,常应用于经常启动与停运的锅炉,但是放水的工质和热量损失了。有些锅炉为了回收工质和热量,锅炉放水接入除氧器水箱,但进入除氧器水箱的水质必须合格。有的锅炉采用适当降低连续给水量,辅以限制省煤器进口烟温的方法来保证省煤器的安全启动。例如 670 t/h 超高压自然循环锅炉,在启动过程中采用连续给水放水,同时限制省煤器进口烟温不大于 358 ℃ 的方法来保护省煤器。

对于在点火前采用炉水辅助加热的启动方式,由于点火时汽压已升至 0.5~0.7 MPa,锅炉已有相当的排汽量,锅炉可以连续上水,省煤器的冷却问题也就解决了。

另外,对省煤器布置在进口烟温较低区域时,可以不设置再循环管,如 SG-1025/18.2-M319 型自然循环锅炉,省煤器在 100%MCR 时进口烟温才 441 ℃,在碳钢管材的承受范围内,而启动时进口烟温要低于 441 ℃,所以不设置再循环管也是安全的。

2. 防止"二次燃烧"

锅炉启动时,对空气预热器的监护首先是防止"二次燃烧",其次是防止不正常的"蘑菇"状变形。二次燃烧的产生主要是由于启动初期以燃油为主,而且燃烧不完全程度比正常运行时要高,未完全燃烧的燃料被烟气带到尾部受热面沉积下来,当烟温逐渐升高,使其逐渐氧化升温,达到自燃温度后发生燃烧。

因此,启动时应密切监视空气预热器的出口烟温(即排烟温度),若排烟温度不正常升高,应立即停止启动或做停炉处理,并密闭烟道进行灭火。

3. 回转式空气预热器变形的防止

回转式空气预热器应在启动送引风机前启动,防止受热面转子沿周向不均匀温升,而造成不正常的"蘑菇"状变形。回转式空气预热器启动前应把空气出口风门、烟气进口挡板开启。通风清扫时应投用回转式空气预热器的吹灰器。

4. 防止尾部受热面的腐蚀

在启动过程中,省煤器内壁可能发生氧腐蚀,省煤器与空气预热器烟气侧可能发生低温硫酸腐蚀。

在启动过程中,常会发生除氧器蒸汽汽源不足的情况,除氧器内工质达不到对应压力下的饱和温度,使给水中的 CO_2、O_2 含量超过限值,同时省煤器内流速低,因而极易发生省煤器内壁氧腐蚀。在启动过程中维持除氧器内工质在饱和温度,并采用给水氨 - 联氨加药处理可防止省煤器氧腐蚀。如果给水采用氨 - 氧加药处理,则允许除氧器不除氧,可减少 5% 蒸汽损失。

燃煤粉的锅炉,在正常运行时一般不会发生低温硫酸腐蚀。但是在启动或停运过程中,全部燃油或用油助燃,油的含硫量一般较大,油燃烧产物中的 SO_3 含量较多,会使烟气的露点温度大幅度升高,从而引起硫酸蒸汽在受热面上结露而腐蚀。例如烟气中 SO_3 含量达 30 mg/kg 时,烟气露点温度可达 145~160 ℃。此外,启动与停运过程中低燃料量燃烧的持续时间长,排烟温度低,尾部受热面壁温相应也较低;同时,给水温度低,省煤器壁温更低。因此,在启动与停运过程中,尾部受热面常会发生低温腐蚀。防止低温腐蚀的方法主要有提高空气预热器进风温度和提高省煤器进水温度两种,前者采用热风再循环或暖风器实现,后者需要提高除氧器的工作压力并及早投入高压加热器。

10.1.5　启动过程中的燃烧

1. 简介

燃煤粉的锅炉在点火和启动初期一般燃用轻质油或重油,达到一定条件后再投燃煤粉,最后停止燃油,完全燃煤粉。整个启停过程中,由点火程控、燃烧自控、炉膛安全保护等装置确保其安全性和经济性。

在锅炉启动过程中的燃烧包括以下几个工况阶段:启动送、吸风机对炉膛通风清扫,锅炉点火投入燃油燃烧,启动制粉系统投入煤粉燃烧,停止燃油全部燃烧煤粉。

启动过程中燃烧的主要要求有下列几点:投入的燃料量应符合启动过程中各工况的要求;燃烧稳定,防止发生熄火及炉膛爆炸事故;减少燃烧损失,提高燃烧热效率;节约燃油。

锅炉停运过程中的燃烧包括减煤粉、投油助燃、全燃油及熄火等工况。其要求和启动过程中的燃烧相同。

2. 锅炉通风清扫

1)目的

炉膛内如果积存一定的可燃质和有适当的可燃质/空气比,当出现火源时就产生快速而不可控的燃烧,炉膛气压瞬间升高,即所谓的炉膛爆炸。严重的炉膛爆炸会造成炉膛、水冷壁损坏等重大事故。因此,在锅炉点前必须对炉膛、烟道通风清扫,清除积存的可燃质。

2)方法

燃烧器风门处于一定的开度,启动吸风机与送风机,建立炉膛和烟道通风。锅炉清扫通风时,炉膛负压为 50~100 Pa,通风量为额定工况下体积通风量的 25%~40%,清扫通风时间煤粉炉为 5 min,燃油炉为 10 min。

建立锅炉清扫通风工况应主要考虑以下原则:

(1)得到满意的炉膛清扫效果,即通风量应能对炉膛进行 3~5 次全面换气,通风气流具有一定的速度或动量把较大的可燃质颗粒带走;

(2)燃烧器风门与风量适合点火工况的需要,这样可使运行操作次数、操作错误降低到最低限度。

3. 点火与初投燃料量

1)点火

Ⅰ.点火时的风量

现代锅炉点火采用开风门清扫风量点火方式,即所有燃烧器都在正常风门之下,炉膛负压为 20~40 Pa,通风量为 25%~40% 的额定风量。开风门清扫风量点火具有以下优点。

(1)炉膛与烟道的通风量处于"富风"状态,能充分提供燃烧所需的氧量。同时,炉膛烟道还处于"清扫风"状态,对进入炉内未点着的可燃质都能及时地进行清除,有效地防止可燃质在炉内积存。

(2)单个燃烧器风量都是额定工况的 25%,点火的燃烧器处于"富燃料"状态,并一般都能满足点火时燃烧器的风速 ≤ 12 m/s 的要求。这样,就能在燃烧器风门和锅炉通风量不变的情况下点燃第一个或第一组燃烧器。

由上述分析可知,开风门清扫风量点火使锅炉总体富风,点火燃烧器富燃料,既可防止炉膛爆炸,以有利于着火与稳定燃烧,且操作量少。

Ⅱ. 点火

大容量锅炉目前大多采用二级点火方式,即点火装置先点燃油枪,油枪再点燃煤粉燃烧器(主燃烧器)。油系统在点火前必须将燃油压力和温度调整至规定值,燃烧重油时,还需将雾化蒸汽压力和温度调整至规定值以确保雾化良好。

点火后 30 s 火焰监测器无火焰信号,则证实点火失败,点火程控系统在自动关闭进油阀后退出油枪,处理后重新点火;炉膛熄火后要重新点火,则必须先进行炉膛通风清扫。

点火后要注意风量的调节和油枪的雾化情况。若火焰呈红色且冒出黑烟,说明风量不足尤其是一次风量不足,需要提高一、二次风量;若火星太多,或产生油滴,说明雾化不好,应提高油压、油温即雾化蒸汽的压力,但油压不可太高,以避免着火推迟。

在锅炉点火过程中启动送风机、引风机、一次风机或排粉机时,自控系统均应先关闭它们的出、入口挡板,进行空载启动,将启动电流和持续时间降至最小。当风机转动起来后(如 40 min 后),全开出口挡板并逐渐开启入口挡板,调节风量到需要值。

Ⅲ. 点火时油枪的投用

投用油枪应该由下而上逐步增加,从最低层开始投用,有利于降低炉膛上部的烟温,以保护过热器和再热器。

投油枪方式,对燃烧器四角布置切圆燃烧锅炉,根据升温升压控制要求,可一次投同一层 4 支或一次投同层对角 2 支,定时轮换以均匀炉膛负荷保护水冷壁。轮换原则一般为"先停后投"。对于燃烧器对冲或前墙布置锅炉,可一次投同一层所有油枪或一次投同层间隔油枪,投入时均应顺序对称投入。

2)初投燃料量

锅炉点火时就投入一定的燃料量,在点火后短时间内燃料量增加到一定的数值,并在一段时间内保持不变,这个燃料量称为初投燃料量。要求在初投燃料量下能实现以下锅炉和汽轮机工况:

(1)锅炉稳定燃烧,炉膛热负荷均匀;

(2)锅炉能尽快建立稳定的水循环;

(3)锅炉产生的蒸汽除能满足锅炉升温升压的要求外,还应满足汽轮机冲转、升速与并网的要求。

但是初投燃料量受到锅炉升温速度的限制。如果锅炉初投燃料量由于受到锅炉升温限制而不能满足汽轮机并网的要求,可在汽轮机冲转前增加一定的燃料量,而在升速、并网过程中燃料量不变。一般初投燃料量为额定燃料量的 10%~20%,风量为额定值的 25% 左右。自然循环锅炉由于受汽包安全的限制,初投燃料量小于直流锅炉。

若汽轮机旁路系统为一级大旁路,在汽轮机冲转之前,再热器内没有蒸汽流过,其管壁温度可能等于或接近管外烟气的温度,因此在这段时间内应严格控制炉膛的出口烟温(通常由伸缩式烟温探针测得),不得超过规定值(如 540 ℃)。即使是采用二级旁路系统,为防止过热器水塞和蒸汽流量过小引起金属超温,启动初期也应控制燃料量,并限制炉膛出口烟温。

4. 启动制粉系统与投燃煤粉

中间储仓式制粉系统,先启动制粉系统,待煤粉仓粉位到一定值时再投粉。直吹式制粉系统,启动和投粉同时进行。

1)启动制粉系统的条件(以中间储仓式制粉系统为例)

中间储仓式制粉系统在燃烧挥发分较低的煤种时,一般用热空气作为干燥剂,乏气作为三次风,因此锅炉能提供一定温度的热空气和接收对燃烧不利的三次风时,才具备制粉系统启动的条件,具体条件如下。

(1)炉膛已具有一定的燃烧热强度,一般指标是燃料量不小于额定值的 20%,高温过热器出口烟温大于 300 ℃,炉膛内燃烧良好。此时,三次风喷入炉膛不会过大影响炉膛内的稳定燃烧。

(2)空气预热器出口热风温度大于 150~200 ℃。

在启用制粉系统时,必须严密监视炉内燃烧工况。

2)投煤粉的条件

煤粉锅炉在启动开始阶段用轻质油或重油作为燃料,启动到一定阶段再投燃煤粉,逐步切换成煤粉燃烧。对于何时开始投煤粉进行油煤混烧,何时停油全投煤粉,关键是燃烧的稳定性,并与煤种、炉膛结构等有关。能否投煤粉可以从以下几个条件来判别。

(1)炉膛热负荷能满足煤粉稳定着火的要求,一般通过炉膛出口烟温来判别炉膛内温度水平及热强度的大小。

(2)空气预热器出口的热风温度对煤粉气流的加热和着火有很大的影响,一定的热风温度才能使煤粉稳定着火;或者是回转式空气预热器进口烟温大于某一值。

(3)炉膛内火焰良好,煤粉能完全燃烧,以防止残余可燃物的"二次燃烧"。

(4)燃烧变化对机组汽温、汽压的影响要小。煤粉燃烧器的投入,使燃烧率增大,而且煤粉的燃尽时间较燃油大,结果使火焰中心位置上移,锅炉的升温升压速度显著加快。所以,投煤粉的时机一般选择在机组接带部分负荷后,锅炉产生的多余蒸汽量可以由汽轮机开大调节阀来接纳,使升温升压速度得到控制。

一般 300 MW、600 MW 机组锅炉在具备以下条件时可初投煤粉:

(1)当汽轮机负荷升至 10%~20% 以上时;

（2）当热风温度大于 150 ℃，可启动第一套制粉系统。

对于超临界压力锅炉，还要防止由于燃油量不足、投粉不及时，而使过热器内蒸汽量分配不均造成局部汽温偏高的情况。

如燃用烟煤的超高压 670 t/h 煤粉锅炉，启动中燃油量达到 20%MCR、燃烧稳定良好时就可以投燃煤粉。

3）投煤粉的方法

对于中间储仓式制粉系统，在投煤粉时，煤粉仓粉位应在 3 m 以上，这不仅是保证有足够的煤粉量，更重要的是给粉机进口有一定的粉压，使给粉均匀稳定。

燃烧煤粉时会产生飞灰与炉渣，故在投煤粉前应启动除灰、除渣系统及除尘器等设备。

投粉后应及时注意煤粉的着火情况和炉膛负压的变化。如煤粉不能点燃，应在 5 s 之内立即切断煤粉供应。如发生炉膛灭火，则必须先启动通风清扫程序，进行炉膛吹扫 5 min 后重新点火。在油枪投入较多而煤粉燃烧器投入较少的情况下，这种监视尤为重要。若投粉后着火不稳定，应及时调节风粉比及一、二次风比，保证着火正常。

在投粉初期，风粉比一般应控制得适当小些，以利于煤粉的着火。特别是对于挥发分低、灰分高的煤，一定要保持较高的煤粉浓度，以保证投粉成功。

投煤粉燃烧器的顺序应自下而上进行，同层先对角投入两个再投另一对角，同时要配合调节一、二次风量，监视炉膛负压与氧量表，严密监视炉内各燃烧器的燃烧状况。投入一个煤粉燃烧器后，确认其着火稳定、燃烧正常后，才可投入后续的燃烧器。

直流煤粉燃烧器最初投粉时，在投用燃烧器的上方或下方，应保证至少有一层油枪在运行，即始终用油枪点燃煤粉。随着机组升温升压的进行，自下而上地增加煤粉燃烧器。当负荷达到（55%~70%）MCR 时，可根据煤粉着火及燃烧情况，逐渐切除油枪。

4）油燃烧器的退出

当机组并网后，可根据锅炉负荷和炉温，逐步切除油枪，原则上应自上而下逐层退出。油枪切除时应先增加对应层煤粉燃烧器的出力（中间储仓式制粉系统为相应给粉机的转速，直吹式制粉系统为相应磨煤机的出力），待煤粉燃烧稳定后，才能将油枪退出。

油枪切除过程中，有一个油、煤混烧的阶段，经验表明，该阶段往往易导致炉膛出口后受热面产生积粉和二次燃烧。因此，在燃烧情况稳定的前提下，应尽量缩短油、煤混烧的时间。

在切除油枪后，应注意监视油压变化，在油压自动不能投入的情况下，应手动调整油压。此外，切除过程中要注意是否进行了油枪吹扫，如因故障而未进行，则必须手动进行吹扫。

191

任务二　直流锅炉的启动与停运

【任务目标】

1. 了解直流锅炉的启动旁路系统。

2. 掌握直流锅炉的启动特点。

3. 掌握 UP 型直流锅炉的启动。

4. 掌握螺旋管圈型直流锅炉的启动。

5. 掌握直流锅炉的停运。

6. 掌握直流锅炉的热应力控制。

【导师导学】

10.2.1 直流锅炉的启动旁路系统

带直流锅炉的单元机组的启动系统由锅炉旁路系统、汽轮机旁路系统两大部分组成。汽轮机旁路系统和汽包锅炉单元机组相同。锅炉旁路系统是针对直流锅炉一系列启动特点而专门设置的,其主要作用是建立启动流量、汽水分离和控制工质膨胀等,其关键设备是启动分离器。启动分离器的作用是在启动过程中分离汽水以维持水冷壁启动流量,同时向过热器系统提供蒸汽,并回收疏水的热量和工质。

按照直流锅炉运行时分离器是否退出系统,直流锅炉过热器旁路系统可分为外置式和内置式两种。我国 300 MW UP 型直流锅炉配置外置式分离器启动系统,600 MW 超临界螺旋管圈型直流锅炉配置内置式分离器启动系统。

1. 外置式分离器启动系统

在 300 MW UP 型直流锅炉单元机组的启动系统中,锅炉旁路系统为外置式启动旁路系统,汽轮机为两级旁路系统。图 10-6 所示为 1 000 t/h 亚临界压力直流锅炉外置式启动旁路系统的示意图。外置式启动旁路系统的分离器布置在低温过热器与高温过热器之间,能对锅炉的整个过热器系统或者单独对低温过热器与高温过热器进行保护,具有相当的灵活性。在高、低温过热器之间同时并列串接低温过热器出口阀门及其旁路调节阀门。在低温过热器进口和出口各有一管路通至外置式分离器。在高温过热器进口(即低温过热器出口阀门之后)有一管路与外置式分离器蒸汽侧连接。

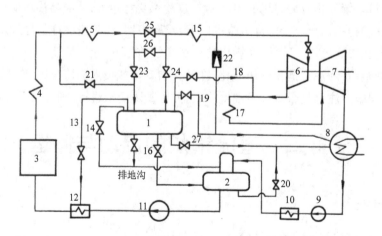

图 10-6　1 000 t/h 亚临界压力直流锅炉外置式启动旁路系统的示意图

启动中,使用调节门 21 或 23 进行节流,可使分离器的压力低于其流程前锅炉汽水受热面的压力,有利于这些受热面的水动力稳定,并减小工质的膨胀量。而分离器内的压力(即输出蒸汽的压力)可以灵活地根据汽轮机进汽参数要求和工质排放能力加以调节。

在分离器中工质进行汽水分离后,汽的输出管路有去高温过热器、去再热器、去高压加热器、去除氧器、去凝汽器等几路,其中至除氧器、凝汽器和高压加热器的管路用于回收蒸汽及其热量;水的输出管路有去除氧器、去凝汽器、去地沟等几路,用于回收水及其热量。水的回收途径与水质指标有关,一般有下列几种情况:

(1)当水中含铁量小于 80 μg/L 时可回收入除氧器的水箱,回收水及其热量;

(2)当水中含铁量大于 80 μg/L 时,可回收入凝汽器,只能回收水,同时给水泵电耗比去除氧器要大;

(3)当水中含铁量大于 1 000 μg/L 时,应排入地沟,无法回收。

外置式分离器启动系统解决了锅炉汽轮机启动工况不同要求的矛盾,它既能保证锅炉的启动压力和启动流量,又能保证汽轮机需要的一定流量、压力与温度的蒸汽,还能回收启动中所排放的工质和热量。

由于外置式分离器只是在启动初期投入运行,待发展到一定阶段就要从系统中切除,故又称为"启动分离器"。

2. 内置式分离器启动系统

图 10-7 所示为 1 900 t/h 超临界压力螺旋管圈型直流锅炉内置式启动旁路系统的示意图。分离器布置在炉膛水冷壁出口,在分离器与水冷壁、过热器之间的连接无任何阀门,以适应锅炉变压运行的要求。一般在(35%~37%)MCR 负荷以下,锅炉为湿态运行,由水冷壁进入分离器的工质为汽水混合物,在分离器中进行汽水分离,蒸汽直接进入过热器,分离器疏水通过疏水系统回收工质、热量或排入大气、地沟。当负荷大于(35%~37%)MCR 时,由于水冷壁进入分离器的工质为干蒸汽,锅炉为干态运行,分离器只起通道作用,蒸汽通过分离器进入过热器,此时内置式分离器相当于一个蒸汽联箱,必须能够承受锅炉全压,这是其与外置式分离器的最大不同点。

系统中的疏水阀(AA、AN、ANB 阀)用于控制分离器的水位和疏水的流向。锅炉湿态运行时,分离器水位由 ANB 阀自动维持,当水位高于 ANB 阀的调节范围时(如工质膨胀阶段),再相继投入 AA、AN 阀参与水位调节。AA 阀的通流量设计可保证工质膨胀峰值流量的排放。

我国第一台 600 MW 超临界压力螺旋管圈型直流锅炉就配用了内置式分离器启动旁路系统,100%MCR 汽轮机高压旁路和 65%MCR 汽轮机低压旁路,过热器出口不装安全阀门,再热器进出口装置 100%MCR 安全阀门。该锅炉启动系统能保证冷热态启动工况所要求的汽轮机冲转参数,能满足各种事故工况的处理,并能在较低负荷下运行。

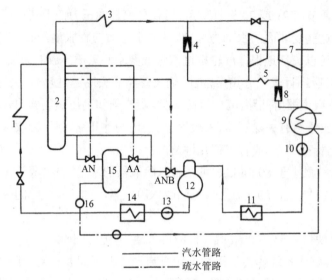

图 10-7　1 900 t/h 超临界压力螺旋管圈型直流锅炉内置式启动旁路系统的示意图

1—启动分离器；2—除氧器；3—锅炉；4—水冷壁、顶部过热器、包覆过热器；5—低温过热器；6—汽轮机高压缸；
7—汽轮机中低压缸；8—凝汽器；9—凝升泵；10—低压加热器；11—给水泵；12—高压加热器；
13—分离器至高压加热器的汽管路；14—分离器至除氧器的汽管路；15—高温过热器；16—分离器至除氧器的水管路；
17—再热器；18—分离器至再热器的汽管路；19—分离器至凝汽器的汽管路；20—除氧器至凝汽器的放水门；21—启动调节门；
22—大旁路；23—低温过热器出口入分离器的调节门；24—分离器出口入高温过热器的通汽门；25—低温过热器出口门；
26—低温过热器出口门的旁路门；27—分离器至凝汽器的水管路

10.2.2　直流锅炉的启动特点

1.直流锅炉受热面启动工况

直流锅炉启动时，由于没有水冷壁循环回路，水冷壁冷却的唯一方法是从锅炉开始点火就不断进水，并保持一定的工质质量流速。纯直流锅炉启动过程中受热面的工质流速是靠维持一定的给水流量来实现的，这个流量称为启动流量。一定的启动流量可保证水冷壁中具有最低安全质量流速。

纯直流锅炉的启动流量一般为（25~30%）MCR。具有辅助循环泵的螺旋管圈型直流锅炉，启动过程中靠辅助循环泵保持水冷壁内最低安全质量流速，给水流量等于蒸发量，但不小于 5%MCR。超临界压力直流锅炉的启动流量通常为（30%~35%）MCR。

直流锅炉启动压力如何建立，何时建立，压力应为多大，这些问题与直流锅炉的种类、结构特点、系统及阀门、启动给水泵特性等有关。UP 型直流锅炉靠给水泵压头与系统压力平衡建立水冷壁一定的压力，根据启动工况的进展阶梯型升压。例如国产 1 000 t/h 一次上升型直流锅炉，启动压力为点火前建立 6.86 MPa 的压力，以后升压中再建立 11.76 MPa、16.68 MPa 两级压力。对螺旋管圈型内置式分离器的直流锅炉，在锅内零压状态下点火，随着燃烧加热，产汽压力逐渐上升。例如 Sulzer-CE 公司生产的 1 900 t/h 超临界压力直流锅炉，在锅炉点火后，压力从零开始逐渐上升，蒸汽压力也随之上升。

自然循环锅炉水冷壁内工质流动和启动压力都由炉内水冷壁受热面产汽后才逐步形

成。可见 UP 型直流锅炉的启动工况与自然循环锅炉完全不同,螺旋管圈型内置式分离器的直流锅炉介于自然循环锅炉与直流锅炉之间,水冷壁内工质流动靠强制循环,锅内压力升高靠燃烧产汽。

2. 直流锅炉启动速度

限制锅炉升温速度的主要因素是受压厚壁容器的热应力。直流锅炉没有汽包,工质在水冷壁并联管中的流量分配合理,工质流速较快,故允许温升速度比自然循环汽包锅炉快得多。但是,现代高参数直流锅炉的联箱、混合器、汽水分离器等部件的壁也较厚,升温速度也受到一定的限制。

控制循环锅炉虽然有汽包,可是启动开始就投运炉水循环泵,如 350 MW 控制循环锅炉单泵,冷态炉水循环泵流量为 3.54MCR,两泵运行为 6.15MCR,热态时还要大,比直流锅炉(20%~30%)MCR 的启动流量大很多,再加上在结构上采取了一系列措施,其启动速度比直流锅炉还快。不同类型锅炉的允许升温速度见表 10-3。

表 10-3　不同类型锅炉的允许升温速度

名称	允许温升速度(℃/min)
自然循环锅炉汽包内工质	1~1.5
UP 型直流锅炉下辐射出口工质	~2.5
控制循环锅炉汽包内工质	~3.7

3. 直流锅炉启动水工况

直流锅炉给水在受热面中一次蒸发完毕。给水中的杂质大部分将沉积在锅炉受热面管子内壁或随同蒸汽进入汽轮机并沉积在汽轮机叶片上。

水中的杂质除来自给水本身外,还来自管道系统及锅炉本体内部。因此,新投运的机组在正式启动前要对管道系统及锅炉本体进行有效的化学清洗和蒸汽吹扫;在每次启动中还要进行冷热态循环清洗。

在启动过程中,给水品质必须达到要求。冷态循环清洗时,先进行给水泵之前的低压系统清洗,再进行包括锅炉本体在内的高压系统清洗。清洗用 104 ℃的除氧水进行,流量为额定流量的 1/3,后期可增加到 100% 的额定流量。循环清洗水质合格后,才允许点火。

点火后,随着水温升高,受热面中氧化铁等杂质会进一步溶解于水中,同时还进行着铁在受热面上的沉积过程,相应的温度范围为 260~290 ℃。例如 300 MW 的 UP 型直流锅炉,水温达 288 ℃后,水中铁在受热面上的沉积过程迅速增加,416 ℃达到最大值。因此,蒸发受热面出口水中含铁量超过 100 μg/L 时,水温应限制在 288 ℃以下,只有当水中含铁量低于此值时,才允许继续升温超过 288 ℃,这个过程称为热态清洗。

4. 受热面各区段变化及工质膨胀

直流锅炉各段受热面相互串联连接,虽然在结构上有固定的省煤器、过热器及水冷壁等,但是从受热面中工质状态来看并没有固定的分界面,它随着运行工况的变动而变化。

在启动过程中,受热面内工质加热、蒸发、过热三个区段是逐步形成的,整个过程要经历以下三个阶段。

第一阶段:启动初期,全部受热面用于加热水。在这个阶段中,工质温度逐步升高,而工质相态没有变化,从锅炉流出的是热水,其质量流量等于给水质量流量。

第二阶段:最高热负荷处的水冷壁的工质温升最快,该处工质首先达到饱和温度并产生蒸汽,但是其后受热面的工质仍为水。由于蒸汽密度比水小很多,由水变成汽使局部压力升高,将饱和温度点后部的水挤压出去,使锅炉出口工质流量大大超过给水流量,这种现象称为直流锅炉工质膨胀。当饱和温度点后部的受热面中的水全部被汽水混合物代换后,锅炉出口工质流量才恢复到和给水流量一致,此时就形成了水的加热和汽化两区段,即进入了第二阶段。

第三阶段:当锅炉出口工质变成过热蒸汽时,锅炉受热面形成水的加热、汽化与蒸汽三个区段,即进入了第三阶段。

工质膨胀是直流锅炉启动过程中的重要过渡阶段。汽包锅炉也有类似于工质膨胀的现象,如水冷壁内工质温度升到饱和温度时就有部分水变成蒸汽,体积膨胀,水位升高。但是由于汽包具有大容器的吸收作用和汽水分离作用,汽包排汽量和压力仅发生轻微的变化。直流锅炉无汽包,无有效的吸收容器,其膨胀过程的自然变化规律为水冷壁内局部压力迅猛上升,锅炉出水量大幅度增加,如果没有系统方面和运行方面的措施,将会造成严重事故。

影响直流锅炉工质膨胀的因素主要有启动流量、锅炉受热面中贮水量、燃料量及燃料量的增加速度。

启动流量越大,工质膨胀量越大;工质膨胀贮水量越大,工质膨胀量越大,膨胀持续时间也越长。

工质膨胀时燃料投入量越多,工质膨胀量越大,并且猛烈。在相同燃料量下,燃料投入速度越快,工质膨胀量越大,膨胀开始时间也提前。

5. 工质与热量回收

如前所述,直流锅炉点火前要进行循环清洗,点火后要保持一定的启动流量,故在启动过程中锅炉排放水量是很大的,而且排放水中含有热量。为了节约能源,应尽可能对排放的工质和热量进行回收。对于亚临界压力直流锅炉,水中含铁量 <80 μg/L 时可回收入除氧器水箱;水中含铁量 >80 μg/L 时可回收而入凝汽器,再通过除盐装置除盐后进入除氧器。当水中含铁量 >1 000 μg/L 时不回收排入地沟。水进入除氧器,可回收工质和热量;水进入凝汽器只回收工质、不回收热量;水排入地沟,热量与工质都不回收。对排放工质扩容产生的蒸汽可用来加热除氧器中的水和高压加热器的给水等。

热量回收除具有经济收益外,还可提高给水温度,改善除氧效果,有利于启动过程的安全。

6. 机炉配合

工质膨胀前锅炉排出的为欠热的水,工质膨胀后流出的为汽水混合物,而后为过热蒸汽。在启动过程中,如何把锅炉排出的工质转化为汽轮机启动过程中需要的一定参数的蒸汽,这是启动系统和启动运行操作中的重要任务。

10.2.3　UP 型直流锅炉的启动

下面简要分析 300 MW 机组亚临界压力 UP 型直流锅炉配外置式分离器启动系统的启动过程。

1. 锅炉进水及冷态清洗

启动开始,锅炉首先进水,应严格控制进水温度和进水速度,进水过程中主要是限制高压加热器出口工质温升率速度不大于 2 ℃/min,进水至分离器内有水位出现时结束,进水结束后进行循环系统的冷态清洗。

2. 启动流量和启动压力的建立

水质合格后建立启动流量和启动压力。启动流量为 30%MCR。启动压力是指水冷壁中的工质压力,用出口压力表示,初始启动压力为 6.86 MPa。这个阶段的工质流动路线是水通过高压加热器、省煤器、水冷壁、调节阀门进入启动分离器,过热器前的调节阀门关闭,过热器处于干态。分离器出水根据水质排入凝汽器或地沟。

3. 锅炉点火、升温升压

锅炉点火,投入初投燃料量。点火后启动分离器,逐步建立水位,蒸汽和疏水可分别进行回收。低温过热器前的节流管束在进口工质温度低于 150 ℃时才投用,高于 150 ℃时必须退出系统,工质走旁路。点火后工质升温,当工质温度(分离器进口)>200 ℃时,启动压力升至 15.7 MPa。启动分离器压力为 1.5~2.0 MPa 时,向过热器通汽。过热器出口蒸汽压力、温度符合汽轮机冲转参数时,开始向汽轮机冲转、升速与并网。汽轮机冲转前蒸汽及冲转后多余的蒸汽通过汽轮机旁路系统排入凝汽器。

4. 工质膨胀的控制

当水冷壁下辐射工质温度达到饱和温度时,工质膨胀开始。冷态启动应在汽轮发电机并网后进行工质膨胀,热态启动应在工质膨胀后进行汽轮机冲转,这样有利于过热汽温与再热汽温适合汽轮机冲转要求。在工质膨胀过程中,分离器水位会升高,疏水量相应增大,此时投入燃料量要适当,燃料投入速度要加以控制,不宜过快,以防止水冷壁超压和分离器水位失控。

5. 启动分离器从系统切除

启动进行到一定阶段,汽轮机进一步提高进汽压力,以适应升负荷需要。启动分离器的压力和容量不够,启动分离器就要从系统中分离出来,工质直接通过低温过热器流入高温过热器,转入直流运行工况。启动分离器从系统中分离出来的过程称为切除启动分离器,简称"切分"。切分的方法有以下两种。

1)不等焓切分

在启动分离器湿状态下(有汽水分离)进行切分时,由于锅炉本体出口的工质焓值低于启动分离器出口的饱和蒸汽焓值,锅炉本体出口的工质流量高于启动分离器出口的饱和蒸汽流量,切分使高温过热器进口工质焓值下降、流量增加,过热汽温急剧下降。早期的

300 MW 直流锅炉切分时,汽温下降达 180 ℃。

在这种情况下,切分必须缓慢,在切分过程中增加燃料投入量,才能维持汽温不变。这种切分方法称为"不等焓切分"。

2）等焓切分

锅炉本体出口工质焓值与启动分离器出口饱和蒸汽焓值相等条件下的切分称为"等焓切分"。等焓切分过程中不增加燃料,并可快速进行切分,而且不影响过热汽温。

改进型 300 MW UP 型直流锅炉及配置的启动系统可进行等焓切分,这是因为它采取了以下各项措施:锅炉本体包括低温过热器有较多的受热面;汽轮机旁路容量较大,采用 40%MCR 的两级旁路,使切分时过热器、再热器有一定的通流量,投入切分燃料量时不会引起受热面管壁超温;低温过热器通流量可通过调节阀门调节,可提高低温过热器出口工质焓值。

10.2.4　螺旋管圈型直流锅炉的启动

600 MW 机组超临界压力螺旋管圈型直流锅炉的启动过程如下。

1. 锅炉进水

为了保证高压加热器在进水时不发生过大热应力,启动给水泵进水时水温为 80 ℃、流量为 10%MCR。当高压加热器出水温度为 70 ℃时停止进水,待除氧器加热到 120 ℃后再启动给水泵进水。从除氧器出口到分离器的水容积为 300 m³,只要保证给水温度为 120 ℃、流量为 10%MCR,进水约 300 m³ 后,分离器温度可达 40~50 ℃,此时就可以点火。

点火时启动流量控制为 35%MCR,启动压力为零,即所谓零压点火。点火前给水流量在几分钟内突升至 35%MCR,其目的是加速空气排尽并增加水洗效果。

2. 循环清洗

锅炉点火前进行冷态循环清洗,它分为低压系统循环清洗和高压系统循环清洗两阶段,低压系统循环清洗水质合格后再进行高压系统循环清洗。低压系统循环清洗流程为凝汽器—凝结水泵—低压加热器—除氧器—凝汽器（或地沟）;高压系统循环清洗流程为凝结水泵—低压加热器—除氧器—给水泵—高压加热器—省煤器—水冷壁—启动分离器—疏水扩容器—疏水箱—凝汽器（或地沟）。

高压系统循环清洗水质合格后允许点火。点火后分离器进水温度在 288 ℃以下进行热态循环清洗,水质合格后才能进一步升温。

3. 工质膨胀

由于锅炉零压启动,工质膨胀量大,估算膨胀峰值超过启动流量的 12 倍。工质膨胀时,分离器疏水通过 AA、AN 阀门排放。

4. 分离器水位控制

锅炉负荷 <35%MCR 时,分离器为湿态运行,其水位由高程不同的三个阀门控制。分离器在水位 1.2 m 时低位阀门 ANB 开启,直至水位 4 m 时达到全开;中位阀门 AN 在水位 3.4 m 时开启,直至水位 7.2 m 时全开;高位阀门 AA 在水位 6.7 m 时开启,直至水位 11.2 m

时全开。三个阀门在开度与水位关系上有一定的重叠度,有利于疏水排放。

在启动过程中,压力逐渐升高,故水位测量要进行压力修正,才能正确控制三个阀门的开度。

通过 ANB 阀门的疏水排入除氧器,为防止除氧器超压,在 ANB 阀门及其隔绝阀门上都加上了连锁保护,当除氧器压力大于 1.45 MPa 时强制关闭 ANB 阀门,且当除氧器压力降至 1.1 MPa 以下才允许重新开启。

5. 分离器湿、干态的转换

锅炉负荷 <35%MCR 时分离器为湿态,负荷 >35%MCR 时转换成干态。在湿态运行过程中,锅炉控制方式为分离器水位及维持启动给水流量;在干态运行过程中,锅炉控制方式为温度控制与给水流量控制,在两态转换过程中可能会发生汽温变化。

6. 启动中的相变过程

锅炉从点火升压到最终为超临界压力(25.4 MPa),经历了中压、高压、超高压、亚临界、超临界各个阶段。锅炉升负荷到78%MCR 左右达到临界压力 22.1 MPa,此时水的汽化潜热为零,汽水密度差为零,水温达 374.15 ℃时即全部汽化。工质在临界点附近的大比热区密度急剧降低、工质焓迅速增加、定压比热达最大值。

10.2.5　直流锅炉的停运

直流锅炉的正常停炉,也要经历停炉前准备、减负荷、停止燃烧和降压冷却等几个阶段。与汽包锅炉相比,其主要的不同是当锅炉燃烧率降低到30% 左右时,由于水冷壁流量仍要维持启动流量而不能再减少,因此在进一步减少燃料、降低负荷过程中,包覆管过热器出口工质由微过热蒸汽变为汽水混合物。为了避免前屏过热器进水,锅炉必须投入启动分离器,保证进入前屏过热器的工质仍为干饱和蒸汽,防止前屏过热器管子损坏。

启动分离器投入运行的方法,对于外置式分离器(图 10-6),开启"分出"阀门 24,逐渐开大"分调"阀门 23,关小"低出"阀门 25,锅炉本体及分离器压力维持不变,直至"低出"阀门 25 全关,高温过热器全部由启动分离器供汽;对于内置式分离器(图 10-7),在 35%MCR 以下为湿态运行,开启 ANB、AN、AA 阀门,控制分离器的水位。

10.2.6　直流锅炉的热应力控制

由于直流锅炉没有汽包,所以在启停过程中,主要是分离器及末级过热器出口联箱的热应力问题。

分离器是直流锅炉中壁厚最大的承压部件,末级过热器出口联箱处于高温高压的运行条件,而且属于对温度变化十分敏感的厚壁部件,它们都容易产生热应力损坏的事故,必须加以保护。因此,需要在其金属壁上安装内外壁温度测点,外壁温度直接取自金属表面,内壁温度则要在金属壁上打一深至壁厚 2/3 处的孔,用此处的金属温度代表金属内壁温度。测量出金属内外壁的温差,就可以监视其热应力。

在锅炉启停过程中,如果上述热应力超过规定值,则会发出报警,以提示运行人员予以注意。在正常运行,即机组投入负荷协调控制方式时,此热应力决定了锅炉允许加减负荷的裕度,并且对于不同的工作压力,其允许的热应力是不同的。例如 600 MW 超临界压力锅炉在零压力启动时,分离器允许的热应力对应的允许温差为 −23 ℃;而末级过热器出口联箱允许热应力对应的允许温差,出现在满负荷状态下开始减负荷时,其值为 7 ℃。

【项目小结】

锅炉机组的启动和停运过程对锅炉的安全性和经济性有至关重要的影响,存在许多需要重点解决的问题。而且大型火力发电机组都采用单元制运行方式,锅炉机组运行启停的好坏在很大程度上决定了整个单元机组运行启停的安全性和经济性,应着重分析锅炉的启动、停运。

【课后练习】

1. 试分析汽包在启动过程中应力的形成及对锅炉安全工作的影响。
2. 煤中水分增加对锅炉运行工作有何影响?
3. 现代大型锅炉在结构设计和锅炉运行中采取哪些措施来减少热偏差?
4. 直流锅炉在启动时工质膨胀的原因是什么? 如何控制和操作?
5. 煤粉炉发生灭火的原因是什么? 灭火时应如何操作?
6. 直流锅炉正常运行时要做哪些调节工作?
7. 运行中发现锅炉排烟温度升高,可能有哪些原因?
8. 锅炉启动过程中如何保护过热器?

【总结评价】

1. 谈一谈你学习完本项目内容的体会。
2. 谈一谈在项目学习的过程中,你和你所在小组的收获、不足和有待改进提高的地方。
3. 结合学习的实际情况,就锅炉机组在运行过程中的主要任务进行阐述。

项目十一　锅炉运行参数调节

【项目目标】

1. 了解锅炉运行的主要任务。
2. 掌握汽压波动的影响和原因。
3. 熟悉过热汽温调节的必要性和变化特征。
4. 掌握汽温的监视和调节中应注意的问题。
5. 掌握影响水位变化的因素和水位调节的方法。
6. 掌握锅炉工况变动的影响。
7. 掌握燃烧量和风量的调节。

【技能目标】

1. 实际情况下能熟练分析汽压波动的原因并解决问题。
2. 能清楚分析过热汽温调节的重要性及应注意的问题。
3. 能掌握影响水位变化的因素和水位调节的方法。
4. 能清楚锅炉工况变动产生的影响。
5. 能进行燃烧量和风量的调节。

【项目描述】

本项目要求学生能根据锅炉的汽压波动、过热汽温的变动、影响水位变化的因素、工况变动、燃料量和风量的变动等不同情况,采用更合理的运行调节方法,能保证机组的安全运行。

【项目分解】

201

项目十一 锅炉运行参数调节	任务一　锅炉运行概述	
	任务二　蒸汽压力调节	11.2.1　汽压波动的影响
		11.2.2　汽压变动的原因

续表

		11.3.1 过热汽温调节的必要性
		11.3.2 过热汽温的变化特征
	任务三 蒸汽温度调节	11.3.3 蒸汽温度的调节
		11.3.4 汽温的监视和调节中应注意的问题
		11.4.1 保持正常水位的重要意义
	任务四 水位调节	11.4.2 影响水位变化的主要因素
项目十一 锅炉运行参数调节		11.4.3 水位的调节
		11.5.1 锅炉工况变动概述
		11.5.2 锅炉负荷的变动及其分配
	任务五 锅炉工况变动的影响	11.5.3 给水温度的变动
		11.5.4 过剩空气系数的变动
		11.5.5 燃料性质的变动
		11.6.1 燃烧调节概述
	任务六 燃烧调节	11.6.2 燃料量的调节
		11.6.3 风量的调节

任务一　锅炉运行概述

【任务目标】

1. 了解锅炉运行的程序。
2. 了解运行中对锅炉进行监视和调节的主要任务。

【导师导学】

确保锅炉的安全经济运行,对企业发展、保障人民生命财产安全具有重要的意义。对自备电站锅炉运行的要求首先是要保质保量地安全供汽,同时要求锅炉设备在安全的条件下经济运行。

锅炉运行一般包括正常运行中对汽压、汽温、水位、燃烧等的调节和设备维护等工作。

为了确保锅炉的安全经济运行,使用锅炉的单位都应根据《蒸汽锅炉安全技术监察规程》以及国家有关法律(《中华人民共和国特种设备安全法》)、法规、规程、行业技术标准等,并结合企业具体情况,制订详细的操作规程加以实施。这些操作规程对某一种燃烧方式和锅炉本体结构都大同小异,在此不叙述具体细小的操作,只介绍共同性的原则问题。循环流化床运行的特殊性在本教材中也不再详述。

锅炉机组运行的好坏在很大程度上决定了整个厂运行的安全性和经济件。锅炉机组的运行,必须与外界负荷相适应。由于外界负荷是经常变动的,因此锅炉机组的运行,实际上只能维持相对的稳定。当外界负荷变动时,必须对锅炉机组进行一系列的调整操作,供给锅炉机组的燃料量、空气量、给水量等做相应的改变,使锅炉的蒸发量与外界负荷相适应。否则,锅炉运行参数(汽压、汽温、水位等)都不能保持在规定的范围内;严重时,将对锅炉机组和整个厂的安全经济运行产生重大影响,甚至给人身安全和国家财产带来严重的危害。同时,即使在外界负荷稳定的情况下,锅炉机组内部某一因素的改变,也会引起锅炉运行参数的变化,因而也同样要对锅炉机组进行必要的调整操作。所以,为使锅炉设备达到安全经济的运行,就必须经常地监视其运行情况,并及时正确地进行适当的调节工作。

对锅炉机组运行总的要求是既要安全又要经济。在运行中对锅炉进行监视和调节的主要任务如下:

(1)使锅炉的蒸发量适应外界负荷的需要;

(2)均衡给水并维持正常水位;

(3)保持正常的汽压与汽温;

(4)保持炉水和蒸汽的品质合格;

(5)维持经济的燃烧,尽量减少热损失,提高锅炉机组的效率;

(6)确保锅炉污染物达标排放。

为了完成上述任务,锅炉运行人员要有高度的责任感,努力学习业务,精通锅炉设备的构造和工作原理,熟悉设备的特性,充分了解各种因素对锅炉运行的影响,熟练地掌握操作技能,重视和严格遵守操作规程及有关制度,并不断总结经验,掌握锅炉机组安全经济运行的调节操作方法。

任务二 蒸汽压力调节

【任务目标】

1. 掌握汽压波动的影响。

2. 掌握汽压变化的原因。

【导师导学】

11.2.1 汽压波动的影响

1. 汽压过高、过低的影响

蒸汽压力是锅炉运行中必须监视和控制的主要参数之一。

汽压波动对于安全运行和经济运行两方面都有影响。汽压过高可导致超压事故,严重时可能发生爆炸事故,对设备和人身安全都会带来严重的危害。另一方面,即使安全门工作正常,汽压过高时由于机械应力过大,也将危害锅炉设备各承压部件的长期安全性。当安全门动作时,排出大量高压蒸汽,还会造成经济上的损失。并且安全门经常动作,由于磨损或污物沉积在阀座上,容易发生回座时关闭不严,以至造成经常性的漏气损失,有时也需停炉进行检修。如果汽压低于额定值,则会降低运行的经济性。这主要是由于汽压降低将减少蒸汽在汽轮机中做功的焓降,蒸汽做功的能力降低,因而使汽耗增大,煤耗也增大。若汽压降低过多,以致不能保持汽轮机的额定负荷,甚至影响发电厂的负荷,也就可能使发电厂少发电或不供热。某些资料表明,当汽压较额定值降低 5% 时,则汽轮机的蒸汽消耗量将增加 1%。另外,汽压过低对汽轮机的安全运行也有影响,例如可能发生水冲击事故,使汽轮机的轴向推力增加,容易发生推力瓦烧毁等事故。

2. 汽压变化速度的影响

1)汽压变化速度对锅炉安全的影响

(1)汽压的突然变化,例如由于负荷突然增加使汽压突然降低时,很可能引起蒸汽大量带水,导致蒸汽品质恶化和过热汽温降低(但若由于燃烧恶化引起汽压降低时,则不一定发生蒸汽带水)。

(2)运行中当锅炉负荷变动时,如不及时正确地进行调节,会造成汽压经常反复地快速变化,致使锅炉受热面金属经常处于交变应力的作用,再加上其他因素,例如温度应力的影响,最终将可能导致受热面金属发生疲劳损坏。

2)影响汽压变化速度的因素

当负荷变化引起汽压变化时,汽压变化的速度说明了锅炉保持或恢复规定汽压的能力。汽压变化的速度主要与负荷变化速度、锅炉的储热能力以及燃烧设备的惯性有关。此外,汽压变化时,若运行人员能及时地进行调节,则汽压将较快地恢复到规定值。

Ⅰ. 负荷变化速度

负荷变化速度对汽压变化速度的影响是显而易见的。负荷变化速度越快,引起汽压变化的速度也越快;反之,汽压变化速度越慢。

Ⅱ. 锅炉的储热能力

所谓锅炉的储热能力,是指当外界负荷变动而燃烧工况不变时,锅炉能够放出或吸收的热量的多少。锅炉的储热能力越大,汽压变化的速度越慢;储热能力越小,汽压变化的速度越快。

当外界负荷变动时,锅炉内工质和金属的温度、含热量等都要发生变化。例如当负荷增加使汽压下降时,则饱和温度降低,炉水的液体热(1 kg 水从 0 ℃加热到饱和温度所需要的热量)也相应减少,此时炉水(以及受热面金属)内包含的热量有余(因为将炉水加热至较低的饱和温度即可变成蒸汽),储存在炉水和金属中的多余热量将使一部分炉水自身汽化变成蒸汽,称为附加蒸发量。附加蒸发量能起到减慢汽压下降的作用。当然,由于附加蒸发量的数量有限,要靠它来完全阻止汽压下降是不可能的。

附加蒸发量越大,说明锅炉的储热能力越大,则汽压下降的速度就越慢;反之,则汽压下降的速度就越快。

在实际运行中,当外界负荷变动时,例如负荷增加,锅炉的蒸发量(出力)由于燃烧调节有滞后(即燃烧设备有惯性),跟不上外界负荷的需要,因而必然引起汽压下降。这时(即在燃烧工况还来不及改变以前)锅炉就只能依靠储存在工质和金属中的热量来产生附加蒸发量,力图适应外界负荷的要求。因此,锅炉的储热能力也可理解为当运行工况变动时,锅炉在一定的时间内自行保持出力的能力。

由上可知,在运行中,当燃烧工况不变时,锅炉压力的变化会引起工质和金属对热量的储存或释放。当负荷减少使压力升高时,由于饱和温度升高,工质和金属将吸收的热量储存起来;而当负荷增加使压力降低时,工质和金属则将储存的热量释放出来,从而产生附加蒸发量。

根据热工学知识可知,当蒸汽压力越高时,液体热的变化越小。也就是说,在这种情况下,当压力变化时,工质和金属能储存或释放的热量越小。因此,高压锅炉的储热能力较小。从储热能力大小这个角度来讲,当负荷变化时,高压锅炉对汽压的变化比较敏感,其变化的速度也较快。

锅炉的储热包含在工质、受热面金属以及炉墙中。但现在对于炉墙的储热量可以忽略不计,因为现代锅炉都采用轻型炉墙,燃烧室的炉墙(整个锅炉炉墙的主要部分)又处于被膜式水冷壁遮盖的状态,故储热量不大;同时,炉墙的吸热与放热比较迟缓,与现在所研究的相当快的复合变动相比已失去意义。所以,锅炉的储热量可以认为是工质和受热面金属的储热量的总和。

显然,锅炉的储热能力与锅炉的水容积和受热面金属量的大小有关。锅炉的水容积和受热面金属量越大,则储热能力越大。由此可知,汽包锅炉由于具有厚壁的汽包及较大的水容积,因而其储热能力较大。汽包锅炉的储热量为同容量直流锅炉的2~3倍。

储热能力对锅炉运行的影响有好的一面,也有不好的一面。例如汽包锅炉的储热能力大,则当外界负荷变动时,锅炉自行保持出力的能力就大,引起参数变化的速度就慢,这有利于锅炉的运行;但当需要人为改变锅炉出力时,则由于储热能力大,使出力和参数的反应较为迟钝,因而不能迅速跟上工况变动的要求。

Ⅲ.燃烧设备的惯性

燃烧设备的惯性是指燃料量从开始变化到炉内建立起新的热负荷所需要的时间。燃烧设备的惯性大,当负荷变化时,恢复汽压的速度较慢;反之,则汽压恢复速度较快。

燃烧设备的惯性与燃料种类和制粉系统的形式有关。由于油的着火、燃烧比较迅速,因而烧煤时的惯性比烧油时要大;直吹式制粉系统的惯性比中间储仓式制粉系统的惯性大,因为前者从加大给煤量到出粉量的变化要有一段时间,而后者由于有煤粉仓,只要增大给粉量就能很快适应负荷的要求。

3)汽压变化对主要运行参数的影响

Ⅰ.对水位的影响

当汽压降低时,由于饱和温度的降低,使部分炉水蒸发,将引起炉水体积"膨胀",故水位上升;相反,当汽压升高时,由于饱和温度的升高,使炉水中的部分蒸汽凝结下来,将引起炉水体积"收缩",故水位下降。如果汽压变化是由于负荷变化等原因引起的,则上述的水位变化只是暂时的现象,接着就会向相反的方向变化。例如负荷增加、汽压下降时,先引起水位上升,但在给水量没有增加以前,由于给水量小于蒸发量,故水位很快就会下降。由此可知,汽压变化对水位有直接的影响,尤其当汽压急剧变化时,这种影响就更为明显,若调节不当或误操作,还容易发生事故。

Ⅱ. 对汽温的影响

一般当汽压升高时,过热蒸汽温度也要升高。这是由于当汽压升高时,饱和温度随之升高,则给水变为蒸汽要消耗更多的热量(水冷壁金属也要多吸收部分热量),在燃料量未改变时,锅炉的蒸发量瞬间减少(因炉水中的部分蒸汽泡和凝结),即通过过热器的蒸汽量减少,所以平均每千克蒸汽的吸热量增大,导致过热蒸汽温度的升高。

由上述可知,汽压过高、过低或者急剧的汽压变化(即变化速度很快)对于锅炉机组以及整个发电厂的运行都是不利的。因此,运行中规定了正常的汽压波动范围,对于高压和超高压锅炉为 ±0.2~0.3 MPa。在锅炉操作盘的蒸汽压力表上一般还用红线标明了锅炉的正常汽压数值,以引起运行人员的注意。但是,由于负荷等运行工况的变动,汽压的变化是不可避免的。运行人员必须及时正确地调整燃烧,以尽可能地保持或尽快地恢复汽压的稳定。

对于并列运行的机组,为使多数锅炉的汽压较稳定,并使蒸汽母管的汽压稳定,一般可根据设备特性和其他因素指定一台或几台锅炉应对外界负荷变化,用作调节汽压,称为调压炉;其余各炉则保持在一定的经济出力下运行。这种运行方式容易做到汽压稳定,同时除调压炉外,多数锅炉都在经济负荷和比较稳定的状况下运行,这对于安全和经济两方面都是有利的。

11.2.2 汽压变化的原因

汽压变化的实质反映了锅炉蒸发量与外界负荷之间的平衡关系。但平衡是相对的,不平衡是绝对的。外界负荷的变化以及由于炉内燃烧情况或锅内工作情况的变化而引起的锅炉蒸发量的变化,经常破坏上述平衡关系,因而汽压的变化是必然的。

引起锅炉汽压发生变化的原因可归纳为下述两方面:一是锅炉外部的因素,称为外扰;二是锅炉内部的因素,称为内扰。

1. 外扰

外扰是指外界负荷(有时简称负荷)的正常增减以及事故情况下的甩负荷,具体反映在汽轮机所需蒸汽量的变化上。

在锅炉汽包的蒸汽空间内,蒸汽是不断流动的。一方面由蒸发受热面中产生的蒸汽不断流进汽包;另一方面蒸汽又不断离开汽包,向汽轮机供汽。当供给锅炉的燃料量和空气量一定时,燃料在炉膛中燃烧所放出的热量是一定的,锅炉蒸发受热面所吸收的热量也是一定的,则锅炉每小时所产生的蒸汽数量(即锅炉蒸发量)就是一定的,蒸汽压力的形成是容器内气体分子不断运动碰撞器壁的结果;容器内部气体分子的数量越多、分子运动的速度越大时,产生的蒸汽压力就越高;反之,蒸汽压力就越低。由此可知,当外界负荷变化,锅炉产生蒸汽数量不变时,则锅炉蒸汽容积内的蒸汽分子数量就会变化,因而引起汽压变化。此时,如果能及时地调整锅炉燃烧,适当地改变燃料量和风量,使锅炉产生的蒸汽数量与外界负荷相适应,则汽压将能较快地恢复至正常的数值。

由上述可知,从物质平衡的角度来看,汽压的稳定取决于锅炉蒸发量(或称为锅炉出力)与外界负荷之间是否处于平衡状态。当锅炉蒸发量正好满足外界所需要的蒸汽量(即外界负荷)时,汽压就能保持正常和稳定;而当锅炉蒸发量大于或小于外界所需要的蒸汽量时,汽压就升高或降低。所以,汽压的变化与外界负荷有密切的关系。

此外,当外界负荷不变时,并列运行的锅炉之间的参数变化也会互相产生影响。例如两台锅炉并列运行,如果1号炉的蒸汽流量(送往蒸汽母管的汽量)减少,此时由于汽轮机所需要的蒸汽量(即外界负荷)没有变,则2号炉的蒸汽量势必增加,从而引起2号炉的汽压下降。但2号炉汽压的下降不是由于本炉内部的运行因素引起的。因此,并列运行锅炉之间的相互影响,对于受影响的某台锅炉(例如上述的2号炉)来说,这种影响仍可归结为外扰,即与外界负荷变化时所带来的结果是一样的。

当外界负荷变化时,对于蒸汽母管制系统中并列运行的各台锅炉,其汽压受影响的程度除与负荷变化的大小和各台锅炉的特性有关外,还与各台锅炉在系统中的位置有关,边远的锅炉受影响较小。

2. 内扰

内扰是由锅炉机组本身的因素引起的汽压变化。这主要是指炉内燃烧工况的变动(如燃烧不稳定或燃烧失常等)和锅内工作情况(如热交换情况)不正常。

在外界负荷不变的情况下,汽压的稳定主要取决于炉内燃烧工况的稳定。当燃烧工况正常时,汽压的变化是不大的。当燃烧不稳定或燃烧失常时,炉膛热强度将发生变化,使蒸发受热面的吸热量发生变化,因而水冷壁管中产生的蒸汽量将增多或减少,这就必然引起汽压发生较大的变化。

影响燃烧不稳定或燃烧失常的因素很多,例如燃煤时煤质变化,送入炉膛的煤粉量、煤粉细度发生变化;风粉配合不当,风速和风量配比不当,炉内结焦或漏风以及制粉系统发生故障时所带来的其他后果等;燃油时油压、油温、油质发生变化以及风量的变化等。

此外,锅炉热交换情况的改变也会影响汽压的稳定。在锅炉的炉膛内,既进行着燃烧过程,同时又进行着传热过程;燃料燃烧后所放出的热量以辐射和对流两种方式传递给水冷壁受热面,使水蒸发变成蒸汽(在炉膛内,对流传热是很少的,一般只占炉内总传热量的5%左右)。因此,如果热交换条件变化,使受热面内的工质得不到所需要的热量或者是传给工质的热量增多,都会影响蒸汽量,也就会引起汽压发生变化。当水冷壁管外积灰或结渣以及管内结垢时,由于灰、渣和水垢的导热系数很低,都会使水冷壁受热面的热交换条件恶化。因此,为了保持正常的热交换条件,应当根据运行情况,正确地调整燃烧,及时地进行吹灰和排污等,以保持受热面内外的清洁。

3. 区分外扰和内扰

无论外扰或内扰,汽压的变化总是与蒸汽流量的变化紧密相关的。因此,在锅炉运行中,一般可根据汽压与蒸汽流量的变化关系,来判断引起汽压变化的是外扰还是内扰。

207

（1）如果汽压 P 与蒸汽流量 D 的变化方向是相反的，则是由于外扰的影响。这一规律无论对于并列运行的机组或单元机组都是适用的。例如当 P 下降，同时 D 增加，说明外界要求蒸汽量增多；或当 P 上升，同时 D 减少，说明外界要求蒸汽量减少，这都属于外扰。

（2）如果汽压 P 与蒸汽流量 D 的变化方向是相同的，则大多是由于内扰的影响。例如当 P 下降，同时 D 减少，说明燃料燃烧的供热量不足；或当 P 上升，同时 D 增加，说明燃料燃烧的供热量偏多，而这都属于内扰。

但必须指出，判断内扰的这一方法，对于单元机组而言，仅适用于工况变化的初期，即汽轮机调速汽门未动作以前，而调速汽门动作以后 P 与 D 的变化方向则是相反的，这一点在运行中应予以注意。

单元机组内扰的影响过程，例如当外界负荷不变时，锅炉燃料量突然增加或燃料质量变好（内扰），刚开始 P 上升，同时 D 增加，但当汽轮机为了维持额定转速，调速汽门关小，则 P 继续上升，而 D 则减少；反之，当燃料量突然减少或煤质变差时，开始时 P 下降，同时 D 减少，但当汽轮机调速汽门打开以后，则 P 继续下降，而 D 则增加。

对于外扰和内扰的处理，主要是锅炉迁就后工段，即锅炉主动进行燃烧调整。如出现外扰导致汽压降低，则增加燃料量，然后适当地增加风量。在低负荷情况下，由于炉膛中的过剩空气量相对较多，因而在增加负荷时也可先增加燃料量，后增加风量，但整个过程中不允许出现炉膛变正压的情况。

一般的原则是增加风量时，应先增引风机量，然后增大送风机量。如果先加大送风，则火焰和烟气将可能喷出炉外伤人，并且恶化锅炉房的环境。送风量的增加，一般都是增大送风机入口挡板的开度，即增加总风量；只有在必要时，才根据需要再调整各个（或各组）喷燃器前的二次风挡板。

增加燃料量的方法是同时或单独地增加各运行喷燃器的燃料量（燃煤时增加给粉机或给煤机转速等，燃油时增加油压或减少回油量），或者增加喷燃器的运行个数，例如采用使备用的给粉机投入运行的方法来实现。在负荷增加不大、各运行给粉机尚有调节裕度的情况下，只需采用前一种方法，否则必须投入备用的给粉机及相应的喷燃器。有时，也可单独地增加某台给粉机的转速，也就是单独地增加某个喷燃器的给粉量。

燃煤锅炉如果装有油喷燃器，必要时还可以将油喷燃器投入运行或者加大喷油量，以强化燃烧，稳定汽压。但是，如果控制油量的操作不方便（例如不能在操作盘上来控制）或者受燃油量的限制，则不宜采用"投油"或加大喷油量的方法来调节汽压。

当负荷减少（蒸汽流量指示值减少）使汽压升高时，则必须减弱燃烧，即先减少燃料量再减少风量（还应相应地减少给水量和改变减温水量），其调节方法与上述汽压下降时相反。在异常情况下，当汽压急剧升高，只靠燃烧调节来不及时，可开启过热器疏水门或向空排汽门，以尽快减压。

任务三　蒸汽温度调节

【任务目标】

1. 了解过热汽温调节的必要性。
2. 掌握过热汽温的变化特征。
3. 掌握蒸汽温度的调节方法。
4. 掌握汽温的监视和调节中应注意的问题。

【导师导学】

11.3.1　过热汽温调节的必要性

蒸汽温度是锅炉运行中必须监视和控制的主要参数之一。

当汽温偏离额定数值过大时,会影响锅炉和汽轮机运行的安全性和经济性。

当汽温过高时,会加快金属材料的蠕变,还会使过热器、蒸汽管道、汽轮机高压部分等产生额外的热应力,缩短设备的使用寿命。当发生严重超温时,甚至会造成过热器管爆破。根据实际运行中过热器发生损坏的情况来看,其损坏的主要原因大多数就是管子金属超温过热。当蒸汽温度过低时,会使汽轮机最后几级的蒸汽湿度增加,对叶片的侵蚀作用加剧,严重时将会发生水冲击,威胁汽轮机的安全。而且当压力不变时汽温减低,蒸汽自做功能力减少,汽轮机的汽耗就必然增加,所以汽温过低还会使发电厂的经济性降低。

运行中,由于很多因素的影响将使蒸汽温度发生变化,必须采取措施,以使汽温保持在规定的范围内。

现代锅炉对过热蒸汽温度的控制是非常严格的,对高压和超高压锅炉机组,汽温允许波动范围一般不得超过额定值 ±5 ℃。

11.3.2　过热汽温的变化特征

饱和蒸汽在过热器中被加热提高温度后即变成过热蒸汽。根据热量平衡关系,汽温是否变化取决于流经过热器的蒸汽量(包括减温水量)和同一时间内烟气传给它的热量。如果在任一时间内都能保持上述平衡关系,则汽温将维持不变;而当平衡遭到破坏时,就会引起汽温发生变化。不平衡的程度越大,汽温的变化幅度也越大。

由上述可知,引起汽温变化的基本原因有两方面,即烟气侧传热工况的改变和蒸汽侧吸热工况的改变。下面分别说明来自这两方面的影响因素。

1. 烟气侧的主要影响因素

1)燃料性质的变化

当燃煤的挥发分降低、含碳量增加或煤粉变粗时,由于煤粉在炉膛中燃尽所需时间增

209

长,火焰中心上移,炉膛出口烟温升高,则将使汽温升高。

当燃煤的水分增加时,水分蒸发吸收炉内的热量,将使炉膛温度降低,炉膛的辐射传热量减少,炉膛出口烟温升高;同时,水分增加也使烟气体积增大,烟气流速增加。这样,就使得对流过热器的吸热量增加、汽温升高,而辐射过热器的汽温则降低。

当从烧煤改为烧油时,由于油的燃烧迅速,其火焰长度较煤粉短,使火焰中心降低;同时,由于油火焰的辐射强度比煤大,而使炉内辐射传热加强,相应炉膛出口烟温降低,将使对流过热器的汽温降低,而辐射过热器的汽温升高。有些超高压锅炉的过热器由于布置有较多的辐射受热面,在燃煤时联合过热器出口汽温随着锅炉负荷的变化表现出对流特性,而在烧油时可能因辐射传热的比例增加而表现出辐射特性或比较平稳的特性。

2)风量及其分配的变化

当由于送风量或漏风量增加而使炉内过剩空气量增加时,由于低温空气的吸热,炉膛温度降低,辐射传热减弱,炉膛出口烟温升高;同时,将使流经对流过热器的烟气量增多,烟气流速增大,对流传热增强,从而引起对流过热器的汽温升高和辐射过热器的汽温降低。但若风量不足,燃烧不好,也会引起对流过热器的汽温升高。

在总风量不变的情况下,配风工况的变化也会引起汽温的变化。这是由于配风工况不同,燃烧室火焰中心的位置也不同。例如对于四角布置切圆燃烧方式,当喷燃器上面的二次风大而下面的二次风小时,将使火焰中心降低,炉膛出口烟温降低,从而使汽温降低。

当送风和引风配合不当,使炉膛负压发生改变时,由于火焰中心位置变化,也会引起汽温发生变化。

3)喷燃器运行方式的改变

喷燃器运行方式改变时,将引起燃烧室火焰中心位置的改变,因而可能引起汽温变化。例如喷燃器从上排切换至下排时,汽温可能会降低。

4)给水温度的变化

给水温度的变化对汽温有很大的影响。当给水温度变化时,为了维持锅炉蒸发量不变,燃料量势必要相应改变,以适应加热给水所需热量的变化。由此将造成流经对流过热器的烟气流速和烟气温度发生变化,从而引起汽温变化。例如当给水温度降低时,加热给水所需的热量增多,燃料量必然要加大,但这时蒸发量未变,即由饱和蒸汽加热到额定温度的过热蒸汽所需的热量未变,因而燃料量加大的结果必然造成过热器烟气侧的传热量大于蒸汽侧的吸热量,这就必然会引起过热汽温的升高。

当给水温度变化不大(10 ℃左右)时,对过热汽温的影响很小。但在某些情况下,如高压加热器故障解列,使给水温度降低很多时,将引起过热汽温大幅度上升。

5)受热面的清洁程度

水冷壁和凝渣管外积灰、结渣或管内结垢将引起汽温升高。因为无论是灰、渣或水垢都会阻碍传热,使水冷壁(或凝渣管)的吸热量减少,而使过热器进口的烟温升高,从而引起汽温升高。

当过热器受热面本身结渣、严重积灰或管内结垢时,将使汽温降低。

过热器受热面本身结垢不但会影响汽温,而且可能造成管壁过热损坏。若过热器积灰、结渣不均匀,有的地方流过的烟气量多,这部分汽温就高;有的地方流过的烟气量少,这部分汽温就低。在这种情况下,虽然过热器出口蒸汽的平均温度变化不大,但个别管子的壁温可能很高,这是很危险的。

所以,要重视保持受热面的清洁,防止结垢、积灰和结渣现象的发生;在运行中应进行必要的吹灰和打焦工作。

2. 蒸汽侧的主要影响因素

1）锅炉负荷的变化

锅炉运行中负荷是经常变化的。当锅炉负荷变化时,过热汽温也会随之变化。对于不同形式的过热器,其汽温随锅炉负荷变化的特性也不相同。辐射过热器的汽温变化特性是负荷增加时汽温降低,负荷减少时汽温升高;而对流过热器的汽温变化特性是负荷增加时汽温升高,负荷减少时汽温降低。两者的汽温变化特性恰好相反。

燃料在锅炉中燃烧所放出的热量,除损失掉外,其他部分可以分成两部分:一部分是在炉膛内以辐射传热的方式传给工质;另一部分是在对流烟道内以对流传热的方式传给工质。炉膛辐射传热所占的比例,在高压锅炉中,在设计工况下通常达 50% 以上。

当锅炉负荷增加时,必须增加燃料量和风量以强化燃烧,这时炉膛温度有所升高,辐射传热量也将增长,但是由于炉膛温度升高得不多,使辐射传热所占量的增加赶不上蒸发热的增加,因此辐射传热的比例反而下降,即辐射传热量当负荷增加时是相对减少的;此外,当负荷增加、强化燃烧后,炉膛出口烟温将升高,这表明每千克燃料燃烧生成的烟气带出炉膛的热量增多,也说明炉膛辐射吸热量的相对减少。所以,辐射过热器的汽温是随着锅炉负荷的增加而降低的。

在对流过热器中,随着锅炉负荷增加,由于燃料消耗量增大。使流,经对流过热器的烟气流速增加,对流放热系数增大;另外由于炉膛出口烟温升高,即进入对流过热器的烟温升高,使传热温差增大,对流过热器吸热量的增加值超过由于流过过热器的蒸汽流量的增加所引起的需热量的增加值,使对流传热所占的比例增加,所以对流过热器的汽温是随着锅炉负荷的增加而升高的。

半辐射过热器汽温随锅炉负荷的变化比较平稳。现代高压和超高压锅炉都采用联合式过热器,即整个过热器由若干级辐射、半辐射和对流过热器串联组成,所以联合式过热器的汽温特性与对流和辐射吸热的比例有关,但一般呈现对流过热器的汽温特性。图 11-1 所示为一台高压锅炉的汽温特性。

2）饱和蒸汽湿度的变化

从汽包出来的饱和蒸汽总含有少量的水

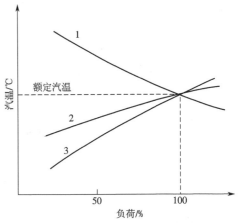

图 11-1　蒸汽吸热量与锅炉负荷的关系
1—辐射过热器;2—对流过热器;3—半辐射过热器

211

分。在正常工况下,饱和蒸汽的湿度一般变化很小。但当运行工况变动,尤其是水位过高,锅炉负荷突增以及因炉水品质恶化而发生汽水共腾时,将会使饱和蒸汽的带水量,即饱和蒸汽的湿度大大增加。由于增加的水分在过热器中汽化要多吸收热量,在燃烧工况不变的情况下,用于使干饱和蒸汽过热的热量相应减少,因而将引起过热蒸汽温度下降。饱和蒸汽如大量带水,则将造成过热汽温急剧下降。

3)减温水的变化

在采用减温器的过热器系统中,当减温水温度和流量变化时,将引起过热器蒸汽总需热量的变化,汽温会发生相应的变化。例如用给水作为减温水,在给水系统的压力增高时,虽然减温水调节门的开度未变,但这时减温水量增加,而烟气侧的传热量却未变,因而将引起汽温下降。

此外,当表面式减温器泄漏时,也会引起汽温下降。

11.3.3 蒸汽温度的调节

运行中维持额定汽温的重要性和汽温变化的必然性,两者之间是矛盾的,而矛盾的解决除在设计时从结构等方面考虑一些合理的布置方式和汽温调节方案外,还需要在运行中根据复杂的工况变动情况采取不同的调节措施,以满足运行的要求。根据对汽温变化原因的了解,也可以从以下两方面对汽温进行调节。

1. 蒸汽侧调节汽温

蒸汽侧调节过热汽温的原理是利用给水或蒸汽凝结水作为冷却工质,直接或间接地冷却蒸汽,以改变每千克蒸汽在过热器中实际得到的热量,从而改变过热蒸汽的温度,因此可以应用减温器。减温器有表面式和喷水式两种,表面式减温器是利用给水间接吸收蒸汽的热量,而喷水式减温器则是用给水或蒸汽凝结水直接喷射到过热蒸汽中以降低蒸汽温度。

无论采用哪种减温器来调节汽温,其调节操作都比较简单,只要根据汽温的变化,适当变更相应的减温水调节门的开度,以改变进入减温器的减温水量,即可达到调节过热汽温的目的。当汽温高时,开大调节门,增加减温水量;当汽温低时,关小调节门,减少温水量,或者根据需要将减温器撤出运行。

目前,发电厂锅炉的过热汽温调节,以从蒸汽侧采用减温器的调节方法居多。高压和超高压锅炉基本都采用喷水减温器,即使中压锅炉也不断趋向于改用喷水减温器,但喷水减温器对于水质要求较高。

为了保证在各种工况下的汽温能维持额定值,对装有减温器的过热器,其受热面、面积都适当地设计得大一些,使在低负荷时不投用减温器仍可维持汽温,目前此负荷一般取锅炉额定负荷的 60%~70%,具体数值应根据设备特性予以规定。例如 200 t/h 的高压锅炉,规定当锅炉负荷在 150 t/h 以上时投用减温器,其减温水量不超过 3.5 t/h。

在负荷较低时投用减温器有很大的危险性,尤其对于目前已极少采用的布置在过热器进口端的表面式减温器,更应特别注意这个问题。因为这种减温器工作时,将一部分蒸汽凝结成水,当负荷较低时则可能形成大量的冷凝水,这些水分在蛇形管中不易分配均匀,会造成很大的热偏差,有时还可能在个别蛇形管中形成水塞而烧坏管子。

高压和超高压锅炉对汽温调节的要求较高,故通常均装有两级(段)喷水减温。第一级一般布置在屏式过热器之前;第二级则布置在高温对流过热器的进口或中间。因此,在进行汽温调节时,必须明确每级所担负的任务:第一级作为粗调节,其喷水量的多少决定于减温前汽温的高低,它应保证屏式过热器的管壁温度不超过允许数值;第二级作为细调节,比较准确地控制过热器出口蒸汽温度,使其符合规定数值。相对来讲,第二级喷水减温的灵敏度较高,时滞性较小。因此,第一级与第二级减温水调节门的开度,应根据其不同要求而定。例如某超高压锅炉的过热器设有两级喷水减温,第一级布置在后屏过热器之前,第二级布置在高温对流过热器进口处;又如另一种高压锅炉,第一级喷水式减温布置在屏式过热器之前,第二级喷水式减温布置在高温对流过热器的中间。

总体来说,蒸汽侧调节汽温的工作特点是从原理上讲它只能使蒸汽汽温降低而不能升高。因此,锅炉按额定负荷设计时,过热器的受热面是超过需要的,也就是说锅炉在额定符合下运行时,过热器的吸收热量将大于蒸汽所需要的过热量,这时就要用减温水来降低蒸汽的温度,使之保持额定值。当锅炉负荷降低时,由于一般锅炉的过热器都偏近于对流特性,所以汽温也将下降,这时减温水就要关小;当负荷继续降低时,则减温水继续关小,直到减温器完全停止工作为止。在这一过程中,过热器温度是借助对减温水的调节以保持在规定的范围内,如果负荷降低到60%~70%额定负荷以下,由于失去调节手段,蒸汽温度就不能保持额定值,加上锅炉水循环的影响,锅炉一般不宜在如此低的负荷下运行。锅炉制造厂一般只保证锅炉在60%~100%负荷范围内汽温可以符合要求。

此外,从蒸汽侧采用减温器调节汽温在经济上是有一定损失的,但是由于喷水减温的设备较简单,操作也方便,调节又灵敏,仍得到了广泛的应用。

2.烟气侧调节汽温

烟气侧调节汽温的原理是通过改变流经过热器烟气的温度和烟气的流速,以改变过热器烟气侧的传热条件,即改变过热器受热面的吸热量。为达到这一目的,锅炉运行中可根据具体设备情况选择采用下述调节方法。

1)改变火焰中心的位置

改变火焰中心的位置可以改变炉内辐射吸热量和进入过热器的烟气温度,因而可以调节过热汽温。当火焰中心位置升高时,火焰离过热器较近,炉内辐射吸热量减少,炉膛出口烟温升高,则过热汽温将升高;当火焰中心位置降低时,则过热汽温将降低。

改变火焰中心位置的方法有以下几种。

Ⅰ.改变喷燃器的倾角

采用摆动式喷燃器时,可以用改变其倾角的办法来改变火焰中心沿炉膛高度的位置,达到调节汽温的目的。在高负荷时,将喷燃器向下倾斜某一角度,可使火焰中心位置下移,使汽温降低;而在低负荷时,将喷燃器向上倾斜适当角度,则可使火焰中心位置提高,使汽温升高。目前使用的摆动式喷燃器上下摆动的转角为±20°,一般为+10°~-20°。应注意喷燃器倾角的调节范围不可过大,否则可能会增大不完全燃烧损失或造成结渣等。例如向下的倾角过大时,可能会造成水冷壁下部或冷灰斗结渣;若向上的倾角过大,会增加不完全燃烧损失,并可能引起炉膛出口的屏式过热器或凝渣管结渣,同时在低负荷时还可能发生炉膛灭火。

摆动式喷燃器调节汽温多用于四角布置的燃烧方式。这种调温方法有很多优点:首先是调温幅度比较大,当喷燃器摆动角度为 ±20° 时,可使炉膛出口烟温变化 100 ℃以上;其次是调节灵敏,时滞很小;还有是不要求额外增加受热面,设备简单,没有功率消耗。但对于灰熔点低的燃料,由于炉膛出口烟温不宜过高以避免结渣,故调温幅度应加以限制。

Ⅱ.改变喷燃器的运行方式

当沿炉膛高度布置有多排喷燃器时,可以将不同高度的喷燃器组投入或停止工作,即通过上下排喷燃器的切换,来改变火焰中心的位置。当汽温高时应尽量先投用下排的喷燃器,汽温低时可切换成上排喷燃器运行。

Ⅲ.改变配风工况

例如对于四角布置切圆燃烧方式,在总风量不变的情况下,可用改变上下排二次风分配比例的方法来改变火焰中心的位置。当汽温高时,一般可开大上排二次风,关小下排二次风,以压低火焰中心;当汽温低时,一般则关小上排二次风,开大下排二次风,以抬高火焰中心。但进行调整时,应根据实际设备的具体特性灵活掌握。

2)改变烟气量

若改变流经过热器的烟气量,则烟气流速必然改变,使对流传热系数变化,烟气对过热器的放热量。烟气量增多时,烟气流速大,使对流传热系数增大,蒸汽侧的放热量增加,使汽温升高;烟气量减少时,烟汽流速小,使汽温降低。改变烟气量,即改变烟气流速的方法有以下几种。

Ⅰ.采用烟气再循环

采用烟气再循环调节汽温的原理是从尾部烟道(通常是从省煤器后)抽出一部分低温烟气,用再循环风机送回炉膛,并通过对再循环烟气量的调节来改变流经过热器的烟气流量,也即改变烟气流速。此外,当送入炉膛的低温再循环烟气量改变时,将使炉膛温度发生变化,则炉内辐射吸热与对流吸热的比例将改变,从而使汽温发生变化。由此可知,改变再循环烟气量可以同时改变流经过热器的烟气流量和烟气含热量,因而可以调节汽温。

采用烟气再循环作为调温手段时,必须了解烟气再循环量变化对各受热面吸热量的影响,图 11-2 所示为再循环烟气的热力特性,即各受热面吸热量与烟气再循环量之间的关系。

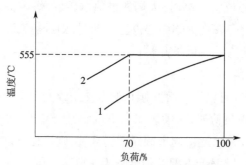

图 11-2 烟气再循环时再热汽温特性

1—不投烟气再循环;2—投入烟气再循环

如图 11-3 所示,当再循环烟气从冷灰斗下部送入时,随着再循环烟气量的增加,炉膛辐射受热面吸热量的相对值减小,而对流受热面吸热量的相对值增加;同时,沿着烟气流程,越往后的受热面,吸热量增加的百分数越大,换句话说,越在后部的受热面,调温的幅度越大。因此,锅炉可以把烟气再循环用作调节再热汽温的主要手段。

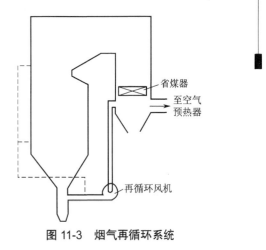

图 11-3　烟气再循环系统

如图 11-3 所示,当再循环烟气从炉膛出口送入时,炉膛吸热量变化很小,但炉膛出口烟温下降很多。采用这种方式,过热汽温和再热汽温的调温幅度很小。因此,它的主要目的不是为了调温,而是为了降低炉膛出口烟温,以防止屏式过热器超温和高温对流过热器结渣。

采用烟气再循环的优点:调温幅度大,试验表明,每增加再循环量 1%,可使再热汽温提高 2 ℃;节省再热器受热面,在减负荷时增温,而不是像喷水减温那样增负荷时降温,因而不用多加受热面。采用烟气再循环的缺点:需要装置高温风机,增加了投资,也增加了厂用电;不宜在燃用高灰分燃料时采用,否则会加大磨损;不宜在燃烧低挥发分煤时采用,否则对燃烧的稳定性和经济性不利。

再循环烟气量占当时锅炉负荷下总烟气量的百分数称为再循环率,上述汽包锅炉根据设计数据,在 70% 负荷时,再循环率为 17%;在 100% 负荷时,再循环率为 5%。在额定负荷时仍保持 5% 的再循环烟气量,是为了有进一步调节的可能,同时维持再循环风机处于正常运行状态,保持再循环风机在一定开度,当负荷变化时,就能及时地进行调节。

Ⅱ.采用烟气旁路

采用烟气旁路时,将过热器处的对流烟道分隔成主烟道和旁路烟道两部分,在旁路烟道中的受热面之后装有烟气挡板,调节烟气挡板的开度,即可改变通过主烟道的烟气流速,从而改变主烟道中受热面的吸热量,如图 11-4 所示。

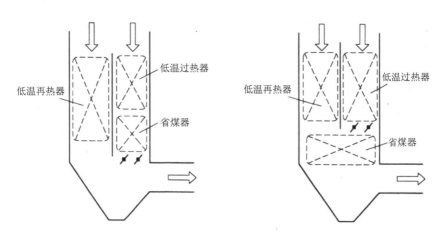

图 11-4　尾部竖井中分隔烟道布置

215

烟气旁路挡板结构简单,操作方便。但挡板要用耐热材料,并不宜布置在烟温高于400 ℃的区域,否则易产生热变形。此外,挡板开度与汽温变化不是线性关系,一般在0~40% 开度范围内调温比较有效,开度再大时调节作用则很小。

Ⅲ. 调节送风量

在燃烧工况允许的范围内调节送风量,以改变流经过热器的烟气量,即改变烟气流速,达到调节过热汽温的目的。

必须强调指出,对于从烟气侧调节过热汽温的方法,喷燃器的运行方式和风量的调节等,首先必须满足燃烧工况的要求,以保证锅炉机组运行的安全性和经济性;而用以调节汽温,一般只是作为辅助手段。当汽温问题成为运行中的主要矛盾时,才用燃烧调节来配合调节汽温,这时即使降低经济性也是可取的。

综上所述,调节过热蒸汽温度的方法很多,这些方法又各有其优缺点,故在应用时应根据具体情况予以选择。在高参数大容量锅炉中,为了得到良好的汽温调节特性,往往应用两种以上的调节方法,并常以喷水减温与一种或两种烟气侧调温方法相配合。在一般情况下,烟气侧调温只能作为粗调,而蒸汽侧(用减温器)调温才能进行细调。实践经验证明,如使用得当,烟气侧调温也能使蒸汽温度控制在规定的范围内。

11.3.4 汽温的监视和调节中应注意的问题

(1)运行中要控制好汽温,首先要监视好汽温,并经常根据有关工况的改变分析汽温的变化趋势,尽量使调节工作恰当地做在汽温变化之前。如果等汽温变化以后再采取调节措施,则必然形成较大的汽温波动。应特别注意过热器中间点汽温(如一、二级减温器出口汽温)的监视,中间点汽温得到保证,过热器出口汽温就能稳定。

(2)虽然现代锅炉一般都装有汽温自动调节装置,但运行人员除应对有关表计加强监视以外,还需熟悉有关设备的性能,如过热器和再热器的汽温特性、喷水调节门的阀门开度与喷水量之间的关系、过热器和再热器管壁金属的耐温性能等,以便在必要的情况下由自动切换为远方操作时,仍能维持汽温的稳定,并确保设备的安全。

(3)在进行汽温调节时,操作应平稳均匀,例如对于减温调节门的操作,不可大开大关,以免引起急剧的温度变化,而危害设备安全。

(4)由于蒸汽流量不均或受热不均,过热器和再热器总存在热偏差,在并联工作的蛇形管中可能总有少数蛇形管的汽温和壁温较平均值高,因此运行中不能只满足于平均汽温不超限,而应在燃烧调节上力求做到不使火焰偏斜,避免水冷壁或凝渣管发生局部结渣,注意烟道两侧烟温的变化,加强对过热器和再热器受热面壁温的监视等,以确保设备的安全,并使汽温符合规定值。

任务四 水位调节

【任务目标】

1. 了解保持正常水位的重要意义。
2. 掌握影响水位变化的主要因素。
3. 掌握锅炉负荷影响水位变化的原理。
4. 掌握水位的调节方法。

【导师导学】

11.4.1 保持正常水位的重要意义

保持汽包内的正常水位是保证锅炉和汽轮机安全运行最重要的条件之一。水位过高时,由于汽包蒸汽空间高度减小,会增加蒸汽携带的水分,使蒸汽品质恶化,容易造成过热器积垢,使管子过热损坏。严重满水时,会造成蒸汽大量带水,除造成过热汽温急剧下降外,还会引起蒸汽管道和汽轮机内产生严重水冲击,甚至打坏汽轮机叶片。水位过低,则可能引起锅炉水循环破坏,使水冷壁管的安全受到威胁。如果出现严重缺水而又处理不当,则可能造成炉管爆破,给人身安全和企业财产带来严重损害。

所以,锅炉运行中,任何疏忽大意,对水位监视不严、操作维护不当,或设备存在缺陷而发生缺水、满水事故,都会造成巨大的损失。

锅炉在额定蒸发量下,全部中断给水,汽包水位从正常水位(零水位)降低到最低安全水位所需的时间,称为干锅时间。

由于汽包的相对水容积(每吨蒸发量所占有的汽包容积)随着锅炉容量的增大而减小,所以锅炉容量越大,干锅时间越短,对汽包水位调整的要求也越高。例如 SC-400 t/h 再热锅炉的汽包正常水位定在汽包中心线以下 100 mm 或 150 mm,如图 11-5 所示。允许的汽包最高、最低水位,应通过热化学试验和水循环试验来确定。最高安全水位应不致引起蒸汽突然带盐,最低安全水位应不影响水循环的安全。

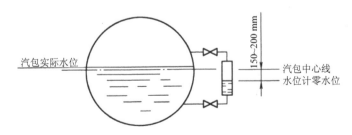

图 11-5 汽包中心线与水位计零水位的关系

217

11.4.2 影响水位变化的主要因素

锅炉运行中,汽包水位是经常变化的。引起水位变化的根本原因在于物质平衡(给水量与蒸发量的平衡)遭到破坏或者工质状态发生改变。显然,当物质平衡被破坏时,必然引起水位的变化,即使能保持物质平衡,水位仍可能变化。例如当炉内放热量改变时,将引起蒸汽压力和饱和温度变化,从而使水和蒸汽的比容以及水容积中蒸汽泡数量发生变化,由此将引起水位变化。根据上述引起水位变化的根本原因,可归纳出影响水位变化的主要因素有锅炉负荷、燃烧工况和给水压力等。

1.锅炉负荷

汽包中水位的稳定与锅炉负荷(或蒸发量)的变化有密切的关系,如图 11-6 和图 11-7 所示。蒸汽是给水进入锅炉以后逐渐受热汽化而产生的;当负荷变化,也就是所需要产生的蒸汽量变化时,将引起蒸发受热面中水的消耗量发生变化,因而必然会引起汽包水位发生变化。负荷增加,如果给水量不变或者不能及时地相应增加,则蒸发设备中的水量逐渐被消耗,其最终结果将使水位下降;反之,则将使水位上升。所以,一般来说,水位的变化反映了锅炉给水量与蒸发量(负荷)之间的平衡关系。当不考虑排污、漏水、漏汽等消耗的水量时,如果给水量大于蒸发量,则水位将上升;给水量小于蒸发量,则水位将下降;只有当给水量等于蒸发量,即保持蒸发设备中的物质不变时,水位才保持不变。

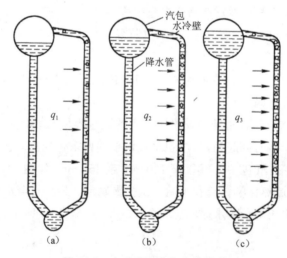

图 11-6 负荷骤增汽包水位示意
(a)稳定负荷水位 (b)增加负荷水位 (c)负荷骤增水位

此外,由于负荷变化而造成的压力变化,将引起炉水状态发生改变,促使它的体积也相应改变,从而也会引起水位发生变化。这一点,可以通过虚假水位现象来理解。

上面已经说过,在正常情况下,当负荷增加时,其最终结果将使水位下降;当负荷降低时,其最终结果将使水位上升(前提为给水量不跟进)。但是,当负荷剧烈变化时,水位的变化还有一个明显的过渡过程,在这个过程中反映出来的水位变化并不是最终结果。例如,当负荷急剧增加时,水位会很快上升(经过一段时间以后才又很快下降);当负荷急剧降低时,水位会很快下降(经过一段时间以后才又很快上升)。这种水位现象是暂时的,经过一段时间就会过去,从物质平衡的角度来看它也是虚假的,所以称为虚假水位或暂时水位。

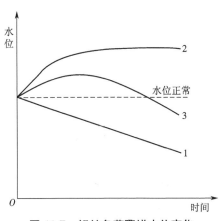

图 11-7　锅炉负荷骤增水位变化

1—汽水量不平衡水位的变化;2—炉水体积膨胀水位的变化;3—最终水位变化

为什么会出现这种虚假水位现象呢?

当负荷急剧增加时,汽压将很快下降,由于炉水温度就是锅炉当时压力下的饱和温度,所以随着汽压的下降,炉水温度就要从原来较高压力下的饱和温度下降到新的、较低压力下的饱和温度,这时炉水(和金属)要放出大量的热量,这些热量又用来蒸发炉水,于是炉水内的气泡数量大大增加,汽水混合物的体积膨胀,促使水位很快上升,形成虚假水位。当炉水中多产生的气泡逐渐逸出水面后,汽水混合物的体积又收缩,则水位又下降。这时如果不及时适当地增加给水量,由于负荷急剧增加,蒸发量大于给水量,水位将会继续很快下降。

当负荷急剧降低时,汽压将很快上升,则相应的饱和温度提高,因而一部分热量被用于把炉水加热到新的饱和温度,而用来蒸发炉水的热量则减少,炉水中的气泡数量减少,使汽水混合物的体积收缩,所以水位很快下降,形成虚假水位。当炉水温度上升到新压力下的饱和温度以后,不再需要多消耗液体热,炉水中的气泡数量又逐渐增多,汽水混合物体积膨胀,所以水位又上升。这时如果不及时适当地减小给水量,由于负荷急剧降低,给水量大于蒸发量,水位将会继续很快上升。

知道了虚假水位产生的原因以后,就可以找出正确的操作方法。例如当负荷急剧增加时,起初水位上升,这时运行人员应当明确,从蒸发量与给水量不平衡的情况来看,蒸发量大于给水量,因而这时的水位上升现象是暂时的,它不可能无止境地上升,而是很快就会下降。因而,切不可立即去关小给水调节门,而应当做好强化燃烧、恢复水位的准备,然后待水位即将开始下降时,增加给水量,使其与蒸发量相适应,恢复水位的正常。当负荷急剧降低,水位暂时下降时,则采用与上述相反的调节方法。当然,在出现虚假水位现象时,还需根据具体情况具体对待,例如当负荷急剧增加,虚假水位现象很严重,也即水位上升的幅度很大、上升的速度也很快时,还是应该先适当地关小给水调节门,以避免满水事故的发生,待水位即将

219

开始下降时,再加强给水,恢复水位的正常。

实际上,当锅炉工况变动时,只要引起工质状态发生改变,就会出现虚假水位现象,只不过明显程度不一,引起水位波动的大小不同。在锅炉负荷的变化幅度和变化速度都很大时,虚假水位的现象比较明显。此外,当发生炉膛灭火和安全门动作的情况下,虚假水位现象也会相当严重,如果准备不足或处理不当,则很容易造成缺水或满水事故。因此,对于虚假水位现象应当予以足够的重视。

2. 燃烧工况

燃烧工况的改变对水位的影响也很大。在外界负荷不变的情况下,燃烧强化时,水位将暂时升高,然后再下降;燃烧减弱时,水位将暂时降低,然后又升高。这是由于燃烧工况的改变使炉内放热量改变,因而引起工质状态发生变化的缘故。例如,当送入炉内的燃料量突然增多时,炉内放热量就增加,受热面的吸热量也增加,炉水汽化加强,炉水中产生的蒸汽泡的数量增多,体积膨胀,因而使水位暂时升高。由于产生的蒸汽量不断增多,使汽压上升,相应地提高了饱和温度,炉水中的蒸汽泡数量有所减少,水位又会下降。对于母管制机组,这时由于锅炉压力高于蒸汽母管压力,蒸汽流量增加,则水位将继续下降;对于单元机组,如果这时汽压不能及时恢复继续上升,由于蒸汽做功能力的提高而外界负荷又没有变化,汽轮机调节机构将关小调速汽门,减少进汽量,由于锅炉蒸汽量减少而给水量却没有变,因而将使水位又要升高。此时,水位波动的大小取决于燃烧工况改变的剧烈程度以及运行调节是否及时。

3. 给水压力

如果给水系统运行不正常使给水压力变化时,将使送入锅炉的给水量发生变化,从而破坏给水量与蒸发量的平衡,则必将引起汽包水位的波动。在其他条件不改变的情况下,给水压力对水位的影响是显而易见的,即给水压力高使给水量加大时,水位升高,给水压力低使给水量减少时,水位下降。

11.4.3 水位的调节

对水位的控制调节比较简单,它是依靠改变给水调节门的开度,即改变给水量来实现的。水位高时,关小调节门;水位低时,开大调节门。现代大型锅炉机组,都采用一套比较可靠的给水自动调节器来自动调节送入锅炉的给水量,调节器的电动(或气动)执行机构除能投入自动以外,还可切换为远方(遥控)手动操作。

但是,当给水调节投入自动时,运行人员仍需认真地监视水位和有关表计,以便一旦自动调节失灵或锅炉运行工况发生剧烈变化时,能迅速将给水自动解列,并切换为远方手动操作,保持水位的正常。因此,运行人员必须掌握水位的变化规律,还应熟悉调节门和系统的调节特性,例如阀门开度(或圈数)和流量的关系、调节时滞的时间等。

当采用远方手动调节水位时,操作应尽可能平稳均匀,一般应尽量避免采用对调节门进行大开大关的大幅度调节方法,以免造成水位过大的波动。

当由于对给水量调节不当而造成水位波动过大时,将会影响汽温、汽压发生变化(但在大容量锅炉中给水量变动对汽压的影响不明显)。

与对汽温的控制调节一样,要控制好水位,必须做好对水位的监视工作。现代锅炉除在汽包上就地装有一次水位计(如云母水位计、双色水位计)外,通常还装有几个机械式或电子式的二次水位计(如差压式水位计、电接点水位计、电子记录式水位计等),其信号直接接到锅炉操作盘上,以增加对水位监视的手段。此外,还应用工业电视来监视汽包水位。

对汽包水位的监视,原则上应以一次水位计为准。在正常运行中,一次水位计的水位应清晰可见,而云母水位计的水面还应有轻微的波动;如果停滞不动或模糊不清,则可能是连通管发生堵塞,应对水位计进行冲洗。冲洗水位计的步骤如下:

(1)开启放水门,使汽管、水管及水位计得到冲洗;

(2)关闭水门,冲洗汽管及水位计;

(3)开启水门,关闭汽门,冲洗水管;

(4)开启汽门,关闭放水门,检查和校对水位的变化情况。

一次水位计所指示的水位高度,比汽包中的实际水位高度要低,这是由汽包中的水与水位计中的水重度不同而造成的。汽包水容积中是饱和水或汽水混合物,即汽包水容积中的水的温度较高且含有蒸汽泡;而水位计中的水由于散热关系,温度低于汽包压力下的饱和温度,故重度较大,因而造成水位计指示的水位低于汽包中的实际水位。

如果汽包水容积中充满的是饱和水,则水位指示的偏差随着工作压力的增高而增大,如图 11-8 所示。

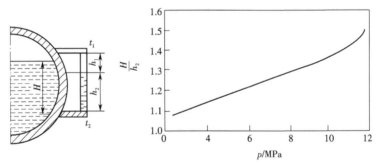

图 11-8　汽包水位高度与水位计水位高度

此外,当一次水位计的连通管发生泄漏和堵塞时,也会引起水位指示的误差。若汽侧泄漏,将使水位指示偏高;若水侧泄漏(例如放水门泄漏),将使水位指示偏低。

目前,由于二次水位计的准确性和可靠性已基本能满足锅炉运行的要求,故正常运行中允许根据仪表盘上的二次水位计的指示来进行水位调节操作。但是为了安全,运行中应定期校对二次水位计与一次水位计的指示,并应做到经常保持所有水位计完整良好。

在监视水位时,必须经常注意蒸汽流量与给水流量(以及减温水量)的差值是否在正常范围内,还应注意给水压力。此外,对于可能引起水位变化的运行操作(如进行锅炉定期排污、投停燃烧器或改变燃料量、增开或切换给水泵等)也需予以注意。以便根据这些运行工况的改变,及时地分析水位的变化趋势,将调节工作做在水位变化之前,从而保证运行中汽包水位的稳定。

任务五　锅炉工况变动的影响

【任务目标】

1. 掌握锅炉负荷的变动与分配规律。
2. 掌握锅炉给水温度变动所带来的影响。
3. 掌握送风量或漏风量变动产生的影响。
4. 掌握燃料性质变动带来的影响。

【导师导学】

11.5.1　锅炉工况变动概述

锅炉工况是指锅炉运行的工作状况。锅炉工况可以通过一系列有关的运行参数或称工况参数来反映,如锅炉的蒸发量、工质的压力和温度、烟气温度和燃料量等。

锅炉在一定条件下运行时,用来反映锅炉工作状况的各个参数都具有确定的数值。如果运行条件改变,则这些工况参数就要相应地发生变化。

锅炉运行中,如果工况参数一直保持不变,则这时的工况称为稳定工况。事实上,绝对的稳定是没有的,在实际运行中,即使在所谓的稳定工况下,锅炉的各工况参数也不断地在发生微小的变化,因而所谓稳定只能是相对的、暂时的。只要当锅炉的工况参数在一段较长的时间内变动甚小时,就可以认为锅炉已处于稳定工况之下。

若在某一稳定工况下,锅炉的效率达到最高,则这时的工况称为锅炉的最佳工况。

当由于一个或几个工况参数发生改变,而使锅炉由一种稳定工况变动到建立起另一种新的稳定工况时,这一变动过程称为动态过程或过渡过程或不稳定过程。

在不稳定过程中,各参数的变化特性称为锅炉的动态特性。进行锅炉动态特性试验的目的是为整定自动调节系统及设备提供依据。

锅炉在不同的稳定工况下,各参数之间的变化关系(如过热汽温与过剩空气系数或过剩空气系数与锅炉效率之间的关系)称为锅炉的静态特性。进行锅炉静态特性试验的目的是为了确定锅炉的最佳工况,以作为运行调节的依据。

锅炉机组是按照额定负荷进行设计的,设计时还预定了一些工作条件和指标,如燃料性质、给水温度、过剩空气系数和各种热损失等。但在实际运行中,很少有完全符合设计的情况,也就是说,锅炉往往是在非设计工况下运行,这时各工况参数都可能发生改变。

因此,充分了解工况变动时锅炉工况所受到的影响是十分重要的。每一个因素的改变都会对锅炉工况产生一定的影响,几个因素同时改变时,各种影响则相互交错,不易清晰地反映出变化的规律。为了便于分析,下面分别就一个因素改变时对锅炉静态特性的影响的简单情况进行定性讨论,同时假定其他条件均保持不变。这时可以认为,几个因素同时改变时给锅炉工作所带来的总的影响,就是每一个因素单独改变时的影响的总和。

11.5.2　锅炉负荷的变动及其分配

（1）锅炉运行中,随着外界电网负荷的变动,锅炉的负荷（蒸发量）也在一定范围内变动。实际上,负荷变动时,效率是要变化的。在经济负荷以下时,燃料消耗量增加比（B_2/B_1）略小于负荷增加比（D_2/D_1）；而在经济负荷以上时,燃料消耗量增加比则略高于负荷增加比。由于此比值变化不大,因此可以说当负荷变动时,锅炉的燃料消耗量与其负荷接近成正比的关系。

（2）对炉内辐射传热的影响。按前述汽温调节可知,当锅炉负荷增加时,辐射过热器的出口蒸汽温度是降低的。

（3）对对流传热的影响。如前所述,负荷增加时对流吸热量的增加比大于负荷的增加比,对流过热器的出口蒸汽温度是升高的。同时,省煤器出口水温（或者沸腾度）、空气预热温度及排烟温度都将随负荷增加而增加。

（4）对锅炉效率的影响。当过剩空气系数不变时,锅炉效率与负荷的关系如图 11-9 所示。由图可知,当负荷变化时,锅炉效率也随之变化；在某一负荷时可以得到最高的效率,这一负荷称为经济负荷。在经济负荷以下时,负荷增加,效率也增加；超过经济负荷,效率则随着负荷升高而下降；在经济负荷以上时,如锅炉负荷降低,则由于排烟损失和燃料不完全燃烧损失的减小,锅炉效率相应地提高；但当负荷降至经济负荷以下时,将由于炉内温度降低使不完全燃烧损失显著增大,锅炉效率反而降低。

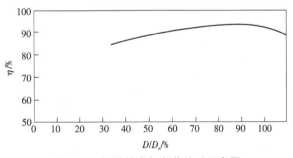

图 11-9　锅炉效率与负荷关系示意图

在高负荷时,由于炉膛温度高,燃烧条件好,在达到燃烧充分与少结渣的前提下,可适当减少空气过剩系数 α。减少 α 不仅能使 q_2 相对减少,并且对减少 q_3、q_4 也有好处（因为延长了可燃物质在炉内的停留时间）。但减少 α,必须在保证完全燃烧的前提下进行,否则反而会增加不完全燃烧损失,使锅炉效率迅速降低。

（5）锅炉负荷的分配。自备电站各台锅炉的蒸发量大多是不一致的,同时各台锅炉的形式和性能也不相同,因此在进行锅炉之间的负荷分配时,一般应解决两个问题：①在既定的负荷范围内,应有哪几台锅炉参加运行；②对于参加运行的锅炉之间,如何分配负荷最经济。前一个问题涉及锅炉形式、工作特性、故障、检修、备用和负荷曲线等很多因素,这里不再讨论。下面只分析解决后一个问题的方法。在几台并列运行的锅炉之间进行负荷分配的主要任务是要以最少的燃料消耗得到必需数量和规定参数的蒸汽。运行锅炉之间的负荷分配一般可按下述 3 种方式进行。

①根据锅炉机组的蒸发量按比例分配。这种方式是将电站的全部负荷按额定蒸发量比例分配给参加运行的各台锅炉。当它们的总蒸发量达到极限值时,将备用锅炉并入运行;当负荷降低到对于任何一台锅炉而言的稳定负荷下限时,则将一部分锅炉停止运行。这种分配负荷的方法是最简单的。其优点是易于实现负荷分配的自动化,但没有考虑到各台锅炉的效率,因而不能保证运行的经济性,尤其在各台锅炉的形式和性能相差悬殊时更不经济。故这种分配方法只适用于各台锅炉的性能、参数基本相同的情况。

②按高效率机组带基本负荷、低效率机组带变动负荷的原则分配。这种方法是想尽可能利用经济性高的锅炉来降低总的燃料消耗,但实际上并不一定能达到这一目的。因为对既定锅炉来说,热效率也不是常数,它是随负荷而变的,而担负变动负荷的锅炉,其蒸发量将在很大的范围内波动,而且有可能在很不经济的负荷范围内运行,因而其结果可能使设备的总经济性降低。

③按燃料消耗量微增率相等的原则分配。理论分析证明,要使锅炉负荷分配最经济,应使参加并列运行的每台锅炉的燃料消耗微增率相等。等微增率分配负荷的方法是建立在并列运行的每台锅炉都是调压炉的基础之上,即总负荷变化时,每台锅炉的负荷不能随便改变,而都要按等微增率变化。要做到这一点,实际上是很困难的,需要做大量的基础工作。在现场要先制定出表格,明确地列出某个总负荷下,各台锅炉应带的负荷。如果总负荷变化很频繁且幅度不大,每台锅炉的负荷都要做相应的变化。由于燃烧调整上的困难,难以维持在稳定运行条件下的锅炉效率。锅炉燃烧频繁地调整必然要伴随燃料的过度消耗,如果这种过度消耗大于按等微增率分配负荷所节约的燃料,那么这种理论上正确的运行方式将失去意义。因此,等微增率分配负荷的方法虽然在理论上是先进和可行的,但是在实际运行中很少采用。

上述 3 种负荷分配方法中,按燃料消耗量微增率相等的原则分配的方法最为经济。但是,在实际运行中,由于运行方式的多变,按微增率相等的方法来分配负荷,要求运行人员应有较高的技术水平并要进行相当精确的运行调节,这样就使得这一方法的应用受到限制。而第二种方法比较易于实现,且在一般负荷范围内,其经济性和按 Δb 相等的方法分配负荷也相差不大,故应用最广泛。

11.5.3 给水温度的变动

锅炉的给水是由除氧器经过给水泵、高压加热器送来的,所以当高压加热器的运行情况(如是否投用或发生故障,以及加热器受热面的清洁程度等)改变时,将会引起给水温度的变化。对于单元机组,当该机组的负荷变化时,也会引起给水温度发生变化。

1. 对燃料量或蒸发量的影响

给水在锅炉中经各受热面不断吸收热量而成为过热蒸汽。当给水温度变化时,如果燃料性质没有变化,而且汽温也保持不变,又考虑到给水温度对锅炉效率的影响不大(可以忽略不计),则给水温度的变化只引起 D 或 B 的变化。当给水温度降低时(即给水焓的数值减小),燃料量 B 必须增大或者是蒸发量 D 要降低;也就是说,当给水温度降低时,为了保持锅炉的蒸发量不变,则必然要增加燃料消耗量。

显然,当给水温度低于设计值,而锅炉仍维持额定出力运行时,将使燃烧系统处于"超出力"运行状态。

2. 对过热蒸汽温度的影响

当给水温度降低,使燃料量增加以后,会使炉膛出口的烟气温度比同样负荷下高些,加之烟气流速的增加,每千克燃料在对流受热面区域的放热量增加,因此单位质量的工质在对流受热面中的吸热量就必然增加。由于给水温度的降低使辐射吸热和对流吸热的比例发生改变,因而具有对流特性的过热器的出口蒸汽温度将升高。

3. 对安全性和经济性的影响

当给水均匀地进入汽包时,水温变化实际上对汽包壁的安全工作影响不大。但由于给水直接与省煤器管壁接触,给水温度经常突变将会产生额外的温度应力,因而对省煤器的工作安全性有较大的影响。当给水温度降低时,由于温差加大,省煤器的吸热量增加,使排烟温度降低,亦即排烟损失减少,因此锅炉效率会提高。但是,排烟损失 q_2 的减少抵消不了在相同负荷情况下燃料消耗量增加的损失和凝汽器损失的增大(当高压加热器故障时排入凝汽器的排汽量将增大),所以对整个电厂来说,经济性仍然是降低的。

11.5.4　过剩空气系数的变动

当送风量变化或各部漏风量变化时,都会引起过剩空气系数的变动。

1. 送风量改变而漏风量不变

(1)对经济性的影响。在一般负荷范围内,当炉膛出口过剩空气系数 α_1 增加时,化学不完全燃烧损失 q_3、机械不完全燃烧损失 q_4 将降低。但 α_1 过大,以致炉内温度显著降低或烟气流速过分增高时,则 q_3、q_4 可能增大。而 q_2 始终随 α_1 增加而增加,α_1 超过设计数值(最经济值)以后,q_3、q_4 增加的减少量抵消不了 q_2 随 α_1 增加的增加量,故 α_1 过高,也会使锅炉效率降低,如图 11-10 所示。

(2)对传热的影响。α_1 增加过多时,炉膛内温度降低,故将使炉内辐射传热量减少。对于对流受热面,由于烟气流速增加,传热系数增大,而使对流传热量增加。

(3)对过热蒸汽温度的影响。α_1 增加时,对流吸热量相对增加,故对流过热器出口蒸汽温度将随 α_1 增加而升高。大约 α_1 每增加 0.1,t_y 将升高 8~10 ℃。但 α_1 过大,以致炉膛出口烟气温度降低时,则 α_1 对 t_{gq} 的影响减小。

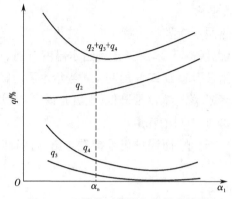

图 11-10　最佳过量空气系数曲线图

2. 送风量不变而各部漏风量变化

制粉系统和燃烧室漏风量增加时，其后果与前述相似，但影响的程度则较严重，因其温度较低，使辐射传热量减少。

各部烟道漏风时的主要影响如下。

（1）增加 q_2 损失，使锅炉效率降低。

（2）某段烟道漏风时将使该段烟道的烟温降低，吸热量也降低，进入其后部烟道的烟气温度将相对提高，使后部烟道的对流吸热量也增加。但后部烟道吸热量的增大，抵消不了"漏风烟道"吸热量的减小，故总损失还是增加。越是前部的烟道，其漏风对传热及经济性的影响越严重。

（3）空气预热器漏风时，虽然由于空气温度低于烟气温度将使排烟温度降低，但排烟焓增加，故 q_2 损失依然增加；同时还使热风温度降低，影响燃烧。

11.5.5　燃料性质的变动

在运行中，进入锅炉的燃料的性质，例如燃料的灰分和水分可能发生变动，在某些情况下可能改用其他燃料。

当燃料品种改变时，燃料的发热量、挥发分、水分、灰分以及灰渣性质等都会变动，因而对锅炉工况的影响相当复杂，这里不予讲述。下面仅介绍燃料灰分和水分的变动对锅炉机组工况的影响。

1. 燃料灰分的变动

当燃料灰分增大时，其可燃物含量减少，故发热量、燃烧所需要的空气量和燃烧后所生成的烟气量等都比设计值降低。

如果保持燃料消耗量不变，则由于燃料发热量降低，使炉内总放热量随之降低，因而锅炉蒸发量降低，同时使炉膛出口的烟气温度降低，以致对流受热面的传热温差减少。

燃料灰分增大之后，燃烧产物的体积缩小，因而对流受热面的吸热量显著降低。要保持蒸发量不变，则必须增加燃料消耗量。当增加燃料消耗量之后，能使各部烟气温度、烟气总体积和流速、锅炉机组效率、所有受热面的吸热量、蒸发量和过热蒸汽温度（或减温器的吸热量)等都恢复至原设计数值。

燃料灰分的增大,会加剧受热面的磨损,并容易造成堵灰。

2.燃料水分的变动

燃料水分增大将使其发热量显著降低,由于水分增大减少了燃料的可燃物含量,而且增大了蒸发水分所用的热量损失,因此将使蒸发量降低,同时造成炉膛温度下降。当水分增大时,各对流受热面前的烟气温度将降低,相应的平均温度降低,虽然烟速有所增加,但仍使得对流受热面的吸热量有所降低。当水分增大时,由于每千克燃料所产生的烟气容积增加,q_2损失增大,故锅炉效率随之降低。在运行中必须保持蒸发量不变,当燃料水分增大时,必须增加燃料消耗量。增加燃料消耗量后将提高排烟温度,增大 q_2 损失。另外,由于烟气流速增加,使对流受热面的传热系数增大,从而使其对应于单位燃料的吸热量、总的吸热量都会增大。因此,将使具有对流特性的过热器的出口蒸汽温度增高,省煤器的蒸发份额增大,热空气温度也增高。最后,燃煤水分增大,还可能使给煤或给粉发生困难。

任务六　燃烧调节

【任务目标】

1. 了解燃烧调节的目的。
2. 掌握锅炉燃烧量的调整。
3. 掌握风量的调节。

【导师导学】

11.6.1　燃烧调节概述

锅炉燃烧工况的好坏对锅炉机组和整个发电厂运行的经济性和安全性有很大的影响。燃烧调节的任务是适应外界负荷的需要,在满足必需的蒸汽数量和合格的蒸汽质量的前提下,保证锅炉运行的安全性和经济性。对于一般固态排渣煤粉炉,进行燃烧调节的目的可具体归纳为以下几点:

(1)保证正常稳定的汽压、汽温和蒸发量;

(2)着火稳定,燃烧中心适当,火焰分布均匀,不烧损喷燃器、过热器等设备,避免结渣;

(3)使机组运行保持最高的经济性。

燃烧过程是否稳定直接关系到锅炉运行的可靠性。对于大容量高参数锅炉,燃烧调节适当(燃料完全燃烧、炉膛温度场和热负荷分布均匀)则更是达到安全可靠运行的必要条件。

燃烧过程的经济性要求保持合理的风、煤配合,一、二次风配合和送风、引风配合,此外还要求保持适当高的炉膛温度。合理的风、煤配合就是要保持最佳的过剩空气系数;合理的

一、二次风配合就是要保证着火迅速、燃烧完全；合理的送风、引风配合就是要保持适当的炉膛负压，减少漏风。当运行工况改变时，这些配合比例如果调节得当，就可以减少燃烧损失，提高锅炉效率。对于现代火力发电机组，锅炉热效率每提高1%，将使整个机组效率提高0.3%~0.4%，标准煤耗可下降3~4 g/℃。

对于煤粉炉，为达到上述燃烧调节的目的，在运行操作方面应注意喷燃器一、二、三次风的出口风速和风率，各喷燃器之间的负荷分配和运行方式，炉膛的风量（即过剩空气系数）、燃料量和煤粉细度等各参数的调节，使其达到最佳值。锅炉运行中经常碰到的工况改变是负荷的改变。当锅炉负荷改变时，必须及时调节送入炉膛的燃料量和空气量（风量），使燃烧工况得以相应的改变。在高负荷运行时，由于炉膛温度高，着火与混合条件比较好，故燃烧一般是稳定的，但这时排烟损失比较大。为了提高锅炉效率，可以根据煤质等具体条件，考虑适当降低过剩空气系数运行。过剩空气系数适当减小后，排烟损失必然降低，而且由于炉温高并降低了烟速使煤粉在炉内的停留时间相对增长，因此不完全燃烧损失可能不增加或者增加很少，其结果可使锅炉效率有所提高。

在低负荷运行时，由于燃烧减弱，投入的喷燃器不可能多，故炉膛温度较低，火焰充满程度差，使燃烧不稳定，经济性也较差。所以，对于大型煤粉炉一般不宜在70% 额定负荷以下运行。低负荷时可以适当降低炉膛负压运行，以减少漏风，使炉膛温度相对有所提高。这样不但能稳定燃烧，也能减少不完全燃烧损失，但这时必须注意安全，防止喷火伤人。由上所述可知，当运行工况改变时，燃烧调节的正确与否，对锅炉运行的安全性和经济性都有直接的影响。

11.6.2　燃料量的调节

在现代锅炉中，蒸汽主要是从炉内的辐射蒸发受热面中产生的。因此，可以有条件地近似认为，锅炉的出力与送入炉内燃烧的燃料量成正比。

不同燃烧设备类型和不同燃料种类的锅炉，其燃料量的调节方法也各不相同。

1. 对配有中间仓储式制粉系统的锅炉

中间仓储式制粉系统的特点之一是制粉系统出力的变化与锅炉负荷并不存在直接的关系。当锅炉负荷发生改变而需调节进入炉内的煤粉量时，是通过改变给粉机的转速和喷燃器投入的数量（包括相应的给粉机）来实现的。当锅炉负荷变化较小时，改变给粉机的转速就可以达到调节的目的。当锅炉负荷变化较大时，改变给粉机转速不能满足调节幅度，则应先以投、停给粉机做粗调节，再以改变给粉机转速做细调节。但投、停给粉机应尽量对称，以免破坏整个炉内工况。当需投入备用的喷燃器和给粉机时，应先开启二次风门至所需开度，对一次风管进行吹扫，待风压指示正常后，方可启动给粉机进行给粉，并开启二次风，观察着火情况是否正常。相反，在停用喷燃器时，则是先停止给粉机，并关闭二次风，而一次风应继续吹扫数分钟后再关闭，以防止一次风管内产生煤粉沉积。为防止停用的喷燃器因过热而烧坏，有时对其一、二次风门保持微小的开度，以作为冷却喷口。给粉机转速的正常调节范围不宜太大，若调得过高，则不但会因煤粉的浓度过大而容易引起不完全燃烧，而且也易使给粉机过负荷发生事故;若调得太低,则在炉膛温度不太高的情况下,由于煤粉浓度低,着火会不稳,容易发生炉膛灭火。此外,对各台给粉机事先都应做好转速出力试验,了解其出力特性,以保持运行时给粉均匀;给粉调节操作要平稳,应避免大幅度调节,任何短时间的过量给粉或给粉中断,都会使炉内火焰发生跳动,使着火不稳,甚至可能引起灭火。

2. 对配有直吹式制粉系统的锅炉

具有直吹式制粉系统的煤粉炉,一般都装有3~4台磨煤机,相应地具有3~4套独立的制粉系统。由于直吹式制粉系统无中间储粉仓,其出力的大小将直接影响锅炉蒸发量,故当锅炉负荷有较大变动时,即需启动或停止一套制粉系统。在确定启、停方案时,必须考虑燃烧工况的合理性,如投运喷燃器应均衡,保证炉膛四角都有喷燃器投入运行等。

若锅炉负荷变化不大,则可通过调节运行的制粉系统的出力来解决。当锅炉负荷增加,要求制粉系统的出力增加时,应先开大磨煤机和排粉机的进口风量挡板,增加磨煤机的通风量,以利用磨煤机内的少量存粉作为增荷开始时的缓冲调节;然后再增加给煤量,同时开大相应的二次风门。反之,当锅炉负荷降低时,则减少给煤量和磨煤机通风量以及二次风量。由此可知,对于带直吹式制粉系统的煤粉炉,其燃料量的调节基本上是用改变给煤量来解决的。

在调节给煤量和风门开度时,应注意电动机的电流变化、挡板的开度指示、风压的变化以及有关表计指示的变化,防止发生电流超限和堵管等异常情况。

11.6.3 风量的调节

当外界负荷变化而需调节锅炉出力时,随着燃料量的改变,对锅炉的送风和引风也需做相应的调节。

1. 烟气中 CO_2(或 O_2)值的控制和送风的调节

1)控制 CO_2(或 O_2)值的意义

按照燃烧化学式,运行中,从 CO_2 表或 O_2 表指示值的大小可间接地了解送入炉内的空气量的多少。

过剩空气系数的大小不仅会影响锅炉运行的经济性,而且也会影响锅炉运行的可靠性。

从运行经济性方面来看,在一定的范围内,随着炉内过剩空气系数的增大,可以改善燃料与空气的接触和混合,有利于完全燃烧,使化学未完全燃烧热损失 q_3 和机械未完全燃烧热损失 q_4 降低。但是,当过剩空气系数过大时,则因炉膛温度的降低和燃烧时间的缩短(由于烟气流速加快),可能使不完全燃烧损失反而有所增加。而排烟带走的热损失 q_2 则总是随着过剩空气系数的增大而增加。所以,当过剩空气系数过大时,总的热损失就要增加。合理的过剩空气系数应使各项热损失之和为最小(图11-10),即锅炉热效率为最高,这时的过剩空气系数称为锅炉的最佳过剩空气系数。显然,送入炉内的空气量应使过剩空气系数维持在最佳值附近。

最佳过剩空气系数的大小与燃烧设备的形式和结构、燃料的种类和性质、锅炉负荷的大小以及配风工况等有关。例如,锅炉负荷越高,所需的 α 值越小,但一般在75~100%额定蒸发量范围内,最适宜的 α 值无显著变化;液态除渣炉较固态除渣炉所需的 α 值小;低挥发分的燃料需要较大的 α 值。对于一般的煤粉炉,在经济负荷范围内,炉膛出口处的最佳 α 值为 1.15~1.25,全燃油炉为 1.05~1.10。对具体的锅炉、燃料和燃烧工况,α 的最佳数值应通过在不同工况下锅炉的热效率试验来确定。此外,随着炉内过剩空气系数的增大,使烟气的容积也相应增加,烟气流速提高,因而使送风机、引风机的耗电量也增加。

从锅炉工作的可靠性方面来看,若炉内过剩空气系数过小,则会使燃料不能完全燃烧,造成烟气中含有较多的 CO 等可燃气体。由于灰分在具有还原性气体的介质中熔点将降低,因此对于固态排渣煤粉炉,易引起水冷壁结渣以及由此而带来的其他不良后果。当锅炉燃油时,如果风量不足,使油雾不能很好地燃尽,将导致在尾部烟道及其受热面上沉积油垢,从而可能发生二次燃烧事故;如果处理不当,将使设备遭受严重的损坏。由于飞灰对受热面的磨损量与烟气流速的三次方成正比,因此对于煤粉炉,随着过剩空气系数的增大,将使受热面管子和引风机叶片的磨损加剧,影响设备的使用寿命。

烟道进口、出口处烟气中的 RO_2 和 RO_x,可分别取样用烟气分析器来测定。当经过测定说明锅炉漏风过大时,应做进一步的检查并采取必要的措施。实践证明,除冷灰斗外,产生漏风最多的是人孔门、检查孔以及管子穿过炉墙处等。在漏风的地方,一般都留有烟、灰的痕迹,发现后应及时用石棉绳、水玻璃等进行堵塞。

2)送风的调节

风量的调节是锅炉运行中一个重要的调节项目,它是使燃烧稳定、完全的一个重要因素。当锅炉负荷发生变化时,随着燃料量的改变,必须同时对送风量进行相应的调节。

正常稳定的燃烧说明风、煤配合比较恰当,这时炉膛内应具有光亮的金黄色火焰,火焰中心应在炉膛的中部,火焰均匀地充满炉膛但不触及四周水冷壁,火色稳定,火焰中没有明显的星点(有星点可能是煤粉分离现象,此外,炉膛温度过低或煤粉太粗时也会有星点),从烟囱排出的烟色应呈浅灰色。

如果火焰炽白刺眼,表示风量偏大。如果火焰暗红不稳,则有两种可能:一种可能是风量偏小;另一种可能是送风量过大或漏风严重,致使炉膛温度大大降低。此外还可能是风量以外的其他原因,例如:煤粉太粗或不均匀,煤的水分高或挥发分低时火焰发黄无力,煤的灰分高时火焰易闪动等。

当风量大时,CO_2 表指示值低而 O_2 表指示值高;当风量不足时,CO_2 表指示值高而 O_2 表指示值低,火焰末端发暗,并有黑色烟怠,烟气中含有 CO,烟囱冒黑烟。

应根据 CO_2 表的指示及火色等来判断风量的大小,并进行正确的调节。

风量的具体调节方法目前是自备电站锅炉中多数是通过电动执行机构来调节送风机进口导向挡板的开度。除改变总风量外,在必要时还可以调节二次风量。

对于容量较大的锅炉,通常都装有两台送风机。当锅炉增、减负荷时,若风机运行的工作点在经济区域内,在出力允许的情况下,一般只需通过调节送风机进口挡板的开度来调节送风量。但当负荷变化较大时,则需变更送风机的运行方式,即开启或停止一台送风机。合理的风机运行方式应在运行试验的基础上通过技术经济比较来确定。

当两台送风机都运行,需要调节送风量时,一般应同时改变两台风机进口挡板的开度,以使烟道两侧的烟气流动工况均匀。在调节导向挡板开度改变风量的操作中,应注意观察电动机电流表、风压表、炉膛负压表以及 CO_2(或 O_2)表指示值的变化,以判断是否达到调节目的。尤其当锅炉在高负荷情况下,应特别注意防止电动机的电流超限,以免影响设备的安全运行。

2. 炉膛负压的控制和引风的调节

1)监视和控制炉膛风压的意义

炉膛风压是反映燃烧工况稳定与否的重要参数。炉膛风压表的测点通常是设置在炉膛上部靠近炉顶的出口处。对于负压燃烧锅炉,正常运行时要求炉膛风压保持在 -30~-20 Pa。另外,过剩空气系数增大时,由于过剩氧的相应增加,将使燃料中的硫分易于形成 SO_3,烟气露点温度也相应提高,从而使烟道尾部的空气预热器更易遭受腐蚀。此点对燃用高硫油的锅炉影响尤其显著。

综上所述,在锅炉运行中如果炉膛负压过大,将会增加炉膛和烟道的漏风,造成不良后果;尤其是锅炉在低负荷下运行、燃烧不稳的情况下,很可能因从炉膛底部漏入大量冷风而造成锅炉灭火。反之,若炉膛风压偏正,则炉膛内的高温火焰及烟灰就要向外冒,这不但会影响环境、烧坏设备,还会造成事故。当炉内燃烧工况发生变化时,必将立即引起炉膛风压发生变化。运行实践表明,当锅炉的燃烧系统发生异常情况或故障时,最先反映出来的就是炉膛风压的变化。例如锅炉灭火,从仪表盘上首先反映出的现象是炉膛风压表的指示急剧波动并向负摆到底,然后才是汽包水位、蒸汽流量等指示的变化。所以,锅炉运行中必须监视好炉膛风压,并按照不同的变化情况做出正确的判断,据此再及时进行必要的调节和处理,以使炉膛风压的数值维持在所要求的范围内。

2)炉膛风压与烟道负压的变化

为了使炉内燃烧能连续进行,必须不间断地向炉膛供给燃料燃烧所需要的空气,并将燃烧后生成的烟气及时排走。在燃烧产生烟气及其排除的过程中,如果排出炉膛的烟气量等于燃烧产生的烟气量,则进、出炉膛的物质保持平衡,此时炉膛风压就相对保持不变。若在上述两个量中间有一个量发生改变,则平衡就会遭到破坏,炉膛风压就要发生变化。例如,在引风量未增加时,增加送风量(即等于增加燃烧产生的烟气量)就会使炉膛出现正压。

运行中即使在送风、引风调节挡板开度保持不变的情况下,由于燃烧工况总有小量的变动,炉膛风压也总是脉动的,反映在炉膛风压表上就是其指针经常在控制值的左右轻微晃动。

当燃烧不稳时,炉膛风压将产生强烈的脉动,炉膛风压表的指针也相应做大幅度的剧烈晃动。运行经验说明,当炉膛风压发生强烈脉动时,往往是灭火的预兆。这时,必须加强监视和检查炉内火焰情况,分析原因,并及时进行适当的调整和处理。

在烟气流经烟道及各受热面时,将会有各种阻力产生,这些阻力是由引风机的压头来克服的;同时,由于受热面和烟道处于引风机的进口侧,因此沿着烟气流程烟道内的负压是逐渐增大的。

烟气流动时产生的阻力大小与阻力系数、烟气重度成正比,并与烟气流速的平方成正比。因此,当锅炉负荷、燃料和风量发生改变时,随着烟气流速的改变,负压也相应改变。故在不同负荷下,锅炉各部分烟道内的烟气压力是不同的。锅炉负荷增加,烟道各部分负压也相应增大;反之,各部分负压则相应减小。

当受热面管束发生结渣、积灰以至于局部堵塞时,由于通道减小,烟气流速增加,使烟气流经该部分管束产生的阻力较正常为大,于是出口负压值及其压差就相应要增大。

因此,监视烟道工况,需对各处烟温以及烟道各处的负压变化情况,给以必要的注意。在正常情况下,炉膛风压和各部分烟道的负压都有大致的变化范围,因此运行中如发现它们的指示数值有不正常的变化,即应进行分析,检查原因,以便及时处理。

3)引风的调节

如前所述,送入炉内的燃料量取决于锅炉的负荷,而燃烧所需的风量应以 CO_2(或 O_2)值为依据。因此,当锅炉增、减负荷时,随着进入炉内的燃料量和风量的改变,燃烧后产生的烟气量也将随之改变。此时,若不相应地调节引风量,炉膛风压将会发生不被允许的变化。

引风的调节方法与送风相似,目前基本上也是通过电动执行机构改变引风机进口挡板的开度来实现的。

若锅炉装有两台引风机,则与送风机一样,需根据锅炉负荷的大小和风机的工作特性来考虑引风机运行方式的合理性。

为了保证人身安全,当运行人员进行除灰、清理焦渣或观察炉内燃烧情况时,炉膛负压应保持较正常值高一些,一般为 -100~-50 Pa。

【项目小结】

1. 掌握蒸汽压力变动的影响和原因。

2. 掌握过热汽温调节的必要性、变化特征、调节方法及注意事项。

3. 掌握水位调节的影响因素及调节方法。

4. 掌握锅炉工况变动的影响因素。

5. 掌握燃烧量调节和风量调节。

【课后练习】

1. 锅炉负荷变动对锅炉效率有何影响?

2. 给水温度波动对锅炉负荷和汽温及排烟温度有何影响?

3. 锅炉运行调节的任务有哪些?

4. 锅炉燃烧调整的任务有哪些?

5. 产生虚假水位现象的原因有哪些?

【总结评价】

1. 谈一谈你学习完本项目内容的体会。

2. 谈一谈在完成项目学习的过程中,你和你所在小组的收获、不足和有待改进提高的地方。

3. 结合学习的实际情况,就事故处理的步骤进行阐述。

项目十二　锅炉事故处理

【项目目标】

1. 熟悉锅炉停炉的条件。

2. 熟悉锅炉水位事故。

3. 熟悉锅炉爆管事故。

4. 熟悉锅炉炉膛灭火事故。

5. 熟悉锅炉炉膛爆炸事故产生的原因和危害。

6. 熟悉锅炉烟道二次燃烧事故。

7. 熟悉水冲击事故产生的原因和处理措施。

8. 熟悉厂用电中断故事的现象和处理措施。

9. 熟悉锅炉的结渣和积灰。

【技能目标】

1. 能正确分析和说明锅炉满水和缺水事故的现象、原因及处理。

2. 能正确分析和说明烟道再燃烧事故。

3. 能正确分析和说明锅炉灭火爆炸事故的现象、原因及处理。

4. 能正确清楚地说明锅炉的常见故障及处理。

【项目描述】

本项目要求学生能根据事故的现象,分析出事故产生的原因,然后采取果断迅速的处理措施,提出预防事故的措施,从而保证锅炉的安全运行。

233

【项目分解】

项目十二 锅炉事故处理	任务一 锅炉事故处理概述	12.1.1 事故处理原则
		12.1.2 锅炉常见事故分类
		12.1.3 停炉条件
		12.1.4 紧急停炉
	任务二 水位事故	
	任务三 爆管事故	12.3.1 爆管现象
		12.3.2 爆管原因
		12.3.3 爆管处理
	任务四 炉膛灭火事故	12.4.1 炉膛灭火的现象
		12.4.2 炉膛灭火的原因
		12.4.3 炉膛灭火的处理
	任务五 炉膛爆炸（燃）事故	12.5.1 炉膛爆炸的产生
		12.5.2 炉膛爆炸的危害
		12.5.3 炉膛爆炸的预防
		12.5.4 控制和连锁保护装置
	任务六 烟道二次燃烧事故	12.6.1 烟道二次燃烧的现象
		12.6.2 烟道二次燃烧的原因
		12.6.3 烟道二次燃烧的处理
	任务七 水冲击事故	12.7.1 水冲击的现象
		12.7.2 水冲击的原因
		12.7.3 水冲击的处理
	任务八 厂用电中断事故	12.8.1 锅炉的 6 kV 厂用电中断
		12.8.2 锅炉的 400 V 厂用电中断
	任务九 锅炉超压事故	12.9.1 锅炉超压的现象
		12.9.2 锅炉超压的原因
		12.9.3 锅炉超压的处理
	任务十 锅炉的结渣和积灰事故	12.10.1 锅炉的结渣
		12.10.2 受热面的积灰

任务一 锅炉事故处理概述

【任务目标】

1. 了解锅炉事故的分类。

2. 了解锅炉事故处理的原则。

3. 掌握锅炉停炉的条件。

4. 了解锅炉紧急停炉的步骤。

【导师导学】

锅炉是在高温高压的不利工作条件下运行的,操作不当或设备存在缺陷都可能造成爆破或爆炸事故。锅炉的部件较多,体积较大,有汽、水、风、烟等复杂系统,如运行管理不善,则燃烧、附件及管道阀门等都随时可能发生故障,而被迫停止运行。

锅炉的爆破或爆炸事故,常常是造成设备、厂房毁坏和人身伤亡的灾难性事故。锅炉机组停止运行,使蒸汽动力突然切断,会造成停产停工的后果。这些事故的发生,会给国民经济和人民生命财产安全带来巨大损失。所以,防止锅炉事故的发生,具有十分重要的意义。

按照旧标准,根据事故严重程度的不同,通常将锅炉事故分为以下三类。

(1)爆炸事故,即锅炉主要受压元件——锅筒(锅壳)、炉胆、管板、下脚圈及集箱等发生较大尺寸的破裂,瞬时释放大量介质和能量,造成爆炸。

(2)重大事故,即锅炉部件或元件严重损坏,被迫停止运行而进行修理的事故,即强制停炉事故。这类事故有多种,不仅影响生产和生活,也会造成人员伤亡。

(3)一般事故,即锅炉运行中发生故障或损坏,但情况不严重,不需要立即停止运行。

一般来说,锅炉爆炸的原因有超压、超温、腐蚀磨损、裂纹起槽和先天性缺陷。锅炉发生爆炸事故是由于锅筒破裂,锅筒内储存的几吨甚至几十吨有压力的饱和水及汽瞬时释放巨大能量的过程。

锅炉爆炸所产生的灾害主要有两方面:一是锅筒内水和汽的膨胀所释放的能量;二是锅内的高压蒸汽以及部分饱和水迅速蒸发而产生大量蒸汽向四周扩散所引起的灾害。爆炸时饱和水所释放的能量要比饱和蒸汽的能量大得多,粗略计算时,后者常可忽略不计。锅炉爆炸时所释放的能量除很小一部分消耗在把锅炉的碎块或整体抛离原地外(通常仅需其爆炸能量的1/10左右即可把锅炉抛出百余米),其余大部分将产生冲击波在空气中传播,破坏周围的建筑物。锅炉爆炸时,锅筒等的撕裂也消耗一部分能量,但很小,可以忽略不计。一台水容积 25 m³、压力 0.8 MPa 的小型锅炉发生爆炸,其破坏力相当于 99 kgTNT,锅炉爆炸事故多发生在小容量锅炉,但很多时候,锅炉爆炸的破坏力是毁灭性的。

锅炉重大事故在锅炉运行中比较常见,事故的判断处理大体上能够反映司炉工的操作水平。

当然,目前可以按《中华人民共和国特种设备安全法》对锅炉压力容器事故进行分类,此处不详述。

12.1.1　事故处理原则

(1)任何时候都要把人放在第一位,出于职责所在,司炉人员更需把别人的人身安全放在第一位。

（2）事故处理时要遵循保护更重要设备的原则。

（3）事故应急预案是锅炉运行人员预防和处理事故的指南,所有锅炉运行人员和技术人员皆须通晓,每个运行人员均须明确自己在发生事故时所担负的责任,运行组长应领导指挥和监督所有人员按照预案的规定正确处理事故。

（4）发生事故时,运行人员保持镇定和听从指挥是处理好事故的关键,若处理事故过程中情况发生变化或不正常,应按上级的命令进行处理。

（5）在事故情况下进行联系时,发话人必须简明、扼要、清楚地传送指令,讲完后要求受话人复诵一次,受话人在执行命令后及时向发话人汇报,非专责人员不得进行联系工作,影响事故处理的人员要退出现场。

（6）在处理事故中不得进行交接班,此时接班人员可在交班人员领导下,协助处理事故。

（7）当锅炉机组发生任何异常和事故时,事后应组织讨论、分析,找出发生原因及防止对策,必要时组织反事故演习,以防发生类似事故。

（8）对事故规程不熟悉或考试不合格者,不许担任主操。

12.1.2　锅炉常见事故分类

通常把锅炉运行中的常见重大事故分为水位事故、爆管事故、燃烧事故和其他事故。水位事故又分为满水事故、缺水事故和汽水共腾事故;爆管事故通常按锅炉受热面来分,这里所说的爆管,其实包含了受热面管泄漏,虽然管子发生泄漏和爆管的现象是有所不同的,但并没有本质区别,只有数量上的不同,所以本书统一把受热面管故障合起来;燃烧事故通常可以分为灭火事故、炉膛爆燃事故、烟道二次燃烧事故等。

12.1.3　停炉条件

按《蒸汽锅炉安全技术监察规程》,出现以下情形必须停炉:

（1）锅炉水位低于水位表最低可见边缘;

（2）不断加大给水和采取其他措施,水位仍不断下降;

（3）锅炉满水,超过汽包水位计上部可见边缘,经放水后仍看不见水位;

（4）燃烧设备损坏,炉墙发生裂纹而有倒塌危险或构架烧红等,严重威胁锅炉安全运行;

（5）锅炉元件损坏,危及运行人员安全;

（6）水位计或安全阀全部失效;

（7）给水泵全部失效或给水系统故障,不能向锅炉进水;

（8）设置在汽空间的压力表全部失效;

（9）其他异常情况,危及锅炉安全运行。

12.1.4　紧急停炉

紧急停炉的一般步骤如下。

（1）立即停止向燃烧室供应燃料（停止全部给粉机或将全部重油喷燃器解列,停止制粉系统的运行）。

（2）停止送风机,约 5 min 后再停引风机。当发生炉管爆破时,应保持一台引风机继续运行,以排除蒸汽和余烟,但若发生烟道再燃烧,则应立即停止送风机、引风机的运行,并关闭有关烟风挡板,密闭炉膛。

（3）关闭锅炉主汽阀门（隔绝门）。若汽压升高,应适当开启过热器出口疏水阀门或向空排汽阀门。

（4）除发生严重缺水和满水事故外,一般应继续向锅炉供水,以维持正常的水位。若发生水冷壁管爆破而不能维持正常水位,在不影响运行锅炉正常供水情况下,可保持适当的进水量;如影响运行锅炉正常供水,使给水母管压力降低时,应停止故障炉进水。

（5）关闭锅炉给水阀门后,应开启省煤器再循环阀门（水冷壁和省煤器管爆破时除外）。紧急停炉后,应加强对汽压和水位的监视与调节。由于紧急停炉时故障锅炉的负荷迅速降低,应注意及时正确地调节给水量,以保持水位的正常。

任务二　水位事故

【任务目标】

1. 掌握锅炉缺水事故。
2. 掌握锅炉满水事故。
3. 掌握锅炉汽水共腾事故。
4. 掌握锅炉缺水事故、满水事故、汽水共腾事故的防止措施。

【导师导学】

在此重点讨论三种水位事故,即满水事故、缺水事故和汽水共腾事故。

所谓满水事故,指的是汽包水位高于汽包水位计最高安全水位,满水事故分为轻微满水和严重满水;所谓缺水事故,指的是汽包水位低于汽包水位计最低安全水位,缺水事故又分为轻微缺水和严重缺水。应根据规程和水位计说明书区分中水位、运行水位、报警水位、最高安全水位、最低安全水位以及水位计的最高和最低可见边缘,从而可以在事故处理时能够做到有的放矢。

轻微缺水和严重缺水的区别只在于汽包水位是否低于水位计水连管（图 12-1）,据此可以通过"叫水法"判断轻微缺水和严重缺水。

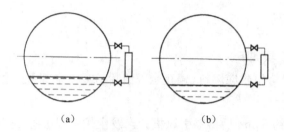

图 12-1　轻微缺水和严重缺水的区别

(a)轻微缺水　(b)严重缺水

同理,轻微满水和严重满水的区别在于汽包水位是否(稍微)高于汽连通管,同样可以通过"叫水法"区分轻微满水和严重满水。

汽包内蒸汽和锅水共同升腾,产生泡沫,汽水界限模糊不清,使蒸汽大量带水的现象,称为汽水共腾。汽水共腾时水位表内水位剧烈波动,很难监视。此时,蒸汽品质急剧恶化,使过热器积垢过热,降低传热效果,严重时会发生爆管事故。

水位事故判断及处理见表 12-1。

表 12-1　水位事故判断及处理一览表

项目		缺水事故	满水事故	汽水共腾事故
现象	1	水位低于最低安全水位线或看 不见水位	水位高于最高安全水位线或看不见水位	水位剧烈波动,甚至看不清水位
	2	水位警报器发出低水位警报信号	水位警报器发出高水位报警信号	—
	3	给水流量不正常地小于蒸汽流量(炉管、省煤器管爆破时则相反)	给水流量不正常地大于蒸汽流量	—
	4	过热蒸汽温度明显升高	过热蒸汽温度明显下降,蒸汽含盐量增大	过热蒸汽温度明显下降,蒸汽含盐量迅速增大
	5	严重时可闻到焦味	严重时,蒸汽管道内发生水冲击,法兰处冒汽、水	蒸汽管道内发生水冲击,法兰处冒汽、水
原因	1	运行人员疏忽大意或对水位误判断	运行人员疏忽大意或对水位误判断	锅水质量不合格,有油污或含盐量大
	2	水位报警或自动给水装置失灵	水位报警或自动给水装置失灵	—
	3	给水系统故障,给水压力突降或抢水	给水压力突然升高	—
	4	锅炉负荷骤减	锅炉负荷骤增	并汽过快,或并汽锅炉的汽压高于母管内的汽压,使锅内蒸汽大量涌出
	5	炉管或省煤器破裂	—	严重超负荷运行
	6	锅炉排污量过大,排污系统泄漏	—	连排不足,定期排污间隔时间过长,排污量过少

续表

项目	缺水事故	满水事故	汽水共腾事故
处理	（1）汽包水位低于正常水位时（一般为 -50 mm），采取下列措施： ①水位计对照和冲洗； ②手动加强给水，注意给水压力； ③如果能维持水位，则应进行全面检查，无异常则恢复； ④如水位继续下降，降低锅炉负荷，立即向上级汇报 （2）水位消失时，紧急停炉、解列，关闭给水阀，并采取下列措施： ①迅速叫水； ②确认为轻微缺水，上水恢复水位； ③确认为严重缺水，严禁向锅炉上水； ④冷却后对受热面进行检验，不合格必须更换	（1）汽包水位超过正常水位时（一般为 +50 mm），应采取下列措施： ①水位计对照和冲洗； ②手动减少给水，注意给水压力； ③如水位继续升高，开启事故（紧急）放水阀或间断开启定期排污阀，并注意监视蒸汽温度 （2）如果水位高于水位计上部可见边缘： ①紧急停炉、解列； ②关闭锅炉给水，开启再循环，适当开启对空排汽门； ③加强锅炉放水，放至点火水位； ④查明事故原因并消除后，方可重新点炉	（1）减弱燃烧，减小锅炉蒸发量，并关小主汽阀，降低负荷； （2）完全开启锅筒上部的表面排污阀，并适当开启锅炉下部的定期排污阀，同时加强给水，保持正常水位； （3）开启过热器、蒸汽管路和分汽缸门上的疏水阀门； （4）增加对锅水的分析次数，及时指导排污，降低锅水含盐量； （5）锅炉不要超负荷运行； （6）处理后冲洗水位计
预防措施	（1）司炉人员要严密监视水位，不能疏忽大意； （2）定期冲洗汽包水位计，维护好各水位计全部投用； （3）维护好给水自动装置和联动装置及高低水位报警器，使其灵敏可靠； （4）定期巡检，及时发现及消除给水设备故障； （5）锅炉负荷波动时，应加强对水位的监视	（1）司炉人员要严密监视水位，不能疏忽大意； （2）定期冲洗汽包水位计，维护好各水位计全部投用； （3）维护好给水自动装置和联动装置及高低水位报警器，使其灵敏可靠； （4）锅炉负荷波动时，应加强对水位的监视	（1）加强锅炉水质管理； （2）司炉人员严密监视水位，不能疏忽大意； （3）定期冲洗、校核水位计； （4）锅炉负荷波动时，加强对水位的监视

事故处理中需注意以下几个方面。

（1）虽然目前司炉人员大多监视的是水位二次表，但水位二次表水位仍以一次表，即汽包两侧的玻璃板（管）水位计为准，运行中要定期冲洗和校核汽包水位计，确保水位计汽连通管和水连通管不出现堵塞，同时在某些情况下可以排出水位计的积水，不至于造成误判断。汽包水位的要求如图 12-2 所示。

（2）事故现象并非同时出现，而是随着事故严重程度上升或改变先后出现，现场很多时候根据一两个关键现象即可判断出事故类型。

（3）水位在水位计中消失后，不能用"叫水法"判断是否应该停炉，但停炉后可以用"叫水法"判断缺满水的程度，以作为锅炉何时恢复运行的依据。

（4）"叫水法"操作，包括水位不明时叫水法的操作，原理都是对水位计上三种阀门的操作，判断水位相对于汽连通管和水连通管的位置，其中一种"叫水法"操作介绍如下：

①缓慢开启放水门，注意观察水位，水位计中有水位线下降，表示轻微满水；

②若不见水位,关闭汽门,使水部分得到冲洗;

③缓慢关闭放水门,注意观察水位,水位计中有水位线上升,表示轻微缺水;

④如仍不见水位,关闭放水门,再开启放水门,水位计中有水位线下降,表示严重满水,无水位线出现,则表示严重缺水;

⑤查明后,将水位计恢复运行,接前述有关规定进行处理。

其他"叫水法"比较容易,此处不再介绍。

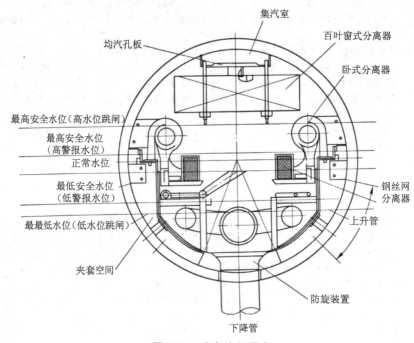

图 12-2　汽包水位要求

任务三　爆管事故

【任务目标】

1. 了解爆管事故的现象。

2. 掌握爆管事故的原因。

3. 掌握爆管事故的处理措施。

【导师导学】

爆管事故一般指水冷壁爆管、过热器爆管、省煤器爆管、再热器爆管,合称"四管"爆管事故。

12.3.1　爆管的现象

（1）给水流量不正常地大于蒸汽流量（过热器为蒸汽流量不正常地小于给水流量）。

（2）汽包水位下降，主蒸汽压力下降（不同管爆的影响有差异）。

（3）烟道两侧烟温偏差增大，泄漏侧烟温降低。

（4）炉膛负压变正，燃烧不稳，水冷壁爆管严重时甚至会造成灭火。

（5）排烟温度降低，蒸汽温度不稳定，引风机电流增大。

（6）现场检查有刺汽声，严重时向外喷烟、汽。

（7）省煤器爆管时在烟道底部有水携带湿灰流出，水冷壁灰渣斗有湿灰。

12.3.2　爆管的原因

（1）启停炉操作不当，造成部分管子局部超温或冷却过快、热应力过大。

（2）运行中热负荷波动大，汽压、汽温调整不当。

（3）燃烧调整不正确，日常的吹灰打焦工作未能正常进行，造成受热面结渣、破坏水循环或局部过热。

（4）汽包水位调整不当，造成缺水或满水，引起水冷壁或过热器损坏。

（5）管外飞灰磨损。

（6）管内结垢和积盐腐蚀。

（7）制造、安装和检修质量不良或错用材质。

12.3.3　爆管的处理

（1）泄漏不严重时，适当增加给水维持正常的汽包水位。注意监视有关参数的变化情况及监听现场泄漏情况，必要时可申请降低锅炉负荷。

（2）如果泄漏严重，无法维持正常的汽包水位和其他蒸汽参数，则应立即停炉。停炉后维持引风机的运行，抽吸炉内水蒸气。

（3）停炉后如设备允许，则应继续给汽包供水，维持水位。除省煤器泄漏外，其他情况下应打开省煤器再循环门，以保护省煤器。

（4）过热器或再热器泄漏时，为了防止吹损邻近管子或引发漏点后部管子超温，一般均应及时停炉。

任务四　炉膛灭火事故

【任务目标】

1. 掌握锅炉炉膛灭火事故的现象。

2.掌握锅炉炉膛灭火事故的原因。

3.掌握锅炉炉膛灭火事故的处理措施。

【导师导学】

12.4.1　炉膛灭火的现象

（1）炉膛负压突然增大至负压最大指示值，氧量表指示到顶，火焰监视器发出灭火信号。

（2）一、二次风压不正常降低。

（3）燃烧室变暗，看火孔内无火光。

（4）汽温、汽压急剧下降，水位瞬间下降后上升，并列运行时，蒸汽流量急剧变小（单机、炉运行时则相反）。

（5）燃烧自动时，调节器向增加方向猛增。

（6）锅炉灭火保护动作并报警，FSSS的CRT上显示"炉膛灭火"首出原因。

12.4.2　炉膛灭火的原因

（1）一次风压过低，使一次风管堵塞。

（2）一次风压过高，二次风量过大，火焰离开火嘴过远，火焰过长。

（3）达到灭火保护装置动作条件，使保护动作或保护装置误动作。

（4）原煤斗走空、下煤管堵塞或给粉机转动但不下煤粉等制粉系统故障造成三次风干扰燃烧灭火。

（5）给粉机下粉不均或给粉机故障。

（6）低负荷运行时，煤少风多，燃烧不稳。

（7）制粉系统启停操作不当。

（8）由于煤质太劣、煤粉太粗，燃烧不稳定。

（9）低负荷情况下，掉焦或吹灰、除灰、打焦操作不当。

（10）厂用电中断，全部引风机、送风机、给粉机掉闸。

（11）冷灰斗水封水源中断，使冷风大量漏入，造成炉膛温度低。

（12）炉膛负压维持量大，总风量过大。

（13）炉管严重爆破。

（14）粉仓粉位太低或烧光。

（15）燃油时，燃油系统故障。

（16）三次风带粉过多或旋风筒堵塞处理不当，下部火嘴停止过多，操作不当。

12.4.3　炉膛灭火的处理

（1）灭火保护装置动作,切断给粉机电源,停止制粉系统运行,投油时,将油枪退出,必要时应停止风机。

（2）解列所有自动,关闭减温水调节门、电动门。

（3）及时报告班长、值长,并派司水就地监视水位,保持较稳定的水位。

（4）联系电气、汽机,及时降负荷。

（5）增大炉膛负压,通风 3~5 min,以排除炉膛或烟道内的可燃物。

（6）查明灭火而原因,并加以消除,采取措施尽快恢复运行。

（7）如造成灭火原因不能短时间内消除,应按正常停炉处理。

（8）整个过程应特别注意汽温、汽压、水位的急剧变化,并及时予以调整。

（9）严禁用关风爆燃的方法点火。

（10）检查关闭大小孔门,恢复防爆门。

任务五　炉膛爆炸(燃)事故

【任务目标】

1. 了解炉膛爆炸产生的条件和原因。
2. 了解炉膛爆炸的危害。
3. 掌握炉膛爆炸的预防措施。
4. 掌握控制和连锁保护装置。

【导师导学】

锅炉炉膛爆炸是发生在锅炉炉膛及烟道中的爆燃现象,属化学性爆炸,常发生在燃气、燃油及燃煤粉的锅炉炉膛中。在我国,随着环保要求的提高和燃气、燃油锅炉的增多,炉膛爆炸事故在锅炉事故中所占的比例也在增加。炉膛爆炸常造成人员伤亡和重大经济损失,因而值得充分关注。

12.5.1　炉膛爆炸的产生

锅炉炉膛是锅炉燃料燃烧的场所,在锅炉正常运行时,炉膛内充满火焰,燃料在连续、稳定地燃烧,此时一般不会发生爆燃即炉膛爆炸。实践表明,炉膛爆炸通常发生在锅炉点火期间及运行中炉膛灭火期间。

1. 产生条件

（1）无火炉膛内积存了可燃物(燃气、燃油或煤粉)与空气的混合物。

（2）混合物中可燃物的浓度在爆炸范围之内:

①轻柴油,爆炸范围为 0.6%~6.5%(油蒸气在空气中的体积百分比);

②重油,爆炸范围为 1.2%~6%(油蒸气在空气中的体积百分比);

③烟煤煤粉,爆炸下限为 35 g/m^3(煤粉在空气中的质量/体积浓度)。

(3)有足够的点火能量。

2. 产生原因

(1)在锅炉点火前,因阀门关闭不严或泄漏、操作失误、一次点火失败等情况,使燃气、燃油或煤粉进入炉膛,而又未对炉膛进行吹扫或吹扫时间不够,在炉膛内留存有可燃物与空气的混合物,且浓度达到爆炸范围,点火即发生炉膛爆炸。

(2)在锅炉运行中,因燃气、燃油压力或风压波动太大,引起脱火或者回火,造成炉膛局部或整个炉膛火焰熄灭,继续送入燃料时,空气与燃料形成的燃爆性混合物被加热或引燃,造成爆炸。

(3)由于燃烧设备、控制系统设计制造缺陷或性能不佳,导致锅炉燃烧不良,在炉膛中未燃尽的可燃物聚积在炉膛、烟道的某些死角部位,与空气形成燃爆性混合物,被加热或引燃,造成爆炸。

12.5.2 炉膛爆炸的危害

发生炉膛爆炸时,爆炸压力因燃料种类、可燃性混合物体积等的不同而不同,一般不超过 1 MPa。对锅壳锅炉的金属炉膛——炉胆,这样的爆炸压力不会造成严重损害,但与炉胆相连的炉门、烟气转向室、烟箱等会被冲开和损坏,并伤害近旁人员。对水管锅炉的砌筑炉膛,炉膛爆炸可使炉墙塌垮或开裂,锅炉水冷壁等受压部件变形移位甚至破裂,围绕炉膛设置的构架、楼梯、平台变形或损坏,并常造成人员伤亡。

炉膛爆炸对锅炉(特别是水管锅炉)的损害是大范围的,有时是很严重的。不仅需要被迫停炉,而且需要对锅炉进行较大投入、较长时间的修理维护,造成巨大的经济损失。

12.5.3 炉膛爆炸的预防

(1)在锅炉点火前对锅炉的燃烧系统进行认真全面的检查,特别要检查燃烧器有无漏气、漏油现象。

(2)在锅炉点火前对炉膛进行充分吹扫,开动引风机给锅炉通风 5~10 min,没有风机的小型锅炉可自然通风 5~10 min,以清除炉膛及烟道中的可燃物质。

(3)点火时,应先送风,然后投入点燃火炬,最后送入燃料,即以火焰等待燃料,而不能先输入燃料再点火。

(4)一次点火失败,需要重新点燃时,应重新通风吹扫,再按点火步骤进行点燃。

(5)在锅炉运行中发现炉膛熄火,应立即切断对炉膛的燃料供应,待对炉膛进行通风吹扫后,再行点火。

(6)锅炉正常停炉及紧急停炉,均必须先停止燃料供应,再停鼓风,最后停引风。

（7）在锅炉运行中若发现燃烧不良,应充分重视,分析原因,改进燃烧设备或运行措施,完善燃烧,以防在炉膛及烟道内积存可燃物。

（8）为降低炉膛爆炸的危害,在燃气、燃油及燃煤粉小型水管锅炉炉膛和烟道的容易爆燃部位,应设置防爆门。

12.5.4　控制和连锁保护装置

由于手工点火和人工监控难以保证准确无误,为防止炉膛爆炸,《蒸汽锅炉安全技术监察规程》规定:燃气、燃油锅炉及燃煤粉锅炉,应装设控制和连锁保护装置,点火程序控制装置,熄火保护装置,全部引风机断电时自动切断全部送风和燃料供应的连锁装置,全部送风机断电时自动切断全部燃料供应的连锁装置,燃气、燃油压力低于规定值时自动切断燃气、燃油供应的连锁装置。

锅炉运行时,控制和连锁保护装置不得任意停用。连锁保护装置的电源应保证可靠。装设了连锁保护装置的锅炉,运行人员仍需对燃烧状况和仪表附件严加监控。

任务六　烟道二次燃烧事故

【任务目标】

掌握烟道再燃烧的现象、原因和处理方法。

【导师导学】

12.6.1　烟道二次燃烧的现象

（1）过热器后各段烟气温度及排烟温度剧增。
（2）烟道负压剧烈变化,并影响炉膛的负压摆动。
（3）从烟道入孔门处及引风机的轴封处发现火星和冒烟。
（4）热风温度不正常地升高。
（5）氧量指示下降,烟囱冒烟,防爆门可能动作。
（6）过热器处再燃烧时,汽温不断升高。

12.6.2　烟道二次燃烧的原因

（1）燃烧调整不当,炉内过剩空气量小,煤粉过粗,使未完全燃烧的煤粉进入烟道。
（2）低负荷运行时间过长,烟气流速低,使烟道大量积存可燃物。
（3）炉膛负压过大,未燃尽的煤粉带入烟道继续燃烧。
（4）燃油时雾化不好,燃烧不完全,油垢尾部积结。

（5）点火前通风量不足或点火时燃烧不稳，灭火后未抽粉或通风不足，造成可燃物沉积在尾部烟道内。

12.6.3　烟道二次燃烧的处理

（1）如果过热器后烟温不正常地升高，应立即报告班长采取适当措施调整。

（2）如果烟道内已发生燃烧现象，应按紧急停炉处理，并严密关闭所有风烟挡板，稍开各油枪蒸汽或蒸汽吹灰器，使烟道内充满蒸汽来灭火。

（3）确认火已熄灭，可逐渐开大引风挡板，通风 5~10 min 后重新点火启动。

（4）在启动引风机时，如发现外壳内有火星和火焰，应立即停止操作。

任务七　水冲击事故

【任务目标】

掌握水冲击的现象、原因和处理措施。

【导师导学】

在锅炉运行中，汽包及管道内蒸汽与低温水相遇时，蒸汽被冷却，体积缩小，局部形成真空，水和汽发生高速冲击，相撞或高速流动的给水突然被截止，具有很大惯性力的流动水撞击管道部件，同时伴随巨大响声和振动的现象，称为锅炉水冲击事故，又称为水锤事故。这种现象可以连续而有节奏地持续下去，造成锅炉和管道的连接部件损坏，如法兰和焊口开裂，阀门破损等，严重威胁锅炉的安全运行。锅炉水冲击事故主要有汽包内的水冲击、蒸汽管道的水冲击、省煤器的水冲击和给水管道的水冲击四种。

12.7.1　水冲击的现象

（1）在锅炉和管道处发出有一定节奏的撞击声，有时响声巨大，同时伴随给水管道或蒸汽管道的强烈振动。

（2）压力表指针来回摆动，与振动的响声频率一致。

（3）水冲击严重时，可能导致各连接部件，如法兰和焊口开裂、阀门破损等。

12.7.2　水冲击的原因

（1）汽包水冲击的原因有：

①给水管道上的止回阀不严，或者汽包内水位低于给水分配管，使炉水或蒸汽倒流入给水分配管与给水管道内；

②给水分配管上的法兰有较大泄漏；

③有蒸汽加热管的下汽包内,蒸汽加热管腐蚀穿孔或连接法兰松动、安装位置不当,使炉水进入蒸汽管内。

（2）蒸汽管道水冲击的原因有：

①锅炉送汽时主汽阀开启太快,蒸汽管道未经暖管和疏水;

②锅炉负荷增加太快,造成蒸汽流速太快,蒸汽带水;

③锅炉水质不合格,发生汽水共腾,蒸汽带水;

④锅炉发生满水现象,锅水进入蒸汽管道。

（3）省煤器水冲击的原因有：

①锅炉点火时没有排尽省煤器内的空气;

②省煤器进水管道上的止回阀失灵,造成省煤器内高温水倒流;

③非沸腾式省煤器内产生蒸汽。

（4）给水管道水冲击的原因有：

①给水温度变化过大,给水管道内存在空气或蒸汽;

②给水泵运转不正常,或并联给水泵压头不一致,造成管路水压不稳;

③给水止回阀失灵,引起压力波动和惯性冲击。

12.7.3　水冲击的处理

（1）汽包水冲击的处理：

①如止回阀失灵,应减弱燃烧,降低负荷和压力,关闭给水截止阀,停止给水,如允许迅速修理给水止回阀,同时应观察水位,防止发生缺水事故;

②对于下汽包升火时,有蒸汽加热装置的,应迅速关闭蒸汽阀;

③保持锅炉中水位运行,均匀平稳地向汽包内进水,如水冲击仍持续不断,应停炉检修;

④锅炉检修时,应加强给水管、配水管及水槽的修理。

（2）蒸汽管道水冲击的处理：

①减少供汽,必要时关闭主汽阀;

②开启过热器集箱和蒸汽管道上的疏水;

③锅炉发生满水现象,炉水进入蒸汽管道。

（3）省煤器水冲击的处理：

①打开省煤器出口集箱上的放气阀,排净空气;

②检查省煤器进口止回阀,发现损坏及时检修或更换;

③连续给锅炉上水,严格控制省煤器的出口水温,一般应低于饱和温度40 ℃,如发现温度过高,可能发生汽化,应打开再循环管,或者打开旁通烟道,或者开启回水管阀门将省煤器出水送回水箱。

（4）给水管道水冲击的处理：

①开启给水管道上的空气阀排除,空气或蒸汽;

②启用备用给水管道继续向锅炉给水,如无备用管路,应对故障管道采取相应措施进行

处理；

③检查给水泵和给水止回阀，如有问题及时检修；

④保持给水温度均衡。

任务八　厂用电中断事故

【任务目标】

了解锅炉6 kV厂用电和400 V厂用电电源中断的现象和处理措施。

【导师导学】

12.8.1　锅炉的6 kV厂用电中断

1.6 kV厂用电中断的常见现象

（1）6 kV电压表指示零位。

（2）所有运行中的6 kV电动机停止转动，电流表指示零位，低电压保护动作，电动机跳闸，信号灯闪光，报警器响。

（3）400 V部分电动机连锁跳闸。

（4）锅炉灭火。

2.6 kV厂用电中断的处理

（1）立即将跳闸电动机开关复置到停止位置。

（2）按"锅炉灭火"进行处理。

（3）待6 kV电源恢复正常后，锅炉重新点火带负荷。

12.8.2　锅炉的400 V厂用电中断

1.400 V厂用电中断的常见现象

（1）400 V电压表指示零位。

（2）所有运行中的400 V电动机停止转动，电流表指示零位，锅炉灭火。

（3）热工、电气仪表电中断，指示异常。

（4）各电动门和电动调节机构电源中断。

2.400 V厂用电源中断的处理

（1）立即将各跳闸电动机的开关复置到停止位置。

（2）将各"自动"调节改为"手动"（监视调节，以热工机械仪表作为依据），各电动门和电动调节机构应手动操作。

（3）按"锅炉灭火"进行处理。

（4）操作空气预热器的盘车装置盘动空气预热器，开启烟侧人孔门进行冷却，并对空气预热器进行吹灰。

（5）待 400 V 电源恢复正常后，锅炉重新点火带负荷。

任务九　锅炉超压事故

【任务目标】

1. 了解锅炉超压事故的现象。
2. 掌握锅炉超压事故的原因和处理措施。

【导师导学】

在锅炉运行中，锅炉内的压力超过最高许可工作压力而危及安全运行的现象，称为超压事故。这个最高许可工作压力可以是锅炉的设计压力，也可以是锅炉经检验发现缺陷，使强度降低而定的允许工作压力。总之，锅炉超压的危险性比较大，常常是锅炉爆炸事故的直接原因。

12.9.1　锅炉超压的现象

（1）汽压急剧上升，超过最高许可工作压力，压力表指针超红线，安全阀动作后压力仍在升高。

（2）发出超压报警信号，超压连锁保护装置动作，使锅炉停止送风、给煤和引风。

（3）蒸汽温度升高，而蒸汽流量减少。

12.9.2　锅炉超压的原因

（1）用汽单位突然停止用汽，使汽压急骤升高。

（2）司炉人员没有监视压力表，当负荷降低时没有相应减弱燃烧。

（3）安全阀失灵；阀芯与阀座粘连，不能开启；安全阀入口处连接有盲板；安全阀排汽能力不足。

（4）压力表管堵塞、冻结；压力表超过校验期而失效；压力表损坏，指针指示压力不正确，没有反映锅炉真正压力。

（5）超压报警器失灵，超压连锁保护装置失效。

（6）经检验降压使用的锅炉，如果安全阀口径没做相应变化（锅炉降压使用时，安全阀口径应增大），使安全阀的排汽能力不足，汽压得不到控制而超压。

12.9.3 锅炉超压的处理

（1）迅速减弱燃烧，手动开启安全阀或放气阀。

（2）加大给水，同时在下汽包加强排污（此时应注意保持锅炉正常水位），以降低锅水温度，从而降低锅炉汽包压力。

（3）如安全阀失灵或全部压力表损坏，应紧急停炉，待安全阀和压力表都修好后再恢复运行。

（4）锅炉发生超压而危及安全运行时，应采取降压措施，但严禁降压速度过快。

（5）锅炉严重超压消除后，要停炉对锅炉进行内、外部检验，消除因超压造成的变形、渗漏等，并检修不合格的安全附件。

任务十　锅炉的结渣和积灰事故

【任务目标】

1. 了解锅炉结渣的危害、条件和特性。
2. 掌握锅炉结渣的处理措施。
3. 了解受热面积灰的机理和影响因素。
4. 掌握受热面积灰的处理方法。

【导师导学】

12.10.1 锅炉的结渣

1. 结渣的危害

煤粉炉中，熔融的灰渣黏结在受热面上的现象称为结渣（现场称为结焦）。结渣对锅炉的安全运行与经济运行会造成很大的危害。

1）降低锅炉效率

当受热面上结渣时，受热面内工质的吸热降低，以致烟温升高，排烟热损失增加。如果燃烧室出口结渣，在高负荷时会使锅炉通风受到限制，以致炉内空气量不足；如果喷燃器出口处结渣，则影响气流的正常喷射，这些都会造成化学不完全燃烧损失和机械不完全燃烧损失的增加。由此可见，结渣会降低锅炉热效率。

2）降低锅炉出力

水冷壁上结渣会直接影响锅炉出力。另外，烟温升高会使过热蒸汽温度升高，为了保持额定汽温，往往被迫降低锅炉出力。有时结渣过重（如炉膛出口大部封住、冷灰斗封死等），还会造成被迫停炉。

3）造成事故

（1）水冷壁爆破。水冷壁管上结渣,使结渣部分和不结渣部分受热不匀,容易损坏管子。有时,炉膛上部大块渣落下,会砸坏管子;打渣时不慎,也会将管子打破。

（2）过热器超温或爆管。炉内结渣后,炉膛出口烟温升高,导致过热汽温升高,加上结渣造成的热偏差,很容易导致过热器管超温爆破。

（3）锅炉灭火。除渣时,若除渣时间过长,大量冷风进入炉内,易形成灭火。有时大渣块突然落下,也可能将火压灭。

2. 结渣的特性和条件

1）结渣的特性（内因）

煤粉炉中,炉膛中心温度高达 1 500~1 600 ℃,煤中的灰分在这个温度下,大多熔化为液态或呈软化状态。随着烟气的流动,烟温及烟气中灰粒的温度因水冷壁的吸热而降低。如果灰的软化温度很低或灰粒未被充分冷却而仍保持软化状态,当灰粒碰到受热面时,就会黏结在壁面上而形成结渣。所以,灰的结渣首先取决于灰的熔融特性。

（1）灰的熔融特性。在变形温度下,灰粒一般还不会结渣;到了软化温度,就会黏结在受热面上,因而常用软化温度作为灰熔点来判断煤灰是否容易结渣。

（2）灰中矿物质组成对灰熔点的影响。

（3）灰中含铁对灰熔点的影响。灰中含铁成分对灰熔点有很大影响,如果灰中含氧化铁多,灰熔点较高;如果含氧化亚铁多,灰熔点就低。当煤灰处于还原性气氛（多 CO 等还原性气体）中时,灰中的氧化铁较还原成为氧化亚铁,此时灰的熔点低于氧化性气氛下的灰熔点。煤中硫铁矿（FeS_2）含量多时,灰的结渣性强,这是因为 FeS_2 氧化后生成氧化亚铁。

（4）管壁表面粗糙程度对结渣的影响。灰黏结在表面粗糙物体上的可能性,比黏结在表面光滑物体上的可能性要大得多。例如在管子排列稀疏且粗糙的炉墙表面结渣,然后再发展成大片结渣。

（5）炉内结渣有自动加剧的特性。炉内只要一开始结渣,就会越结越多。这是因为结渣后燃烧室温度和壁面温度都因传热受阻而升高,高温的渣层表面呈熔融状态,加之其表面粗糙,使灰粒更容易黏结,从而加速了结渣过程的发展。结渣严重时,有的渣块能达到十几吨重,严重地威胁着锅炉的安全与经济运行。

2）结渣的条件（外因）

以上所述是结渣的基本特性,除了煤的特性外,结渣的具体原因还有很多,具体如下。

（1）燃烧时空气量不足。空气不足,容易产生 CO,因而使灰熔点大大降低。这时,即使炉膛出口烟温并不高,仍会形成结渣。燃用挥发分大的煤时,更容易出现这种现象。

（2）燃料与空气混合不充分。燃料与空气混合不充分时,即使供给足够的空气量,也会造成有些局部地区空气多些,另一些局部地区空气少些;在空气少的地区就会出现还原性气体,而使灰熔点降低,造成结渣。

（3）火焰偏斜。喷燃器的缺陷或炉内空气动力工况失常都会引起火焰偏斜。火焰偏斜,会使最高温的火焰层转移到炉墙近处,从而使水冷壁上严重结渣。

（4）锅炉超负荷运行。锅炉超负荷运行时，炉温升高，烟气流速加快，灰粒冷却不够，因而容易结渣。

（5）炉膛出口烟温增高。炉膛出口烟温高很容易造成炉膛出口处的受热面结渣，严重时会局部堵住烟气通道。炉膛下部漏风、空气量过多、配风不当、煤粉过粗等，都会使火焰中心上移，以致炉膛出口烟温增高。

（6）吹灰、除渣不及时。运行中受热面上积聚一些飞灰是难免的，如果不及时清除，积灰后受热面粗糙，当有黏结性的灰碰上去时很容易黏附在上面形成结渣。刚开始形成的结渣，因壁面温度较低，渣质疏松，容易清除，但如不及时打渣，结渣将自动加剧，结渣量增多，而且越来越紧密，以致很难去除。

（7）锅炉设计、安装或检修不良。设计时炉膛容积热强度选得过大、水冷壁面积不够或燃烧带铺设过多等，会使炉膛温度过高，造成结渣。喷燃器的安装、检修质量对结渣影响很大，如旋流喷燃器中心不正和外围旋转角度太大，又如直流喷燃器四角燃烧时切圆直径过大、中心偏斜、火焰贴墙等，都会形成结渣。喷燃器烧损未及时检修也会导致结渣。

上面所述这些原因往往是同时存在的，而且互相制约、互为因果，呈现出很复杂的现象。在分析这些原因时，必须抓住主要矛盾，克服主要问题，带动次要问题。一有成效，就要坚持下去，并找寻新的矛盾，一直到彻底解决问题为止。

3. 结渣的预防

1）堵塞漏风

漏风过大会促进结渣，如炉底漏风会使炉膛出口处结渣；空气预热器漏风，使炉内空气量不足，也会导致结渣。

漏风有害而无利，应尽可能予以消除。运行时可用蜡烛寻找漏风处，凡漏风处蜡烛火焰会被吸向炉内。冷炉可以用烟幕弹寻找漏风处，燃着烟幕弹，且炉内保持正压（关引风挡板，开送风机），凡漏风处会有烟冒出。堵漏时最好在炉内堵，同时要注意不要堵住膨胀间隙。

2）防止火焰中心偏移

火焰中心上移，炉膛出口处会结渣，为防止结渣，可采取以下措施：

（1）尽量利用下排喷燃器或使喷燃器下倾，以降低火焰中心，但燃烧室下部结渣，应采取相反措施；

（2）降低炉膛负压，也可以降低火焰中心，但负压炉膛不允许正压运行，一般至少 $10\sim20$ Pa 的负压；

（3）采用加强二次风旋流强度、降低一次风率等方法使着火提前，也可降低火焰中心。

火焰偏斜会造成水冷壁上结渣，为防止结渣，可采取以下措施：

（1）对储仓式制粉系统，应保持各给粉机的给粉量比较均衡，每个给粉机的给粉也要均匀，因此煤粉应有必要的干燥度，煤粉仓内壁不应黏附煤粉，防止煤粉自流等；

（2）对直吹式制粉系统，采用直流喷燃器切圆燃烧时，要尽量使四个角的气流均匀，因此做冷态空气动力场试验时，应将四个角的气流速度调整到接近相等；

（3）切圆不宜过大，以免气流贴墙，造成水冷壁结渣；

（4）低负荷运行时，喷燃器的投入要照顾前、后、左、右，使火焰不致偏斜。

3）保持合适的空气量

空气量过大，炉膛出口烟温可能升高；空气量过小，可能出现还原性气体，这些都会导致结渣，因而应控制好二氧化碳值或氧量值，保持合适的空气过剩系数。

4）做好燃料管理，保持合适的煤粉细度

电厂燃用的燃料应长期固定，如果燃料多变，则要求燃用前能得到化验报告，以便及时研究燃烧方法。煤中混杂的石块应清除掉，过湿的煤应经干燥再送往锅炉房，这些对防止结渣都有好处。

煤粉过粗，会使火焰延伸，炉膛出口处易结渣；同时，粗粉落入冷灰斗，在一定条件下会形成再燃烧，造成冷灰斗结渣。但煤粉过细，则不经济又易爆。故应保持煤粉的合适细度。

5）加强运行监视，及时吹灰打渣

运行中，应根据仪表指示和实际观察来判断是否有结渣现象。例如燃烧室出口结渣时，仪表反应为过热汽温偏高，减温水量增大，排烟温度升高，燃烧室负压减小甚至有正压，煤粉量增加等。此时，可通过检查孔观察炉膛出口处，如有结渣，应及时打掉，以免结渣加剧。另外，及时吹灰打渣也是防止结渣的有效措施。

6）提高检修质量

锅炉检修时应彻底清除炉内积存灰渣，并做好漏风试验以堵塞漏风。根据运行中的燃烧工况、结渣部位和结渣程度，适当地调整喷燃器。烧坏的喷燃器应修复或更换。结渣严重时，对原有未燃带可在检修时去除或减小面积。如果要燃用灰熔点很低的煤，还可考虑改用液态排渣炉。

12.10.2 受热面的积灰

锅炉受热面上积灰是常见现象。对于受热面的积灰，由于灰的导热系数小，因此积灰使热阻增加，热交换恶化，以致排烟温度升高，锅炉效率降低。积灰严重而形成堵灰时，会增加烟道阻力，使锅炉出力降低，甚至被迫停炉清理。

广义地说，锅炉积灰包括炉膛受热面的结渣高温对流过热器上的高温黏结灰、低温空气预热器上的低温黏结灰和对流受热面上积聚的松灰等。结渣已在前面讨论过，在此只讨论狭义的积灰，即松灰的积聚。

1. 积灰的机理

积灰的积聚情况，随着烟速的不同而不同，积灰主要积在背风面，迎风面很少。而且，烟速越高，积灰越少，迎风面甚至没有。灰粒是依靠分子引力或静电引力吸附在管壁上的，而管子的背风面由于有旋涡区，因而能使细灰积聚下来。

飞灰颗粒一般都小于 200 μm，大多数是 10~20 μm 的颗粒。当烟气横向冲刷管子时，管子背风面产生旋涡区，气体向管子接近时，流动方向改变，然后绕过管子，并在管子的中部（与流动方向成 90° 角的地方）离开管子壁面。这样，管子的背面产生旋涡运动，将很多小灰粒旋进去,并沉积在管壁上。进入旋涡区的灰粒大多小于 30 μm,而沉积下来的灰粒都小于 10 μm。

灰粒越小,其单位重量的表面积就越大,相对的分子引力就越大。小于 3~5μm 的灰粒与管壁接触时,其分子引力可大于自身重量,从而使它吸附在管壁上。

烟气中的灰粒可以被感应而带有静电荷,带电荷的灰粒与管壁接触时,有静电力的作用。当静电力大于灰粒本身质量时,灰粒便依附在管壁上。一般小于 10 μm 的带电灰粒都能吸附住,甚至小于 20~30 μm 的带电灰粒也能吸附在管壁上。

大的灰粒不但不沉积,而且会冲击管壁而使积灰减轻,所以管子正面的积灰少。但是,由于气流在接近管子时转向,所以受冲击最多的是管子两侧,管子正面有沉积灰粒的可能。

灰粒的沉积过程是开始积聚很快,以后由于大灰粒的冲击使积聚的速度减慢。当积聚上的灰和冲击掉的灰相等时,灰粒的积聚和冲去达到动态平衡,积灰就不再增加。只有因外界条件改变而破坏这个平衡时(如烟速变化),才会改变积灰情况,一直到建立新的动态平衡为止。

2. 影响积灰的因素

积灰程度与烟气流速、飞灰颗粒度、管束结构特性等因素有关。

(1)烟气流速。积灰程度与烟气流速有很大的关系。烟速越高,灰粒的冲刷作用越大,因而背风面的积灰越少,迎风面的积灰更少甚至没有。当烟速小于 2.5~3 m/s 时,迎风面也有较多的积灰;当烟速大于 8~10 m/s 时,迎风面一般不沉积灰粒。

(2)飞灰颗粒度。如果粗灰多,则冲刷作用大,而积灰轻。如果细灰多,则冲刷作用小,而积灰较多。因此,液态除渣炉、油炉等的积灰比煤粉炉严重。

(3)管束的结构特性。错列布置的管束迎风面受冲刷,背风面受冲刷也较充分,故积灰比较轻。顺列布置的管束背风面受冲刷少,从第二排起,管子迎风面不受正面冲刷,因此积灰较严重。

如果减小纵向管间节距,对错列管束来说,由于背风面冲刷更强烈,所以积灰减轻;对顺列管束来说,相邻管子的积灰更容易搭积在一起,而形成更严重的积灰。减小管子直径,飞灰冲击概率加大,因而积灰减轻。采用小管径管子制造锅炉受热面还有放热系数高、结构紧凑等优点,所以现在正得到广泛应用。

3. 减轻积灰的方法

(1)定期吹灰。尾部受热面应有合适的吹灰装置,并应坚持定期吹灰的制度。考虑省煤器是错列布置的,以采用钢珠除灰为好。

(2)控制烟气流速。采用吹灰管只能吹到前几排,后面管排的积灰除不掉,提高烟气流速,可以减轻积灰,但会加剧磨损。为了使积灰不过分严重,在额定负荷时,烟气流速不得小于 5~6 m/s,一般可以保持在 8~10 m/s。

(3)采用小管径、错列布置。如省煤器可采用直径 25~32 mm 的管子,横向节距与管子外径比值 $S_1/d=2\sim2.5$,纵向节距与管子外径比值 $S_2/d=1\sim1.5$,这样积灰可以轻些。

【项目小结】

1. 锅炉水位事故的现象、原因、处理及防止措施。

2. 爆管事故的现象、原因和处理。

3. 锅炉灭火和炉膛爆炸的现象、原因、处理。

4. 烟道二次燃烧的现象、原因、处理。

5. 厂用电中断的现象和处理。

6. 锅炉超压事故的现象、原因和处理。

7. 锅炉的结渣和积灰的原因和处理。

【课后练习】

1. 锅炉事故有哪些？处理事故的原则是什么？

2. 炉膛灭火的现象有哪些？如何处理？

3. 烟道二次燃烧的处理方法有哪些？

【总结评价】

1. 谈一谈你学习完本项目内容的体会。

2. 谈一谈在完成项目学习的过程中,你和你所在小组的收获、不足和有待改进提高的地方。

3. 结合学习的实际情况,就事故处理的步骤进行阐述。

项目十三　烟气污染控制

【项目目标】

1. 了解我国烟气污染现状及大气污染排放标准。
2. 掌握常见的脱硫脱硝工艺的原理及系统构成。
3. 掌握烟气除尘系统的工作原理及系统构成。

【技能目标】

能够正确进行相关脱硝脱销及除尘的原理分析,并进行相关操作的控制。

【项目描述】

本项目要求学生能从思想上意识到环保的重要性,能够树立环保操作运行的概念,在今后的工作中能够以国家环保要求进行工作,了解行业发展趋势,进行相应知识的学习。

【项目分解】

项目十三 烟气污染控制	任务一　烟气污染控制概述	13.1.1　我国烟气污染现状
		13.1.2　火电厂大气污染排放标准
		13.1.3　燃煤电站常见脱硫、脱硝工艺简介
	任务二　湿法脱硫系统及其主要设备	13.2.1　烟气系统
		13.2.2　石灰石浆液制备及输送系统
		13.2.3　石膏脱水系统
		13.2.4　废水处理系统
		13.2.5　吸收塔系统

任务一　烟气污染控制概述

【任务目标】

1. 了解我国烟气污染现状及大气污染排放标准。
2. 了解燃煤电站常见的脱硫脱硝工艺。

【导师导学】

13.1.1 我国烟气污染现状

随着我国经济的快速发展,大气污染日益加剧,环境承载力达到极限。据相关数据显示,我国大气污染物排放量巨大,2010 年二氧化硫、氮氧化物、汞排放总量均为世界第一,远超出环境承载力。

巨大的大气污染物排放量导致我国大气环境污染十分严重。2010 年,重点区域城市二氧化硫、可吸入颗粒物年均浓度分别为 40 g/m³、86 g/m³,为欧美发达国家的 2~4 倍。随着重化工业的快速发展和能源消费的快速增长,二氧化硫、氮氧化物、汞等气体的排放呈现加剧态势。据 2015 年全国 360 城市一季度 $PM_{2.5}$(细颗粒物)污染状况显示,达标城市比例低,超过九成城市没有达标,近四成城市 $PM_{2.5}$ 浓度在国标 2 倍以上。中西部污染问题仍然很严重,河南、湖北、湖南、四川等中西部省份城市第一季度的 $PM_{2.5}$ 浓度排名均位居全国前十。京津冀、长三角和珠三角地区 $PM_{2.5}$ 污染形势依然严峻,三个区域 2015 年一季度 $PM_{2.5}$ 浓度均值分别为 96.9 g/m³、69.4 g/m³ 和 4.6 g/m³。

2013 年 10 月,世界卫生组织首次指认大气污染"对人类致癌",并将其视为普遍和主要的环境致癌物。2014 年 3 月,世界卫生组织发出报告显示,2012 年全世界约 700 万人死于空气污染(相当于每 8 名死者中有 1 个死于空气污染)。据预测,到 2020 年,即使考虑到生产消费过程中环境技术的进步和环保制度的强化,我国二氧化硫产生量仍将达 4 700 万吨。我国氮氧化物排放量已达到 2 000 万吨,成为世界第一氮氧化物排放国。若不控制,氮氧化物排放量在 2020 年将达到 3 000 万吨,给我国大气环境带来巨大的威胁。因此,治理大污染是我国一项艰巨而又十分必要的任务。

在我国的大气污染物中,能源燃烧时产生的污染物是最主要的来源之一。我国是世界产煤大国,煤炭产量占世界的 37%,同时也是一个燃煤大国,能源消耗主要以煤炭为主,能源结构中煤的比例高达 75%,按 2014 年国民经济和社会发展统计公报显示,2014 年我国煤炭的消费量达 35.1 亿吨,占全球一半以上。而我国能源资源的特点和经济发展水平,又决定了以煤为主的能源结构将长期存在,并且伴随着经济的增长,煤炭的消耗量也会日益增加。因此,燃煤电站污染物排放控制是我国大气污染控制领域的主要任务之一。

13.1.2 火电厂大气污染排放标准

污染源治理必须是政策、技术、管理多管齐下的综合治理。燃煤产生的污染物 SO_x 和 NO_2 早已引起人们的广泛关注。现在燃煤造成的汞污染问题也正在引起人们的重视。为有效遏制燃煤电站污染物排放,提高大气质量,2012 年 1 月 1 日起实施《火电厂大气污染物排放标准》(GB 13223—2011),对二氧化硫、氮氧化物、汞的排放限值都做了严格的规定。

1.GB 13223—2011 适用范围

GB 13223—2011 适用范围广泛,完全涵盖了 GB 13223—2003 的适用范围,并与《锅炉

257

大气污染物排放标准》（GB 13271—2001）相衔接,适用于:

①各种容量的煤粉发电锅炉;

②单台出力 65 t/h 以上的循环流化床等燃煤发电锅炉;

③单台出力 65 t/h 以上的燃油及燃气发电锅炉;

④各种容量的燃气轮机组;

⑤单台出力 65 t/h 以上采用甘蔗渣、锯末、树皮等生物质燃料,以及以油页岩、石油焦为燃料的发电锅炉;

⑥整体气化联合循环（Integrated Gasification Combined Cycle，IGCC）发电的燃气轮机组。

该标准不适用于:

①各种容量的层燃炉,抛煤机炉发电锅炉;

②内燃发电机组;

③各种容量的以生活垃圾、危险废物为燃料的发电厂。

2. 燃煤电站大气污染物排放限值

自 2012 年 1 月 1 日起实施的 GB 13223—2011 中设置了二氧化硫、氮氧化物、汞及其化合物的排放限值,执行世界上最为严格的排放标准。

该标准对燃煤锅炉的二氧化硫排放限值控制在 100 mg/m³,除了 2003 年 12 月 31 日前建成投产的锅炉、W 型火焰炉膛锅炉、现有循环流化床锅炉采取 200 mg/m³ 的排放限值外,对重点地区的火力发电锅炉二氧化硫排放限值控制在 50 mg/m³;对燃煤锅炉的氮氧化物排放限值控制在 10 mg/m³,除了 2003 年 12 月 31 日前建成投产的锅炉、W 型火焰炉膛锅炉、现有循环流化床锅炉采取 200 mg/m³ 的排放限值外,对重点地区的火力发电锅炉氮氧化物排放限值控制在 100 mg/m³,这项标准达到甚至优于发达国家的排放标准。

此外，GB 13223—2011 还新增了汞及其化合物的重金属污染物排放限值,对燃煤锅炉的汞及其化合物排放限值为 0.03 mg/m³。

燃煤发电锅炉大气污染物排放限值见表 13-1。燃煤电站大气污染物特别排放限值见表 13-2。

表 13-1　燃煤发电锅炉大气污染物排放限值

污染物项目	适用条件	限值 /（mg/m³）
二氧化硫	新建锅炉	100
	现有锅炉	200
氮氧化物（以 NO₂ 计）	全部	100
汞及其化合物	全部	0.03

表 13-2　燃煤电站大气污染物特别排放限值

污染物项目	适用条件	限值 /（mg/m³）
烟尘	全部	20
二氧化硫	全部	50
氮氧化物（以 NO_2 计）	全部	100
汞及其化合物	全部	0.03

13.1.3　燃煤电站常见脱硫、脱硝工艺简介

1. 常见脱硫技术介绍

近年来，世界各发达国家在烟气脱硫（FGD）方面均取得了很大的进展，目前国际上已实现工业应用的燃煤电站烟气脱硫技术主要有石灰石 - 石膏法和氨法，其中石灰石 - 石膏法脱硫商业应用所占比例约为 85%，氨法约占 10%，循环流化床半干法及其他约占 5%。

1）石灰石 / 石灰 - 石膏（湿法）脱硫技术

石灰石 / 石灰 - 石膏（湿法）脱硫工艺，采用价廉易得的石灰石（碳酸钙，$CaCO_3$）、生石灰（氧化钙，CaO）或熟石灰（氢氧化钙，$Ca(OH)_2$）作为脱硫吸收剂，石灰石经破碎磨细成粉状，再与水混合搅拌制成吸收浆液。当采用石灰作为吸收剂时，石灰粉经消化处理后加水搅拌制成吸收浆。在吸收塔内，吸收浆液与烟气接触混合，烟气中的 SO_2 与浆液中的碳酸钙以及鼓入的氧化空气进行化学反应而被脱除，最终反应产物为石膏，脱硫后的烟气经除雾器除去，带出的细小液滴经加热器加热升温后排入烟囱，脱硫石膏浆经脱水装置脱水后回收。图 13-1 所示为石灰石 - 石膏湿法脱硫工艺流程，所涉及化学反应机理如下。

石灰：

$$SO_2+CaO+1/2H_2O \rightarrow CaSO_3 \cdot 1/2H_2O$$

石灰石：

$$SO_2+CaCO_3+1/2H_2O \rightarrow CaSO_3 \cdot 1/2H_2O+CO_2$$

石灰石 - 石膏（湿法）脱硫技术是目前世界上技术最为成熟、应用最多的脱硫工艺，适用于各种含硫量的煤种的烟气脱硫，脱硫效率可达到 95% 以上。截至 2013 年底，已投运火电厂烟气脱硫机组容量约为 7.2 亿千瓦，占全国现役燃煤机组容量的 91.6%，其中 300 MW 以上机组 92% 选择了石灰石 - 石膏（湿法）脱硫。

2）氨法脱硫技术

氨法脱硫技术是以碱性强、活性高的液氨（或氨水）作为吸收剂，吸收烟气中的二氧化硫，最终转化为硫酸铵化肥的湿法烟气脱硫工艺。锅炉烟气经烟气换热器冷却进入预洗涤器洗涤除去 HCl 和 HF，经液滴分离器除去水滴进入前置洗涤器，氨水自塔顶喷淋洗涤烟气，烟气中的 SO_2 被洗涤吸收除去，烟气再经洗涤塔顶部的除雾器除去雾滴，并经烟气换热器加热后经烟囱排放。洗涤工艺中产生的约 30% 的硫酸铵溶液排出洗涤塔，可送到化肥厂进一步处理或直接作为液体氮肥出售，也可进一步加工成颗粒、晶体或块状化肥出售。图

13-2 所示为氨法脱硫工艺流程,所涉及化学反应机理如下。

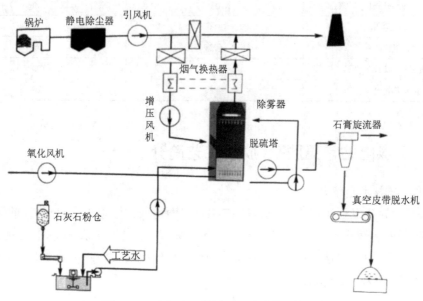

图 13-1　石灰石 - 石膏(湿法)脱硫工艺流程

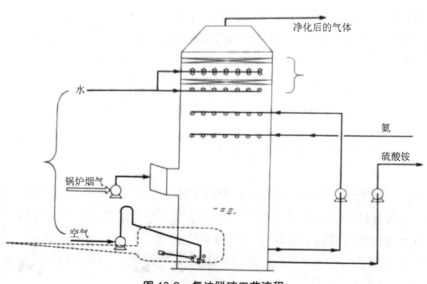

图 13-2　氨法脱硫工艺流程

反应 1:氨水和烟气中的 SO_2 反应,生成脱硫中间产物亚硫酸(氢)铵,即

$$SO_2 + H_2O + xNH_3 \rightarrow (NH_4)_xH_{2-x}SO_3 \tag{13-1}$$

反应 2:鼓入压缩空气,将亚硫酸(氢)铵氧化成硫酸铵,即

$$(NH_4)_xH_{2-x}SO_3 + 1/2O_2 + (2-x)NH_3 \rightarrow (NH_4)_2SO_4 \tag{13-2}$$

氨法脱硫受条件限制,电厂附件无废氨水供应,而液氨价格昂贵,烟囱防腐要求高。

3）循环流化床半干法脱硫技术

半干法脱硫工艺是以循环流化床原理为基础，以干态消石灰粉作为吸收剂，烟气从流化床的底部进入吸收塔底部的文丘里装置，与很细的吸收剂粉末相混合，吸收剂与烟气中的二氧化硫反应，生成亚硫酸钙和硫酸钙。通过吸收剂的多次再循环，延长吸收剂与烟气的接触时间，以达到高效脱硫的目的，脱硫效率可达到 90% 左右，经脱硫后带有大量固体的烟气由吸收塔的上部排出，排出的烟气进入布袋除尘器除尘，被分离出来的颗粒经再循环系统大部分返回到吸收塔，由于大部分的颗粒都被循环多次，因此固体吸收剂的滞留时间很长，可提高吸收剂的利用率。图 13-3 所示为半干法脱硫工艺流程。

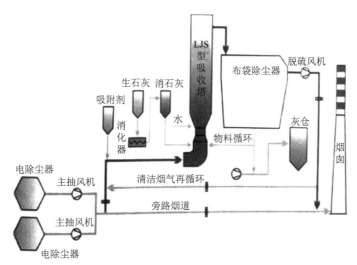

图 13-3　半干法脱硫工艺流程

半干法脱硫化学原理是 $Ca(OH)_2$ 粉末和烟气中的 SO_2、SO_3、HCl、HF 等酸性气体在水分存在的情况下，在 $Ca(OH)_2$ 粒子的液相表面发生反应。在回流式烟气循环流化床内，$Ca(OH)_2$ 粉末、烟气及喷入的水分，在流化状态下充分混合，并通过 $Ca(OH)_2$ 粉末的多次再循环，从而实现高效脱硫。所涉及化学反应机理如下：

$$Ca(OH)_2 + SO_2 \rightarrow CaSO_3 + H_2O \qquad (13-3)$$

$$Ca(OH)_2 + SO_3 \rightarrow CaSO_4 + H_2O \qquad (13-4)$$

$$CaSO_3 + 1/2O_2 \rightarrow CaSO_4 \qquad (13-5)$$

$$Ca(OH)_2 + CO_2 \rightarrow CaCO_3 + H_2O \qquad (13-6)$$

$$Ca(OH)_2 + 2HCl \rightarrow CaCl + 2H_2O \qquad (13-7)$$

$$Ca(OH)_2 + 2HF \rightarrow CaF_2 + 2H_2O \qquad (13-8)$$

半干法脱硫效率较石灰石 - 石膏法和氨法偏低，石灰供应较困难且价高，适用煤种为低、中硫煤。

2. 常见 NO_x 控制技术介绍

目前，在实际工业应用中，被广泛采纳的燃煤电站 NO_x 污染控制技术主要有两类：燃烧控制 NO_x 技术和烟气脱硝技术。燃烧控制 NO_x 技术通过优化燃烧来控制 NO_x 的生成量，主要包

括低 NO_x 燃烧器(LNB)、分级燃烧和再燃等技术。而烟气脱硝技术应用较多的主要是选择性脱 NO_x 方法,这种方法主要将含氮的化学药剂喷射到烟气中,使之与 NO_x 反应,生成无污染的氮气和水,当在选择性脱 NO_x 方法中使用催化剂时,这种方法就被称为选择性催化还原方法(SCR);相应的,如果没有使用催化剂,则将这种方法称为选择性非催化还原方法(SNCR)。

总体来说,燃烧控制 NO_x 技术安装和运行成本低廉,但脱硝效率较低;而烟气脱硝技术安装和运行成本较高,但脱硝效率比较高。由于使用了催化剂,SCR 比 SNCR 能够获得更高的脱硝效率,但是 SCR 的运行成本也比 SNCR 大为增加。表 13-3 所列为常用的烟气脱硝技术的效率、工程造价、运行费用比较。

表 13-3　常用的烟气脱硝技术的效率、工程造价、运行费用比较

所采用的技术	脱硝效率 /%	工程造价	运行费用
低氮燃烧技术(LNB 等)	25~40	较低	低
SNCR 技术	25~40	低	中等
LNB+SNCR 技术	40~70	中等	中等
SCR 技术	80~90	高	中等
SNCR/SCR 混合技术	80 以上	中等	中等
等离子脱硝技术	80	较低	较低

1)选择性催化还原方法(SCR)

选择性催化还原法(SCR)目前已成为世界上应用最多、最为成熟且最有成效的一种烟气脱硝技术。SCR 是指在催化剂的作用下,以 NH_3 作为还原剂,"有选择性"地与烟气中的 NO_3 反应,并生成无毒无污染的 N_2 和 H_2O,其主要反应方程式如下:

$$4NH_3+4NO+O_2 \rightarrow 4N_2+6H_2O$$

$$8NH_3+6NO_2 \rightarrow 7N_2+12H_2O$$

$$4NH_3+2NO_2+O_2 \rightarrow 3N_2+6H_2O$$

选择适当的催化剂可以使其反应在 200~400 ℃的温度范围内进行,并能有效地抑制副反应的发生,在 NH_3 与 NO 化学计量比为 1 的情况下,可以得到高达 80%~90% 的 NO_x 脱除率。

根据 SCR 反应器在锅炉之后的位置不同,SCR 系统大致有 3 种工艺流程:高粉尘 SCR(High Dust SCR,HD-SCR)、低粉尘 SCR(Low Dust SCR,LD-SCR)和尾部 SCR(Tail End SCR,TE-SCR)。HD-SCR 反应器布置在锅炉省煤器后、空气预热器前,锅炉尾部烟气温度足以满足催化剂的运行,烟气不需要再加热,因此这种布置投资低,但烟尘大,催化剂必须选择防堵的材料,同时还受到场地的限制,故适用于新建电站。与 HD-SCR 相比,TE-SCR 反应器布置在静电除尘器和 FGD 后。由于催化剂在"干净"的环境中运行,材料容易选择,催化剂的寿命长,这种布置适用于旧厂改造。但是烟气要加热到一定温度以满足催化剂的运行,投资和运行成本较 HD-SCR 布置大。对于 LD-SCR,虽然催化剂是在较"干净"的条件下工作,但静电除尘在 290~450 ℃的温度下效率很低,无法正常工作,所以一般不采用。

2)选择性非催化还原法(SNCR)

SCR 技术的催化剂费用通常占到 SCR 系统初始投资的 50%~60%,其运行成本在很大程度上受催化剂寿命的影响,选择性非催化还原法应运而生。选择性非催化还原法(SNCR)工艺是用 NH_3、尿素等还原剂喷入炉内与 NO_x 进行选择性反应,不用催化剂。还原剂喷入炉膛温度为 850~1 100 ℃的区域,迅速热分解成 NH_3,与烟气中的 NO 反应生成 N_2 和水,该方法是以炉膛为反应器。

采用 NH_3 作为还原剂,在温度为 900~1 100 ℃的范围内,还原 NO_x 的化学反应方程式为

$$4NH_3+4NO+O_2 \rightarrow 4N_2+6H_2O$$

而采用尿素作为还原剂还原 NO 的主要化学反应方程式为

$$2H_2NCONH_2+2NO+2O_2= 3N_2+2CO_2+4H_2O$$

与 SCR 工艺类似,NO_x 的脱除效率主要取决于反应温度、NH_3 与 NO 的化学计量比、混合程度、反应时间等。研究表明,SNCR 工艺的温度控制至关重要,若温度过低,NH_3 的反应不完全,容易造成 N_2 泄漏;而温度过高,NH_3 则容易被氧化为 NO,抵消 NH_3 的脱除效果。温度过高或过低都会导致还原剂损失和 NO_x 脱除效率下降。通常,设计合理的 SNCR 工艺能达到高达 30%~70% 甚至 80% 的脱硝效率。

任务二　湿法脱硫系统及其主要设备

【任务目标】

1.掌握湿法脱硫的原理。

2.掌握湿法脱硫各种设备的工作过程。

3.学会分析湿法脱硫的工作图。

【导师导学】

13.2.1　烟气系统

1. 系统组成

脱硫烟气系统为锅炉风烟系统的延伸部分,设有人孔和卸灰门,该系统主要由烟气进口挡板门(原烟气挡板门)、出口挡板门(净烟气挡板门)、旁路挡板门、增压风机、吸收塔、烟气换热器(GGH)、烟道及相应的辅助系统组成,所有的烟气挡板门应易于操作,在最大压差的作用下具有 100% 的严密性,烟道上装设用于运行监视和控制的压力表、温度计和 SO_2 分析仪等。

2. 系统原理

从锅炉引风机后烟道引出的烟气,通过增压风机升压、GGH 降温后,进入吸收塔,在吸收塔内与雾状石灰石浆液逆流接触,将烟气脱硫净化,经除雾器除去水雾后,又经 GGH 升温至大于 75 ℃,再进入净烟道,经烟囱排放。

脱硫系统在引风机出口与烟囱之间的烟道上设置旁路挡板门,当烟气脱硫(FGD)装置运行时,烟道旁路挡板门关闭,FGD 装置进出口挡板门打开,烟气通过增压风机的吸力作用引入 FGD 系统。在 FGD 装置故障和停运时,旁路挡板门打开,FGD 装置进出口挡板门关闭,烟气由旁路挡板经烟道直接进入烟囱,排向大气,从而保证锅炉机组的安全稳定运行。

FGD 装置的原烟气挡板、净烟气挡板及旁路挡板一般采用双百叶挡板,并设置密封空气系统。旁路挡板具有快开功能,快开时间要小于 10 s,挡板的调整时间在正常情况下为 75 s,在事故情况下为 3~10 s。

当 FGD 进口原烟气温度大于或等于设计温度时,GGH 出口的净烟气温度应不低于 80 ℃。GGH 为中心传动回转式烟气再热器,主轴垂直布置,加热组件和密封件以及弹簧等易于拆卸。GGH 的使用寿命不低于 30 年,且应配有低泄漏风机和密封风机,漏风率始终应保持小于 1%,减小未处理烟气对洁净烟气的污染。

GGH 受热面考虑磨损及腐蚀等因素,蓄热元件采用涂有搪瓷的钢板,搪瓷的单面厚度至少为 0.2 mm,并且具有容易清洁的表面;换热元件的使用寿命不低于 5 000 h。

清扫装置应考虑防腐,一般为全伸缩式,并能保证换热设备的压降值在设计允许范围内,GGH 换热组件用电厂提供的压缩空气清扫和工艺水冲洗。

所有与腐蚀介质接触的设备、部件都需做防腐处理。

3. 增压风机的布置方式

每台锅炉应配置一台 100%BMCR 容量的动叶可调轴流式风机,用于克服 FGD 装置造成的烟气压降。增压风机留有一定的裕度,风量裕度为 10%,温度裕度为 10 ℃,风压裕度为 20%,增压风机设置在 FGD 装置进口烟气侧运行。脱硫增压风机的布置方式通常有四种,如图 13-4 所示。

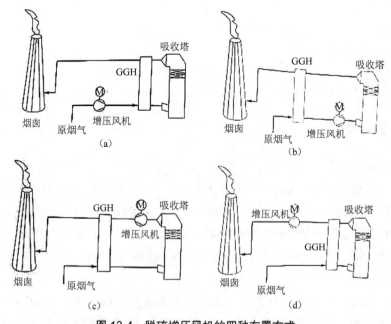

图 13-4 脱硫增压风机的四种布置方式

(a)布置方式 A (b)布置方式 B (c)布置方式 C (d)布置方式 D

13.2.2 石灰石浆液制备及输送系统

1. 石灰石破碎系统

1）系统组成

一般设两套石灰石破碎系统,由卸料斗、振动给料机、除铁器、破碎机、斗式提升机、输送机和石灰石储仓、布袋除尘器组成。

2）工艺流程

汽车将一定粒径（粒度小于 50 mm）的石灰石运输进厂,经电厂汽车衡计量后,卸入石灰石堆放场地,储料一般可供 FGD 使用 3~7 天,根据 FGD 运行需求量,由斗车将石灰石运至破碎系统的地下受料斗,通过受料斗底部的振动给料机,经除铁器除铁后,将石料送入环锤式破碎机,经一级破碎后的石料（粒度小于 10 mm）由螺旋给料机送入斗式提升机,斗式提升机将石料送到石灰石储仓,存料可供 FGD 使用 2~3 天。石灰石储仓下口设 2 台封闭式称重给料机,将石料给入湿式球磨机（湿磨）入口,石灰石储仓上设布袋除尘器,防止石料卸下时粉尘飞扬,除尘器排气标准是粉尘含量小于 50 mg/m³（标准状况）,由称重给料机和皮带输送机送到湿式球磨机内磨制成浆液,石灰石浆液用泵输送到水力旋流器经分离后,大尺寸物料再循环,溢流物料存储于石灰石浆液池中,然后经石灰石浆液泵送至吸收塔。一般两台锅炉的脱硫装置共用一套石灰石浆液制备系统。

卸料斗及石灰石储仓的设计设置有除尘通风系统,石灰石储仓的容量按两台锅炉在 100%BMCR（锅炉最大连续蒸发量）工况运行 3 天（每天按 24 h 计）的吸收剂耗量设计,在适当位置设置金属分离器。球磨机入口的给料机具有称重功能。

系统通常设置一台锅炉燃用校核煤种 100%BMCR 工况的湿式石灰石球磨机及其相应的水力旋流分离器等。

2. 石灰石浆液制备系统

石灰石浆液制备系统有湿式制浆系统和干式制浆系统,二者的区别在于石灰石粉的磨制方式,前者采用湿磨机,后者采用干磨机。

1）湿式石灰石浆液制备系统

Ⅰ. 系统组成

一般设置两套石灰石浆液制备系统,主要设备包括称重给料机,湿式球磨机,再循环箱,搅拌器,一、二级再循环泵,一、二级石灰石浆液旋流器,调节阀及相应的辅助设备。

Ⅱ. 工艺流程

来自石灰石预破碎系统的石灰石（颗粒尺度不大于 10 mm）通过称重给料机,给入湿式球磨机,并根据给料量的大小加入合适比例的真空皮带过滤水,在球磨机钢球的作用下,石灰石和水被磨制成固含量为 50% 的石灰石浆液,进入一级再循环箱,经一级再循环泵送至一级旋流器进行分离,底流浓缩部分石灰石粒径较大,固含量为 61%,再返回球磨机,同新加入的石灰石一起重新磨制,溢流部分固含量为 35.6%,一路进入二级再循环箱,另一路通过调节阀返回一级再循环箱,用以调节二级再循环箱液位;再循环箱的石灰石浆液通过二级再循环泵送至二级旋流器进行分离,底流部分固含量为 5%,返回球磨机重新磨制,溢流部分固含量为 26% 的合格石灰石浆液,进入石灰石浆液箱,并通过再循环调节阀控制进入石灰石浆液箱的流量,浆液系统必须设有水冲洗系统,在浆液系统设备停运时,为不使存留浆液沉淀板结,必须用水冲洗干净。

FGD 装置采用湿式石灰石浆液制备系统。

2)干式石灰石浆液制备系统

Ⅰ.系统组成

干式石灰石浆液制备系统的石灰石粉制备一般与 FGD 不在同一个区域,通过外购或异地加工获取。该系统一般包括石灰石粉罐装车卸料管、粉仓、除尘器、给料机、粉仓振打装置、石灰石浆液箱、顶进式搅拌器、石灰石浆液泵、密度计、调节门等设备,该系统完成石灰石粉的储备、合格石灰石浆液的调配功能。图 13-5 所示为干式石灰石浆液制备系统。

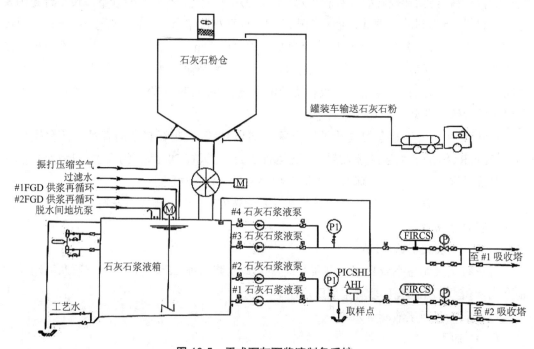

图 13-5　干式石灰石浆液制备系统

Ⅱ.工艺流程

装载石灰石粉的罐装车加压后,石灰石粉由压缩空气吹送,经卸料管从粉仓顶部进入,扬起的粉尘经除尘器过滤达标后排向大气,粉仓振打装置用以定期振打粉仓底部锥形下料部位,防止粉板结。振打装置可以自配空压机,也可以从系统中引接一路压缩空气给料机,根据石灰石浆液密度计的在线测量信号自动调节给料量,石灰石浆液罐的液位通过调整过滤水调节阀的开度来控制。顶进式搅拌器为连续运行方式,不断地搅拌石灰石浆液罐的浆液,防止沉淀。

3.石灰石供浆系统

1）系统组成

石灰石供浆系统向吸收塔提供适量的石灰石浆液,浆液量由烟气中 SO_2 总量决定。该系统由石灰石浆液泵、石灰石浆液箱、中继箱、密度计、调节门等设备组成,如图 13-6 所示。

2）工艺流程

把石灰石制成浓度为 27% 的石灰石浆液作为吸收剂,送入石灰石浆液箱,再经石灰石泵送入吸收塔。每台 FGD 一般装备两台独立的石灰石浆液泵,随对应 FGD 的启停而启停。在吸收塔距离石灰石浆液箱较远时,在吸收塔附近可设石灰石浆液中继箱,再通过二级供浆泵向吸收塔供浆,这样可保证供浆的可靠性。在供浆管道上装有密度计,用以检测石灰石浆液密度,作为球磨机一级再循环箱过滤水调节阀的主调量信号,来调节石灰石浆液的浓度。石灰石浆液箱设有一台顶进式搅拌器,以保证浆液的浓度均匀。

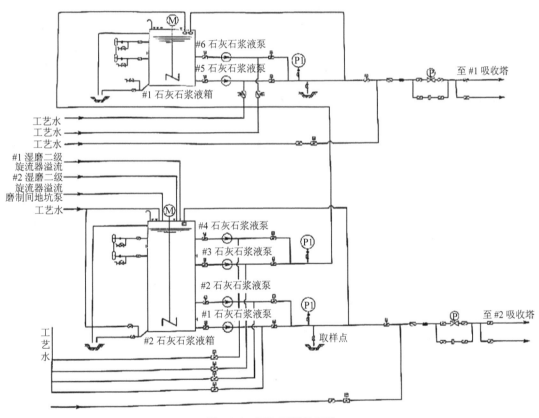

图 13-6　石灰石供浆系统

13.2.3　石膏脱水系统

从吸收塔排出的石膏浆液要去除水分才能达到商业利用价值,所以必须设置石膏脱水系统。石膏脱水系统由初级旋流器浓缩脱水(一级脱水)和真空皮带脱水(二级脱水)两级组成。

石膏浆液通过吸收塔石膏浆液排出泵送至石膏一级脱水系统,经过石膏水力旋流器进行浓缩和石膏晶体分级。石膏水力旋流器的底流（主要为较粗晶粒）依靠重力流至石膏浆液分配箱，再流入真空皮带脱水机进行脱水，皮带上的石膏层厚度通过调节皮带速度来实现，以达到最佳的脱水效果。石膏水力旋流器的溢流收集于旋流器溢流箱，大部分通过旋流器溢流返回泵送回吸收塔，另一部分通过废水旋流泵送到废水旋流器进行浓缩分离，废水旋流器底流返回旋流器溢流箱，废水旋流器溢流液作为废水排放。

在二级脱水系统，浓缩后的石膏浆液经过真空皮带脱水机进行真空脱水。石膏在该部分经脱水后含水量降至 10% 以下，经过两级脱水浓缩的石膏产品是含水量小于 10% 的优质脱硫石膏，通过石膏皮带输送机送至石膏储仓，石膏储仓底部设有汽车装运石膏的卸料装置。

13.2.4 废水处理系统

1. 脱硫废水的处理

目前，国内针对石灰石 - 石膏湿法烟气脱硫产生的废水，采用以下两种处置方式。

（1）排入灰水系统。由于电厂除灰系统为水力除灰，灰浆液碱度偏高，脱硫废水偏酸性，对灰水有中和作用，其流量相对灰浆量而言极少，因而可将脱硫废水（固含量为 0.6%~1%）直接送到灰场（或电厂水力除灰系统）。

（2）设置一套废水处理装置，处理后的废水达标排放。

废水处理工艺分为废水处理和污泥浓缩两大部分，其中废水处理又分为中和、凝聚、絮凝、澄清、浓缩、pH 值调节等工序。废水处理系统主要有废水缓冲、中和、沉淀、絮凝、澄清以及化学加药等工序。FGD 废水处理系统流程如图 13-7 所示。

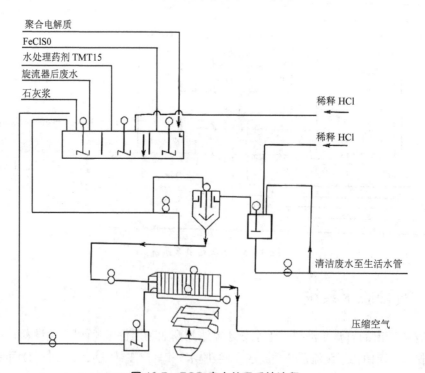

图 13-7　FGD 废水处理系统流程

脱硫装置浆液内的水在不断循环的过程中,会富集重金属元素和 Cl⁻ 等,同时累积烟气含尘及石灰石的惰性成分,一方面加速脱硫设备的腐蚀磨损,另一方面影响石膏的品质。因此,脱硫装置要排放一定量的废水,经 FDG 废水处理系统后排放至电厂工业废水下水道,部分废水可返回系统循环利用,以节约用水。

脱硫废水来自回收水箱,然后用泵送到废水旋流器进行旋流分离,溢流液流入废水中和箱。废水处理系统按 125% 的容量设计,为使系统有高的可利用性,所有泵按 100% 安装备用。污泥脱水系统的污泥运至干灰场储存,处理后废水排放至厂排放系统。脱硫废水处理流程如图 13-8 所示。

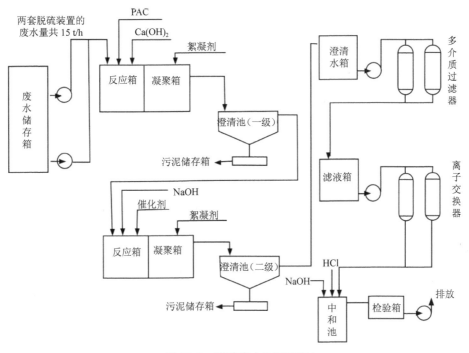

图 13-8 脱硫废水处理流程

2. 浆液排放系统

浆液排放系统包括事故浆液储罐系统和地坑系统。当 FGD 装置大修或发生故障需要排空 FGD 装置内的浆液时,塔内浆液由浆液排放泵排至事故浆液箱直至泵入口低液位跳闸,其余浆液依靠重力自流至吸收塔的排放坑,再由地坑泵打入事故浆液储罐。事故浆液储罐用于临时储存吸收塔内的浆液,地坑系统有吸收塔区地坑、石灰石浆液制备系统地坑和石膏脱水地坑,用于储存 FGD 装置的各类浆液,同时还具有收集、输送或储存设备运行、运行故障、检修、取样、冲洗、清洗过程或渗漏而产生的浆液,主要设备包括搅拌器和浆液泵。

我国在用的石灰石湿法 FGD 大多采用此工艺流程,该工艺的优点是工艺成熟、运行安全可靠,可用率在 90% 以上,适应负荷变化特性好;缺点是系统较为复杂,初投资大,占电厂总投资的 10%~20%,运行费用高,存在不同程度的设备积垢、堵塞、冰冻、腐蚀和磨损等问题。

3. 排空及事故浆液系统

排放系统的功能是收集事故时吸收塔排放的浆液,运行时各设备冲洗水、管道冲洗水、吸收塔区域冲洗水及其他区域冲洗水,并返回吸收塔。其主要包括事故浆液箱系统和各集水池系统。

13.2.5 吸收塔系统

1. 吸收塔系统组成及工作过程

吸收塔系统包括吸收塔本体、循环浆泵、喷淋层、除雾器、氧化风机、搅拌器、石膏浆液排出泵等。

进入吸收塔的烟气经逆向喷淋的循环浆液冷却、洗涤,烟气中的 SO_2 与浆液进行吸收反应,生成亚硫酸氢根(HSO_3^-),HSO_3^- 被鼓入的空气氧化为硫酸根 SO_4^{2-}),SO_4^{2-} 与浆液中的钙离子(Ca^{2+})反应生成硫酸钙($CaSO_4$),$CaSO_4$ 进一步结晶为石膏($CaSO_4 \cdot 2H_2O$)。同时,烟气中的 Cl、F 和灰尘等大多数杂质也在吸收塔中被去除。含有石膏、灰尘和杂质的吸收剂浆液的一部分被排入石膏脱水系统,脱除 SO_2 的烟气经除雾器去除烟气中的液滴,排出吸收塔。由于吸收剂浆液的循环利用,脱硫吸收剂的利用率很高,吸收塔中装有水冲洗系统,将定期进行冲洗,以防止雾滴中的石膏、灰尘和其他物质堵塞元件。

为充分迅速氧化吸收塔浆池内的亚硫酸钙,设置两台氧化风机(运行方式为一运一备),向吸收塔供应适量的空气。目前,经实践证明,FGD 系统运行时停运氧化风机,未发现有不良影响。不设巨型氧化风机系统,能大大减少基建投资、氧化风机的运行和维修费用,简化系统,提高 FGD 系统运行的安全性。

在吸收塔顶部设排空阀门,当 FGD 停运时,排空阀门打开,使塔内外压力相同;当 FGD 投运时,排空阀门关闭,保证系统在设计压力下运行。

2. 脱硫岛吸收塔系统

吸收塔由吸收塔浆池和吸收区组成,烟气中 SO_2 的去除和石膏的生成就在吸收塔内完成。吸收塔内布置 4 层喷淋层,浆液通过喷嘴成雾状喷出。循环泵把吸收塔浆池中的浆液输送至喷淋层。最上面的喷淋层只布置与烟气逆流的喷嘴,其余喷淋层均布置有顺流和逆流双向喷嘴,烟气在吸收塔内上升过程中与喷淋浆液接触,并发生反应,通过吸收区后的净烟气经位于吸收塔上部的两级除雾器排出,空气通过氧化风机送入氧化区,氧化空气在进入吸收塔之前在管道中加入工业水,目的是为了冷却氧化空气并使其达到饱和状态,防止热的氧化空气在进入吸收塔内后,使氧化空气管出口处浆液中的水分蒸发。氧化空气经过一个特殊的分配系统进入氧化区,这个分配系统由几个管道组成的管线系统构成,氧化空气通过氧化管道上的开孔进入浆液。由于开孔向下,FGD 停运时,浆液中的固体不会进入氧化空气分配系统。氧化空气分配管布置在分区管之间,相应减少了吸收塔自由横截面,增加了浆液进入结晶区的流速,从而阻止了浆液从结晶区向氧化区的回流混合。因为回流混合会增加氧化区的 pH 值,从而使氧化反应变得困难。

结晶区位于吸收塔浆池中氧化区下部。在结晶区,逐渐形成大的易于旋流器分离的石膏晶体。结晶过程要求浆液中固体含量达到一定浓度,同时浆液在浆池中要有足够的停留时间。新的浆液也在此区域加入,以保持吸收剂的活性,通过控制系统调节加入的浆液量。石膏浆液通过石膏排出泵输送至石膏旋流站,石膏排出泵的吸入口位于氧化空气分配系统的下部。喷淋浆液在吸收塔中被氧化和更新,通过吸收塔浆液循环泵输送至喷淋层,通常情况下,四台循环泵同时运行,这取决于未处理烟气量及烟气中 SO_2 的含量。

【项目小结】

1. 了解我国烟气污染现状及大气污染排放标准。
2. 熟悉现行的脱硫脱硝、常用的技术。
3. 掌握湿法脱硫的工作原理。
4. 了解各个设备的工作过程。

【课后练习】

一、名词解释

1. 石灰法脱硫化学反应方程式。
2. 石灰石法脱硫化学反应方程式。
3. 氨法脱硫化学反应方程式。

二、填空题

1. 石灰石破碎系统,由_____、_____、_____、破碎机、斗式提升机输送机和石灰石储仓、布袋除尘器组成。
2. 脱硫废水的处理方法有_____、_____。
3. 吸收塔系统包括 _____、_____、喷淋层、_____、氧化风机、搅拌器、石膏浆液排出泵等。

三、简答题

1. 循环流化床锅炉半干法脱硫技术的工作原理是什么?
2. 比较 SCR 与 SNCR。
3. 简述烟气系统的工作原理。
4. 湿式石灰浆液、干式石灰浆液的制备有什么不同?

【总结评价】

1. 查找当地大气污染源并查找污染参数。
2. 谈一谈整个湿法脱硫的工作过程。

项目十四　循环流化床锅炉

【项目目标】

1. 了解循环流化床锅炉的工作原理、工作过程及设备构成。
2. 掌握循环流化床锅炉的优缺点，并进行正确分析。
3. 掌握典型循环流化床锅炉的工作过程。

【技能目标】

能够正确认识循环流化床锅炉的组成设备，掌握各个设备的工作原理及整个流化床锅炉的工作过程。

【项目描述】

本项目要求学生能从理论上了解循环流化床锅炉及其特点和发展等，并掌握各个设备的工作过程，认识典型的循环流化床锅炉，在今后工作中能够分析各个典型结构的工作。

【项目分解】

项目十四 循环流化床锅炉	任务一　循环流化床锅炉概述	14.1.1　循环流化床锅炉的构成及工作过程
		14.1.2　循环流化床锅炉的优缺点
		14.1.3　循环流化床锅炉的分类
		14.1.4　循环流化床锅炉的发展概况
	任务二　典型循环流化床锅炉	14.2.1　国外主要循环流化床锅炉的技术流派及特点
		14.2.2　国产 220 t/h 循环流化床锅炉
		14.2.3　国产 135 MW 再热循环流化床锅炉
		14.2.4　300 MWe 亚临界再热循环流化床锅炉

任务一 循环流化床锅炉概述

【任务目标】

1. 掌握循环流化床锅炉的工作原理。
2. 理解循环流化床锅炉的优缺点,并将其与其他类型的锅炉进行比较。
3. 掌握循环流化床锅炉的分类,能够对各类锅炉进行了解。

【导师导学】

14.1.1 循环流化床锅炉的构成及工作过程

我国是世界上少数几个以煤为主要能源的国家之一,火力发电厂中的锅炉绝大部分以煤为燃料。然而,煤燃烧会造成严重的环境污染,为了保护环境,实现社会的可持续发展,要求燃煤锅炉必须实现燃烧效率高、污染排放低的目标,而实现这一目标必须在燃烧方式上创新。

循环流化床锅炉就是应这种需求而发展起来的一种高效、低污染的新型清洁燃烧设备。它与其他类型锅炉的主要区别在于燃烧方式不同,即炉内燃料在燃烧配风的作用下处于一种特殊的运动状态——流化状态,炉内湍流运动强烈,燃料及脱硫剂经多次循环,反复地进行低温燃烧和脱硫反应,不但能达到低 NO_x 排放、90% 的脱硫效率和与煤粉炉相近的燃烧效率,而且具有燃料适应性广、负荷调节性能好、灰渣易于综合利用等优点,因此在国际上得到迅速的商业推广。在我国环保要求日益严格,电厂负荷调节范围较大、煤种多变、原煤直接燃烧比例高、燃煤与环保的矛盾日益突出的情况下,循环流化床锅炉已成为首选的高效、低污染燃烧设备。

循环流化床锅炉是由锅炉本体和辅助设备组成的。锅炉本体主要包括启动燃烧器、布风装置、炉膛、气固分离器、物料回送装置,以及布有受热面的烟道、汽包、下降管、水冷壁、过热器、再热器、省煤器和空气预热器等。辅助设备包括送风机、引风机、返料风机、碎煤机、给煤机、冷渣器、除尘器及烟囱等。一些循环流化床锅炉还有外置热交换器(External Heat Exchanger,EHE,也称外置式冷灰床)。图 14-1 所示为循环流化床锅炉系统示意图。

循环流化床锅炉的工作过程如下:燃料及石灰石脱硫剂经破碎机破碎至合适粒度后,由给煤机和给料机从流化床燃烧室布风板上部给入,与燃烧室内炽热的沸腾物料混合,并被迅速加热,燃料迅速着火燃烧,石灰石则与燃料燃烧生成的 SO_2 反应生成 $CaSO_4$,从而起到脱硫作用;燃烧室温度控制在 850 ℃左右,在较高气流速度的作用下,燃烧充满整个炉膛,并有大量固体颗粒被携带出燃烧室,经气固分离器分离后,分离下来的物料通过物料回送装置重新返回炉膛继续参与燃烧。经分离器导出的高温烟气,在尾部烟道与对流受热面换热后,通过布袋除尘器或静电除尘器,由烟囱排出。

以上所述的煤、风、烟系统称为锅炉的燃烧系统,即一般所说的"炉"。

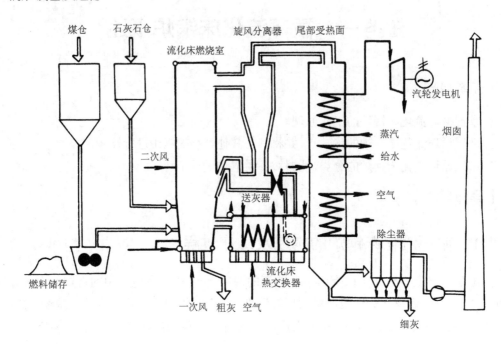

图 14-1 循环流化床锅炉系统示意图

燃烧系统工作的同时,工质侧进行着如下过程:给水经给水泵送入省煤器预热,再进入汽包,然后进入下降管、水冷壁被加热并蒸发后,又回到汽包并经汽、水分离,分离出的水继续进入下降管循环,分离出的蒸汽经过热器升温后,通过主蒸汽管道送入汽轮机做功。

以上所述为汽水系统,即一般所说的"锅"。

总体来说,炉的任务是尽可能组织高效的放热,锅的任务是尽量把炉内的热量有效地吸收,锅和炉组成了一个完整的能量转换和蒸汽生产系统。

与其他燃煤方式相比,循环流化床燃烧方式有以下特点。

(1)燃料制备系统相对简单。循环流化床锅炉无须复杂的制粉系统,只需简单的干燥及破碎装置即可满足燃烧要求。

(2)燃料在流化状态下燃烧。炉内始终有大量的炽热物料处于流化状态,新加入燃料能被迅速加热并着火燃烧。流化状态使燃料和助燃气体接触更充分,燃烧条件更好。大量热物料也是炉内传热的主要载体,能加强炉内传热。

(3)燃烧温度较低,一般为 850~950 ℃,这个温度是石灰石脱硫反应的最佳温度。

(4)有物料循环系统,燃料循环燃烧,使燃烧更完全。循环流化床锅炉由流化床燃烧室、物料分离器和回料阀送灰器构成了其独有的物料循环系统,这是循环流化床锅炉区别于其他锅炉的一大结构特点。

(5)能实现燃烧过程中的脱硫。与燃料同时给入的脱硫剂石灰石能与燃料燃烧生成的 SO_2 反应生成 $CaSO_4$,从而起到脱硫作用。这是循环流化床锅炉的最大环保优势,因为其他燃烧方式很难实现燃烧过程中的高效脱硫。

(6)采取分段送风燃烧方式。一次风经布风板送入燃烧室,二次风在布风板上方一定高度送入。因此,在燃烧室下部的密相区为欠氧燃烧,形成还原性气氛。在二次风口上部为富氧燃烧,形成氧化性气氛。通过合理调节一、二次风比,可维持理想的燃烧效率,并有效地控制 NO_x 生成量。

以上特点决定了循环流化床锅炉是一种高效、低污染的清洁燃烧设备。

"循环流化床锅炉"就是根据其燃烧系统的特点而命名的,"循环"指离开炉膛的燃料可以被重新送回炉内,循环燃烧,以提高燃烧效率;"流化床"指炉内燃料处在流化状态下燃烧。"循环流化床"的英文名称是"Circulating Fluidized Bed",可简写成"CFB",所以在很多场合把循环流化床锅炉简称为 CFB 锅炉。

14.1.2　循环流化床锅炉的优缺点

1. 循环流化床锅炉的优点

循环流化床锅炉的主要优点如下。

1）燃料适应性广

循环流化床锅炉独特的燃烧方式使得它几乎可以燃烧各种固体燃料,如泥煤、褐煤、烟煤、贫煤、无烟煤、洗煤厂的煤泥,以及洗矸、煤矸石、焦炭、油页岩等,并能达到很高的燃烧效率。它的这一优点对充分利用劣质燃料具有重大意义。

2）有利于降低污染气体排放

向循环流化床锅炉内直接加入石灰石、白云石等脱硫剂,可以脱去燃料在燃烧过程中生成的 SO_2。根据燃料中含硫量的大小确定加入的脱硫剂量,可达到 90% 的脱硫效率。另外,循环流化床锅炉燃烧温度一般控制在 850~950 ℃ 的范围内,这不仅有利于脱硫,而且可以抑制热反应型氮氧化物(NO_x)的形成;由于循环流化床锅炉普遍采用分段(或分级)送入二次风,这样又可控制燃料型氮氧化物(NO_x)的产生。在一般情况下,循环流化床锅炉 NO_x 的生成量仅为煤粉炉的 1/4~1/3。因此,循环流化床燃烧是一种经济、高效、低污染的燃烧技术。

3）负荷调节性能好

循环流化床锅炉负荷调节幅度一般在 30%~110%,即在 30% 甚至更低的负荷情况下,循环流化床锅炉也能保持燃烧稳定,甚至可以压火备用,这一特点特别适用于调峰电厂或热负荷变化较大的热电厂。

4）灰渣综合利用性能好

循环流化床锅炉燃烧温度低,灰渣不会软化和黏结,活性较好。另外,炉内加入石灰石后,灰渣成分也有变化,含有一定的 $CaSO_4$ 和未反应的 CaO。循环流化床锅炉灰渣可以用于制造水泥的掺和料或其他建筑材料的原料,有利于灰渣的综合利用。对于那些建在城市或对环保要求较高的电厂,采用循环流化床锅炉十分有利。

2. 循环流化床锅炉的缺点

循环流化床锅炉与常规煤粉炉相比,还存在以下一些缺点。

1）大型化问题

尽管循环流化床锅炉发展很快,已投运的单炉容量已大于 700 t/h,更大容量的锅炉正在研制和建设中,但由于受技术和辅助设备的限制,与煤粉炉相比,目前循环流化床锅炉的单机容量还偏小,无法在火力发电领域成为主力炉型。

2）烟风系统阻力较高,风机用电量大

因为循环流化床锅炉布风板及床层阻力大,而烟气系统中又增加了气固分离器的阻力,所以烟风系统阻力高。循环流化床锅炉需要的风机压头高,风机数量多,故风机用电量大,这会增加电厂的生产成本。

3）自动控制较难实现

由于影响循环流化床锅炉燃烧状况的因素较多,各型锅炉调整方式差异较大,所以其采用计算机自动控制比常规锅炉难得多。

4）磨损问题

循环流化床锅炉的燃料粒径较大,并且炉膛内物料浓度是煤粉炉的十至几十倍。虽然采取了许多防磨措施,但在实际运行中循环流化床锅炉受热面的磨损速度仍比常规锅炉大得多,受热面磨损问题可能成为影响其长期连续运行的重要原因。

5）对辅助设备要求较高

某些辅助设备,如冷渣器或高压风机的性能或运行问题,都可能严重影响循环流化床锅炉的正常安全运行。

6）理论和技术问题

循环流化床锅炉虽已有 1 000 余台投入运行,但仍有许多基础理论和设计制造的技术问题没有根本解决。至于运行方面,还没有成熟的经验,更缺少统一的标准,这就给电厂设备改造和运行调试带来了诸多困难。

上述问题在循环流化床锅炉的发展过程中大多已经得到较好的解决。如适当的炉膛设计可完全避免水冷壁的磨损;正确选择和设计分离器,既可保证很高的分离效率,也能避免自身的磨损;而冷渣器和高压风机等主要辅助设备随着循环流化床锅炉的发展,也都有了成熟的产品。风机问题则是单就烟风系统阻力而言,如果考虑到煤粉炉需要复杂的制粉系统而链条炉效率低且无脱硫效果,则风机用电量的少量增加是完全可以接受的。

14.1.3　循环流化床锅炉的分类

大部分循环流化床锅炉在常压下运行,称为常压流化床锅炉;还有一类流化床锅炉在高压容器内运行,称为增压流化床锅炉。在此所介绍的流化床锅炉均为常压流化床锅炉,一般习惯称为流化床锅炉。

由于循环流化床锅炉还处于发展阶段,各种结构的炉型繁多,炉内传热和动力特性差异较大,分类比较复杂。按不同分类方法可以对循环流化床锅炉进行如下分类:

（1）以炉内流化状态来分,有鼓泡床、湍流床和快速床的循环流化床锅炉;

（2）以分离器所处烟气温度高低来分,有高温分离循环流化床锅炉、中温分离循环流化床锅炉和低温分离循环流化床锅炉；

（3）以锅炉自身的特点和开发研究厂商来分，有如奥斯龙的"百宝炉"、福斯特惠勒的"FW 型"炉以及鲁奇公司的"鲁奇型"循环流化床锅炉等。

（4）以物料的循环倍率高中低来分，有低循环倍率循环流化床锅炉（循环倍率 $K <15$）、中循环倍率循环流化床锅炉（$K =15\sim40$）、高循环倍率循环流化床锅炉（$K >40$）。

早期的循环流化床锅炉称为循环床锅炉，其特点是炉内为快速床，外加物料循环系统，其循环倍率一般都是较高的。由于流化速度较高，受热面磨损严重，目前循环流化床锅炉流化速度上限在 8 m/s 左右，一般在 6 m/s 以下。实际上一台循环流化床锅炉燃烧室内流化速度常常是一个变值，因此物料流化状态也在变化，有时是快速床，有时可能是湍流床，有时甚至是鼓泡床，因此"循环流化床锅炉"的叫法比"循环床锅炉"更确切。

14.1.4　循环流化床锅炉的发展概况

流化床技术真正用于煤的燃烧即流化床煤燃烧是 20 世纪 60 年代初的事情。由于当时对能源的需求量不断增加，世界能源供应开始紧张，各国才十分重视能源问题，千方百计开源节流。于是人们开始研究流化床燃烧技术，特别是积极从事燃煤流化床锅炉的研究与开发。

现在一般把早期发展的不带物料分离和回送系统的流化床锅炉称为鼓泡流化床锅炉，以与循环流化床锅炉相区别。我国对鼓泡流化床锅炉的研究起步较早，1965 年第一台燃用油母页岩的流化床锅炉在广东茂名投产成功，此后鼓泡流化床锅炉在全国得到迅猛发展，循环流化床锅炉出现之前已达 3 000 多台，最大容量为 130 t/h，东方锅炉厂与国外合作生产制造的 220 t/h 锅炉还出口到巴基斯坦等国家。

但是，鼓泡流化床锅炉存在一些问题，如飞灰可燃物大、埋管受热面磨损严重、大型化困难、石灰石脱硫时钙的利用率较低等，制约了其进一步发展。为了解决上述问题，20 世纪 80 年代循环流化床锅炉（CFB 锅炉）应运而生。

经过二十多年的迅速发展，循环流化床锅炉的技术已趋于成熟。无论是锅炉本身的大型化，还是各种配套技术和设备，都已经能适应用户的各种不同要求。从某种意义上来说，对环境保护的要求日益严格促进了国外循环流化床锅炉的迅速发展，因而在某种程度上国外循环流化床锅炉的理论研究还相对落后一些。

循环流化床锅炉由最初的每小时几十吨蒸发量已发展到现在的每小时上千吨，由工业锅炉扩展到电站锅炉，得益于国际上一些公司在该领域的卓越贡献。尤其是德国的鲁奇公司、芬兰的奥斯龙公司、美国的福斯特惠勒公司，以及德国的斯泰米勒公司等，在开发和研制循环流化床锅炉技术中都有突出的成就，如鲁奇公司的外置床技术、奥斯龙公司的"百宝炉"、福斯特惠勒公司的水冷旋风分离器和斯泰米勒公司的炉内惯性分离等。1996 年 4 月投入商业运行的法国普罗旺斯电厂配 250 MW 机组的 700 t/h 亚临界压力循环流化床锅炉是循环流化床锅炉技术发展史上的里程碑，它是循环流化床锅炉大型化的标志。世界首台超临界循环流化床锅炉机组正在波兰建设，容量为 460 MWe，由 F&W 公司规划设计，标志着循环流化床锅炉在参数和容量方面又迈上了新台阶。

我国对循环流化床锅炉技术的研究和开发起步稍晚,直至1989年11月第一台35 t/h锅炉才在山东明水电厂投入运行。但近几年,国内在开发和研制循环流化床锅炉技术方面发展迅猛。中国科学院、清华大学、西安热工研究院、浙江大学、华中理工大学、西安交通大学、哈尔滨工业大学等科研单位、高等学校,以及锅炉制造厂合作开发研制出具有自主知识产权的多种技术的循环流化床锅炉,目前最大容量已达670 t/h。另外,哈尔滨锅炉厂、上海锅炉厂、东方锅炉厂等积极与国外合作,联合研制生产大型循环流化床锅炉。各方面的共同努力使我国目前在循环流化床锅炉技术的应用方面处于世界领先地位。

我国已有近千台循环流化床锅炉投入运行或正在建设之中,440~480 t/h循环流化床锅炉已有几十台投入运行,300 MW级的循环流化床锅炉已有十几台订货。随着国家环境政策的日趋严格,作为一种高效、低污染的清洁燃烧设备,循环流化床锅炉将在能源环保领域发挥越来越重要的作用。

任务二　典型循环流化床锅炉

【任务目标】

1. 了解典型的循环流化床锅炉。
2. 掌握各类典型流化床锅炉的工作原理,并了解其具体设备。
3. 学会分析各种典型循环流化床锅炉。

【导师导学】

14.2.1　国外主要循环流化床锅炉的技术流派及特点

人们通常把分离器的形式、工作状态作为循环流化床锅炉的标志,因为主循环回路是循环流化床锅炉的关键,而分离器是主循环回路的主要部件。虽然分离器是循环流化床锅炉必不可少的关键环节,但它又具有相对的独立性和灵活性,在结构与布置上回旋余地很大。从某种意义上讲,循环流化床锅炉的性能取决于分离器的性能,循环流化床燃烧技术的发展也取决于气固分离技术的发展,分离器设计上的差异反映了循环流化床锅炉技术流派的区分。

1. 绝热旋风分离循环流化床锅炉

旋风分离器在化工、冶金等领域具有悠久的使用历史,是比较成熟的气固分离装置,因此在循环流化床燃烧技术领域应用最多。

2. 水(汽)冷圆形旋风筒循环流化床锅炉

为保持绝热旋风筒循环流化床锅炉的优点,同时有效地克服该炉型的缺陷,Foster Wheeler公司设计出了堪称典范的水(汽)冷旋风分离器。应用水(汽)冷旋风分离器的循环流化床锅炉被称为第二代循环流化床锅炉。

3.水冷方形分离器循环流化床锅炉

为克服汽冷旋风筒制造成本高的问题,芬兰 Ahlstrom 公司创造性地提出了方形分离器的设想,这就是第三代循环流化床锅炉。

另外,一些著名厂商的循环流化床锅炉技术因特色鲜明,故也常以厂商命名循环流化床锅炉技术流派。如奥斯龙(Ahlstrom)的"百宝炉(Pyroflow)",鲁奇(Lurgi)公司的"鲁奇型"以及福斯特惠勒(Foster Wheeler)的"FW 型"炉循环流化床锅炉等。

1)Lurgi 型循环流化床燃烧技术

Lurgi 技术的主要特点为采用了外置式换热器(EHE),把一部分蒸发受热面或过热受热面、再热受热面布置在外置式换热器中,使得锅炉受热面的布置具有更多的灵活性。这对锅炉的大型化有很大的意义,它可以设计成双室布置,分别布置过热器和再热器,可以通过两个室的灰量的控制来调节过热器壁温和再热器壁温,热交换后的"冷"物料送回炉膛可控制炉温,同时有利于提高循环流化床锅炉的燃料适应性。图 14-2 所示为典型 Lurgi 循环流化床锅炉系统。其最著名的应用是法国 Provance 的 250 MWe 的循环流化床锅炉,该锅炉于 1996 年投运,曾一度是世界上最大的循环流化床锅炉。

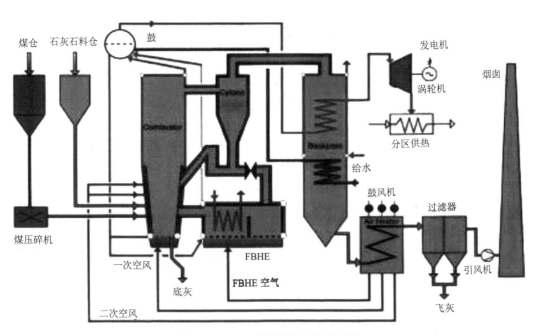

图 14-2　lyrgi 循环流化床锅炉系统

Provance 电厂配的 250 MWe 循环流化床锅炉的主蒸汽流量为 700 t/h,蒸汽压力为 16.9 MPa,主蒸汽温度为 565 ℃,再热蒸汽流量为 651 t/h,再热蒸汽压力为 3.75 MPa,再热蒸汽温度为 565 ℃,排烟温度为 140 ℃。

炉膛下部采用裤衩腿设计,即衬有耐火材料的下部炉膛分为两个"腿",每一个腿的底部装有布风板,每个布风板的面积为 36 m²,过剩空气系数为 1.2 时的流化风速接近 5.5 m/s。

每个腿的侧墙上设有 2 个进煤口和 2 个石灰石喷射口,在每一个腿的前墙布置有 5 个启动油枪。采用裤衩腿设计是考虑大容量循环流化床锅炉二次风的穿透性能。Gardanne 电厂循环流化床锅炉的裤衩腿及其燃烧系统。采用 4 个高温旋风分离器,两侧各两个,直径为 7.4 m,下接锥形阀和大的流化床换热器,内衬耐火材料,底部支撑。每个流化床换热器通过锥形阀控制回灰量。在运行时,炉膛温度由两个布置有中温埋管过热器的外置换热器(每一个腿一个)来调节和控制,再热蒸汽温度由两个布置有高温埋管再热器的外置换热器控制。过热蒸汽温度调节由喷水减温器控制。锅炉效率达 90.5%,脱硫效率为 97%(尽管设计了石灰石给料系统,但由于煤的灰分中 50% 以上是 CaO,根本无须添加石灰石),SO_2 排放 250 mg/Nm³(6% O_2),NO_x 排放低于 250 mg/Nm³。

Provance 电厂的 250 MWe 循环流化床锅炉的成功投运成为大型循环流化床锅炉发展史上的一个里程碑。它不仅解决了循环流化床锅炉大型化过程中的很多技术问题。尤为重要的是,制造商和用户由此对循环流化床锅炉大型化工作的进一步开展增强了信心。

2)Pyrofllow 型循环流化床燃烧技术

Ahlstrom 公司和 Lurgi 公司一样,是世界上发展循环流化床锅炉最早的公司之一。其技术特点:锅炉结构系统比其他形式的循环流化床锅炉较简单,总占地面积减少;采用两级燃烧,炉底送入一次风,密相层上方送入二次风,一次风率为 40%~70%,通过调节炉内的一、二次风的比例进行床温控制和过热汽温调节,床温可在 800~1 000 ℃调节;燃烧室内放置欧米茄管构成的过热器;采用高温旋风分离器,旋风分离器和 Lurgi 相似,壳体为不冷却的钢结构,内有一层耐火材料和一层隔热材料,里面一层为耐高温耐磨材料;分离下来的循环物用 U 形料阀直接送回燃烧室;负荷调节方法是通过改变炉膛下部密相床内固体物料的储藏量和参与循环物料量的比例,也就是改变炉膛内各区域的固气比,从而改变各区域传热系数的方法,来调节锅炉负荷的变化,其负荷调节比为 3:1 或 4:1。

1995 年,福斯特惠勒公司收购了 Ahlstrom 公司专门从事 Pyroflow 型循环流化床锅炉的 Pyropower 公司,Turow 电厂 235 MWe 再热循环流化床锅炉是目前最大的已运行 Pyroflow 循环流化床锅炉,单汽包自然循环,结构如图 14-3 所示。燃烧室全部由膜式水冷壁构成,炉膛高 42.5 m、宽 21.152 m、深 9.898 m。布风板采用鳍片水冷布风板,上面焊有猪尾巴风帽。采用分级送风,一次风从风室进入炉膛,二次风分两排引入,下排距离布风板高 0.5 m,上排距离布风板上方 2.3 m。布置 2 个旋风分离器,直径为 10.9 m,锥段出口直径为 2.3 m,两个 U 形回料阀。

以上几台容量为 235 MWe 的循环流化床锅炉由于燃烧的是高水分、低热值的褐煤,由于煤种水分含量大,炉膛设计得特别大,相当于燃烧一般烟煤或无烟煤的 280 MWe 循环流化床锅炉,因此从炉膛尺寸来说,它是当前世界上尺寸最大的循环流化床锅炉。启动燃料为燃油,启动燃烧器的最大出力为锅炉 MCR 的 40%。当床温度达到 550 ℃时,停止给入燃油。当燃用褐煤时,床温升到 880~890 ℃所需的时间大约为 100 min。给煤最大粒径小于 10 mm,1 mm 以上粒径份额为 70%。石灰石反应指数在 2.7~3.3。

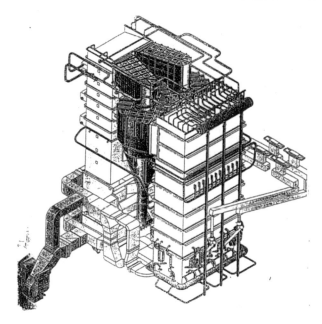

图 14-3　Turow 235 MWe 循环流化床锅炉结构

　　热旋风分离器和回料阀材料为碳钢。分离器入口安装了高温膨胀节,分离器和密封阀内覆盖了多层耐火材料。

　　初级过热器由水平"双欧米茄"管构成,穿过炉膛前墙和后墙。二级过热器是翼型受热面,布置在炉膛上部。二级过热器有多组膜式壁翼型受热面,由炉膛前墙给入蒸汽。来自初级过热器的蒸汽进入二级过热器入口联箱,通过翼型受热面来到出口联箱,最后进入末级过热器。末级过热器为对流受热面,在对流烟道第二部分(位于末级再热器下)。对流再热器分为几组,位于对流烟道。再热蒸汽进入入口联箱,经过两级再热器,最后进入中间压力蒸汽机。末级再热器在末级过热器上面。采用 FW 专利技术再热蒸汽旁路系统进行再热蒸汽调节。

　　燃料通过位于前墙的 4 个给煤管和 4 个位于后墙的回料阀给入炉膛。石灰石通过气力输送到炉膛给料口,通过 8 个位置注入炉膛。

　　EVT 公司等的循环流化床锅炉技术与 Pyroflow 技术有相似之处。

　　3)Foster Wheeler(FW)汽冷旋风筒循环流化床燃烧技术

　　FW 公司在 20 世纪 70 年代研制开发鼓泡床燃烧技术,80 年代发展循环流化床技术。FW 公司循环流化床燃烧技术有如下特点:炉膛上下截面基本一致,下部为密相区,分级送风,二次风从过渡区送入;布风板采用水冷壁延伸做成的水冷布风板,定向大口径单孔风帽,采用床下热烟气发生器点火,采用高温冷却式圆形旋风分离器,由膜式壁组成的旋风筒用蒸汽冷却(过热器);启动速度比绝热旋风筒循环流化床锅炉快得多,从 10 h 缩短到 4 h;汽冷旋风筒的使用使投资成本提高,但使用可靠性高,运行维修费用低;在带再热器超高压大容量锅炉回灰系统上设置换热床,在形式上类似于清华大学发明的付床结构,其中布置有再热器受热面,将高温分离下来的飞灰在该低速流化床中进一步冷却,然后回送到炉膛下部,调节床温,这样不仅能采用控制回灰温度和回灰量的手段来调节负荷,而且结构紧凑,换热床与炉膛下部紧紧相连,在结构上比外置式换热器更利于紧凑布置,操作方便简单。

佛罗里达州的 Jacksonville 电厂 2 台 300 MWe 循环流化床锅炉也是一项老厂改造工程。设计要求这两台 300 MWe 循环流化床锅炉不但要能 100% 地燃烧石油焦,而且还要能 100% 地燃烧煤,脱硫效率能达到 98%。锅炉的蒸汽流量为 906 t/h,蒸汽压力为 17.2 MPa,蒸汽温度为 538 ℃;再热蒸汽流量为 806 t/h,压力为 3.8 MPa,温度为 538 ℃。图 14-4 所示为 JEA300 MWe 循环流化床锅炉的三维立体视图。

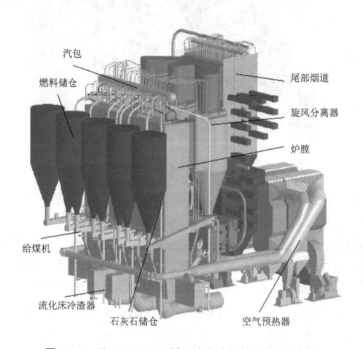

图 14-4 JEA 300 MWe 循环流化床锅炉三维立体视图

JEA 300 MWe 循环流化锅锅炉包括单炉膛、单汽包自然循环结构。回灰系统上设置换热器,布置有中间和末级过热器的受热面。布置三个汽冷旋风分离器。尾部烟道采用双烟道结构,包含一级过热器、再热器和省煤器。省煤器后紧接布置管式空气预热器,烟气从管内流过。

JEA 循环流化床锅炉采用三个汽冷分离器。分离器内衬布置有 25 mm 厚的耐火销钉。FW 采用专利设计的换热器。从分离器返回的物料流入换热器的入口管。正常运行情况下,通过流化进口管和过热室使物料流过过热室。启动时,只流化进口管,使过热室被旁路。通过改变进口管和过热室的流化状态,可以控制物料流量,改变换热器中的吸热量,以控制床温。

尾部烟道采用双烟道结构,前烟道布置再热器,后烟道布置一级过热器。通过烟道下部挡板调节各个烟道的烟气流量。这种结构可以有效避免使用喷水减温的方式来调节再热温度,减小循环效率的损失。

JEA 循环流化床锅炉采用 FW 专利技术的选择性流化床冷渣器,采用床下热烟气发生器点火。

4)Circofluid 型循环流化床燃烧技术

Circofluid 技术与上述三个公司三种形式的循环流化床锅炉不同,它是在总结鼓泡床和循环流化床锅炉基础上,着眼于充分发挥循环流化床燃料适应性广、燃烧及脱硫效率高、易大型化等优点的同时,发展一种称为 Circofluid 技术的低循环量循环流化床锅炉。其技术特点:锅炉呈半塔式布置,炉底部为大颗粒密相区,类似于鼓泡床,但不放置埋管,仅四周布置带有绝热层的水冷壁,燃料热量的 69% 在床内释放,上部为悬浮段和对流受热面段(过热器、再热器和省煤器),小于 0.4 mm 的煤粒子和部分挥发分在这一区域燃烧;炉内流化速度为 3.5~4 m/s;采用工作温度为 400 ℃左右的中温旋风分离器,从而改善了分离器的工作条件,旋风筒的尺寸减小,可不必再用厚的耐火材料做内衬,分离下来的"冷"物料可用来调节炉内床料温度,循环流率低,从而缓解了位于燃烧室内受热面的磨损;循环物料除采用旋风分离器所分离下来的循环灰外,还采用尾部过滤下来的细灰,以提高燃烧效率;采用冷烟气再循环系统,以保证在低负荷时也能达到充分的流化,并使旋风分离效率不致因入口烟速减少而降低,以避免循环灰量的不足。其典型结构如图 14-5 所示。

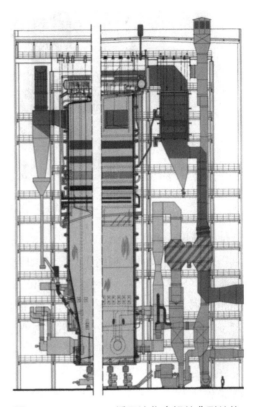

图 14-5　Circofluid 循环流化床锅炉典型结构

5)Pyroflow Compact 循环流化床燃烧技术

Ahlstrom 公司是最早研制开发循环流化床燃烧技术的公司之一。Ahlstrom 公司基于对循环流化床灰平衡的深刻理解,在 1993 年推出了一个大胆的水冷方形旋风筒的概念,采用膜式壁构成的方形或多角形旋风筒极大地降低了水冷(汽冷)圆形旋风筒的造价,且由于分离器的矩形截面,使整个锅炉结构更加紧凑,如图 14-6 所示。自 Ahlstrom 公司的方形分离器紧凑型设计推出之后,立即引起了广泛的重视,人们对该技术一直持观望态度。但经过 5 年的多台锅炉运行实践,其已经为人们所接受。Foster Wheeler 公司和 Ahlstrom 公司合并后,即将方形分离器循环流化床锅炉作为大型化方向予以重点发展。时至今日,Foster Wheeler 公司采用方形分离器技术的紧凑型循环流化床锅炉 260 MWe 机组已经投运,运行表明该技术在可靠性、制造维修成本以及整体性能等方面的表现均优于绝热旋风筒和汽冷旋风筒。合并后的 FW 公司同时具有绝热旋风筒、水(汽)冷圆形旋风筒、方形分离器三代技术,该公司的市场份额中采用方形分离器的紧凑型循环流化床锅炉逐年增加。

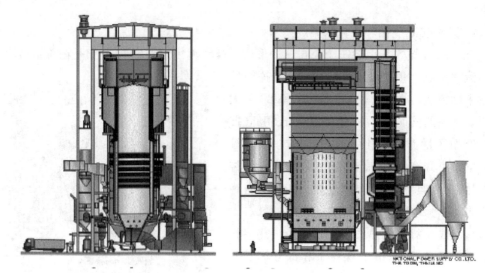

图 14-6 紧凑型循环流化床锅炉结构

除了以上我们介绍的几个公司的技术外,还有许多国家的各种公司都在从事循环流化床锅炉的开发和研究制造工作。例如美国 Battle 公司的 MSFBC 型,瑞典 Studsvik Energitaknik AB 公司的 Studsvik 型,美国 Stone 和 Wenster RFSY 公司的 SCB 技术,德国的 Steinmueiier 技术,此外日本也在进行开发研制。各个公司的循环流化床锅炉存在一定的差别,对于其技术的好坏还有待于实践来检验。但是不管怎样,各个厂家都在设法克服缺点、发扬优点,在相互竞争中把循环流化床燃烧技术提高到更高的水平。在保持燃烧效率高、脱硫效果好的条件下,把提高可靠性,降低制造、安装、运行、维修成本,减少污染排放作为循环流化床燃烧技术的发展方向,使循环流化床锅炉走向大型化。

14.2.2 国产 220 t/h 循环流化床锅炉

1.220 t/h 次高压水冷方形分离器循环流化床锅炉

该锅炉采用次高温、次高压参数,紧凑式设计,半露天布置,技术规范和主要设计参数见表 14-1,燃烧室设计温度为 912 ℃。

表 14-1 220 t/h 次高压水冷方形分离器循环流化床锅炉设计及运行参数

参数	主蒸汽			给水温度 /（℃）	排烟温度 /℃	风温 /℃		
	流量 /(t/h)	压力 /(MPa)	温度 /（℃）			一次风	二次风	冷风
设计值	220	5.29	485	150	134	134	220	20

锅炉采用单锅筒横置式自然循环,Π 型布置,自炉前向后依次布置燃烧室、分离器、尾部烟道,外形尺寸(高 × 宽 × 深)为 43 600 mm×21 400 mm×20 700 mm,锅炉中心标高为

39 600 mm，运转层标高为 8 000 mm。锅炉总图如图 14-7 所示。

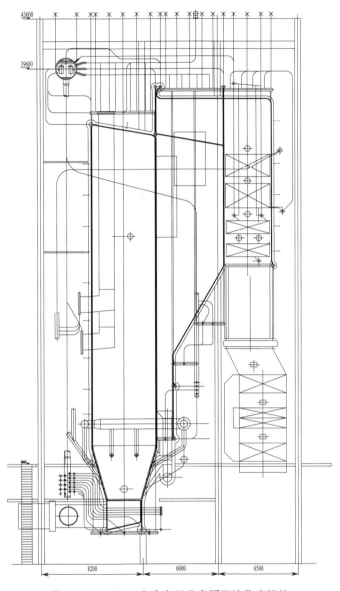

图 14-7　220 t/h 水冷方形分离循环流化床锅炉

　　炉膛由膜式水冷壁构成，截面面积约为 55 m²，燃烧室净高约为 30 m，炉膛下部前后墙收缩成锥形炉底，前墙水冷壁延伸成水冷布风板，并与两侧水冷壁共同形成水冷风室。燃烧室下部水冷壁是磨损可能发生的重要部位之一，焊有密度较大的销钉，敷设较薄的高温耐磨材料。试验和实践都证明它既是经济有效的防磨措施，又有利于水冷壁的利用率。炉膛出口布置两个膜式水冷壁构成的方形分离器，分离器前墙与燃烧室后墙共用，分离器入口加速段由燃烧室后墙弯制形成；分离器后墙同时作为尾部竖井的前包墙，该屏式水冷壁向下收缩成料斗，向上的一部分直接引出吊挂，另一部分向前至燃烧室后墙向上，构成分离器顶棚和出口烟道前墙;分离器两侧墙水冷壁向上延伸形成出口区侧墙;分离器出口区汽冷顶棚至转向室后墙向下作为尾部竖井后墙,与汽冷侧包墙、分离器后墙一起围成膜式壁包墙,分离器、转向室与尾部包墙结合起来成为一体,避免使用膨胀节,既保持紧凑型布置,又保证良好的密封性能。

燃烧室上部布置有三屏翼形墙蒸发受热面和六屏翼形墙过热器,作为高温过热器,充分利用了翼形墙受热面吸热量随循环量和燃烧室温度变化的特点,使得锅炉负荷大范围变动时蒸汽参数保证达到额定值。低温过热器布置在尾部汽冷包墙内。由于该炉为次高温、次高压参数,因此过热器相对于高温高压条件下较少,省煤器也位于汽冷包墙内。若为高温高压参数,低温过热器和省煤器下移,在汽冷包墙内增加末级过热器。

锅炉燃烧所需空气分别由一、二次风机提供。一次风经预热后,由左右两侧风道引入水冷风室中,流经安装在水冷布风板上的风帽进入燃烧室,保证流化质量和密相区的燃烧;二次风经预热后经过位于燃烧室四周的两层二次风口进入炉膛,补充燃烧空气,并加强扰动混合。燃料在炉膛内燃烧产生的大量烟气携带物料经分离器的入口加速段加速进入水冷方形分离器,烟气和物料分离。分离的物料经料斗、料腿、回灰阀再返回炉膛;烟气自分离器的中心筒进入分离器出口区,流经转向室、低温过热器、省煤器、空气预热器后排出。大渣由炉底水冷排渣管排渣。

锅炉给水经省煤器加热后进入汽包;锅筒内的饱和水经集中下降管、分配管分别进入燃烧室水冷壁、水冷屏和分离器水冷壁下集箱,加热蒸发后流入上集箱,然后进入锅筒;饱和蒸汽流经顶棚管、后包墙管、侧包墙管,进入低温过热器入口集箱,由低温过加热后进入减温器调节汽温,然后经布置在燃烧室顶部的高温过热器将蒸汽加热到额定汽温汽压,进入集汽箱至主汽阀和主蒸汽管道。

由膜式水冷壁组成当量直径为 5 400 mm 的方形分离器,与炉膛组成一个整体。分离器膜式壁的磨损是一个需要着重考虑的问题。借鉴国外水(汽)冷圆形旋风筒成功的防磨经验,采用壁面密焊销钉涂一层很薄的耐磨浇注料的方法,由于其较薄并受冷却,故具有更强的防磨性能。在捕集物料的同时对物料冷却,能保证回灰不发生结焦。

采用水冷风室及水冷布风板,床下点火;而较薄的防磨内衬对锅炉的启动要求较低,可以快速启动,节约启动用油;负荷变化速度不再受耐火材料的稳定性限制。

返料装置由灰斗、料腿、U 型阀构成。根据分离器的设置,采用两套返料装置。料腿为圆柱形,悬吊在水冷灰斗上。自平衡 U 型阀是一高流率、小风量自平衡回灰阀,运行操作简单、安全、可靠。回灰阀的松动风取自高压风机。

尾部烟道自上而下依次布置低温过热器、省煤器、二次风空气预热器和一次风空气预热器。低温过热器为光管顺列布置;省煤器两组布置;空气预热器为卧管式。

启动油枪加热床料,约 100 min 后,床料加热到 450 ℃ 以上,可以开始少量给煤;根据床温的变化速度和排烟氧气含量判断是否着火。煤着火燃烧后从整体的暗红色逐渐转向亮红色。床温开始明显上升后,迅速调整风量和给煤量,维持床温为 900 ℃ 左右,此时主蒸汽压力和温度也接近额定参数。当主蒸汽温度和压力达到汽轮机的要求后并汽。逐渐增大给煤量,提高锅炉负荷。冷态启动到满负荷的时间为 3~4 h。床温升温速率平均为 8 ℃/min,最大为 24 ℃/min。

锅炉密封性能好,没有泄漏。回灰流畅,分离器水冷受热面的吸热使回灰温度明显下降,回灰温度比分离器进口温度低 50 ℃左右。分离器、料腿、返料装置从未出现高温结焦问题。燃烧室上下温度均匀。燃烧效率比较高,飞灰含碳量为 6%~9%。与一些其他技术的循环流化床锅炉相比,这是比较理想的。

主循环回路工作稳定、可靠,为锅炉长期安全连续运行提供保证。为了解主循环回路的性能,对底渣、循环灰、飞灰粒径进行取样筛分。这些粒度分布情况与其他等当量直径圆形旋风筒循环流化床锅炉燃烧相近煤种的情况是完全一致的。这也表明当量直径为 5 400 mm 的方形分离器的分离效果能够满足循环流化床锅炉的需要。

2.220 t/h 高压水冷旋风筒循环流化床锅炉

锅炉技术规范如下:

(1)额定蒸发量为 220 t/h;

(2)额定蒸汽压力为 9.81 MPa;

(3)额定蒸汽温度为 540 ℃;

(4)给水温度为 215 ℃;

(5)空气预热器进风温度为 25 ℃;

(6)排烟温度为 135 ℃;

(7)锅炉设计效率为 90.22%。

锅炉基本尺寸如下:

(1)运转层平台标高为 8 000 mm;

(2)汽包中心标高为 42 830 mm;

(3)锅炉宽度(柱中心线)为 11 800 mm;

(4)外框架柱中心线为 20 400 mm;

(5)锅炉深度(柱中心线)为 22 650 mm。

220 t/h 水冷旋风筒循环流化床锅炉总图如图 14-8 所示,其主要特点如下。

锅炉采用单汽包横置式自然循环、水冷旋风分离器、膜式壁炉膛前吊后支、全钢架 Ⅱ 型结构、室外布置。

炉膛由膜式水冷壁构成,截面尺寸为 5 160 mm×8 680 mm,净空高约 32 m。前后墙在炉膛下部收缩形成锥形炉底,后墙水冷壁向前弯,与两侧水冷壁共同形成水冷布风板和风室,为床下点火提供必要条件。布风板面积约 26 m²。布风板上部流速设计值大于 5 m/s,以保证较大颗粒亦能处于良好流化状态。在布风板的鳍片上装有耐热铸钢件风帽,该风帽为改进型蘑菇头风帽,对布风均匀、排渣通畅、减轻磨损、防止漏渣有很大好处。炉膛的密相区四周 6 m 高度范围内是磨损最严重的部位之一。在此区域水冷壁焊有密排销钉,并涂敷有特殊高温耐磨浇注料,耐火衬里薄,便于维修。锅炉采用床下热烟气发生器点火,点火用油在热烟气发生器内筒燃烧,产生高温烟气,与夹套内的冷却风充分混合成 850 ℃左右热烟气,经过布风板,在沸腾状态下加热物料。因此,该点火方式具有热量交换充分、点火升温快、油耗量低、点火强度低、成功率高等特点。点火采用一次风,结构简单。

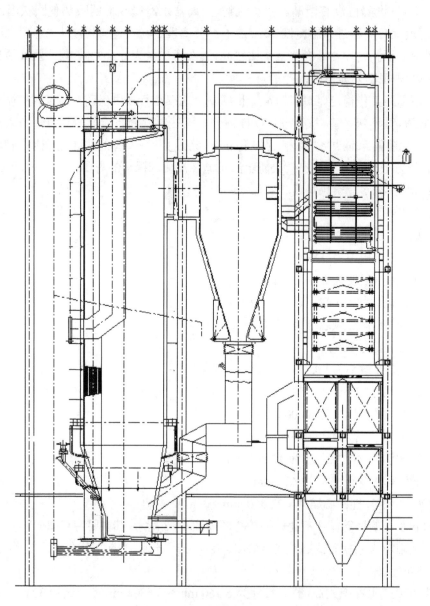

图 14-8　220 t/h 水冷旋风筒循环流化床锅炉

　　锅炉布置两个水冷旋风分离器,内径为 4 850 mm。炉膛后墙一部分向后弯制形成分离器入口加速段,该分离器由膜式水冷壁加高温防磨内衬组成,既解决了膨胀密封问题,又使得分离器的维修十分方便;锅炉启动不受耐火材料的限制,负荷调节快,冷启动时间短;分离器外部按常规保温后,壁温低于 50 ℃,热损失少;由于有水冷却,在燃用不易燃尽的燃料时,对于分离器里可能出现的二次燃烧起冷却作用,避免结焦。该分离器是由管子加扁钢焊成膜式壁,内壁密布销钉,再浇注约 55 mm 厚的防磨内衬构成,耐火材料大大减少,由

300~400 mm 降至约 55 mm，降低了维护费用。旋风筒外壁按常规保温后，水冷分离器外壁表面温度由常规热旋风筒的约 121 ℃降至 50 ℃左右，散热损失减小，提高了锅炉效率，降低了运行成本。水冷分离器的循环回路采用自然循环，因此其壁温和炉膛水冷壁相同，而且又都是悬吊结构，膨胀差值很小。

在炉膛上部沿炉膛高度在炉膛前侧设置有四屏式过热器以及三屏水冷屏蒸发受热面，充分利用换热量随循环量和燃烧室温度变化的特点，使锅炉负荷大范围变动时蒸汽参数保持稳定。实践证明，过热器布置在炉膛出口，提高了锅炉的低负荷运行能力。在屏式过热器下部采用密集销钉和特殊防磨措施进行防磨处理。在尾部竖井中布置有高温过热器、低温过热器，这种布置方式，烟气流动均匀，有利于降低磨损。在低温过热器和屏式过热器之间、屏式过热器与高温过热器之间设置有两级给水喷水减温器，以控制蒸汽温度在允许范围内。

采用高流率、小风量的自平衡 J 型回灰阀，回灰阀的松动风取自单独的高压风机，运行操作方便、安全、可靠。给煤机口及顶部一、二次密封采用新型结构，炉膛四周密封，密封填块由制造厂预焊，以减少工地工作量。

锅炉燃料所需空气分别由一、二次风机提供，一次风机送出的风经过一次风空气预热器预热后，由左右两侧风道引入炉后水冷风室中，通过安装在水冷布风板上的风帽，进入燃烧室；二次风经过管式空气预热器后由播煤风口、二次风口进入炉膛，补充空气并加强扰动混合，为保证二次风充分到达炉膛，采用炉前后和两侧进风结构。燃煤在炉膛内燃烧产生大量烟气和飞灰，烟气携带大量未燃尽碳粒子在炉膛上部进一步燃烧放热后，经过屏式过热器进入旋风分离器中，烟气和物料分离，被分离出来的物料经过料斗、料腿、J 型阀再返回炉膛，实现循环燃烧。经分离器后的"洁净"烟气经转向室、过热器、省煤器、空气预热器由尾部烟道排出。燃煤经燃烧后所产生的大渣由炉底排渣装置干排渣。

燃烧室一次风占总风量的 60%，由左右两侧风道引入炉前水冷壁室中。为保证燃烧始终在低过剩空气系数下进行，以抑制 NO_x 的生成，采用分段送风。二次风占总风量的 40%，通过播煤风管和上、下二次风管分别送入燃烧室不同高度。播煤风管连接在每个给煤机入口，并配有简易风门，以便根据给煤机的使用情况控制入口风量；上二次风通过燃烧床前后各八根风管在标高 11 200 mm 处进入炉膛；下二次风通过燃烧床前八根、后四根、两侧标高 8 500 mm 各两根风管进入炉膛。一、二次风管上均设有电动风门及机翼测风装置，运行时可通过调节一、二次风比来适应煤种和负荷变化需要。

锅炉给水经给水混合集箱，由省煤器加热后进入汽包，汽包内的饱和水由集中下降管、分配管进入炉膛水冷壁下集箱、三屏水冷屏下集箱以及水冷旋风分离器下部环形集箱，被加热后形成汽水混合物，随后经各自的上部出口集箱，通过汽水引出管进入汽包。饱和水及饱和蒸汽混合物在汽包内经汽水分离装置分离后，饱和蒸汽通过引入管进入包墙管，再进入位于尾部竖井包墙中的低温过热器，经过一级喷水减温器后，通过布置在炉膛上部的屏式过热器，经过二级喷水减温器调节后，进入高温过热器，加热到额定参数后进入集汽箱，最后从主汽阀至主蒸汽管道。

过热器系统采用辐射和对流相结合，并配以两级喷水减温的过热器系统，由包墙管、低温过热器、屏式过热器、高温过热器及喷水减温系统组成。饱和蒸汽从汽包至前包墙入口集箱,通过前包墙管进入两侧包墙管,再引入后包墙入口集箱,通过后包墙管进入后包墙管下集箱;前包墙下集箱与侧包墙下集箱通过直角弯头连接,后包墙与侧包墙、前侧包墙相焊,形成一个整体;后包墙管上部向前弯曲形成尾部竖井烟道的顶棚,这对锅炉膨胀、密封十分有利。过热蒸汽从后包墙下集箱进入低温过热器管束;低温过热器布置在尾部竖井中,由两级构成,管子规格为$\phi32\times5$,材质为20G,光管顺列布置。为减少磨损,一方面控制烟速,避免过高;另一方面加盖材质为1Cr13的防磨盖、压板及防磨瓦,对局部做相应的处理。过热蒸汽从低温过热器出来,通过一级喷水减温器调节后进入布置在炉膛前上方的屏式过热器,屏式过热器由膜式壁构成,管子规格为$\phi42\times5$,材质为12Cr1MoV,共四屏。蒸汽由下向上运动,在炉顶经过二级喷水减温器后进入高温过热器,高温过热器为双管圈顺列布置,管子规格为$\phi42\times5$,低温段材质为12Cr1MoV,高温段材质为12Cr2MoWVTiB;在前排加盖材质为1Cr20Ni14Si2的防磨盖板。蒸汽加热到额定参数后引入出口集箱。在低温过热器上设有三个固定式蒸汽吹灰器,以保持受热面的清洁,保证传热效果。

尾部竖井烟道中设有两级省煤器,均采用$\phi32$管子,高温段省煤器为错列布置,此段烟气流速为8.41 m/s;低温段和高温段材质相同,错列布置,烟气流速为7.63 m/s,并辅以有效的防磨措施,以保证运行寿命。每组省煤器之间留有约1 000 mm间隙,便于检修,省煤器进口集箱位于尾部竖井两侧,给水由前端引入。高、低温省煤器各设有三个固定式蒸汽吹灰器,以保持受热面的清洁,保证传热效果。

省煤器后布置了上、下两级立式空气预热器用来加热一、二次风,热风温度为222 ℃,该空气预热器共分3组,六个管箱,中间一组加热一次风,两侧两组加热二次风。空气预热器管子选用$\phi40\times1.5$,材质为Q235-A.F;两级之间留有一定间隙,便于检修和更换。为降低空气预热器磨损,入口处均采用防磨套管。

14.2.3　国产135 MW再热循环流化床锅炉

国产135 MW超高压再热循环流化床锅炉,主要由三大锅炉厂(即哈尔滨锅炉厂、东方锅炉厂、上海锅炉厂)生产。它们在技术特点上各有特色,下面进行简单分析。

1.技术背景

HG440/13.7-L.PM4型循环流化床锅炉是哈尔滨锅炉厂引进德国ALSTOM的EVT技术制造的。EVT技术是在芬兰Ahlstrom技术的基础上,改进了猪尾型(Pig-tail)风帽和布风板,采用回料阀给煤以及布风板上点火方式。哈尔滨锅炉厂将自身已有技术同引进技术相结合,形成了独具特色的循环流化床锅炉。哈尔滨锅炉厂首台440 t/h再热循环流化床锅炉建于河南新乡火电厂,为国产首台超高压再热循环流化床锅炉。

DG460/13.73-Ⅱ3型循环流化床锅炉是东方锅炉厂在引进德国ALSTOM的EVT技术制造基础上,结合自身在125 MW、200 MW、300 MW、600 MW大容量机组煤粉锅炉的开发经验,设计制造的具有自主知识产权的国产135 MW循环流化床锅炉。

上海锅炉厂在自身多年开发循环流化床锅炉经验的基础上,引进德国 ALSTOM 的 EVT 技术,开发出了 50 MW、100 MW 和 135 MW 循环流化床锅炉等系列产品。

2.锅炉规范及主要设计参数

现以哈尔滨锅炉厂和东方锅炉厂分别在新乡火电厂和山东华盛热电厂的锅炉规范及主要设计参数为例,见表 14-2。

表 14-2　锅炉规范及主要技术参数

项目名称	哈尔滨锅炉厂	东方锅炉厂
锅炉型号	HG440/13.7-L.PM4	DG460/13.73-Ⅱ3
额定蒸发量 /(t/h)	440	460
过热蒸汽压力 /MPa	13.7	13.73
过热蒸汽温度 /℃	540	540
再热蒸汽流量 /(t/h)	360	393
再热蒸汽进 / 出口压力 /MPa	2.621/2.493	2.58/2.466
再热蒸汽进 / 出口温度 /℃	316/540	312/540
给水温度 /℃	248	243
设计燃料	鹤壁贫煤	无烟煤
锅炉热效率	91.9%	91.7%

3.锅炉整体布置

1)HG440/13.7-L.PM4 型锅炉整体布置

锅炉总图如图 14-9 所示。

该锅炉采用超高压参数中间再热机组,与 135 MW 汽轮发电机组匹配;采用循环流化床燃烧技术,循环物料的分离采用高温绝热旋风分离器;锅炉采用平衡通风;主要由炉膛、高温绝热旋风分离器、自平衡 U 型回料阀和尾部对流烟道组成。

燃烧室蒸发受热面采用膜式水冷壁,水循环采用单汽包、自然循环,单段蒸发系统。燃烧室下部采用水冷布风板,大直径钟罩式风帽,具有布风均匀、防堵塞、防结焦和便于维修等优点。燃烧室内布置双面水冷壁来增加蒸发受热面;布置屏式Ⅱ级过热器和屏式热段再热器,以提高整个过热器系统和再热器系统的辐射传热特性,使锅炉过热汽温和再热汽温具有良好的调节特性。锅炉采用两个内径为 7.36 m 的高温绝热分离器,布置在燃烧室与尾部对流烟道之间,高温绝热分离器回料腿下布置一个非机械型回料阀,回料为自平衡式。以上三部分构成了循环流化床锅炉的核心部分——物料循环回路。经过分离器净化的烟气进入尾部烟道。尾部烟道布置Ⅰ级、Ⅲ级过热器、冷段再热器、省煤器、空气预热器。烟道的包墙过热器为膜式壁结构,省煤器、空气预热器烟道采用护板结构。

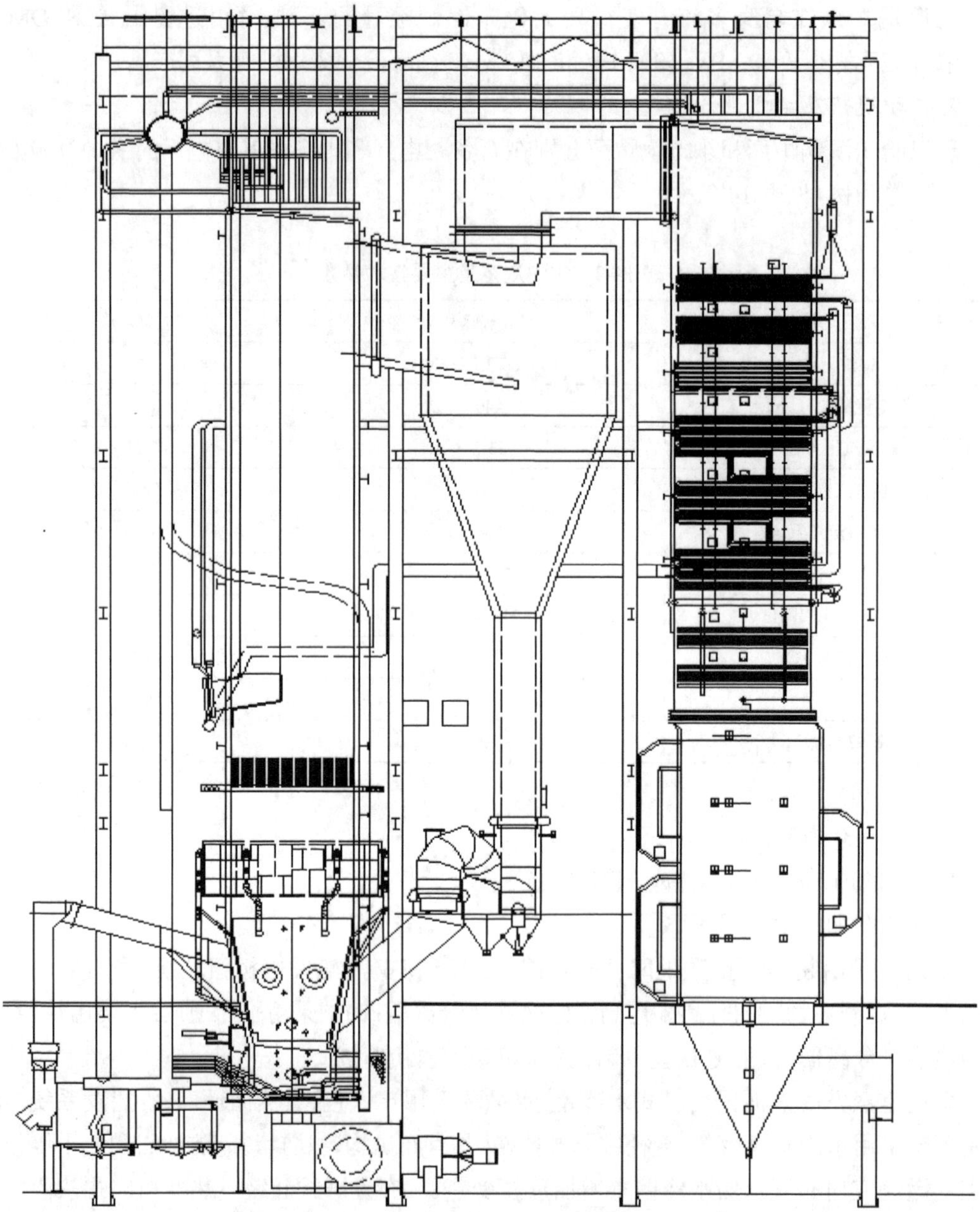

图 14-9　HG440/13.7-L.PM4 型循环流化床锅炉总图

2）DG460/13.73-Ⅱ3 型锅炉整体布置

锅炉总图如图 14-10 所示。

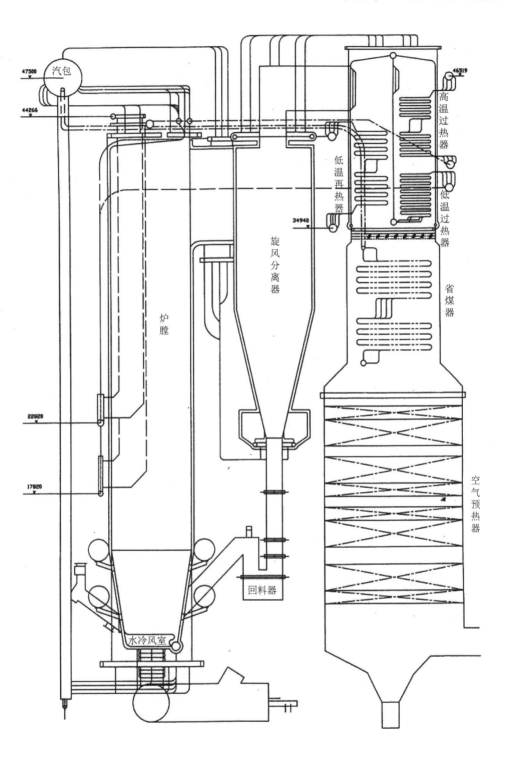

图 14-10 DG460/13.73-Ⅱ3型循环流化床锅炉总图

该锅炉为超高压带中间再热、单汽包循环、循环流化床燃烧技术、岛式露天布置、全钢架支吊结构的循环流化床锅炉,采用高温汽冷式旋风分离器进行分离。锅炉主要由一个膜式水冷壁炉膛、两台汽冷式旋风分离器和一个由汽冷包墙包覆的尾部竖井三部分组成。锅炉内布置有屏式受热面,包括六片屏式过热气管屏,四片屏式再热器屏和一片水冷分隔墙。锅炉共设有六个给煤装置和三个石灰石给料口,给煤装置和石灰口全部置于炉前,在前墙水冷壁下部收缩段沿宽度方向均匀布置。炉膛底部是由水冷壁管弯制而成的水冷风室,在炉膛水冷风室下一次风道内布置有两台床下风道点火器,燃烧器配有高能点火装置,炉膛两侧分别设置两台多仓式流化床风水冷选择性灰渣器。炉膛与尾部竖井之间布置有两台汽冷式旋风分离器,其下部各布置一台J型阀回料器。尾部由包墙分隔,在锅炉深度方向形成双烟道结构,前烟道布置两组低温再热器,后烟道从上到下依次布置有高温过热器、低温过热器,向下前后烟道合成一个,在其中布置有螺旋鳍片管式省煤器和卧式空气预热器,空气预热器采用光管式,沿炉宽方向双进双出。过热器系统中设有两级喷水减温,再热器系统中布置有事故喷水减温器和微喷减温器。锅炉整体呈对称布置,支吊在锅炉架上。

3)SG 锅炉整体布置

SG 锅炉整体布置基本与 DG 相似,如图 14-11 所示。为了方便床温的调节控制,还设置了外置式热交换器(FBHE),仅通过调节 FBHE 中的灰量就可实现对床温的有效控制。而从回料器到 FBHE 的灰量和从炉膛至冷渣器的渣量均由灰控阀来控制。

4. 技术特点对比

国产 135 MW 循环流化床锅炉采用了目前国内外公认的较为成熟的技术,如水冷风室、旋风分离器,但在一些结构上仍有独到之处,其特点总结如下。

(1)它们的整体布置基本相似,均为旋风分离器位于后墙的 M 型布置,但具体部件的结构仍有差异。

(2)它们的关键部件设置相差较大,主要体现在以下方面。

①布风板:哈尔滨锅炉厂采用的水冷布风板,其风帽是大直径钟罩式风帽;东方锅炉厂采用的风帽为定向风帽;而上海锅炉厂采用的风帽是 T 型风帽。它们有各自的优点和缺点,但磨损漏料问题不容忽视。

②分离器:采用旋风分离器结构不同。哈尔滨锅炉厂采用的是高温旋风分离器结构,东方锅炉厂则采用汽冷旋风分离器。

③回料阀:哈尔滨锅炉厂为 U 型回料阀、东方锅炉厂和上海锅炉厂采用 J 型回料阀。

④冷渣器:哈尔滨锅炉厂采用选择性风水联合冷渣器(图 14-12),后来部分改为滚筒式冷渣器;东方锅炉厂采用的冷渣器形式主要为风水冷冷渣器和滚筒式冷渣器;而上海锅炉厂采用风冷流化冷渣器(图 14-13)和水冷螺旋绞龙冷渣器,二者适用范围不同。

⑤给煤系统:哈尔滨锅炉厂采用回料阀给煤,后来也采用前墙给煤;而东方锅炉厂和上海锅炉厂采用前墙给煤,而且上海锅炉厂的播煤管为 Y 型。

⑥石灰石系统:三大锅炉厂基本相似,而上海锅炉厂采用独特的与煤预混合的方式,如图 14-14 所示。

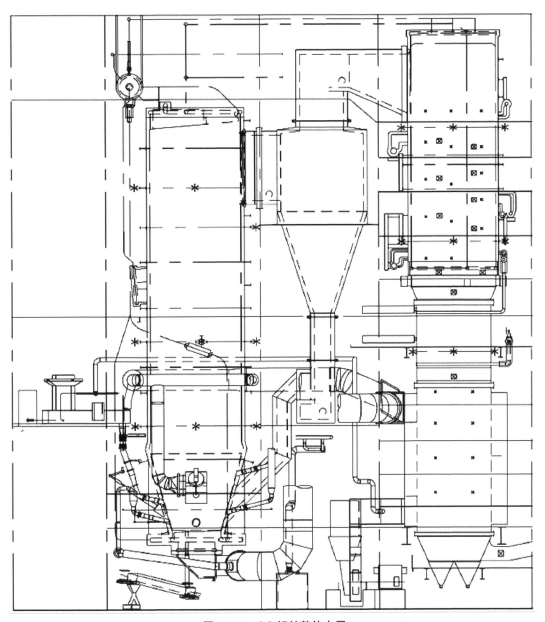

图 14-11　SG 锅炉整体布置

⑦点火装置:哈尔滨锅炉厂采用床上+床下联合点火方式,东海锅炉厂采用床下点火,上海锅炉厂采用床上点火。

⑧外置式热交换器(FBHE)是上海锅炉厂的独特之处,它在不改变一、二次风比和过剩空气系数的情况下,仅通过调节进入 FBHE 中的灰量,未改变 FBHE 中的吸热量,就可实现对床温的有效控制。

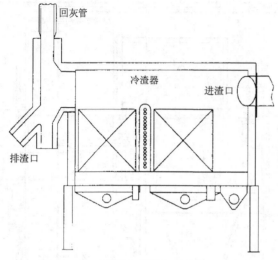

图 14-12　HG 风水冷联合冷渣器

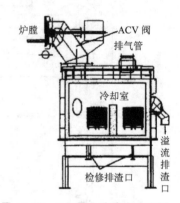

图 14-13　SG 风水冷联合冷渣器

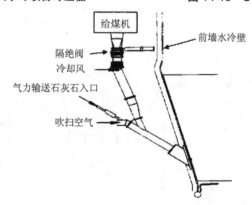

图 14-14　SG 给煤和石灰石系统

（3）为了改善汽温特性以及弥补尾部布置过热器和再热器的不足，三大锅炉厂炉膛内都布置了屏式过热器和再热器。炉膛内布置受热面的最大问题是磨损，而采用在屏下部及穿墙处敷设耐磨材料的方法，可以防止上升气固流对屏迎风升气固流、迎风面的磨损。

（4）哈尔滨锅炉厂采用喷水减温调节过热器及再热器汽温，东方锅炉厂再热器采用烟气挡板汽温调节装置，上海锅炉厂则采用外置式换热器调节过热器、再热器汽温，而对无外置式换热器的布置方式，采用双烟道烟气挡板调节汽温。

（5）尾部烟道的受热面布置，哈尔滨锅炉厂是单烟道，东方锅炉厂采用双烟道，上海锅炉厂则两种形式都有，但烟气的流程基本一致。

国产 135 MW 循环流化床锅炉都有各自的特点，各有不少创新之处，但其整体性能仍需实践的检验。

14.2.4　300 MWe 亚临界再热循环流化床锅炉

1. 引进型 300 MWe 循环流化床锅炉

为了加快大型循环流化床锅炉在我国的应用步伐,我国引进了 300 MW 循环流化床锅炉技术。

1)锅炉主要设计参数

电厂设计煤种为褐煤,煤质资料见表 14-3。

表 14-3　煤质分析

项　目	符号	单位	设计煤种	校核煤种
收到基全水分	$M_{t,ar}$	%	34.7	32.60
空气干燥基水分	M_{ad}	%	11.00	13.58
收到基灰分	A_{ar}	%	11.45	9.51
干燥无灰基挥发分	V_{daf}	%	52.70	50.85
低位发热量	$Q_{net,ar}$	MJ/kg	12.435	13.86
收到基碳	C_{ar}	%	36.72	39.78
收到基氢	H_{ar}	%	1.87	2.56
收到基氧	O_{ar}	%	12.59	13.78
收到基氮	N_{ar}	%	1.01	1.04
收到基全硫	$S_{t,ar}$	%	1.66	0.73

锅炉烧褐煤,设计粒度为 0~10 mm(d_{50}=1 mm),灰中含钙量高,钙硫化为 1.7,稍加石灰石就可以达到 94% 的脱硫率。

在 6% 含氧量的干烟气状态下,锅炉 BMCR 工况的 NO_x 排放浓度不高于 350 mg/Nm³,SO_2 排放浓度不高于 400 mg/Nm³,空气预热器出口粉尘浓度小于或等于 24 g/Nm³。

2)锅炉技术规范

(1)锅炉最大连续蒸发量:1 025 t/h。

(2)过热器出口温度:540 ℃。

(3)过热器出口压力:17.5 MPa。

(4)再热器进 / 出口压力:3.904/3.724 MPa。

(5)再热器进 / 出口温度:323.8/540 ℃。

(6)给水温度:278.2 ℃。

(7)锅炉热效率:92.8%。

(8)排烟温度:142 ℃。

(9)脱硫效率:94%(Ca/S=1.7)。

(10)一次风温:291 ℃。

(11)二次风温:285 ℃。

3）整体布置

300MWe 循环流化床锅炉采用亚临界参数设计，与 300 MW 等级汽轮发电机组相匹配，可配合汽轮机定压（滑压）启动和运行；采用单汽包自然循环，露天布置，锅炉底部采用裤衩型结构，炉底被分成两个腿，每个腿均有其独立的布风装置，炉膛宽 14.703 m、深 15.05 m、高 35.5 m；布风板面积为 14.703 m×3.5 m，燃用褐煤。锅炉采用四个旋风分离器（每侧两个），直径 8.25 m，下接锥形阀和流化床换热器。每个流化床换热器通过锥形阀控制回灰量。流化床过热器中布置中温过热器、低温过热器和高温再热器。尾部烟道依次布置高温过热器、低温再热器和省煤器。采用引进技术制造的容克式四分仓空气预热器。锅炉结构如图 14-15 所示。

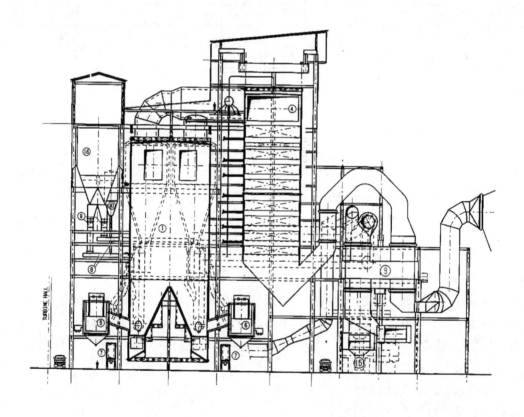

图 14-15　300 MWe 循环流化床锅炉

4）主要结构

Ⅰ.燃烧设备

炉煤采用两级破碎系统制备，布置六台给煤机，采用回料阀八点及两侧墙四点给煤，最终与炉膛直接相连的给煤点为六个，并考虑落煤管防堵煤措施。采用回料阀八点给石灰石方式，最终与炉膛直接相连的给石灰石点为四个，石灰石粉由电厂附近处石灰石矿供应，由汽车运抵电厂。电厂内不设石灰石破碎系统。给料点及一、二次风接口位置合理，确保燃烧稳定,并防止新加入燃烧室的煤粒未经燃尽就排入冷渣器,正确选择一、二次风比及总过剩空气系数使 NO_x、SO_2 排放量最少,并有高的燃烧效率;适当布置给料点及一、二次风接口位置,以保证燃烧稳定,并防止新加入燃烧室的煤粒未经燃尽就排入冷渣器。

点火方式为风道燃烧器和床上启动油枪结合方式,布置两台风道燃烧器,输入热负荷为 46 MW,八只床上启动燃烧器,热功率为 11%BMCR。不投油稳燃最低稳燃负荷应不大于(30%~35%)BMCR。

Ⅱ.分离器系统

该锅炉采用 4 个绝热旋风分离器,每侧布置两个,直径为 8.25 m,下接锥形阀和流化床换热器。流化床换热器共有 4 个,内衬耐火材料,底部支撑。每个流化床换热器通过锥形阀控制回灰量,单台流化床换热器的设计灰物料率为 600~800 t/h。炉膛温度由两个布置有中温过热器的外置换热器(每一个腿一个)来调节控制,再热蒸汽温度由两个布置有高温再热器的外置换热器控制。过热蒸汽温度由 3 级喷水减温器控制。

Ⅲ.空气及烟气系统

一次风通过布置在两个腿的布风板上的钟罩式风帽射入炉膛。一次风主要起流化床料的作用。二次风通过布风板上方两排若干风口进入炉膛。二次风的作用是保证颗粒足够的搅动和燃烧需要的混合。一、二次风的比值对 NO_x 排放影响较大,必须特别注意一、二次风比的选取。

每个锅炉机组,空气由下面风机提供:

(1)两台一次风机,可以提供 100% 负荷风量,通过挡板控制两个腿的风量平衡;

(2)两台 100% 负荷的二次风机;

(3)两台可以提供 50% 负荷风量的外置换热床风机;

(4)四台可以提供 25% 负荷风量的高压流化风机;

(5)两台静叶可调轴流式引风机,单个立式容克式空气预热器,用来同时预热一、二次风。

Ⅳ.灰渣系统

灰渣通过 4 台风水联合流化床冷渣器冷却,每台冷渣器正常运行的排渣量为 5.1 t/h,最大设计排渣量为 16.5 t/h,能满足燃用校核煤种及锅炉运行中底灰量发生变化的要求,正常运行时排渣温度低于 150 ℃,在外置换热器中也布置有小的排渣口。

2.西安热工研究院(TPRI)300 MW 循环流化床锅炉

1)TPRI 300 MW 循环流化床锅炉性能参数及设计思想

TPRI 根据循环流化床锅炉大型化的基本原则,研究设计了 TPRI 300 MW 循环流化床锅炉技术方案,其主要设计性能参数见表 14-4。

表 14-4　锅炉设计参数

项目	数值
额定蒸发量/(t/h)	1 025

项目	数值
主蒸汽压力 /MPa	17.35
主蒸汽温度 /℃	540
再热蒸汽流量 /(t/h)	851.8
再热蒸汽进出口压力 /MPa	3.82/3.64
再热蒸汽进出口温度 /℃	325/540
给水温度 /℃	272
锅炉热效率 /%	90.6
排烟温度 /℃	135
一次风温 / 二次风温 /℃	200/200

TPRI 300 MW 循环流化床锅炉为亚临界参数,主要设计原则如下:

(1)锅炉整体布置和主要结构采用成熟可靠的技术,在保证锅炉性能的基础上,注重结构的优化研究;

(2)采用独特的分流式回灰换热器专利技术;

(3)炉膛及关键部件的放大力求使主要参数保持在 TPRI 已有的工程经验范围内;

(4)上升颗粒在炉内停留时间不小于 6 s,可保证分离器不能捕集到的细颗粒在一次通过炉膛后基本燃尽;

(5)根据煤质特性选取合理的炉膛温度和炉膛高度,以保证锅炉燃烧效率;

(6)重视关键辅机设备的合理配置。

2)锅炉炉型特点

Ⅰ.锅炉采用M型布置

锅炉整体布置采用典型的M型布置,3 个旋风分离器并联布置在炉膛和尾部烟道之间,如图 14-16 所示。

Ⅱ.炉膛

锅炉为单炉膛结构,四周由膜式水冷壁构成。燃用无烟煤时的炉膛截面尺寸为 8 300 mm×28 930 mm,直段截面面积为 240.1 m²。下部锥段为密相区和过渡区,上部直段为稀相区。炉膛前墙布置有翼墙水冷屏和Ⅱ级屏式过热器。整个炉膛为全悬吊结构,其重量由水冷壁上集箱通过支吊装置传递给顶板梁。

两侧墙水冷壁在炉膛下部距布风板 8 000 mm 高处开始收缩,形成大锥段结构。锥段四周水冷壁上打防磨销钉,并敷设耐磨耐火材料(钢纤维浇注料)。耐火防磨层与水冷壁交接面处的水冷壁采用特殊弯管结构,以避免贴壁回流物料在转向时对水冷壁的磨损。锥段四周开有许多孔,主要有二次风口(2 层共 40 个)、回料口(后墙共 6 个)、排渣口(两侧墙各 2 个)、点火孔(前后墙各 3 个)、检修人孔(两侧墙各 1 个)、温度和压力测孔及看火孔等。炉底为水冷布风板和风室,布风板有效面积为 120 m²。布风板的鳍片上装有钟罩式风帽。布风板上部空塔速度设计值 >5 m/s,以保证较大颗粒亦能处于良好流动状态。燃用无烟煤及贫煤的 300 MW 循环流化床锅炉设计床温为 900 ℃。

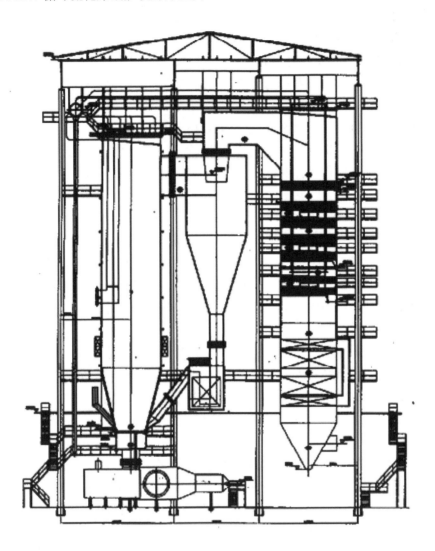

图 14-16　TPRI 300 MW 循环流化床锅炉方案图

　　分离器和循环回路 3 个高温旋风分离器是循环流化床锅炉实现气固分离的关键部件,其设计方案是在试验研究和已有的设计运行经验的基础上提出的。在设计工况下,分离器的计算切割粒径为 17.96 μm。旋风筒内径为 8 300 mm,是现有已运行的 100 MW 循环流化床锅炉分离器内径的 1.18 倍,基本没有放大风险。方案共设计有 3 套并列的物料分离和回送系统。分离器出灰口下部为立管,立管下部直接与风控式分流回灰换热器相连。为了确保回料正常,装设了专用高压风机(60 kPa)以提供回料控制风。分离器进口烟道与炉膛连接处装设可吸收热胀差的密封装置,分离器出口烟道水平段及回料管直段均装有膨胀节。分离器入口烟道、烟气入口处的筒体及出气管均为局部高磨损区,应选用特殊的超高强度耐磨耐火材料。分离器采用支承方式,所有重量通过支架传递给锅炉钢架。

TPRI 300 MW 循环流化床锅炉设计方案布置有三级过热器。Ⅱ级过热器布置在炉膛内,Ⅲ级过热器布置在 2 个分流回灰换热器内,Ⅰ级过热器布置在尾部烟道,过热器系统设有二级喷水减温器。Ⅱ级再热器分别布置在一个分流回灰换热器内和尾部烟道,再热器系统设有一级喷水减温器。Ⅰ级过热器、Ⅱ级再热器通过省煤器连接管将其重量传递给顶板梁。Ⅰ级过热器和Ⅱ级再热器每组管束上 2 排及靠炉墙面的 2 排管子上均应设有防磨盖板。

省煤器采用顺列逆流布置的蛇形钢管,烟道内有 2 个出口联箱,从中各引出 162 根出水管,作为Ⅰ级过热器和Ⅱ级再热器的支吊管,垂直向上穿出烟道外面,出水管规格为 $\phi51\,mm\times7\,mm$。所有省煤器管组均采用支承结构,重量传递给梁和柱。

Ⅲ. 空气预热器

虽然在大型循环流化床锅炉中采用的管式空气预热器的体积及占地面积都比回转式空气预热器大,但由于循环流化床锅炉烟风侧压差是常规煤粉炉的几倍,为降低漏风,提高锅炉运行经济性,TPRI 300 MW 循环流化床锅炉仍选用管式空气预热器。管式空气预热器为一级二流程卧式结构,在各个流程之间有连通箱连接。预热器风道间均装有胀缩接头,以补偿热态下的相对膨胀。整个预热器的重量通过横梁传递到构架柱子上。

Ⅳ. 给煤系统

TPRI 300 MW 循环流化床锅炉布置有 8 套给煤系统。每套系统包括 1 个燃料仓出口隔离阀、1 台重力式给煤机以及与之配套的燃料隔离阀和旋转阀。每套系统设计传送 25% 的燃料量。系统设计 2 个煤仓,在 100% 的锅炉出力下,每个煤仓能提供 8 h 的给煤。燃料经过煤仓落煤口的隔离阀及管道进入重力式给煤机。重力式给煤机可变速调节,能通过锅炉最大负荷时总燃料量的 2.5%~25%(调节比 10 : 1)。在正常满负荷运行工况下,8 台重力式给煤机同时工作。燃料从重力式给煤机,经过落煤管,再经炉膛燃料隔离阀及旋转阀后,采用气力播煤方式送入炉膛。由于配备了 8 套给煤系统,故能保证在不同的工况下实现最佳的锅炉运行方式。即使有 1 套给煤系统发生故障,锅炉负荷也能得到保证。

TPRI 300 MW 循环流化床锅炉配备了 1 套石灰石给料系统、1 个石灰石仓、1 台重力式给料机、1 个旋转阀以及 1 台鼓风机。在气力输送风机的下游,设有管道系统、隔离阀和 4 个进料口。石灰石仓容量可满足 100% 锅炉负荷 8 h 的石灰石需求。每台可调速石灰石给料机有 10 : 1 的调节能力。由于石灰石的粒度很细,所以使用旋转阀作为系统密封设备,以防止高压输送空气的回流。

Ⅴ. 床料给料系统

TPRI 300 MW 循环流化床锅炉配备了床料给料系统,用来为最初启动、低负荷运行或燃烧低灰分燃料运行时给入床料。当燃用高灰分的劣质煤时,该系统无须运行。床料给料系统包括 1 个床料仓、必要的管道系统、气力输送风机、2 个进料口和隔离阀。

Ⅵ. 底渣冷却系统

冷渣器采用 TPRI 研制的专利技术——风水联合冷却排渣控制冷却器,灰渣从炉膛经过排渣控制器进入冷渣器。在冷渣器内,灰渣流过水冷却受热面,再从排渣管以及灰渣旋转阀排出冷渣器,然后进入灰渣输送机。冷渣器的冷却水为冷凝水。2 台冷渣器以及与之配套的排渣设备保证了最佳的系统可靠性,并留有 50% 的备用量。

Ⅶ. 点火启动系统

点火启动系统采用床上及床下联合点火启动方式,总的热功率为 30%MCR。床下设置 2 台热烟气发生炉,热功率为 2×8%MCR;床上设置 6 个油枪作为辅助点火装置,热功率为 6×3%MCR,布置在距布风板 2 000 mm 处的前后墙及两侧墙上。

【项目小结】

1. 掌握循环流化床锅炉的工作原理。

2. 理解循环流化床锅炉的优缺点,并学会分析其优缺点。

3. 了解并区分循环流化床锅炉的技术流派。

4. 能够分析典型流化床锅炉的工作过程,分析各个锅炉的优缺点。

【课后练习】

一、名词解释

1. 风烟系统。

2. 汽水系统。

二、填空题

1. 循环流化床锅炉以炉内流化状态来分,有_____、_____和快速床的循环流化床锅炉。

2. 根据循环流化床锅炉运行压力不同来分,有_____和_____。

3. 循环流化床锅炉由 _____、_____和_____构成了其独有的物料循环系统。

4. 每个给煤系统包括 1 个_____、1 台_____以及与之配套的燃料隔离阀和旋转阀。

5. 锅炉为单炉膛结构,四周由_____构成。下部锥段为_____,上部直段为_____。

6. 锅炉燃烧所需空气分别由_____提供。一次风经预热后,由_____引入水冷风室中,流经安装在水冷布风板上的风帽进入_____,保证流化质量和密相区的燃烧;二次风经预热后经过_____进入炉膛,补充燃烧空气并加强扰动混合。

三、简答题

1. 循环流化床锅炉的优点是什么?

2. 循环流化床锅炉的缺点如何克服？

3. 循环流化床锅炉的发展趋势是什么？

4. 国外循环流化床锅炉的技术流派及特点是什么？

【总结评价】

1. 谈一谈循环流化床锅炉应用的优劣势。

2. 谈一谈循环流化床锅炉与普通锅炉的区别。

项目十五　燃气锅炉

【项目目标】

1. 了解燃气锅炉基础知识。
2. 掌握燃气燃烧器的工作原理以及形式和结构。
3. 掌握燃气锅炉的启动运行。
4. 根据机组运行情况,对燃气锅炉进行保养及维护。

【技能目标】

1. 能清楚说明燃气锅炉的类型及结构。
2. 能正确说明燃气锅炉的工作原理。
3. 能清楚说明燃烧器的作用、工作特点、结构特点和操作步骤。
4. 能正确按照操作流程启动锅炉。
5. 能正确清楚地说明燃气锅炉的保养与维护。

【项目描述】

本项目要求学生能根据燃气锅炉的结构及型式特点以及工作原理对机组系统进行调节,能根据机组运行情况,掌握燃气锅炉的安全启停工作,完成对锅炉的日常维护和保养。

【项目分解】

项目十五 燃气锅炉	任务一　燃气锅炉基础知识	15.1.1　燃气锅炉的分类
		15.1.2　燃气锅炉的结构
		15.1.3　燃气锅炉工作原理
	任务二　燃气燃烧器	15.2.1　燃气(油)燃烧器工作种类
		15.2.2　燃烧器的工作原理
		15.2.3　燃烧器的结构
		15.2.4　燃烧器的安装测试
		15.2.5　燃烧器的使用
	任务三　燃气锅炉运行	15.3.1　启动前的检查准备燃气锅炉
		15.3.2　正确启动程序
		15.3.3　烧小火的原因

项目十五 燃气锅炉	任务四　燃气锅炉保养及维护	15.4.1　保养方法
		15.4.2　停炉保养与防腐
		15.4.3　监视与维护

任务一　燃气锅炉基础知识

【任务目标】

1. 了解燃气锅炉的分类。

2. 掌握燃气锅炉的结构。

3. 掌握燃气锅炉的工作原理。

【导师导学】

对于燃气锅炉,由于燃料是易燃气体,所以因燃烧系统器件发生故障而未及时排除、操作程序不当,以及保护装置失灵等导致燃气爆炸的事故时有发生。

无论是汽水系统的物理爆炸,还是燃气的化学爆炸,其危害都极大,往往都会导致人员伤亡和财产损失。所以,从安全角度来讲,锅炉是一种具有爆炸危险的承压设备。世界锅炉技术界提出现代化锅炉应当符合"S+3E"的原则,即安全(S)加效率(E)、环保(E)和经济(E)。可见,在锅炉的所有技术经济指标中,安全是前提。

15.1.1　燃气锅炉的分类

燃气锅炉按适用的燃气种类可分为液化气采暖锅炉、天然气采暖锅炉、城市煤气采暖锅炉、沼气采暖锅炉和焦炉煤气采暖锅炉等;按用途可分为单采暖型采暖锅炉和暖浴两用型采暖锅炉;按给排气安装方式可分为自然给排气采暖锅炉、强制给气采暖锅炉、强制排气采暖锅炉;按结构形式可分为常压燃气采暖锅炉和承压燃气采暖锅炉。

15.1.2　燃气锅炉的结构

燃气锅炉主要由锅壳和炉胆两大主体和保证其安全经济连续运行的附件,以及仪表附属设备、自控和保护系统等构成。这种锅炉是带水冷壁的锅筒式锅炉,锅筒内左右分区安排两个回程的烟火管,在锅筒前部的前烟箱折返。锅筒和下联箱之间有下降管和水冷壁管,构成燃烧室的框架。锅筒上部有汽水分离器,以减少水蒸气带出的水。锅体受热面是锅筒的下部水冷壁管和烟火管。

1. 锅炉的主要部件

（1）炉膛：保证锅炉燃料燃尽，并使出口烟气温度冷却到对流受热面能够安全工作的数值。

（2）省煤器：利用锅炉尾部烟气的热量加热给水，以降低排烟温度，并起到节约燃料的作用。

（3）锅筒：将锅炉各受热面连接在一起并和水冷壁、下降管等组成水循环回路，锅筒储存汽水，可适应负荷变化，内部设有汽水分离装置，以保证汽水品质，直流锅炉无锅筒。

（4）水冷壁：锅炉的主要辐射受热面，吸收炉膛辐射热，加热工质，保护炉墙等。

（5）燃烧设备：将燃料和燃烧所需空气送入炉膛，并使燃料着火稳定，燃烧良好。

（6）空气预热器：加热燃料燃烧所用的空气，以加强着火和燃烧；吸收烟气余热，降低排烟温度，提高锅炉效率。

（7）炉墙：锅炉的保护外壳，起密封和保温作用，小型锅炉的重型炉墙也可起支承锅炉部件的作用。

（8）构架：支承和固定锅炉部件。

2. 锅炉的辅助设备

（1）引风设备：通过引风机和烟筒将锅炉运行中产生的烟气送往大气。

（2）除尘设备：除去锅炉烟气中的飞灰。

（3）燃料供应设备：存储和运输燃料。

（4）给水设备：由给水泵将经过水处理设备处理后的给水送入锅炉。

（5）除尘除渣设备：从锅炉中除去灰渣并运走。

（6）送风设备：通过送风机将空气预热器加热后的空气输往炉膛及磨煤装置应用。

（7）自动控制设备：自动检测、程序控制、自动保护和自动调节。

15.1.3　燃气锅炉的工作原理

燃气锅炉是用天然气、液化气、城市煤气等气体燃料作为燃料，使其在炉内燃烧放出热量，加热锅内的水，并使其汽化成蒸汽的热能转换设备。水在锅（锅筒）中不断被炉中的气体燃料燃烧释放出来的能量加热，温度升高并产生带压蒸汽，由于水的沸点随压力的升高而升高，而锅是密封的，水蒸气在锅炉的膨胀受到限制而产生压力形成热动力（严格来说锅炉的水蒸气是水在锅筒中定压加热至饱和水再汽化形成的）作为一种能源被广泛使用。

任务二　燃气燃烧器

【任务目标】

1. 了解燃气（油）燃烧器的种类。

2. 掌握燃烧器的工作原理。

3. 掌握燃烧器的结构与组成。

【导师导学】

燃烧设备是燃气锅炉的重要部件之一,通常将燃气(油及煤粉)的燃烧设备称为燃烧器。

《锅炉司炉人员考核管理规定》要求司炉人员熟悉燃烧器的结构、特点、作用及操作要领。

所谓燃烧器,就是一种将燃料和空气按规定的比例、速度和混合方式送入炉腔进行着火燃烧的装置。如果这种装置上设有自动点火、火焰监视和自动调节装置,称为全自动燃烧器。现在的燃气锅炉的锅炉出力不超过 14 MW 或 20 t/h 时,基本上采用的都是全自动燃烧器。

15.2.1　燃气(油)燃烧器的种类

我国燃气锅炉用的燃烧器基本上都是进口产品,来自不同国家,其中以德国的威索(WEISHAUPT)、欧科(ELCO)、扎克(SAACKE),意大利的百得(BALTUR)、利雅路(RIELLO),以及英国的力威(NU- WAY)和腾飞(DUNPHY)等居多,又以威索燃烧器最为典型。尽管燃烧器的品牌很多,但其组成基本相同,因为它们都遵守统一的欧洲标准,如果有差异,也仅是一些器件和组装方式的不同。

燃烧器一般可分为三种,即燃气燃烧器、燃油燃烧器和油气两用燃烧器,按调节方式可分为单段火力、双段火力、三段火力,双段滑动式和比例式等。单段火力燃烧器是指点火后,只有一级出力,出力大小不能调节。双段火力燃烧器是指燃烧器有两级出力,点火后可以一级工作,当负荷增大时,也可以使二级投入运行,两级共同工作,这种燃烧器虽然出力大小可调节,但只能调节为两级,不是无级调节。对于气体燃烧器而言,一般均是连续调节,即比例调节,从最小出力直到最大出力。可连续调节油气两用燃烧器是指燃烧器既可用气体作为燃料,也可用燃油作为燃料,在燃料转换时很方便。实际上,它们可分归为以下六个系统:

(1)鼓风马达、鼓风机扇叶(叶轮)、防护网、风挡(调风门)组成空气供给系统;

(2)煤气用球阀、过滤器、调压器、电磁阀、压力继电器、煤气蝶阀等组成燃气供给系统;

(3)点火变压器、点火电极构成点火系统;

(4)电眼(火焰监视器)、空气压力继电器、铰接法兰底部的行程开关、煤气压力继电器等构成保护系统;

(5)伺服马达、进给凸轮、连杆等组成供给(调节)系统;

(6)油泵、电磁离合器、油管路、油电磁阀、喷油嘴组成油路供给系统。

15.2.2　燃烧器的工作原理

燃烧器的工作是在以上几个系统协调动作的基础上进行的。鼓风马达转动后,带动同轴的叶轮转动,因离心力的原理,空气被高速旋转的叶轮抛出,由蜗壳式的风机原理,抛出的空气被吹向燃烧器的前方出口,在混合室内和进入的燃气充分混合,再经过扩散器的干扰,使燃料与空气充分混合均匀,吹入炉膛内燃烧。而风量的控制是由风挡来完成的,这就是空气供给系统。有的燃烧器在鼓风机的吸入口设置风挡进行控制,有的燃烧机在鼓风机的出口设置风挡进行控制。当采用气体燃料时,燃气最后经过蝶阀进入混合室与空气混合,利用蝶阀的开度控制燃气量的多少。燃气和空气充分混合后,被送入炉膛内燃烧。为点燃燃气,在燃烧器上装有一个点火用的升压变压器,当初级通入 220 V 电压后,在变压器次级便产生 8 000~12 000 V 的高电压,通过高压电缆送到点火电极上,点火电极击穿空气进行放电,形成一个电弧,用该电弧将送入的混合好的燃料点燃,这就是点火系统。点火电极有两种:一种为两根点火棒,当通电时,两根点火棒之间放电;另一种为一根电极棒,当通电时,点火棒对地放电。一般情况下,燃料送入量的多少与鼓风量的多少是联动的,当燃料送入多时,空气的送入量也成正比增加。按预先设定好的空气过剩系数与燃气同步增加或减少,从而控制火焰的大小。而这项要求是靠燃烧器上装的伺服马达驱动凸轮和连杆,同步控制风挡和燃气蝶阀来实现的,这就是供给(调节)系统。铰接法兰的行程开关、压力继电器和火焰监视器则构成保护系统。

为了防止检修调整时意外点火,在铰接法兰的下部装有一个行程开关,当打开法兰盘时,开关断开,燃烧头不能通电,各部件不能运转,只有当法兰盘关闭好时,燃烧器才能通电运行。

在燃烧器上还装有空气压力继电器,用来感受鼓风机鼓风量的大小。当鼓风量达不到预先设定的要求时,则继电器断电,切断燃烧器的供电系统,以保证锅炉燃烧的安全进行。空气压力继电器又叫风压继电器,它通常有两种形式:一种采用负压的方式,在风机进风口处装有一根软管,软管通至负压空气继电器,利用风速大,使软管内形成负压,从而使继电器动作,这种形式较好,不承受正压,而且风机不能向压力继电器内吹入尘土,使用寿命较长;另一种采用正压的方式,在风机出风的方向装有一根金属管,将金属管接至正压空气压力继电器上,当鼓风机工作时,有风吹入金属管内,形成正压,使压力继电器动作,这种形式的继电器在承受正压的风力时,同时吹入尘土,长时间后尘土吸入过多会将压力继电器堵塞,故要定期清理或更换。

在燃烧器上还装有电眼,即火焰监视器,以保证在点火和正常燃烧时,对火焰进行监视和控制。在应该看到火焰时,若看不到火焰,则马上切断燃烧器和燃料的供给系统,以保证锅炉的安全运行,防止出现爆燃事故。

总之,锅炉上的燃烧器实际上是一个火焰喷射器,将燃气喷入锅炉的炉膛内进行燃烧,以给锅炉提供热量,加热锅炉内的介质。

15.2.3 燃烧器的结构

以上对燃气燃烧器六个系统中的四个系统做了介绍,下面主要介绍燃气供给系统、检漏及点火装置。

1. 燃气供给系统

燃气供给系统是燃烧器的一个主要系统。对于双燃料燃烧器,由于油路系统电磁阀与燃气电磁阀有连锁装置,所以采用燃气操作时,油电磁阀不能接通;而采用燃油操作时,燃气电磁阀也不允许接通.

1)组成

按燃气流动方向,燃气供给系统由燃气(截门)球阀、过滤器(又称滤清器)、调压器、燃气压力继电器、电磁阀(DWV)、燃气蝶阀、燃气压力表(带按钮开关)、隔膜泵(阀门检漏系统,VPS)和燃气燃烧器等组成。

2)各器件结构及原理

Ⅰ.球阀

球阀上部有一手柄,中间有带孔的钢球,两边由塑料垫密封,手柄带动钢球可做90°左右旋转,形成通路或断路。

Ⅱ.过滤器

过滤器又叫滤清器,是一层过滤网,应定期清洗。过滤网用水洗后要晾干。其上盖主要为一层滤网,由无纺布制成,内有一层铁丝架,司炉工应每隔1~3个月清洗一次,尤其冬季更要注意;否则燃气流量跟不上,会影响钢炉的正常运行。

Ⅲ.调压器

燃气从进气口进入后,通过气管进入中腔,压力作用在橡胶膜片上,使阀片向上关闭,燃气无处可去;当用调节螺钉向下调节时,其首先压缩弹簧,同时使橡胶膜片向下变形,通过盘和阀杆顶开阀片,于是右腔中的燃气进入左腔,从出气口流出,随着螺钉向下调节,阀片间隙逐渐加大,出气口燃气压力也逐渐升高,当调至所需压力时,停止调节螺钉的转动。

调压器具有稳压作用,其原理如下所述:当进气燃气压力升高时,中腔燃气压力上升,使橡胶膜片(面积不变,压强增大后,向上压力增大)在克服弹簧压力后上升。因膜片与盘、阀杆、阀片是连接为一体的,故使阀片向上升,减小阀片与阀座的间隙,最终使进入左腔的燃气压力降低,维持原输出压力不变,而进气口压力升高,自动关小膜片间隙,使出气口维持恒定的输出压力,起到稳压作用;反之,当进气口压力下降时也一样,自动加大阀片与阀座的间隙,维持出气口压力为一恒定值,调压器只能降压不能升压。

由原理可看出,调压器必然在一定压力范围内具有稳压的功能,所以有时又称为稳压器,调压器的铭牌给出输出、输入压力。

要特别注意的是,在燃气管道试压时,一定不要超过调压器铭牌所规定的输入压力,否则要关好截门,有的单位在试压时,调压器中的橡胶膜片会发生破裂损坏。一般调压器入口压力为200 mbar左右,调压器出口压力调至100~120 mbar(出口按锅炉要求进行调节)。

Ⅳ.燃气压力继电器

燃气压力继电器的原理与蒸汽压力开关原理一样。

压力继电器在燃气锅炉上是很重要的一个器件。它用来检测燃气压力是否太低、电磁阀是否泄漏、管道是否泄漏、鼓风机压力是否够大(即风量是否够用)等。一旦发现上述情况,便马上通过程序控制系统进行相应处理或停机

从燃气流动方向来看,先经过的叫1号压力继电器,又称为燃气压力过低继电器(燃气

压力过高继电器除外);后经过的、装于两个主电磁阀之间的叫2号燃气压力继电器,又称为燃气泄漏检测继电器,其工作原理为当有压力且达到一定数值时,使膜片上移,克服弹簧力,使A、C接通,A、B断开,上面的手轮为凸轮,可调节弹簧的预压力。

压力继电器接线图的实际接线位置均如图15-1所示。若是负压压力继电器,同样道理,只要膜片向下移动,改变触点位置即可实现控制。

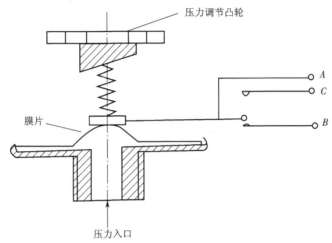

图 15-1　燃气压力继电器结构示意图

Ⅴ. 电磁阀

电磁阀原理是燃气由进气口进入上腔;阀片关闭时,燃气仅在上腔。当电磁铁通电时,压缩弹簧,打开阀片,相当于打开截门,燃气进入下腔,从出气口流出;当电磁铁断电时,电工纯铁制成的软铁芯在弹簧的作用下上移,同时带动阀杆阀片上移,关闭燃气通路,使燃气断开。实际上,电磁阀就是一个燃气的电动截门,只起开关作用,控制燃气的通断。燃气电磁阀应定期清洗,去除杂物。

电磁阀有两种,一种为常闭电磁阀,断电时关闭,通电时打开;另一种为常开电磁阀,平时断电打开,通电时关闭。

从燃气流向来看,先经过的主电磁阀一般叫1号主电磁阀,后经过的主电磁阀叫2号主电磁阀。

Ⅵ. 蝶阀

蝶阀是燃气进入燃烧器前燃气供给系统的最后一个阀门,主要由阀体、密封圈、蝶板和阀杆组成,通过阀杆带动蝶板转动来调节燃气流量。

Ⅶ. 燃气压力表

燃气压力表的结构与一般弹簧管式压力表相同,只是燃气压力表量程比较小,单位一般为 mbar(1 bar≈0.1 MPa)。燃气压力常为 50~100 mbar,即 0.005~0.01 MPa。

Ⅷ. 隔膜泵

隔膜泵是一种用于检漏的装置。

Ⅸ. 燃烧头

燃烧是伸入炉膛的燃烧器部分,有关器件置于筒内。

2. 燃气检漏装置

燃气锅炉不同于煤炉,它有自己的特点,燃气炉最危险的是出现爆燃所谓爆燃,就是在点火的一瞬间,燃气聚积量太大,点火时出现事故。大家知道点燃燃气灶时必须是火等气,即先划着火柴,后打开燃气开关,即使在这种情况下,火柴如果距离燃气灶眼太远,也会听到"嘭"的一声,这就是爆燃。如果燃气锅炉出现爆燃,就不是"嘭"的一声而已,而是要出事故,有可能炸坏锅炉。

对燃气锅炉而言,必须有一些特殊的安全附件来进行控制,绝对不能出现燃气的泄漏和先放气后点火,若出现上述情况,则必然出现爆炸事故。所以,必须有各种有关的保险,同时还要有检测手段,一旦有问题马上停炉,防止出现事故。当有关检测系统损坏时,也必须停炉。还必须有相应的安全保护装置,检测燃气到底有没有泄漏,若有泄漏再遇明火,就要出现事故,例如某报纸报道的家中燃气管漏气,最后电冰箱启动打火,造成了火灾和爆炸。燃气炉的供气管直径可达到 $\phi100$ mm~$\phi200$ mm,这么大的燃气管和用气量,若出现泄漏,后果是极其严重的。

常用的三种燃气泄漏检测装置如下。

(1)泄漏检测装置,它由一个编好程序的程控器和装在管路系统上的整体的压力继电器和带电磁阀的隔膜泵组成。

(2)LDU11 型泄漏检测装置,用 LDU11 型燃气压力检测程序控制器来进行程序操作,通过排放阀、充气燃气电磁阀等的动作,用压力继电器来检测主燃气阀是否有泄漏。

以上两种泄漏检测均是在吹扫的过程中同时进行的。若泄漏检测不合格,则报警停炉,燃烧器不能启动。若检测合格,证明主电磁阀无燃气泄漏,则按程序继续往下进行。

(3)L50M 型泄漏检测装置,在 L50M 型程控器内设计有燃气泄漏检测程序,也是在吹扫的过程中同时进行。

3. 点火和火焰监视

燃烧器要投入工作,必须将燃气点燃,现在通常采用电火花点火。点火后的火焰是否建立和稳定,就要靠火焰监视器来监视。

1)点火电极

点火电极由两根绝缘的不锈钢丝组成,通电后,击穿空气,形成电弧,点火电极是打火用的,在供给燃气之前,首先打火。点火电极是靠变压器升压,变压器在燃烧器内部,升压达12 000 V,所以修理时要注意高压,并且不要破坏打火电极的绝缘,用螺钉紧固电极绝缘套管时要用力合适。

2)火焰监视器

司炉人员常将火焰监视器称为"电眼"。因为燃气是易燃易爆气体,只要它漏入炉膛与空气混合,遇火就会发生爆炸,这是非常危险的。燃气锅炉的炉膛爆炸大多是在点火和正常运行中突然熄火时发生的。只要炉膛中有火,燃气一进入就被燃烧,不引起爆炸,这就是通常所说的"火等气"。为监视点火和正常运行时炉膛中火焰是否正常,自动化锅炉不是靠人的"肉眼"来监视,而是用火焰监视器(电眼)来监视。常用的燃气和双燃料燃烧器的火焰监视器为离子化电流电极和紫外线光电管(UV),其要求如下。

(1)使用电眼时允许的环境温度:-20~+60 ℃。

(2)当采用 QRA2 型 UV 管时:

①建议亮度为 40 lx;

②运行期间,放大器的平均响应灵敏度为 8UALX;

③运行期间熄火指示为 <3 lx(2 856 K 时);

④探测器最大接线长度为 20 m。

(3)当采用离子化电流时:

①离子化电流要求最小检测电流为 10 μA;

②允许接线长度为 30 m。

4.其他有关装置

1)消音器

过去大部分用户没有装消音器,这是因为国外产品价格比较贵,一般要 7 000~8 000 美元。现在北京已有生产消音器的厂家,使用效果基本达到国外水平,造价为几千元人民币,可降低分贝数为 12 dB(A),消除噪声达 50%,已能满足使用要求,所以现在安装的单位越来越多。锅炉用消音器不同于一般的消音器。其在使用时,既不能影响鼓风机的风压和风量,又不能造成鼓风机电机的升温,还必须降低鼓风机进风口处的噪声。

燃气锅炉噪声产生的根源:一是燃烧器的进风口,由于空气高速流动对风机产生冲击,而产生噪声;二是燃烧产生的噪声顺着钢管传至烟囱,在烟囱出口处形成噪声,在燃烧器外面和烟囱中间均可加装消音器。目前,国家标准要求锅炉房内噪声≤ 60 dB(A),室外噪声在夜间低于 45 dB(A)。加装合格消音器已能满足上述要求。

2)电器控制箱

燃气钙炉一般有两个控制箱,一个是电器柜,另一个是操纵箱,在柜子表面有蜂鸣器和马达小时表及故障显示灯,有些进口炉还带有自动记录仪,记录开停机时间、蒸汽压力、燃料消耗及压力等。

电器控制箱内主要有锅炉程序控制器、火焰监视控制器、水位控制器、风机水泵的启动接触器,以及各种保险丝和中间继电器、时间继电器等。在操纵箱上布置有各种旋钮。

3)安全检测系统

燃气锅炉必须具备安全检测系统,否则不能保证安全运行。一般情况下,其都有程序控制器,然后有燃气泄漏检测、燃烧状态电眼监视、故障声光显示、水位和压力(温度)的安全检测操作系统等。

以 LOOS 锅炉为例,安全检测包括程序控制器 L50M、燃气泄漏检测电路板 R01 和 DK0、燃烧器电眼监测电路板 F10DB、水位过低检测电路板 B3、水泵自动控制 VR2 等六块电路板。而考克兰锅炉及巴巴克锅炉则采用 LFL1 型程序控制器。

4）烟道系统

对燃气锅炉而言,烟道系统比较简单,烟气通过三回程后,由后烟箱直接进入烟道,排向室外即可,要注意烟囱粗细应符合规范,烟囱直径要比锅炉出口直径大一档。各锅炉最好单独走自己的烟囱,否则将出现冷凝水倒流问题。

在烟道与锅炉接合处有些装有风门,这时必须有风门的开关继电器。在启动风机吹风时必须将风门全部打开,否则风机启动不起来,这是出于安全的考虑。也就是说,烟道只要有风门就必须有连锁保险装置。风门完全打开,压紧行程开关,才能使锅炉燃烧器通电。进风口的风门与燃料的截门在调整好后,不要随意拧动,要保证两个截门对应同步。

为了防止风机出现故障,吹不进风,造成燃烧故障,在燃气锅炉的进风口处,一般均有一个测试口接在负压继电器上,检测负压的大小,负压低于一定数值时,就会自动停机或开不了机。

在烟囱入口处应有防爆门和出灰口。防爆门的大小按有关规程确定。燃气锅炉对烟囱高度的要求较为严格,高度要合适;而在大火燃烧时,烟囱出口处烟温要在 70~80 ℃为宜。当烟温 <60 ℃时,会造成冷凝水倒流;而烟囱过高,会出现倒冷凝水现象,烟囱太低则抽力不够,影响锅炉燃烧。

15.2.4　燃烧器的安装测试

燃气燃烧设备的安装,必须按特种设备安全监察部门的有关规程及条例进行,安装及调试的技术人员应详尽了解并执行有关规定。燃气设备的安装与改动关系重大,有关安装单位应于事前将所安装的设备的形式和结构,准备采取的安装方法和措施,通报燃气公司,并应得到安全监察部门的批准。在室内及地下室进行燃气设备的调整、改动和维修,应由特种设备安全监察部门进行验收并签字。

1. 在安装之前应注意的有关事项

（1）所用燃气的类别,即是液化气、焦炉燃气,还是天然气,也就是气源的种类,确定燃气的发热值（$kW \cdot h/m^3$ 或是 cal/m^3）、燃烧生成物中最大的 CO_2 含量。

（2）在安装燃气管道时,应使燃气通过最近的途径送至燃烧器,阻力损失应减至最小。燃气进口管路的公称直径至少应大于燃烧器用电磁阀的公称直径,管道应采用热镀锌管,并用适当的介质作为防护涂层或防护膜。

（3）安装的管道应进行气密性检查及验收,室内管道及基本部件的管道均应接受预检及正式检验。预检时用压缩空气或惰性气体来检验,不允许使用氧气作为试验气体,试验压力为 1 bar（表压）。正式检验时,应包括从燃气调压站出口截门至燃烧器前切断装置的全部管道（注意是燃气截门前,不包括电磁阀、调压器等）,用压缩空气或惰性气体试压,试验压力为 1.1 倍工作压力,但不得低于 100 mbar（表压）,接头处可用肥皂液或其他没有腐蚀性的介质进行检测, 10 min 后压力降不许超过 1 mbar。不严密的管道绝对不许投入使用。若管道停用了一段时间,则每次使用前均应进行泄漏的检测。

（4）燃气表的种类、号码及形式应由燃气公司决定,应使用允许采用的合格计量仪表。

（5）当锅炉所用燃烧器装有消音器时，由于限制了动力，要重新调节燃烧器的混合比，检测烟气是否合格，防止大量烟垢的出现。

（6）锅炉房在设计时要符合国家有关规定，尤其是事故开关、燃气总切断阀、进风装置及分汽缸、分水缸的布置，均应安排得尽量合理。

2．铰接法兰及其安全装置

燃烧器通过摆动螺栓的适当安排，并松开上部的紧固螺钉后，可以左右转动。当铰接安排在右边时，燃烧器可向右转动。在转动的前部法兰盘上有一个限位开关（即一个行程开关），当法兰盘合好后，接通电路，燃烧器可工作。在铰接法兰转开时，开关断开电力，燃烧头不能启动。这是出于安全考虑，即在打开燃烧器进行修理保养时是不能点火的。

燃烧器安装完成后，在锅炉点火之前，必须进行燃烧器的程序测试。合格后，要将阀门系统的空气排空，完成燃气置换，且锅炉水位正常，蒸汽压力或水温均正常，烟道畅通，这时才可点火试烧。

燃烧器的测试程序主要如下。

1）电路试验

对照电气线路图，对安装的电路进行一次检查，包括燃气压力继电器和电磁阀的接线等。

2）对燃烧器的检查

（1）检查燃烧器鼓风机马达的转动方向，应正确。

（2）检查燃气管路上翻板式节流阀关闭情况，应关闭。

3）在不通燃气的条件下，对燃气启动功能进行检查

把燃气总截门（球阀）关闭，双燃料燃烧器的燃料选择钮旋置于燃气启动位置，由外界上气泵送入空气来检验各配件的严密性，试验压力不低于以后的工作压力。这时将设备通电，按下述程序进行检查。

（1）装有两个串接的电磁阀（双保险），但无泄漏检测程序的设备。

①开动燃烧器鼓风机马达，伺服马达驱动风门转动，在大约20（40）s启动风门至最大开度。

②全负荷前吹扫30 s。

③伺服马达驱动风门关闭，在17（35）s左右将风门关闭至点火位置。

④燃气电磁阀开启。

⑤燃气系统中的燃气压力下降，燃气压力过低继电器动作，将燃烧器关闭，同时关闭电磁阀。

⑥燃气压力继电器在2 s的安全时间之后，如果仍不动作，则操作盘上便会显示出闭锁事故。

（2）装有两个串接的电磁阀，同时带燃气泄漏检测。

①开动燃烧器鼓风机马达，在大约20（40）s启动风门至最大开度。

②全负荷前吹扫30 s。

③按规定的检漏程序进行燃气泄漏检测。

④伺服马达驱动风门关闭,在 17 s 左右将风门关闭至点火位置。

⑤开始提前 3 s 的电打火程序。

⑥电磁阀开启。

⑦系统中燃气压力下降,燃气压力继电器动作,关闭燃烧器和电磁阀。

如按上述程序动作,则说明设备是正常的。若中途出现故障,程序没进行完,则在哪个程序出现闭锁,即是哪个程序有故障。

在正式启炉点火前,还必须进行燃气放散,将燃气电磁阀的旋塞旋下,上好接头,用软管接至室外。打开燃气截门,燃气进入系统后进行放散,合格后,上好电磁阀上的旋塞。

同时检查锅炉水位是否正常,蒸汽压力继电器、温度继电器均应调节好。当燃气压力过低、过高继电器调节好,燃气压力正常,烟道通畅,烟道门全部打开,防爆门能够动作时,锅炉方可进行启动并做进一步的调节。

15.2.5   燃烧器的使用

1. 新装燃烧器

(1)由外部燃气站或调压器将燃气压力降至 150~200 mbar。

(2)调压器调节气压为 80~120 mbar(高压炉除外)。

(3)燃气压力过低继电器调至工作供给压力的一半,一般大于 25~30 mbar,若小于 20 mbar 时启炉,炉子会产生低频共振,影响人身体健康和设备安全。

(4)燃气泄漏压力继电器调至实际工作压力减去 15 mbar 左右,太高对检测泄漏压力有利,但容易报警;太低则起不到监视泄漏的作用,故应兼顾以上两方面,取一个合适值。

(5)电眼感应电压在 24~30 V(DC)为宜(FIR102 型)。

(6)风机负压继电器调至 $0.7 p_{max}$,其中 p_{max} 为测量出的风机最大工作压力,常用为 12 mbar。

(7)蒸汽压力继电器可调至 0.5~0.8 MPa,这时蒸汽压力限制器可调至 0.85 MPa,安全阀调至 0.9 MPa 和 0.92 MPa 较为合适。

(8)风机 Y-△启动时间继电器调至 5~6 s 即可。

(9)大、小火转换时间继电器调至 2.5~3 min 即可。

(10)水泵启动时,输出口压力应大于炉内蒸汽压力 0.05 MPa,水泵启动频率应为次/小时。

(11)燃气系统泄漏的试验压力应为 2 倍工作压力,用 U 形表测出,再用肥皂水检漏。但对城市燃气、天然气不得低于 100 mbar,对液化石油气不得低于 150 mbar。试验 5 min,压力降不超过 1 mbar,则认为合格。

2. 维修后的调整

(1)泵联轴节:联轴节法兰盘间隙为 1.5 mm(四周要均匀)。

(2)打火电极尺寸:打火电压 ÷4 000= 打火电极的距离,单位为 mm。

3.伺服马达的凸轮调整

(1)共有 7 个凸轮时(例如 1 050/80 型),调整如下:

①最大开启角度为 130°(最大吹风,最大负荷);

②全关闭角度为 0°;

③油的点火角度为 30°;

④燃气的点火角度为 20°;

⑤燃油大负荷为 100°;

⑥燃气部分负荷为 44°;

⑦燃油中等负荷为 50°。

(2)当使用共有 5 个凸轮时(例如 1050/23 型),调整如下:

①燃油时,第二级供油角度(燃气锅炉不用);

②中等负荷角度;

③全开启最大角度;

④全关闭角度;

⑤点火角度。

任务三　燃气锅炉运行

【任务目标】

1.了解燃气锅炉启动前的检查准备。

2.掌握燃气锅炉的正确启动程序。

3.了解烧小火的原因。

【导师导学】

15.3.1　燃气锅炉启动前的检查准备

(1)对燃气锅炉,应检查燃气压力是否正常(不要过高或过低),打开供气截门。

(2)检查水泵是否上水,否则打开放气阀,直至上水为止,打开上水系统的各个截门(包括水泵前后及锅炉的上水截门)。

(3)检查水位计,水位应在正常位置,水位计汽,水截门在打开的位置,若缺水可手动上水。

(4)检查压力表管道上的截门,必须打开。

(5)检查烟道上的截门,必须全部开启(挡风板或节流阀)。

(6)检查控制柜上的各个旋钮,均应处于正常位置,燃烧器旋钮置于关的位置上等。

(7)开机,打开总电源开关,再开启燃烧器旋钮,则风机应立即启动吹扫。

15.3.2　燃气锅炉的正确启动程序

（1）开动燃烧器电机,开始吹扫(燃气截门已接通)。

（2）伺服电机打开风挡,以最大风量吹风 20 s。

（3）同时进行鼓风风压检测,风压太低时,风压继电器常开触点接不通,则会报警停炉。

（4）对阀门进行泄漏检测。对保压检漏,上次关机时,规定先关 1 号电磁阀,再过 3~4 s 关闭 2 号电磁阀,故 1 号、2 号电磁阀中间段为低压区。在吹扫过程中,1 号电磁阀打开 2 s 马上关闭,则 1、2 号电磁阀中间充气,这时再检测应有压力,且测试一段时间无压力降,则证明 2 号电磁阀及管路均不漏气。若是阀门检测有泄漏,则继电器将对燃烧器断电,关断燃烧器,停止前吹扫,并进行泄漏报警。

（5）伺服马达关闭风挡到点火位置(17 s),即凸轮退回。

（6）预点火时间 4 s 开始计时(提前 4 s 开始电打火)。

（7）点火电磁阀打开,首先是 1 号电磁阀打开,然后点火小电磁阀打开(可听到动静),然后是点火"扑"的声音。

（8）电眼进行点火检测时,发光二极管应闪动。若是火焰检测发现没点着火,会马上断掉燃烧器及电磁阀,从而防止事故发生。

（9）点火正常,2 号电磁阀打开,点小火,听到"通"的一声响。

（10）电眼检测小火,同时电打火停止,点火小电磁阀关闭。正常后,运行指示灯接通,点火过程完成。

15.3.3　先烧小火的原因

为什么开炉后必须先烧小火呢?因为炉子冷,炉水温度也低,要使水循环好,必须使炉体受热均匀。在煤炉上这个问题不突出,因为煤的加热速度比燃气慢得多,炉子升温缓慢,而燃气锅炉的燃气热值高、升温快、烟管伸长快,而锅水和锅筒温度低,锅壳不跟着伸长,所以锅筒的前后管板受力很大,角焊缝处相当于受到弯曲。为减小应力要烧小火,同时还要排污,排污的作用一是使水中的碱度降低,排出污垢;二是炉水加热后,热水在上,冷水在下,排污使下部冷水排出,热水下沉,提高下部水温,使锅炉受热均匀(否则会影响锅炉的使用寿命),小火烧至 0.3 MPa 即可。

任务四　燃气锅炉保养及维护

【任务目标】

1. 掌握燃气锅炉的保养方法。

2. 掌握燃气锅炉的停炉保养与防腐。

3. 掌握燃气锅炉的监视与维护。

【导师导学】

15.4.1 保养方法

（1）锅炉的给水必须经过合格的处理，这是延长锅炉寿命、保证运行安全的重要事项。

（2）给水温度应尽量与炉体温度接近，最好在 20 ℃以上。

（3）必须定期对低水位切断装置进行检查保养及清洗。水位控制器每月至少清洗一次，水位表每天至少冲洗一次。水位表冲洗应处于最高水位，冲洗后水位应不低于最低安全水位，如一次冲洗不净，可多次冲洗，但必须在最高水位时冲洗。

（4）定期进行排污操作，每天（每班）至少排污一次，排污后应检查排污阀是否因污物影响而有泄漏现象，如有则必须予以排除。

（5）停炉而没有保持蒸汽压力时，锅炉蒸汽空间会产生负压而滞留空气，因此再次升火燃烧时应先打开总汽阀。

（6）烟管积灰后，将导致排烟温度升高，从而使锅炉的效率降低，使燃料的消耗增加，故应定期打开前后门盖，刷除或吹除烟管积灰。

（7）锅炉安全阀在锅炉正常自动运行中是不会开启的，但它是保证安全的必要配件，应每

15.4.2 停炉保养与防腐

锅炉在停炉之后，为防止锅内腐蚀，必须进行保养。

（1）短期保养，可采用湿保养法，即停炉后将炉水加满，将空气全部排出。

（2）长期保养，可采用干保养法，即停炉后将炉水放掉，打开下部手孔，吹干锅内积水，并通过下部手孔投入干燥剂，且应定期更换，开始可每月检查更换一次，以后可三个月检查更换一次。但应注意，在锅炉启用前，务必取出全部干燥剂。

15.4.3 监视与维护

（1）锅炉运行中，每隔 1 小时对设备进行一次检查，重点检查锅炉安全部件和转动设备的运行情况。

（2）对锅炉设备的检查、试验及定期操作等项目周期，做出具体的规定，并以图标形式载入现场。

（3）运行人员根据检查的情况及时填写记录。

（4）必须经常保持现场清洁，做到无杂物、无积灰、无积水、无油垢。

【项目小结】

1. 了解燃气锅炉基础知识。

2. 掌握燃气燃烧器的工作原理以及形式和结构。

3. 掌握燃气锅炉的启动运行。

4. 根据机组运行情况,对燃气锅炉进行保养及维护。

【课后练习】

一、填空题

1. 锅炉启动前,检查天然气压力正常,调压器前为_____MPa 左右。

2. 锅炉启动前,检查软化水设备运行正常,软化水水箱内_____正常、水质合格。

3. 锅炉启动过程:按下启动按钮,启动燃烧机;燃烧机启动后,风机先预吹扫_____~50 s 后,自动打开_____电磁阀;进行点火,锅炉进入工作状态,锅炉蒸汽压力开始逐渐上升,锅炉的启停是锅炉控制器根据蒸汽压力大小自动进行启停,蒸汽压力低于_____MPa 时启动,高于_____MPa 时停止。

4. 在蒸汽压力升至_____MPa 时,对锅炉进行排污,水位计进行冲洗,同时检查自动上水系统是否可靠。

5. 在蒸汽压力升至_____MPa 时,缓慢打开蒸汽出汽阀门至半开度,进行暖管送汽。

6. 在蒸汽压力升至_____MPa 时,检查锅炉各处无漏汽后,缓慢开启主汽阀至全开,正常供汽。

7. 停炉后,待蒸汽压力下降至_____MPa 以下时进行一次排污。

8. 每_____要对锅炉燃烧器控制器、控制箱、水处理控制器进行清擦一次,确保设备清洁。

9. 每_____对水位计、压力表进行冲洗一次,锅炉排污一次。

10. 每_____进行一次超低水位停炉试验,用模拟缺水停炉来检查超低水位停炉的功能。

二、选择题

1. ppm 作为分数时,表示(　　)。

A. 千分之一　　　　B. 万分之一　　　　　　C. 百万分之一　　　　D. 千万分之一

2. 1 mbar 表示多少(　　)。

A. 100 Pa　　　　B. 1 kPa　　　　　　C. 10 kPa　　　　D. 10 Pa

3. 锅炉金属铭牌上标出的压力为(　　)。

A. 最高工作压力　B. 最低工作压力　　C. 额定工作压力　　D. 设计工作压力

4. 额定蒸发量(　　)的锅炉,至少装设两个安全阀。

A. 大于 0.5 t/h　　B. 小于或等于 0.5 t/h　C. 小于 2.0 t/h　　D. 小于 1.0 t/h

5. 压力表的量程一般为其工作压力的(　　)。

A. .5~3 倍　　　　B. 3~5 倍　　　　　　C. 0.5~1 倍　　　　D. 2~4 倍

三、简答题

1.简述启动锅炉前的准备步骤。

2.简述停运锅炉的操作步骤。

3.简述安全阀的作用。

4.简述锅炉值班员日常巡检制度。

【总结评价】

1.谈一谈你学习完本项目内容的体会。

2.谈一谈在完成项目学习的过程中,你和你所在小组的收获、不足和有待改进提高的地方。

3.结合学习的实际情况,就燃气锅炉启动的步骤进行阐述。

参考文献

[1] 胡震岗,黄信仪.燃料与燃烧概论 [M].北京:清华大学出版社,1995.

[2] 燃油燃气锅炉房设计手册编写组.燃油燃气锅炉房设计手册 [M].北京:机械工业出版社,1998.

[3] 毛健雄,毛健全,赵树民.煤的清洁燃烧 [M].北京:科学出版社,1998.

[4] 金定安,曹子栋,俞建洪.工业锅炉原理 [M].西安:西安交通大学出版社,1986.

[5] 冯俊凯,沈幼庭.锅炉原理及计算 [M].2 版.北京:科学出版社,1992.

[6] 动力工程师手册编辑委员会.动力工程师手册 [M].北京:机械工业出版社,1999.

[7] 王加璇,姚文达.电厂热力设备及其运行 [M].北京:中国电力出版社,1997.

[8] 锅炉房实用设计手册编写组.锅炉房实用设计手册 [M].2 版.北京:机械工业出版社,2001.

[9] 郑体宽.热力发电厂 [M].北京:中国电力出版社,2001.

[10] 哈尔滨建筑工程学院,天津大学,西安冶金建筑学院,等.供热工程 [M].2 版.北京:中国建筑工业出版社,1985.

[11] 哈尔滨建筑工程学院,北京建筑工程学院,同济大学,等.燃气输配 [M].3 版.北京:中国建筑工业出版社,2001.

[12] 同济大学,重庆大学,哈尔滨工业大学.燃气燃烧与应用 [M].4 版.北京:中国建筑工业出版社,2000.